SAP® Billing and Revenue Innovation Management

SAP PRESS

Daniela Klose

SAP® Billing and Revenue Innovation Management

Prozesse, Funktionen, Customizing

Rheinwerk Publishing

Liebe Leserin, lieber Leser,

vielen Dank, dass Sie sich für ein Buch von SAP PRESS entschieden haben.

Als Kunden sind wir inzwischen daran gewöhnt, individuelle, auf uns zugeschnittene Angebote zu erhalten. Wir wollen auswählen, aus welchen Quellen sich unser Strom speist, zeitlich unabhängig Filme und Serien von einem Streaming-Dienst abrufen oder beim Carsharing bestimmte Funktionen flexibel dazubuchen. Aber wie schaffen Unternehmen es, diese komplexen Prozesse in konkurrenzfähige Angebote zu überführen, die sich kundenindividuell abrechnen lassen?

Insbesondere im Massenkundengeschäft setzen viele Unternehmen auf SAP Billing and Revenue Innovation Management (SAP BRIM), wenn es um die Bepreisung, Abrechnung und Fakturierung von Services und Produkten geht. Dabei lässt sich die gesamte Prozesskette vom Kundenmanagement über die Darstellung der Stammdaten im Vertragskontokorrent, die Abrechnung und Fakturierung bis hin zum Rating abbilden. Lassen Sie sich von den Autoren dieses Buches – allesamt Experten mit langjähriger Erfahrung bei der Implementierung von SAP-Lösungen – durch diese Prozessschritte innerhalb der SAP-BRIM-Kette führen und lernen Sie die Verknüpfungen der Lösung mit anderen zentralen Bereichen eines Unternehmens kennen.

Wir freuen uns stets über Lob, aber auch über kritische Anmerkungen, die uns helfen, unsere Bücher zu verbessern. Scheuen Sie sich nicht, sich bei mir zu melden. Ihr Feedback ist jederzeit willkommen.

Ihr Stefan Thißen
Lektorat SAP PRESS

stefan.thissen@rheinwerk-verlag.de
www.rheinwerk-verlag.de
Rheinwerk Verlag · Rheinwerkallee 4 · 53227 Bonn

Auf einen Blick

Wir hoffen, dass Sie Freude an diesem Buch haben und sich Ihre Erwartungen erfüllen. Ihre Anregungen und Kommentare sind uns jederzeit willkommen. Bitte bewerten Sie doch das Buch auf unserer Website unter **www.rheinwerk-verlag.de/feedback**.

An diesem Buch haben viele mitgewirkt, insbesondere:

Lektorat Inken Kiupel, Stefan Thißen
Korrektorat Susanne Reinhold, Berlin
Herstellung Nadine Preyl
Typografie und Layout Vera Brauner
Einbandgestaltung Silke Braun
Coverbild iStock: 504333530 © efetova
Satz SatzPro, Krefeld
Druck Beltz Grafische Betriebe, Bad Langensalza

Dieses Buch wurde gesetzt aus der TheAntiquaB (9,35/13,7 pt) in FrameMaker. Gedruckt wurde es auf chlorfrei gebleichtem Offsetpapier (90 g/m²). Hergestellt in Deutschland.

Bibliografische Information der Deutschen Nationalbibliothek:
Die Deutsche Nationalbibliothek verzeichnet diese Publikation in der Deutschen Nationalbibliografie; detaillierte bibliografische Daten sind im Internet über *http://dnb.d-nb.de* abrufbar.

ISBN 978-3-8362-5906-4

1. Auflage 2019

Informationen zu unserem Verlag und Kontaktmöglichkeiten finden Sie auf unserer Verlagswebsite **www.rheinwerk-verlag.de**. Dort können Sie sich auch umfassend über unser aktuelles Programm informieren und unsere Bücher und E-Books bestellen.

Inhalt

Vorwort

Warum setzen wir uns eigentlich mit Abrechnungen auseinander, mit einem Thema, das wahrscheinlich so alt ist wie die Mathematik selbst?

Die Kurzfassung ist, dass die Digitalisierung neben neuen technologischen Möglichkeiten und Geschäftsmodellen auch neue, vielseitige und innovative Abrechnungsmodelle zulässt. Die Abrechnung, die wir aus dem Restaurant oder vom Markt kennen – Menge mal Preis – steht hier am unteren Ende der Komplexitätsskala. Anlass für unser Buch sind vielmehr Massenabrechnungen – und zwar auf Basis der Anzahl an Kunden, Produkten, Services, Varianten, Verbräuchen usw.

Aber lassen Sie uns mit dem Anfang beginnen: Was verstehen wir eigentlich unter dem Begriff *Abrechnung*?

Die Abrechnung ist im klassischen Sinne der Prozess, der dafür sorgt, dass gelieferte Produkte oder Leistungen auch bezahlt werden – eigentlich langweilig, oder? Im Rahmen der Digitalisierung durchläuft nun aber auch die Abrechnung einen Transformationsprozess. Dank einer optimierten digitalen Abrechnung können Sie mit den Ideen und den Daten Ihres Unternehmens in kurzer Zeit Ihren Gewinn steigern – nicht mehr langweilig, oder?

Wenn man über *Abrechnungssysteme* oder *Billing* spricht, hat jeder ein anderes Bild im Kopf. Warum? Weil unseres Erachtens – außer in der Telekommunikation – ein »Abrechnungssystem« keine eigene Kategorie wie z. B. »Datenbank« oder »Webshop« darstellt. Und dies hat den folgenden Grund: Der »Billing-Prozess« umspannt mehrere Kernprozesse im Unternehmen. Es ist eine typische Querschnittsaufgabe.

Dabei fängt die Abrechnung schon bei der Entwicklung von neuen Geschäftsmodellen an. Wenn ein Unternehmen ein neues Geschäftsmodell oder ein neues Produkt entwickelt und am Markt profitabel anbietet, sich das Produkt oder die Dienstleistung aus verschiedenen Gründen aber nicht abrechnen lassen, entsteht für das Unternehmen kein Mehrwert.

Um dem Kunden wiederum mit dem neuen Produkt einen Mehrwert zu bieten, müssen wir an dieser Stelle einen näheren Blick auf das Produkt-Management bzw. -Marketing werfen: Heutzutage ist es für den Kunden selbstverständlich, maßgeschneiderte, hochindividualisierte Produkte zu erhalten. Die Herausforderung der Vermarktung eines Produktes liegt aus diesem Grund in der individuellen Preislegung, die von der Komplexität der Produktlandschaft abhängig ist und sich von Kunde zu Kunde unterscheidet. Damit der jeweilige Preis dem Kunden am Ende des Verkaufsprozesses in Rechnung gestellt wird, muss die individuelle Preisfindung direkt mit dem Abrechnungssystem verknüpft sein – folglich ist die Abrechnung auch mit dem Vertrieb verzahnt.

Nehmen wir jetzt noch die Dimension der neuen Geschäftsmodelle im Kontext des Internet of Things (IoT) oder von Big Data hinzu, dann sollte schon beim Design der Sensoren, die die Daten zur Abrechnung liefern, an genau diese Abrechnung gedacht werden. Nur so kann ein optimaler und reibungsfreier Ablauf des Verkaufsprozesses durch eine fehlerfreie Sammlung von anforderungs- und kundenrelevanten Informationen sichergestellt werden. Dies verdeutlicht, dass auch der Bereich Fertigung/Produktion mit der Abrechnung gekoppelt ist.

Nachdem der Kunde die Leistung konsumiert oder das Produkt erhalten hat, muss er es abschließend noch bezahlen. Diese Transaktion muss verbucht werden – und schon haben wir eine Integration der Prozesse des Rechnungswesens in unseren Abrechnungsprozess. Wenn dann die Zahlungen und das Forderungsmanagement erfolgen, wird dies ebenfalls Teil des Abrechnungsmanagements.

Wie dieses Beispiel bereits zeigt, sind nahezu alle Bereiche eines Unternehmens mit dem Thema Billing oder Abrechnung verwoben. Aus diesem Grund ist es oft sehr schwierig, die Abrechnung im Unternehmen als Bereich genau abzugrenzen und die Verantwortlichkeit oder Budgets dafür zu definieren. Für klassische B2B-Unternehmen empfiehlt es sich daher, eine eigene Abteilung zu definieren, die sich ausschließlich damit beschäftigt, die o. g. Prozessschritte über alle beteiligten Abteilungen sicherzustellen. Diese Funktion hat einen immensen Stellenwert – man stelle sich einmal vor, wie lange ein Energieversorger oder ein Onlinehändler wie beispielsweise Amazon ohne funktionierende Abrechnung überleben könnte.

Abrechnung ist ein zentraler und unternehmenskritischer Prozess – und dies nicht nur in seiner Funktion, die Einnahmen abzusichern, sondern auch in seiner Außenwirkung. Wir alle kennen die Effekte einer falschen Abrechnung beispielsweise in einem Restaurant oder im Online-Handel und die negativen Gefühle, die damit beim Kunden ausgelöst werden.

Vom Produkt- bis hin zum Serviceunternehmen – die Abrechnungssysteme machen den Unterschied. Die Anforderungen an Abrechnungssysteme für Produktunternehmen sind dabei gänzlich anders als für Serviceunternehmen – auch dies sollten Sie schon beim Business Design berücksichtigen. Doch in welchen Bereichen liegen diese Unterschiede genau?

- **Verträge**
  Produktunternehmen verkaufen in der Regel eine Ware bzw. ein Produkt. Serviceunternehmen hingegen schließen einen Servicevertrag mit ihren Kunden ab, der verwaltet werden muss. In diesem Punkt bestehen daher Unterschiede in der Vertragserstellung und Verwaltung.
- **Pricing**
  Produktunternehmen stellen meistens eine Preisliste mit Artikelnummern und dedizierten Preisen zur Verfügung. Bei Serviceunternehmen sind es (oder sollten es sein) stattdessen häufig messbare Größen, die den Preis bestimmen (kWh, Liter, km, Bytes, Minuten etc.). Somit sollte die Preisfindung für Serviceunternehmen über Formeln realisiert werden, da diese eine viel höhere Granularität bieten als Listen oder Tabellen. Eine weitere Abweichung wäre das »Echtzeit-Pricing« für diese messbaren Größen.
- **Partner/Umsatzverteilung**
  Physikalische Güter werden produziert und haben einen Standort. (Digitale) Dienstleistungen können nahezu in Echtzeit von jedem Ort der Erde an jeden anderen Ort der Erde geliefert werden. Dies eröffnet die Möglichkeit, Partner oder 3rd-Party-Lieferanten in die Wertschöpfungskette mit einzubinden. Diese müssen natürlich bezahlt werden, am besten in Echtzeit und auch nur dann, wenn der Endkunde bezahlt hat. Damit hält die Echtzeit-Umsatzverteilung in Mehrparteiensystemen Einzug in die Abrechnung.

Tobias Zierau
Vorstandsvorsitzender
best practice consulting AG

Einleitung

Unternehmen in sämtlichen Branchen stehen vor der Herausforderung, sich auf die digitalisierte, globalisierte und vernetzte Welt auszurichten. Es gilt, sich schnell und flexibel am Markt zu behaupten und dabei u. a. die Bereiche Social Media, Internet of Things (IoT), Mobility sowie Analytics aufzugreifen, um den Markt bestmöglich zu bedienen.

Auch die Geschäftsmodelle durchlaufen aufgrund der digitalen Transformation einen Wandel, und viele Unternehmen verbessern und automatisieren dadurch ihr Kernangebot. Um den Kundenbedürfnissen zu entsprechen, werden vermehrt Services statt klassischer Produkte angeboten. Unternehmen bieten einmalige Dienstleistungen und Produkte in Abonnements an oder sie stellen Bündelprodukte zusammen, um ihre Servicepakete individuell zu schnüren und den Mehrwert für den Kunden zu steigern. Gleichzeitig erweitern sie ihr Angebot mit dem Ziel, in neue Absatzmärkte vorzudringen. Dabei verfolgen einige Unternehmen den Ansatz, Dienstleistungs- und Servicepartner in das neue Geschäftsmodell mit einzubeziehen.

Um in diesem dynamischen Markt bestehen zu können, müssen sich Unternehmen neu ausrichten und erfolgreich vom Wettbewerb absetzen. Genau zu diesem Zweck stehen die Lösungen SAP C/4HANA und SAP S/4HANA rund um die Abrechnung zur Verfügung. Sie umfassen die im Folgenden genannten Bereiche und definieren in neuer Weise, wie das Kundenerlebnis durchgängig und einheitlich gestaltet werden kann, und zwar über

- Handel,
- Marketing,
- Abrechnung,
- Vertrieb und
- Service

hinweg. Dabei bietet SAP sowohl On-Premise- als auch Cloud-Lösungen an und stellt ergänzend zahlreiche Apps zur Verfügung.

In diesem Buch widmen wir uns vor allem der On-Premise-Lösung *SAP Billing and Revenue Innovation Management (SAP BRIM)*, die früher unter dem Namen *SAP Hybris Billing* geführt wurde. Den Fokus setzen wir dabei auf die Kernfunktionen der Lösung. Auf der Website (*http://s-prs.de/v590601*) finden Sie im Produktportfolio Billing neben den Lösungen, die in diesem Buch beschrieben werden, auch weitere SAP-Produkte, die wir im Rahmen dieses Buches *explizit ausgeschlossen* haben. Dazu gehören:

- **SAP Digital Documents by OpenText**
  SAP Digital Documents ist eingebettet in die SAP-Lösungen für Customer Engagement und unterstützt Unternehmen bei der individualisierten und empfängerspezifischen Kommunikation. Die Lösung ist nahtlos integriert in SAP Commerce, SAP Marketing, SAP BRIM, SAP Customer Relationship Management (SAP CRM), SAP Configure, Price, and Quote (SAP CPQ), Digital Asset Management (DAM) für SAP by OpenText u. v. m.
- **SAP Billing and Revenue Innovation Management, Service Control by DigitalRoute**
  Service Control ist ein Bestandteil von SAP Convergent Mediation by DigitalRoute. Die Lösung kann genutzt werden, um im Prepaid-Szenario Aktivitäten abzuleiten, wenn der Kunde kein Budget mehr hat. So kann etwa der Datenservice gedrosselt oder ein Anruf abgebrochen werden.

Neben der On-Premise-Version von SAP BRIM bzw. SAP Hybris Billing bietet SAP auch Lösungen mit vergleichbarer Funktionalität in der Cloud an. Diese bestehen aus:

- **SAP Subscription Billing**
  SAP Subscription Billing ist eine umfassende Lösung zur Produktkonfiguration, Preiskalkulation und Angebotserstellung (Configure, Price and Quote, CPQ) sowie für die Auftragsverwaltung und Vertragsabrechnung. Sie lässt sich nahtlos mit den SAP-C/4HANA-Lösungen für Commerce, Marketing, Service und Sales kombinieren.
- **SAP S/4HANA Cloud for contract accounting and invoicing (SAP FICAC)**
  Diese Cloud-Lösung deckt die beiden On-Premise-Komponenten Vertragskontokorrent und Convergent Invoicing ab.

In Kapitel 8, »Erweiterung des Lösungsportfolios mit SAP C/4HANA und SAP Predictive Analytics«, werden wir SAP Subscription Billing genauer beschreiben. Bei SAP FICAC verzichten wir auf eine detaillierte Beschreibung, da wir die Funktionalitäten bereits in Kapitel 3, »Vertragskontokorrent in SAP FI-CA«, und Kapitel 4, »Abrechnung und Fakturierung mit SAP Convergent Invoicing«, vorstellen.

Die Lösung SAP Billing and Revenue Innovation Management (SAP BRIM) ist eine innovative und flexible Software für die Bepreisung, Abrechnung und Fakturierung unterschiedlichster Services sowie klassischer Produkte. Mit der Lösung können innerhalb kurzer Zeit neue Services und Produkte eingeführt, konvergente Rechnungen erstellt, Simulationen durchgeführt und Zahlungen verwaltet werden. Zudem erfüllt SAP BRIM Anforderungen wie Massendatenverarbeitung, Echtzeitanbindung oder Umsetzung von Prepaid- und Postpaid-Szenarien. Durch die Konfigurierbarkeit und Modularität sowie durch die Integration mit anderen SAP-Modulen (z. B. SAP SD oder SAP Utilities) und die Einbindung vorhandener (Abrechnungs-)Systeme bietet die SAP-Lösung eine hohe Flexibilität und Skalierbarkeit. Dadurch wird eine einheitliche Außenwirkung gegenüber dem Kunden erzielt, und zugleich sind die internen Prozesse optimiert und transparent.

Aus technischer Sicht besteht SAP BRIM aus verschiedenen Komponenten, die individuell entsprechend der Bedürfnisse eingesetzt werden können: Die Tarifierung und die Preisfindung werden durch SAP Convergent Charging, die Abrechnung und Faktura durch SAP Convergent Invoicing ermöglicht. Das Subscription Order Management (in der Regel mit SAP CRM) und das Customer Financial Management runden das Paket ab. Als flexible Universallösung wird SAP BRIM branchenübergreifend u. a. in Unternehmen aus den Bereichen Telekommunikation, Logistik, Medien und Versorgung eingesetzt.

Aufbau dieses Buches

Bücher haben in der Regel einen begrenzten Umfang, daher war es leider nicht möglich, für jeden Funktionsbereich einen detaillierten Customizing- bzw. Entwicklungsleitfaden bereitzustellen. So ist dieses Buch vor allem dazu geeignet, Integrationsaspekte hervorzuheben; es eignet sich hingegen nicht zur vertiefenden Einarbeitung eines Modulexperten in sein Spezialthema.

Die einzelnen Kapitel bauen aufeinander auf, wobei jedes Kapitel eine in sich geschlossene Einheit bildet und einzeln durchgearbeitet werden kann.

In **Kapitel 1**, »Die Welt von SAP BRIM«, lernen Sie zunächst das Lösungskonzept von SAP BRIM kennen, und wir beleuchten die Historie der Software. Anschließend erfahren Sie, welchen Einflussfaktoren sich Unternehmen ausgesetzt sehen und warum die Entwicklung von SAP BRIM als Teil der SAP-S/4HANA-Familie dementsprechend notwendig war. Wir skizzieren hier die Beweggründe für den Wandel der Abrechnung und der Vertriebswege durch die Digitalisierung, den Einsatz sozialer Medien, die Mobilität und den hohen Nutzungsgrad des Internets. Anschließend betrachten wir den Einfluss dieses Wandels auf die Welt der Produkte und Dienstleistungen ebenso wie auf die Kundenbindung. Der Servicecharakter wird dabei eine zentrale Rolle spielen. Anschließend erläutern wir, wie Services und klassische Produkte mithilfe von SAP BRIM zur Abrechnung gebracht werden können. Dazu bringen wir Ihnen zunächst das Einsatzpotenzial der Lösung näher, bevor Sie im Anschluss die einzelnen Komponenten und den Systemverbund kennenlernen.

Kapitel 2, »Kundenmanagement mit SAP CRM«, beschreibt die Komponente SAP Customer Relationship Management (SAP CRM) von SAP BRIM. Zunächst gehen wir auf die Grundlagen ein und beantworten die Frage, warum der Einsatz von CRM-Funktionalitäten wichtig ist und welchen Architekturansatz SAP CRM verfolgt. Anschließend erhalten Sie einen SAP-BRIM-spezifischen Einblick in die CRM-Funktionen; Sie befassen sich zunächst mit den Stammdaten und anschließend mit den zugehörigen Prozessen.

In **Kapitel 3**, »Vertragskontokorrent in SAP FI-CA«, greifen wir das Thema der Stammdaten erneut auf und beschreiben, wie diese im Vertragskontokorrent abgebildet, genutzt und erweitert werden können. Anschließend folgt eine Darstellung der wesentlichen Prozesse, die wir mit einer Erläuterung zum Beleg im Vertragskontokorrent beginnen. Ein besonderer Schwerpunkt des Kapitels liegt darauf, das Verständnis für die Leistungsfähigkeit und Flexibilität des Massenkontokorrents zu schärfen. Basierend auf der Darstellung der Stammdaten und Prozesse, finden Sie hier zudem Informationen über die Integration des Vertragskontokorrents in das Rechnungswesen sowie in SAP CRM.

In **Kapitel 4**, »Abrechnung und Fakturierung mit SAP Convergent Invoicing«, stellen wir Ihnen die Kernfunktionalitäten und -prozesse des SAP Convergent Invoicing für die Abrechnung und Fakturierung als Teil des Vertragskontokorrents vor. Hier geht es also erneut um die Massenfunktionalitäten und das bewährte Erweiterungskonzept des Vertragskontokorrents. Zusätzlich wartet diese Komponente u. a. mit dynamischen Klassen und Schnittstellen für Verbrauchsdaten und abrechenbare Positionen sowie Standardschnittstellen für die Integration in oder von externen Systemen auf. Wir haben uns angesichts der besonderen Leistungsfähigkeit und Rolle des Convergent Invoicing in SAP BRIM dafür entschieden, dieser Komponente ein eigenständiges Kapitel zu widmen.

Wir starten erneut mit den Stammdaten und geben Ihnen einen Einblick, welche Informationen diese beinhalten und welche Aufgabe sie im Rahmen des Convergent Invoicing übernehmen. Außerdem erfahren Sie, wie sich SAP Convergent Invoicing in die Systemlandschaft integrieren lässt.

Kapitel 5, »Rating in SAP Convergent Charging«, befasst sich zunächst mit den technischen Grundlagen von SAP Convergent Charging und geht dann auf die wichtigsten Funktionen und Prozesse ein. Dabei betrachten wir erneut im ersten Schritt die Stammdaten des Kunden sowie des Serviceanbieters. Anschließend beschreiben wir, wie Verbrauchsdaten und Ereignisse ins System übernommen werden, sowie deren Bewertung für einmalige, wiederkehrende und verbrauchsabhängige Gebühren. Schließlich greifen wir wieder die Integration in die Systemlandschaft auf. In diesem Fall finden Sie also Beschreibungen zur Integration in SAP CRM, SAP CI und in externe Abrechnungssysteme.

In **Kapitel 6**, »Die Verteilungsplattform SAP Convergent Mediation by DigitalRoute«, gehen wir auf die technischen Grundlagen dieser SAP-Komponente ein. Anschließend erfahren Sie, wie die Plattform zur Verarbeitung und Bündelung von Ereignissen eingesetzt werden kann. Sie erfahren hier mehr über die Konfiguration und Funktionsweise von SAP Convergent Mediation, um die Weiterverarbeitung der Ereignisse mithilfe von workflowbasierten Prozessen zu steuern. Schließlich gehen wir auf Fehlerbehandlung und Monitoring ein, die in der Massenverarbeitung so optimiert sein müssen, dass Fehler leicht auszumachen und aussagekräftige Kennzahlen schnell zugänglich sind.

In **Kapitel 7**, »Branchenspezifische Anwendungsbeispiele von SAP BRIM«, geben wir Ihnen einen Einblick in praxisnahe Anwendungsbeispiele von SAP BRIM. Wir möchten Ihnen damit das Einsatzpotenzial der Lösung aufzeigen und Sie unterstützen, ein Verständnis dafür zu entwickeln, wie flexibel Lösungsansätze für die unterschiedlichsten Branchen gewählt werden können.

In **Kapitel 8**, »Erweiterung des Lösungsportfolios mit SAP C/4HANA und SAP Predictive Analytics«, greifen wir das SAP-C/4HANA-Portfolio auf und beschreiben dessen wesentliche Komponenten. Hier finden Sie auch Informationen zur Cloud-Lösung SAP Subscription Billing.

Das Buch schließt mit **Kapitel 9**, »Fazit und Ausblick«, einer kurzen Zusammenfassung und einer Vorschau auf zukünftige Entwicklungen im Umfeld von SAP BRIM.

Darstellung der einzelnen SAP-BRIM-Komponenten

In Kapitel 2, »Kundenmanagement mit SAP CRM«, bis Kapitel 6, »Die Verteilungsplattform SAP Convergent Mediation by DigitalRoute«, stellen wir die einzelnen Komponenten von SAP BRIM im Detail vor. In jedem Kapitel beschreiben wir zudem den besonderen Charakter der Integration in die SAP-BRIM-Gesamtlösung. Dazu erläutern wir insbesondere die Integration in die Komponenten, die bereits in den vorangegangenen Kapiteln beschrieben wurden.

Darüber hinaus haben wir für Sie, thematisch gegliedert, die wichtigen Transaktionen und Datenbanktabellen zusammengestellt. Entsprechende Informationen haben wir tabellarisch dargestellt.

Außerdem haben wir zum besseren Verständnis und zur Veranschaulichung der Grundfunktionen ein Anwendungsbeispiel aufbereitet. Dieses wird initial in Abschnitt 2.2.1 beschrieben und in Kapitel 2, »Kundenmanagement mit SAP CRM«, bis Kapitel 5, »Rating in SAP Convergent Charging«, immer wieder aufgegriffen. Informationen zum Anwendungsbeispiel *Video-on-Demand* sind wie folgt hervorgehoben:

Anwendungsbeispiel: Video-on-Demand

...

Um die Themen bestmöglich zu vermitteln, werden nicht nur viele Abbildungen, sondern auch Kästen mit weiterführenden Informationen verwendet. Diese sind mit verschiedenen Icons markiert:

[+]
- **Tipp**
  Kästen mit diesem Icon geben Ihnen Empfehlungen zu Einstellungen oder Tipps aus der Berufspraxis.

[»]
- **Hinweis**
  Dieses Icon weist Sie auf zusätzliche Informationen hin.

[zB]
- **Beispiel**
  Mit diesem Icon haben wir ausführlichere Beispiele gekennzeichnet.

Danksagung

Die Erstellung eines Fachbuchs ist ein umfangreiches und nicht zu unterschätzendes Projekt. Die intensive Aufarbeitung der Inhalte bedeutet neben dem normalen Beraterallltag eine zusätzliche Belastung. In erster Linie gilt mein Dank daher den Co-Autoren für ihren außergewöhnlichen Einsatz. Ich bedanke mich bei Stefan Böwing, René Dohr, Luca Durbahn, Michael Eidus, Sebastian Feuring, Tobias Fiele, Christopher Främbs, Friedrich Gerny, Janina Gundrum, Christian Mertens, Niklas Müller, Christian Philipp, Hendrik Sander und Martin Wegmann. Mit großer Motivation und Geduld haben sie zahlreiche Anregungen gegeben und die Erstellung großer Textteile, die Qualitätssicherung, Strukturierung und mehrfache Überarbeitung der Inhalte bewältigt.

Darüber hinaus senden wir ein herzliches Dankeschön an

- die Kunden der best practice consulting AG, mit denen wir viele großartige Projekte bearbeiten und Lösungen erarbeiten durften;
- Christian Kunert von der nexnet GmbH für die Bereitschaft, die gesammelten Projekterfahrungen auch im Rahmen dieser Veröffentlichung zu teilen;
- die Kollegen der best practice consulting AG, mit denen wir intensiv zusammengearbeitet haben. Unser Betriebsklima ist der Ansporn, das Unternehmen weiterzuentwickeln;
- Tobias Zierau für die Bereitschaft, das Vorwort zu diesem Werk zu verfassen und inhaltliche Hinweise beizusteuern;
- Claudia Keller von SAP SE für ihre wichtigen Informationen zu SAP C/4HANA und SAP Subscription Billing sowie die Qualitätssicherung von Textteilen;
- Sebastian Copony und Peter Falk von JPF-Consulting, Daniel Hermening, Christian Mertens und Manuel Simbeck für die Qualitätssicherung von Textteilen;
- unseren Kollegen Niklas Müller, der unermüdlich und unbeirrt die Administration des Projektes übernommen hat. Es war nicht immer einfach mit uns;
- das Lektorat von SAP PRESS und insbesondere Inken Kiupel und Stefan Thißen für ihre Unterstützung von der Grobkonzeption über die Realisierung bis hin zum Go-Live des Buchprojekts und
- alle, die wir hier nicht mehr persönlich erwähnen können.

Wir wünschen viel Spaß beim Lesen!

Daniela Klose

Kapitel 1
Die Welt von SAP BRIM

In diesem Kapitel stellen wir Ihnen die Welt von SAP Billing and Revenue Innovation Management vor. Sie erhalten einen Einblick in das Lösungskonzept von SAP BRIM, seine Komponenten und die Systemlandschaft, in die SAP BRIM eingebettet ist.

SAP BRIM im Überblick

Mit SAP Billing and Revenue Innovation Management (SAP BRIM, ehemals SAP Hybris Billing) stellt SAP ein mächtiges Werkzeug für die Abrechnung von Produkten und Dienstleistungen zur Verfügung. Doch was ist SAP BRIM? Wie ist die Lösung aufgebaut? Auf welche Bedürfnisse antwortet die Software-Lösung? Für welche Branchen und Geschäftsmodelle ist SAP BRIM geeignet? In diesem Kapitel ergründen wir die Fragen und geben Ihnen einen allgemeinen Überblick über SAP BRIM. Dabei gehen wir auf die unterschiedlichen technologischen und gesellschaftlichen Treiber ein, die Unternehmen und letztendlich SAP zu einem Umdenken geführt und dazu bewegt haben, vorhandene Lösungen abzulösen oder weiterzuentwickeln. Anschließend grenzen wir die Aufgabenfelder sowie Einsatzbereiche unter Zuhilfenahme von Anwendungsbeispielen aus verschiedenen Branchen ab. Zum Ende des Kapitels geben wir Ihnen einen kurzen Einblick in die Komponenten der Lösung und diskutieren geeignete Systemlandschaften.

1.1 Das Lösungskonzept von SAP Billing and Revenue Innovation Management

Wandel der Abrechnung

Mit SAP Billing and Revenue Innovation Management hat SAP die herkömmliche Abrechnung weiterentwickelt. Die Software zeichnet sich durch eine hohe Flexibilität und Geschwindigkeit aus: SAP BRIM ist auf Massenprozesse mit hohen Transaktionsvolumina ausgelegt und bietet eine bessere Integration mit vorhandenen Abrechnungssystemen. Es erleichtert Unternehmen aus vielen Branchen, der digitalen Transformation zu begegnen.

Der gesamte Offer-to-Cash-Geschäftsprozess lässt sich in SAP BRIM detailliert darstellen (siehe Abbildung 1.1) – von der Angebotserstellung ❶ über die Verrechnung bzw. Bewertung der genutzten Services ❷ bis hin zur Rechnungserstellung ❸ und zum Forderungsmanagement ❹. Gleichzeitig können bestehende externe Systeme für die Kundenpflege, Bewertung und Abrechnung bzw. Faktura in die SAP-BRIM-Landschaft integriert werden, um den kompletten Abrechnungsprozess zu harmonisieren. Wo nötig, können dank des modularen Aufbaus von SAP BRIM bestehende Teilkomponenten ersetzt werden.

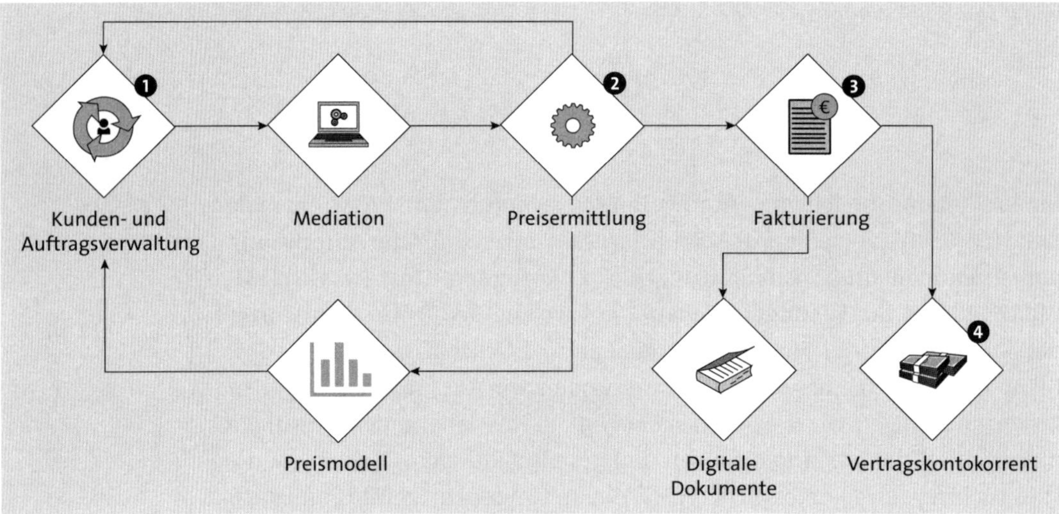

Abbildung 1.1 Lösungskonzept von SAP BRIM

Eine wesentliche Funktion von SAP BRIM liegt in der Abbildung nutzungsbasierter oder wiederkehrender Preismodelle für Angebote nach Maß. Neben Post- und Prepaid-Szenarien lassen sich auch Partnerbeteiligungsmodelle umsetzen. Gleichzeitig bietet SAP BRIM die Möglichkeit einer Preisfindung in Echtzeit.

Der Kunde steht bei dieser SAP-Lösung im Mittelpunkt. So lassen sich spezielle Leistungspakete schnüren und in schnelllebigen Märkten rasch weiterentwickeln. Auch das Kundenverhalten kann in Zeiten von Big Data für die Preisgestaltung und Rechnungslegung herangezogen werden.

Gleichzeitig können einheitliche und bei Bedarf konvergente Rechnungen für Produkte und Leistungen aus mehreren Eingangskanälen erstellt werden. Im weiteren Prozess bietet die Revenue-Management-Kette einen hohen Automatisierungsgrad bei Forderungs-, Zahlungs- und Kreditmanagement sowie einen effizienten Umgang mit Kunden unterschiedlicher Bonitätsstufen bis hin zur Abgabe an die Inkasso-Abteilung. Damit erhöhen

Unternehmen ihre Rentabilität, stärken die Kundenbindung und nicht zuletzt Ihre Position im Markt.

Flexibles Lösungskonzept

Durch die Konfigurationsmöglichkeiten, die Modularität und die Integration mit anderen SAP-Komponenten (z. B. SAP SD, SAP FI-CA, SAP CRM, SAP IS-U) und die Einbindung vorhandener Abrechnungssysteme bietet SAP BRIM eine hohe Flexibilität. Die Lösung besteht aus verschiedenen Komponenten, die individuell entsprechend den Bedürfnissen eines Unternehmens eingesetzt werden können: Die Tarifierung und die Preisfindung werden durch SAP Convergent Charging, die Abrechnung und Faktura durch SAP Convergent Invoicing ermöglicht. Das Sales and Order Management (als Teil von SAP CRM) und das Customer Financial Management (SAP FI-CA und SAP CRM) runden das Paket ab.

Als flexible Universallösung wird SAP BRIM branchenübergreifend in Unternehmen etwa aus den Bereichen Telekommunikation, Logistik, Handel, Medien und Versorgung eingesetzt.

[«]

Historie von SAP BRIM

Genauso dynamisch und flexibel wie die technische Lösung hat sich auch ihr Name über die Zeit entwickelt. Die heutige Universallösung war schon früher einmal mit Ihren Kernfunktionalitäten unter dem Namen *SAP Billing and Revenue Innovation Management (SAP BRIM)* bekannt.

In dieser ersten Version von SAP BRIM wurde die klassische Abrechnung etwa aus SAP MM, SAP SD und diversen Branchenlösungen weiterentwickelt, um den gewachsenen Anforderungen an die Geschwindigkeit der Datenverarbeitung, die zu bewältigenden Datenvolumina und die Flexibilität (branchenneutral, konfigurierbar und modular) der Lösung gerecht zu werden.

Die Kern-Komponenten des modular aufgebauten SAP BRIM sind:

- SAP Customer Relationship Management (SAP CRM)
- SAP Convergent Mediation by DigitalRoute
- SAP Convergent Charging (SAP CC)
- SAP ERP Business Suite oder SAP S/4HANA mit Vertragskontokorrent (SAP FI-CA) und darin enthaltenem Convergent Invoicing (SAP CI)

Die beiden Lösungen SAP Convergent Charging und SAP Convergent Mediation by DigitalRoute sind keine originären SAP-Anwendungen. 2009 wurde die französische Firma Highdeal von SAP übernommen und das Produkt Highdeal Transactive unter dem Namen SAP Convergent Charging in die Offer-to-Cash-Lösung integriert. SAP Convergent Mediation by Digital-

Route hingegen stammt, wie der Name schon sagt, von DigitalRoute, einem unabhängigen Unternehmen, das seit 2012 SAP-Partner ist.

Seit 2013 ist hybris ein Mitglied der SAP-Familie. hybris war zu dem Zeitpunkt ein führender Anbieter von E-Commerce-Technologien. Im Juli 2015 wurde SAP BRIM in SAP hybris Billing umbenannt und in diese hybris-Familie unter dem Namen SAP hybris Customer Engagement Commerce (SAP hybris CEC) aufgenommen. Ziel dieser Änderung war es, zum einen den Kunden und seine Erfahrungen in den Mittelpunkt zu stellen und zum anderen auch SAP BRIM im Sinne der Simplifizierung auf eine SAP-HANA-Plattform zu bringen. Dies war mithilfe des hybris-Portfolios, bestehend aus hybris Commerce, hybris Marketing und hybris Cloud for Customer, gelungen.

Im Januar 2016 wechselte auch der Markenname. Aus hybris-Software wurden die SAP-Hybris-Lösungen und als symbolischer Akt dieser Veränderung das kleine h durch ein großes H ersetzt. Auch heute noch können Sie online wertvolle Beiträge und Informationen unter dem Stichwort »Hybris Billing« finden.

Um die Ausrichtung auf den Kunden zu vervollständigen, wurde im Juni 2018 der nächste und vorläufig letzte Schritt vollzogen: Die bisher unter SAP Hybris geführten Lösungen wurden zusammen mit weiteren zugekauften Lösungen unter dem neuen Namen SAP C/4HANA zusammengeführt. Das C steht dabei für »Customer«, also den Kunden, und die 4 für das CRM der vierten Generation. Mit SAP C/4HANA bietet SAP eine klare Linie für ein starkes Frontend, integriert mit einem leistungsstarken SAP-S/4HANA-Backend, um den vollständigen Prozess des Kundenmanagements abzubilden. Im Zuge dieser Neuausrichtung wurde SAP Hybris Billing erneut umbenannt und hat wieder den Namen SAP Billing and Revenue Innovation Management (SAP BRIM) erhalten.

1.2 Die Weiterentwicklung der Abrechnung

Nachfolgend greifen wir auf, welche Treiber die Bedürfnisse von Unternehmen und die Marktanforderungen an eine Weiterentwicklung der Abrechnung beeinflussen. Außerdem geben wir einen Einblick, welche geänderten Anforderungen an die Abrechnung gestellt werden.

1.2.1 Digitale Transformation

Abrechnung im digitalen Wandel

Der größte technologische Treiber für die Weiterentwicklung der Abrechnung ist die *digitale Transformation*, die Unternehmen ebenso betrifft wie ihre Kunden. Digitale Technologien eröffnen völlig neue Möglichkeiten und Geschäftsfelder. Sie erfordern neue Abrechnungsmöglichkeiten und gehen mit dem Wandel von der Produktorientierung zur Serviceorientierung einher.

Die rasante Entwicklung digitaler Technologien, insbesondere in der Informationstechnik, hat unsere Welt signifikant verändert. Sie hat dazu geführt, dass viele über Jahrzehnte erfolgreich funktionierende Geschäftsmodelle innerhalb kürzester Zeit obsolet wurden. Wer kann sich heutzutage noch vorstellen, einen Film in einer Videothek auszuleihen oder einen Begriff in der »Brockhaus Enzyklopädie« statt bei Wikipedia nachzuschlagen?

Doch nicht nur die Geschäftsmodelle, auch die Wertschöpfungsketten haben sich mit der digitalen Transformation gewandelt. Insbesondere Daten und Informationen sind zu einem außerordentlich wertvollen Gut geworden.

Durch die einfache Verfügbarkeit von Informationen wie beispielsweise von Preisvergleichen oder Produkt- und Anbieterbewertungen hat der Kunde enorm an Macht gewonnen. Dies führt zu einer drastischen Verstärkung des Konkurrenzkampfes zwischen den Anbietern, der oft über den Preis entschieden wird. Einen höheren Preis nimmt der Kunde meist nur in Kauf, wenn der Anbieter die Kundenzufriedenheit und -bindung beispielsweise durch ausgezeichneten Kundenservice oder eine unkomplizierte und flexible Abrechnung steigert. Darüber hinaus erwarten Kunden oftmals individuell auf sie zugeschnittene Angebote und beispielsweise eine *nutzungsbasierte Abrechnung*.

Ein bekanntes Beispiel für neue Abrechnungsmodelle auf Grundlage der digitalen Transformation ist die *Sharing Economy*. Das Teilen von Autos über Carsharing-Dienste wie car2go erfreut sich vor allem in Großstädten wachsender Beliebtheit. Mit dem Dienst können Kunden Fahrzeuge nutzen, wenn sie diese benötigen – besonders für Gelegenheitsfahrer eine kostengünstige Alternative zum eigenen Auto. Abgerechnet wird dabei minutengenau nach dem *Pay-per-Use-Prinzip*. Auch andere Sharing-Dienste wie Airbnb oder Uber sind inzwischen sehr gut etabliert und haben althergebrachte Geschäftsmodelle ganzer Branchen infrage gestellt.

Einen anderen Trend stellt die *Subscription Economy* dar. Abrechnungen auf Abonnementbasis werden immer beliebter und sind bereits länger aus Handyverträgen oder Zeitungsabos bekannt. Insbesondere *Software-as-a-Service-Dienstleistungen* nutzen dieses Abrechnungsmodell und schaffen es damit, Kunden langfristig zu binden.

Diese Beispiele verdeutlichen, dass Unternehmen durch die digitale Transformation mehr denn je abhängig von ihren Kunden sind. Einige wissen diese Abhängigkeit zu ihrem Vorteil zu nutzen, während andere durch die neue Macht der Kunden zugrunde gehen.

So herausfordernd die digitale Transformation für Unternehmen sein mag: Sie profitieren auch von der hohen Verfügbarkeit von Daten und Informationen. Eine der bedeutendsten Quellen für Daten stellt das *Internet of Things* dar, dem wir uns daher im nächsten Abschnitt widmen.

Internet of Things

Abrechnung im Kontext von Sensordaten

Unter dem *Internet of Things* versteht man die Vernetzung von Geräten und Gegenständen – ein Trend, der noch ganz am Anfang steht. Gleichzeitig verdeutlicht kaum eine Entwicklung stärker, wie Technologien Einzug in unser Leben halten und dabei auch die Geschäftswelt beeinflussen. Das Internet of Things wird künftig neue Geschäftsfelder und damit auch neue Preis- und Abrechnungsmodelle ermöglichen und die uns bekannte Welt entscheidend verändern.

Auch der bereits genannte Carsharing-Dienst car2go wäre ohne die Kommunikation der Autos über das Mobilfunknetz und die Mitteilung von Daten wie der aktuellen Position und Tankfüllung nicht möglich. Andere mögliche Anwendungsfälle für das Internet of Things in diesem Kontext sind die Abrechnung nach gefahrenen Kilometern oder flexible Versicherungsprämien, abhängig vom Fahrstil oder Ort der Fahrzeugnutzung der Kunden.

Ein weiteres großes Feld im Zusammenhang mit dem Internet of Things wird künftig die *E-Mobilität* und insbesondere die damit verbundene Infrastruktur von Ladestationen für Pkws bieten. Neben Prepaid-Tarifen wird es nicht nur eine ortsabhängige, sondern auch eine zeitabhängige Abrechnung geben, um Kapazitäten effizient nutzen zu können und Lastspitzen zu reduzieren.

Auch technische Anlagen wie beispielsweise Kühlgeräte können über das Internet kommunizieren und damit den Weg für eine Fernwartung oder vorausschauende Instandhaltung durch den Hersteller sowie Überwachung durch den Besitzer bzw. Kunden ebnen. Damit eröffnen sich neue Wege der Abrechnung: Anlagen oder auch Maschinen können so beispielsweise vermietet und nach den tatsächlich verbrauchten Betriebsstunden nutzungsabhängig abgerechnet werden.

Nimmt man weitere Technologien wie z. B. *Radio Frequency Identification* (RFID) hinzu, entstehen völlig neue Möglichkeiten, die auf dem Internet of

Things basieren. So können beispielsweise Waren mit Sensoren ausgestattet und mit deren Hilfe individuell zugeordnet, überwacht und abgerechnet werden. Dieses und andere Szenarien führen zu kleinteiligen Massenabrechnungen, die es mit geeigneten Systemen zu bewältigen gilt.

Mobility und Social Media

Abrechnung im Kontext unterschiedlicher Kanäle

Eine andere zentrale Entwicklung der letzten Jahre stellt die rasante Verbreitung von mobilen Geräten dar. Besonders der damit verbundene ständig verfügbare Zugang zum Internet hat die Geschäftswelt maßgeblich verändert und neue Abrechnungsmodelle ermöglicht.

Kunden möchten Produkte und Dienste nun auch unterwegs wie gewohnt nutzen können. Beispielsweise im Consumer-Bereich nimmt das Streaming von Musik und Videos über Abonnements oder Pay-per-Use-Angebote stetig zu. Auch die Nutzung von Informationsdiensten wie Online-Zeitschriften kann auf diese Weise abgerechnet werden. Mobile Services ermöglichen zusammen mit GPS auch völlig neue Konzepte, wie die bereits genannten ortsabhängigen Dienste car2go oder Uber verdeutlichen.

Im Businessbereich führt die Globalisierung zu einem erhöhten Reisepensum. Mitarbeiter müssen daher ihre Zeit unterwegs und ortsungebunden sinnvoll nutzen und Zugriff auf wichtige Systeme und Dienste haben. Dies macht sich besonders bei Außendienstmitarbeitern bemerkbar: Unternehmen reagieren mit einer Verlagerung vieler Dienste in die Cloud und bieten sie als *Software as a Service* an, damit sie geräte- und ortsunabhängig genutzt werden können. Dabei findet auch hier eine Verschiebung in Richtung Abonnements und Pay-per-Use-Abrechnungsmodellen statt. Dies hat für die Nutzer den Nebeneffekt, dass anfallende Kosten überschaubarer und besser planbar sind.

Zu guter Letzt sind auch die Auswirkungen von *Social Media* nicht zu unterschätzen. Facebook, Twitter und YouTube haben sich zu bedeutenden Informationsquellen entwickelt. Während sich potenzielle Kunden mithilfe der sozialen Medien Informationen zu diversen Themen verschaffen, besorgen sich Unternehmen über Social-Media-Plattformen Daten über ihre Kunden. Diese wiederum lassen sich umwandeln in wichtige Informationen für Marketing und Vertrieb, auf deren Grundlage sich hochgradig personalisierte Angebote und Marketingkampagnen erstellen lassen.

Damit Unternehmen die Möglichkeiten dieser technologischen und gesellschaftlichen Entwicklungen optimal ausschöpfen können und auch auf zukünftige Entwicklungen vorbereitet sind, stellt SAP ihnen mit dem Billing and Revenue Innovation Management ein innovatives und mächtiges Werkzeug zur Verfügung.

1.2.2 Vom Produkt zur Dienstleistung

Neue Perspektiven der Abrechnung

Im Zusammenhang mit der digitalen Transformation lassen sich zwei Tendenzen beobachten: Zum einen gerät der Kunde und insbesondere seine Sicht auf Produkte und Dienstleistungen stärker in den Fokus, d. h., jedes Produkt muss seinen Mehrwert für den Kunden noch intensiver beweisen. Auch die Funktionen der Abrechnung sind stärker auf die Kundenerfordernisse ausgerichtet. Sie umfassen dann beispielsweise auch die Abrechnung ganzer Produkt- oder Dienstleistungspakete oder deren Kombination inkl. der Einbindung von Partnerabrechnungen.

Zum anderen wandelt sich das Geschäftsmodell vieler Unternehmen allmählich vom Produktgeschäft zur Dienstleistung. Insbesondere bei *digitalen Produkten* wird dieser Trend sichtbar: Während beispielsweise Musik früher als Produkt, also als einzelnes Lied oder Album, gekauft wurde, nimmt der Anteil an gestreamter Musik über Dienste wie Spotify unaufhaltsam zu. Oft erfolgt das Streaming dabei auf Basis eines Abonnements und wird somit als Dienstleistung angeboten. Gleiches trifft auf Filme zu, und selbst Videospiele können heutzutage gestreamt und damit als Dienstleistung in Anspruch genommen werden.

Ein ähnlicher Trend ist auch bei Business-Software erkennbar. Viele Lösungen wandeln sich von *On-Premise-* zu *Software-as-a-Service-Angeboten* oder werden direkt als solche angeboten. Damit wandeln sie sich jedoch auch vom Produkt zur Dienstleistung und ermöglichen den Anbietern neue Preis- und Abrechnungsmodelle. Die Abrechnung kann dabei von unterschiedlichen Faktoren abhängen, wie etwa der Anzahl der Benutzer pro Monat, vom Funktionsumfang, der Anzahl an Transaktionen oder der Nutzungsdauer. Ein entscheidender Vorteil für die Anbieter solcher Dienstleistungen ist die dauerhafte Bindung der Kunden an ihr Unternehmen, da sie auf diese Weise regelmäßige und gut planbare Einnahmen generieren. Auch für Kunden bieten diese Abrechnungsmodelle Vorteile: So haben sie meist geringere Investitionskosten, eine schnelle Einsatzbereitschaft und stets den aktuellen Stand der Software. Außerdem kann der Kunde die anfallenden Kosten besser überblicken und einplanen.

Doch nicht nur in der digitalen Welt ist diese Tendenz beobachtbar. Zusätzlich zu den althergebrachten Dienstleistungen, wie wir sie aus der Gastronomie oder von ärztlichen Behandlungen kennen, bieten auch produzierende Unternehmen heutzutage produktbegleitende Dienstleistungen an und wandeln sich damit ebenfalls zum Dienstleister. Als Beispiel wären hier diverse Beratungsleistungen im Maschinenbau oder die Finanzierung von Fahrzeugen durch Autobanken für einen zusätzlichen Kaufanreiz zu nennen.

Andere Unternehmen setzen wiederum auf völlig neue Dienstleistungskonzepte: Lieferdienste wie Deliveroo nutzen die digitale Transformation und bringen Essen aus verschiedenen Restaurants direkt zum Kunden nach Hause. Outfittery stellt, entsprechend dem Kundenprofil, aufeinander abgestimmte Kleidung zusammen und begeistert Kunden durch unkomplizierten Umtausch bei Nichtgefallen. Die Liste der innovativen Dienstleistungskonzepte lässt sich beliebig erweitern. Aufgrund der voranschreitenden Automatisierung und der Entwicklung zu einer *Industrie 4.0* ist zu erwarten, dass der Anteil der Dienstleistungen am Markt stetig zunehmen wird.

Die hier skizzierten Entwicklungen beeinflussen und verändern auch konventionelle Preis- und Abrechnungsmodelle. Abrechnung von kombinierten Dienstleistungspaketen, Pay-Per-Use, Abonnements, nutzungsabhängige Abrechnung und weitere innovative Abrechnungsmethoden werden in Zukunft zunehmen.

Diese Szenarien gilt es, mit geeigneten IT-Systemen zu unterstützen und abzubilden. SAP Billing and Revenue Innovation Management ist dafür bestens geeignet.

1.3 Branchenspezifische Abrechnungsszenarien

Um die Einsatz- und Nutzenpotenziale eines Querschnittsthemas wie der Abrechnung besser einordnen zu können, lohnt es sich in der Regel, mit Beispielen zu arbeiten. Außerdem erleichtert dieses Vorgehen den Transfer zu anderen Branchenanforderungen. Im Folgenden stellen wir Ihnen einige Abrechnungsszenarien vor, die branchentypisch sind und häufig zum Einsatz kommen.

Auswahl an Anwendungsbeispielen

In Kapitel 7, »Branchenspezifische Anwendungsbeispiele von SAP BRIM«, finden Sie außerdem eine Auswahl an Anwendungsbeispielen aus Kundenprojekten, die wir detaillierter beschreiben.

1.3.1 Fertigung

Big Data ist aktuell in aller Munde. Aber ist es vertretbar, mit Sensordaten nur vorausschauende Instandhaltung zu betreiben? Insbesondere wenn man aus jedem Datum, das man von einem Sensor erhält, auch einen Preis berechnen und damit verbrauchsbasierte Geschäftsmodelle realisieren könnte? Nehmen wir ein Beispiel aus dem Bereich Robotics: Anstelle des Investments für den Kauf eines Produktionsroboters wird ein Servicevertrag abgeschlossen. Die Abrechnung des Servicevertrags erfolgt bspw. über »Picks« (also die Aktivität des Roboters) mit einem Grundpreis für Standardprozesse, Geschwindigkeit und einem »per-Pick«-Preis. Der Hersteller kann damit die Geräte austauschen (und die Altgeräte verkaufen oder wiederverwerten), da sie sich weiterhin in seinem Besitz befinden. Der Kunde schont seine Liquidität und kann beispielsweise in Zeiten hoher Auslastung Produktionskapazitäten hinzubestellen. Damit ergibt sich z. B. folgende Preisgestaltung: Grundpreis + Premium Package (+ 5 Picks/Sec) + per Pick Pricing.

1.3.2 Automotive-Unternehmen

Im Bereich der Automobilwirtschaft gibt es sehr unterschiedliche Abrechnungsszenarien, die vor allem der Elektromobilität und der zunehmenden Digitalisierung von Fahrzeugen geschuldet sind. Im Rahmen der Elektromobilität sind beispielsweise Abrechnungsmodelle für den Bezug und Verbrauch (und ggf. die Rückspeisung bei der Nutzung als Speicher) von elektrischer Energie umzusetzen. Sie werden maßgeblich vom Standort (zu Hause, öffentlich, Roaming u. v. m.), der Art der Ladung (Geschwindigkeit, Induktion, u. v. m.) und ggf. über weitere Zusatznutzen (Priorisierung an Ladeinfrastruktur o. Ä.) beeinflusst.

Ein anderes Abrechnungsszenario liegt in der Zuschaltung von Funktionen (etwa mit dem Pay-per-Use-Abrechnungsmodell): So ist es beispielsweise denkbar, Features wie autonomes Fahren oder Navigationsfunktionen, leistungsfähigere Scheinwerfer oder Massagesitze anzubieten, die zugebucht werden können und die es zu fakturieren gilt. Aus diesen Gründen wird die Abrechnung künftig auch die Produktionsprozesse von Fahrzeugherstellern beeinflussen, und das Fahrzeug wird zum ständigen Umsatzpotenzialbringer. Hierzu benötigen die Hersteller entsprechende Billing-Services bzw. -Kapazitäten.

1.3.3 Versicherungswirtschaft

Die Digitalisierung ermöglicht auch spontanere und individuelle Versicherungslösungen. Unternehmen wie beispielsweise Facebook oder Google können aufgrund der ihnen zur Verfügung stehenden Daten diverse Informationen über ihre Nutzer erfassen, wie den Standort oder das aktuelle Interesse eines Kunden. Dies öffnet die Chance für den spontanen Abschluss von Versicherungsleistungen. Sucht z. B. ein Kunde im Internet nach einer Bergsteigerausrüstung, kann der Versicherungsunternehmer (oder der Anbieter der Ausrüstung) darauf reagieren und zusätzlich eine Unfallversicherung zur Verfügung stellen.

Ein weiteres Szenario aus der Versicherungswirtschaft stellt die individuelle Berücksichtigung eines Unfallrisikos dar. Das Fahrverhalten eines Kunden kann mithilfe von Fahrzeugsensoren erfasst werden. Ergänzt durch den Vergleich mit anderen Fahrern und den jeweiligen Verkehrssituationen, geben die Daten Aufschluss über das jeweilige Unfallrisiko eines Kunden. Auch hier wären flexiblere Versicherungs- und Abrechnungsmodelle möglich. Heute sind solche Modelle rechtlich noch nicht umsetzbar (vor allem, wenn man diese Themenstellung mit Blick auf die Krankenkassen weiterdenkt), aber es ist anzunehmen, dass der Trend schrittweise in diese Richtung geht. Künftige Abrechnungsmodelle enthalten weitere Faktoren, wie z. B. Einmalzahlungen, Bonus- oder Malusregelungen und dynamische Preise.

1.3.4 Handel

Der Trend zu Abonnement-Modellen in der digitalen Wirtschaft, wie z. B. beim Streaming von Musik und Filmen oder bei Verlagscontent, nimmt stetig zu. Im Rahmen von Smart-Home-Funktionalitäten werden Geräte wie Waschmaschinen in die Lage versetzt, ihre eigenen Bedarfe zu decken. Auch hier bietet sich ein Abomodell an.

Unternehmen geben sehr viel Geld für Social Marketing und Brand Awareness aus. Aber könnte man diese Kundenbeziehung nicht monetarisieren? Um dies durchzuführen, sind Abrechnungssysteme unabdingbar, die High-Volume-B2C-Geschäftsbeziehungen abbilden können und über eine eigene Abrechnungsabteilung verfügen. Der Vorteil liegt klar auf der Hand: Unternehmen sparen die Provision für Zwischenhändler ein und pflegen darüber hinaus eine direkte Kundenbeziehung. Viele Marken beispielsweise im Bereich Fashion oder der Automobilwirtschaft machen es bereits vor.

1.3.5 Telekommunikationsunternehmen

Während sich die Telekommunikationsunternehmen hauptsächlich damit beschäftigt haben, ihre Netzwerkinfrastruktur auszubauen und Netzabdeckung und -qualität zu gewährleisten, haben sich andere Unternehmen wie Facebook, Google oder Apple darum gekümmert, eine direkte Kundenbeziehung aufzubauen und dadurch den Kunden zu »besitzen«. Damit ist es diesen Unternehmen möglich, größte Gewinne zu erzeugen, ohne je einen Dollar oder Euro in die Netzwerkinfrastruktur investiert zu haben. Deshalb sollten die direkten Kundenbeziehungen und die notwendigen Abrechnungssysteme immer im Vordergrund stehen. Dies gilt nicht nur für die Telekommunikationsunternehmen, sondern für alle Branchen.

Als Zusammenfassung der allgemeinen Anforderungen an moderne Abrechnungssysteme lassen sich folgende Faktoren nennen:

- Modularität, um einen stückweisen Rollout zu ermöglichen und auch, um unterschiedliche Verantwortungsbereiche im Unternehmen abzubilden (z. B. Pricing im Vertrieb, Nebenbuch in der Buchhaltung)
- Performance und Prozesse, um Multi-Millionen Kunden zu verwalten und abzurechnen (B2C)
- Performance und Prozesse, um Multi-Millionen Ereignisse pro Zeiteinheit zu verwalten und abzurechnen (Real-Time Pricing)
- durchgängige buchhalterische Prozesse vom Einzel-Event zum Konzernabschluss
- flexible Preisgestaltung für
  - singuläre Ereignisse
  - gemessenen Verbrauch (MegaByte)
  - Abonnement-Services (Echtzeitverkehr)

1.4 Komponenten von SAP BRIM

Überblick über die Komponenten

Nachdem Sie nun einen ersten Einblick in das Lösungskonzept sowie mögliche Einsatzbereiche erhalten haben, stellen wir Ihnen in diesem Abschnitt die Lösungskomponenten vor.

SAP BRIM ist ein Systemverbund aus den folgenden Software-Komponenten:

- SAP Customer Relationship Management (SAP CRM)
- SAP Convergent Mediation by DigitalRoute (SAP CM)

- SAP Convergent Charging (SAP CC)
- SAP ERP Business Suite oder SAP S/4HANA mit Vertragskontokorrent (SAP FI-CA) und inkludiertem Convergent Invoicing (SAP CI)

Die Komponenten sind dabei so voneinander gelöst, dass sie sich auch mit anderen Fremdmodulen (SAP und Fremdsystemen) verwenden lassen. Im Offer-to-Cash-Szenario sind diese Komponenten aber über SAP-Standard-Schnittstellen verbunden und hoch integriert, um den gesamten Geschäftsprozess durchgängig und nahtlos abbilden zu können. Alle Komponenten sind gewachsene und erprobte Anwendungen.

Abbildung 1.2 zeigt, welche Lösungen durch die Software-Komponenten abgedeckt werden und wie diese im Prozess aufeinander aufbauen.

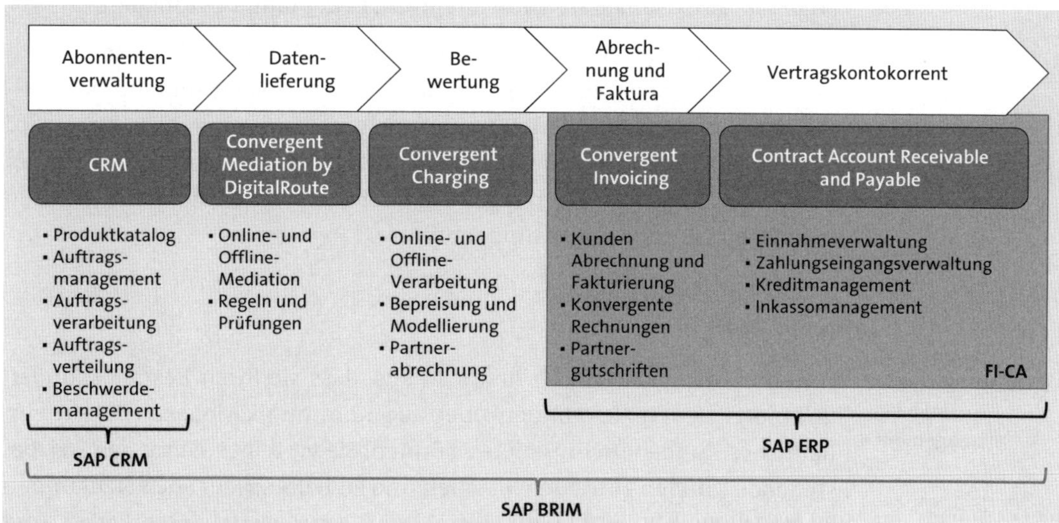

Abbildung 1.2 Die Software-Komponenten von SAP BRIM

So wird für die Verwaltung der Kundenstammdaten sowie Verträge und Abos SAP CRM genutzt. SAP CM kommt zum Einsatz, wenn Datenlieferungen entgegengenommen und weitergeleitet werden sollen. Für die Bewertung der Produkte und Dienstleistungen kann SAP CC genutzt werden. Die Abrechnung und Fakturierung finden in SAP CI statt. Die Gesamtlösung wird durch das Vertragskontokorrent in SAP FI-CA abgerundet. Hier findet etwa die Zahlungsverarbeitung und -verfolgung statt.

Zusätzlich umfasst SAP BRIM das Add-on SAP Flexible Solution Billing (SAP FSB) zur Integration des SAP Convergent Invoicing in SAP SD. Dieses Add-on ergänzt die bestehende Schnittstelle zwischen SAP CI und SAP SD und ermöglicht:

- den Import von Fakturierungsdaten aus externen Systemen, SAP-Systemen oder SAP-Komponenten (etwa SAP CI) zur gemeinsamen und einheitlichen Fakturierung in SAP SD
- konvergente Rechnungen über zusätzliches Customizing zur Konsolidierung und Optimierung des Fakturierungsprozesses
- eine Rechnungsvorerfassung und damit Freigabeebenen
- eine flexible Formularsteuerung

Lösungen in der Cloud

Mit den weiteren Billing-Produkten im SAP-C/4HANA-Portfolio geht SAP in seiner Produktpalette für die Abrechnung sogar noch einen Schritt weiter. Hier werden wertvolle Zusatzlösungen wie *SAP Digital Documents by OpenText* bereitgestellt. Außerdem sind Lösungskomponenten verfügbar, die es erlauben, Funktionalitäten von SAP BRIM in der Cloud abzubilden.

Damit Sie ein besseres Verständnis von SAP BRIM erhalten, stellen wir Ihnen in den nachfolgenden Abschnitten den Lösungsumfang der Softwarekomponenten von SAP BRIM noch einmal genauer vor. Dadurch wird es noch leichter, die Gesamtzusammenhänge fundierter einzuordnen. Im Anschluss daran informieren wir Sie über die Systemlandschaft und den praktischen Einsatz der Komponenten.

1.4.1 SAP CRM

Kunden- und Produktmanagement

Unternehmen richten sich heute so aus, dass sie ihren Bestandskunden und potenziellen Neukunden über alle Kommunikationskanäle ein einheitliches Kundenerlebnis bieten können. Sie verfolgen damit das Ziel, bestehende Kunden zufriedenzustellen und zu halten, aber auch Neukunden zu gewinnen. Für die Neukundengewinnung werden daher Marketing- und Angebotsprozesse benötigt, und für Bestandskunden soll eine möglichst individuelle Betreuung gewährleistet sein – und dies auch bei einer insgesamt hohen Kundenzahl.

Aus Unternehmenssicht ist es besonders wichtig, bei Kundenanfragen schnell auskunftsfähig zu sein und Kundenanliegen möglichst reibungslos bearbeiten zu können. Um also ein nahtloses Kundenerlebnis sicherzustellen, sind diese Punkte sowohl für die Mitarbeiter, die direkten Kundenkontakt haben, aber auch für etwaige Online-Präsenzen des Unternehmens relevant. Für Privatkunden sind dabei zum Teil andere Prozesse erforderlich als für Geschäftskunden, mit denen individuellere Verträge bestehen. Für all diese Anforderungen stellt eine CRM-Software wie SAP CRM adäquate Funktionen zur Verfügung.

SAP CRM und SAP S/4HANA for Customer Management

[«]

SAP CRM bzw. das SAP Subscription Order Management (SAP SOM) ist ein eigenständiges System im Systemverbund von SAP BRIM. Unter SAP S/4HANA wird SAP CRM durch SAP S/4HANA for Customer Management, ein Add-on für Sales and Services, abgelöst. Dieses ist bereits verfügbar. Ausprägungen im Kontext von SAP BRIM im Rahmen des Subscription Order Managements werden aber voraussichtlich erst ab 2019 mit SAP S/4HANA 1809 FPS01 zur Verfügung stehen.

1.4.2 SAP Convergent Mediation by DigitalRoute

Aufbereitung und Verteilung von Daten

Unternehmen lassen in Zeiten des Internet of Things und von kundenzentrierten Services immer größere Datenmengen in die Abrechnung einfließen. Diese Daten müssen sicher, nahtlos und ohne Doppelung oder Verlust verarbeitet, gefiltert und konsolidiert werden. SAP Convergent Mediation by DigitalRoute (SAP CM) vernetzt Komponenten, die sich in einer beliebigen Netzwerkarchitektur befinden können, und stellt umfassende Funktionen bereit, die sicherstellen, dass externe wie interne Systeme so effektiv wie möglich miteinander kommunizieren können. SAP CM ist ein eigenständiges System im Systemverbund von SAP BRIM.

1.4.3 SAP Convergent Charging

Bewertung von Ereignissen und Verbräuchen

SAP Convergent Charging (SAP CC) übernimmt das Charging, d. h. die Ermittlung des Vertragspartners bzw. Tarifs und das Rating (Bewertung) von Serviceleistungen, insbesondere mit großen Volumina.

Es bietet Ihnen individuell zusammenstellbare Regelwerke zur Preis- und Kundenkontofindung in Kombination mit Kunden- und Vertragsdaten, die aus einem CRM bzw. ERP-System repliziert werden. Rating und Charging sind sowohl in Echtzeit- als auch in Batch-Verarbeitung möglich. Dabei können Serviceleistungen entsprechend ihrer Nutzung (Pay-per-Use), wiederkehrend (z. B. im Abonnement) und/oder einmalig (z. B. zu Vertragsbeginn) mit Gebühren belegt werden.

In SAP CC erfolgt keine Datenhaltung, sondern die erzeugten Instanzen werden über Schnittstellen an externe Systeme weitergeleitet. Als Ergebnis entstehen also bewertete Serviceleistungen, die als abrechenbare Positionen in die Abrechnung im Vertragskontokorrent übergeben werden können.

SAP CC ist eine externe, auf Java basierende Software in englischer Sprache, die in SAP CRM und SAP ERP bzw. SAP S/4HANA von Haus aus sehr gut integrierbar ist. Zur Konfiguration dieser hoch integrierten Lösung stellt SAP den regelmäßig aktualisierten Leitfaden »Integration Guide for the Offer-to-Cash End-to-End Process Based on SAP Hybris Billing« zur Verfügung (*http://s-prs.de/v590602*). Mithilfe dieses Leitfadens können Sie beispielsweise die Webservices zwischen SAP CRM und SAP CC sowie SAP ERP bzw. SAP S/4HANA und SAP CC einrichten, die für die Kommunikation der Konfigurationen, Stammdaten und Bewegungsdaten sorgen.

1.4.4 SAP ERP Business Suite bzw. SAP S/4HANA

Die SAP ERP Business Suite bzw. SAP S/4HANA ist modular aufgebaut. In ihrem Kern enthalten sie Funktionen des Rechnungswesens, der Logistik, des Vertriebs, der Produktion und des Personalmanagements. Unter SAP ERP stehen Ihnen neben der SAP GUI transaktionale Fiori-Apps zur Verfügung. Mit SAP S/4HANA werden Ihnen zusätzlich Fact-Sheet-Apps und analytische Apps angeboten.

[»]

Fiori-Apps

SAP Fiori soll Ihnen eine neue Benutzererfahrung (User Experience, UX) für SAP-Anwendungen bieten. Es ermöglicht ein rollenbasiertes, auf den Anwender zugeschnittenes Arbeiten auch auf mobilen Geräten.

Es gibt verschiedene Typen von Fiori-Apps:

- **Analytische Apps**
  Sie bieten Echtzeitanalysen zu unterschiedlichsten Themen und benötigen SAP HANA als Datenbank.
- **Fact-Sheet-Apps**
  Diese Apps ermöglichen dem Anwender einen 360-Grad-Blick auf betriebswirtschaftliche Objekte. Auch für Fact-Sheet-Apps müssen Sie SAP HANA einsetzen.
- **Transaktionale Apps**
  Sie können zum Teil auch ohne SAP HANA genutzt werden und bilden klassische transaktionale Funktionen ab, z. B. das Anlegen einer Bestellung.

In SAP ERP bzw. SAP S/4HANA ist das Vertragskontokorrent (FI-CA) eine Zusatzkomponente des Rechnungswesens und SAP Convergent Invoicing wiederum eine Zusatzkomponente des Vertragskontokorrents.

SAP-Vertragskontokorrent

Nebenbuchhaltung

Das Vertragskontokorrent ist ein besonderes Nebenbuch der FI-Komponente von SAP ERP Financials bzw. SAP S/4HANA Finance, das speziell für das Massenkontokorrent konzipiert ist. Es stellt die gemeinsame Basis für verschiedene Branchenausprägungen dar (siehe Abbildung 1.3). Dazu gehören etwa:

- Telekommunikation (IS-T, Industry Solution Telecommunication)
- Versorgungswirtschaft (IS-U, Industry Solution Utilities)
- Versicherungswirtschaft (IS-IS, Industry Solution Insurance)
- öffentliche Verwaltungen in der Ausprägung Public Sector Collections and Disbursement (PSCD)

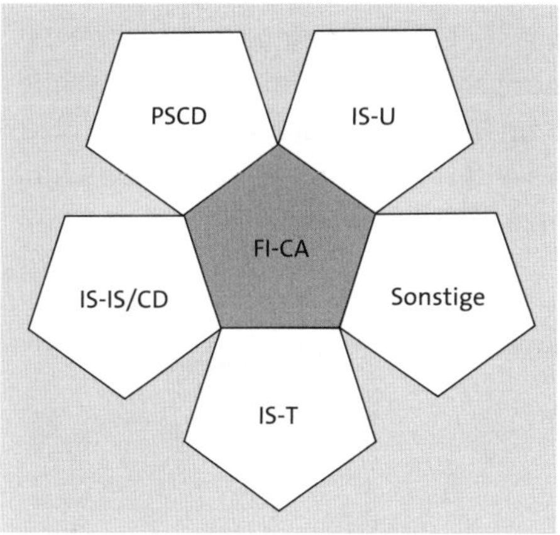

Abbildung 1.3 Branchenbezogener Einsatz von SAP FI-CA

Die Grundfunktionalitäten von SAP FI-CA haben alle Branchenlösungen ebenso wie die branchenneutrale Lösung FI-CAx gemein. Zu diesen Funktionen zählen z. B.:

- parallelisierbare Massenläufe für Mahnungen, Zahlungen, Kontenpflege
- umfangreiche, konfigurierbare Funktionen zur Zuordnung von Zahlungseingängen zu Forderungen (Mustererkennung, Heuristik und Verrechnungssteuerung) sowie erforderliche Nacharbeiten (Klärung und Guthabenklärung)
- diverse Prozesse und Funktionen für spezielle Geschäftsvorfälle, wie z. B. Ratenpläne, Barsicherheiten oder Wertberichtigungen

Technisch gesehen stellt FI-CA eine »Nebenbuchhaltung« in eigenen Tabellen dar, deren Buchungssummen periodisch (z. B. täglich) in die Hauptbuchhaltung weitergeleitet werden müssen.

SAP Convergent Invoicing

Abrechnung und Fakturierung

Die Abrechnung und Fakturierung im Vertragskontokorrent bilden zusammen das SAP Convergent Invoicing. SAP CI ist eine Zusatzkomponente des Vertragskontokorrents.

Viele Unternehmen nutzen unterschiedliche Systeme für die Abrechnung oder unterschiedlichste Prozessschritte und -abläufe in der Faktura. SAP CI stellt dafür eine einheitliche Abrechnung und Fakturierung zur Verfügung, um leistungsübergreifende Prozesse und Rechnungen erstellen zu können.

Die Basis bilden im Wesentlichen abrechenbare Positionen (Billable Items, BITs) oder Abrechnungspläne, die von externen Systemen oder durch die Integration mit SAP Convergent Charging und SAP CRM von diesen Systemkomponenten übernommen werden können.

Die Abrechnung im Vertragskontokorrent verwaltet die abrechenbaren Positionen und führt diese zu Abrechnungsbelegen zusammen, die anschließend in der Fakturierung (ebenfalls im Vertragskontokorrent) bis hin zur Rechnungsstellung an den Kunden weiterverarbeitet werden. Abbildung 1.4 zeigt beispielhaft einen skizzierten Standardprozessablauf von SAP Convergent Invoicing.

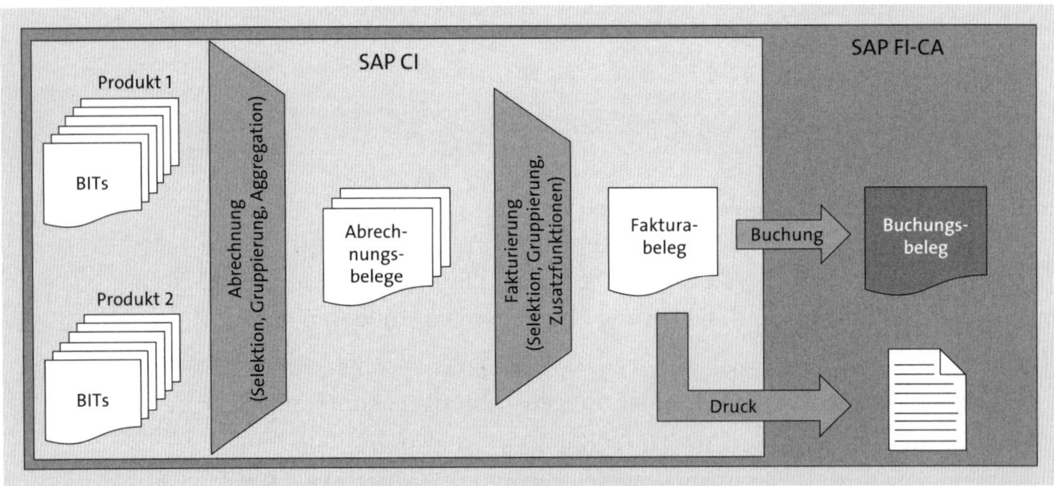

Abbildung 1.4 Standardprozessablauf von SAP Convergent Invoicing

Ausgehend von den abrechenbaren Positionen (in der Abbildung ganz links), die Informationen zum Kunden, Produkt und Preis enthalten, werden entsprechend der Customizing-Einstellungen per Selektion, Gruppierung und Aggregation Abrechnungsbelege und im Rahmen der Faktura Fakturierungsbelege zusammengestellt. Mit der Faktura wird in der Regel auch der Buchungsbeleg im Vertragskontokorrent erzeugt und der Korrespondenzcontainer für den späteren Drucklauf gefüllt.

1.5 SAP-Systemlandschaft in funktionaler Sicht

Funktionale Systemlandschaft

Grundsätzlich wird eine SAP-Systemlandschaft aus verschiedenen Systemarten (z. B. ERP-, CRM- und weiteren internen wie externen Systemen) aufgebaut. Dabei möchten wir an dieser Stelle nicht auf die Notwendigkeit einer Mehr-Systemlandschaft eingehen, sondern unseren Fokus vielmehr auf die Zusammenhänge der SAP-BRIM-Systemlandschaft legen. Dabei wollen wir zunächst ein Verständnis für den Order-to-Cash-Geschäftsprozess vermitteln, um anschließend ausgewählte Varianten des modular einsetzbaren Lösungsszenarios zu veranschaulichen.

Nachdem wir in den vorangehenden Abschnitten die einzelnen Komponenten und deren Funktionen skizziert haben, widmen wir uns der Systemlandschaft nun auch aus der funktionalen Sicht. Abbildung 1.5 zeigt eine vereinfachte Darstellung der Systemlandschaft, entsprechend der Funktionen der einzelnen Komponenten.

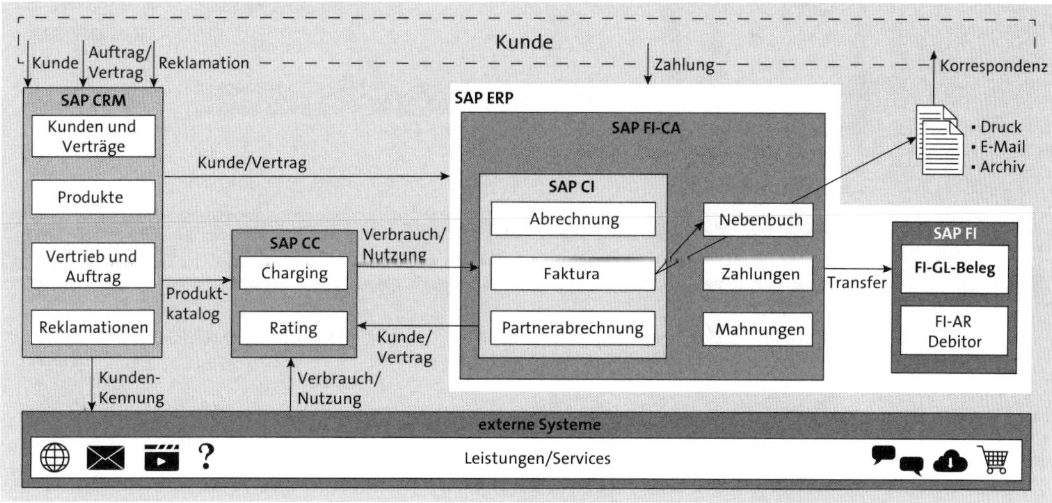

Abbildung 1.5 Schematische Darstellung einer funktionalen Systemlandschaft

Starten wir bei der Beschreibung dieser Abbildung beim Kunden: Er wird mit seinen Stammdaten und Verträgen im CRM-System geführt. Damit den angebundenen Systemen die für sie notwendigen Daten zur Verfügung stehen, werden diese entsprechend verteilt:

- An SAP ERP und SAP CC werden Daten übermittelt zu Geschäftspartnern, Vertragskonto und Vertrag (an SAP CC auch zum Produkt).
- An externe Systeme, die die Daten zu Leistungen und Services liefern, wird beispielsweise die Kundenkennung übermittelt.

Melden nun externe Systeme Verbräuche (für Leistungen oder Services), können diese anhand der Kundenkennung eindeutig einem Vertrag und damit einem Produkt zugeordnet, bewertet und letztendlich über die Faktura in SAP Convergent Invoicing in SAP FI-CA gebucht werden. Mit der Faktura werden auch Korrespondenzcontainer-Einträge für den späteren Druck und Buchungen für die Fortschreibung ins Hauptbuch (SAP FI/CO) vorgemerkt.

SAP-BRIM-Systemlandschaft

Noch weiter vereinfacht, kann die SAP-BRIM-Systemlandschaft dargestellt werden wie in Abbildung 1.6.

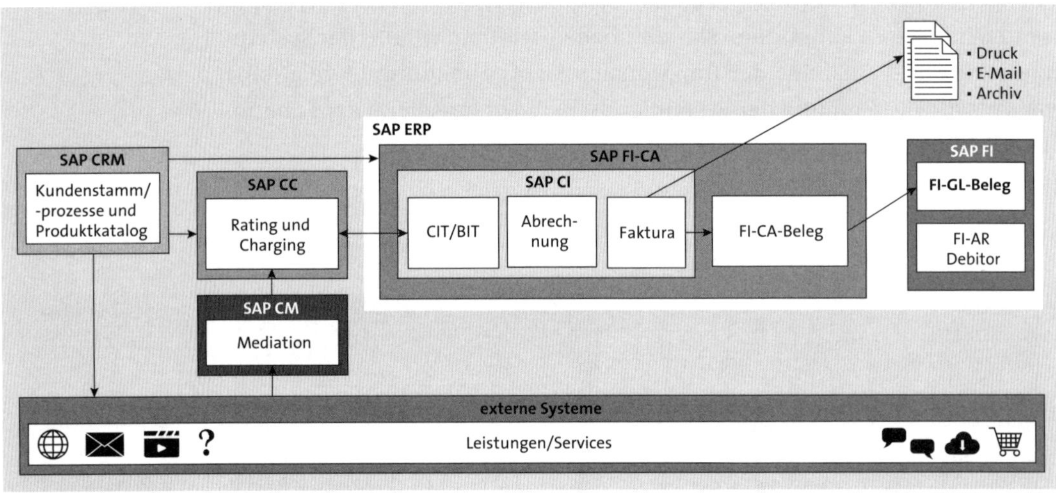

Abbildung 1.6 Einfache Skizze der Systemarchitektur von SAP BRIM

Tatsächlich müssen in dieser Systemlandschaft nicht immer alle Komponenten aus dem SAP-Lösungsportfolio genutzt werden. Alle Komponenten sind austauschbar und lassen sich mit externen Systemen kombinieren. Existieren beispielsweise schon effiziente Rating-Maschinen und ein komfortables CRM-System, können diese Komponenten modular im Rahmen der SAP-BRIM-Landschaft ausgetauscht und über Standard-Services angebunden werden.

Darüber hinaus bietet SAP Convergent Invoicing, wie in Abbildung 1.7 zu sehen, von Haus aus die Möglichkeit, auch unbewertete Verbrauchsdaten für ein späteres Rating etwa in SAP Convergent Charging ❶ sowie fertige Abrechnungs- ❷ oder Fakturierungsbelege ❸ entgegenzunehmen oder selbst Abrechnungsbelege für eine externe Faktura (etwa in SAP SD) zu liefern ❹. Dadurch können verschiedene Eingangskanäle gebündelt und bei Bedarf dennoch konvergente Rechnungen erstellt werden. Die Folgeprozesse in FI-CA (oder SD) und FI/CO können in jedem Fall gemeinsam genutzt werden.

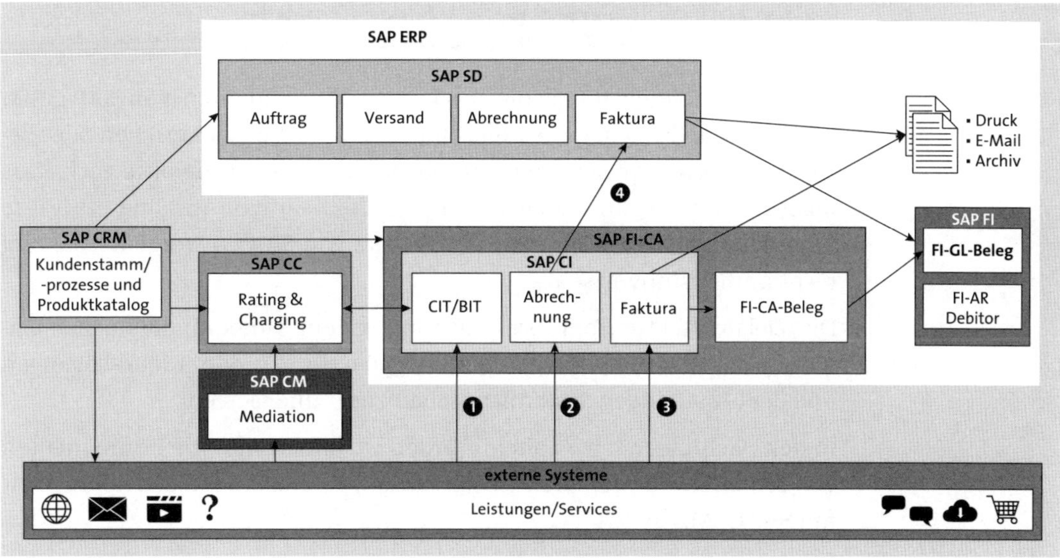

Abbildung 1.7 Komplexere Skizze der Systemarchitektur von SAP BRIM

Mit SAP Subscription Billing (ehemals: SAP Hybris Revenue Cloud) und SAP S/4HANA Cloud For Contract Accounting & Invoicing werden die möglichen Szenarien für die SAP-BRIM-Systemlandschaft (in der On-Premise- oder der privaten Cloud-Version) noch erweitert. Das SAP Subscription Billing lernen Sie in Kapitel 8, »Erweiterung des Lösungsportfolios mit SAP C/4HANA und SAP Predictive Analytics«, genauer kennen. Für die Lösung SAP S/4HANA Cloud For Contract Accounting & Invoicing haben wir auf detaillierte Beschreibungen verzichtet, da sie technologisch auf SAP FI-CA und SAP CI basiert. Diese Komponenten stellen wir Ihnen in Kapitel 3, »Vertragskontokorrent in SAP FI-CA«, und Kapitel 4, »Abrechnung und Fakturierung mit SAP Convergent Invoicing«, vor.

Ihre individuelle Systemlandschaft

Generell ist es empfehlenswert, frühzeitig Überlegungen anzustrengen, wie die Zielarchitektur Ihrer Systemlandschaft aussehen soll. Insbesondere die Frage, ob eine Cloud-Strategie oder eine Hybrid-Strategie aus Cloud- und On-Premise-Version besser geeignet ist, nimmt weitreichenden Einfluss auf Ihre Projekte und damit auf Ihre tägliche Arbeit. Dabei versteht SAP die neuen Cloud-Lösungen als vollwertige Alternative oder Ergänzung zu On-Premise-Systemen.

[»]

Fokus auf die On-Premise-Version

Im Rahmen dieses Buches werden wir uns im Wesentlichen auf das klassische SAP BRIM in der On-Premise-Version konzentrieren.

Gleichzeitig bieten Ihnen die modularen Komponenten von SAP BRIM auch die Möglichkeit, gezielt einzelne Funktionen auszutauschen oder bestehende, bewährte Systeme beizubehalten. Bedenken Sie bitte auch, dass nicht immer der Einsatz aller Komponenten sinnvoll ist. Sind etwa Ihre Produkte relativ einfach, muss der Einsatz von SAP Convergent Charging nicht immer sinnvoll sein.

Die Zielarchitektur sollte sich also aus einem kundenindividuellen Zuschnitt der SAP-BRIM-Komponenten, ggf. externen oder Cloud-Lösungen und der bestehenden Systemlandschaft zusammensetzen.

In den nachfolgenden Kapiteln werden wir Ihnen nun die Komponenten von SAP BRIM für den praktischen Einsatz vorstellen. Dabei beginnen wir mit SAP CRM.

Kapitel 2
Kundenmanagement mit SAP CRM

In den folgenden Abschnitten stellen wir Ihnen zunächst die technischen Grundlagen und Erweiterungsmöglichkeiten von SAP CRM vor und gehen dann auf die wichtigsten CRM-Funktionen und -Prozesse für SAP Billing and Revenue Innovation Management ein.

Nachdem Sie im vorherigen Kapitel einen Einblick in die Welt von SAP Billing and Revenue Innovation Management (SAP BRIM) erhalten und die verschiedenen Komponenten kennengelernt haben, erläutern wir im Folgenden die Komponente SAP CRM von SAP BRIM. Dabei betrachten wir im ersten Schritt die darin genutzten Stammdaten und geben anschließend einen Einblick in die zugehörigen Prozesse. Neben diesen beschriebenen Funktionen bietet SAP CRM im Standard sehr viele Funktionen zur Interaktion mit dem Kunden und ermöglicht einen umfassenden Blick auf die Kunden eines Unternehmens. Auf diese Funktionen gehen wir im Rahmen dieses Buches jedoch nicht ein.

2.1 Grundlagen und Integration

Wir beginnen mit einer kurzen Einführung in die Grundlagen von SAP Customer Relationship Management (SAP CRM) und beschreiben danach dessen Integration in die Systemlandschaft von SAP BRIM.

2.1.1 Grundlagen von SAP CRM

Anforderungen an ein CRM-System

Jedes Unternehmen sollte daran interessiert sein, seine bestehenden Kunden zu halten und zufriedenzustellen, darüber hinaus aber auch Neukunden zu gewinnen. Für die Neukundengewinnung werden Marketing- und Angebotsprozesse benötigt, während für Bestandskunden eine möglichst individuelle Betreuung auch bei einer insgesamt hohen Kundenzahl gewährleistet sein soll. Wichtig ist, dass die Mitarbeiter mit direktem Kundenkontakt in die Lage versetzt werden, schnell Auskünfte zu geben und die

Anliegen der Kunden möglichst unkompliziert zu erfassen und zu bearbeiten. Für Privatkunden sind dabei zum Teil andere Prozesse erforderlich als für Sondervertragskunden, mit denen individuellere Verträge bestehen. Eine Customer-Relationship-Management-Software wie SAP CRM stellt viele Funktionen zur Verfügung, um diese Anforderungen abzudecken.

Grundsätzlich kann ein CRM-System in die folgenden drei Komponenten eingeteilt werden:

- **Kollaboratives CRM**
  Ein CRM-System wird zur Kommunikation mit dem Kunden über verschiedene Kanäle genutzt.
- **Operatives CRM**
  Ein CRM-System wird zum Ausführen von Prozessen für den Verkauf und den Service genutzt.
- **Analytisches CRM**
  Ein CRM-System bietet die Datengrundlage zur Auswertung von Kundenaktivitäten.

Diese drei Bestandteile sind auch in SAP CRM vorhanden.

Webbasierte Benutzeroberflächen

Mit dem Release *SAP CRM 7* haben webbasierte Benutzeroberflächen in SAP CRM Einzug gehalten, und zwar mit dem *Interaction Center (IC) WebClient* im B2C-Bereich sowie mit der *WebUI* im B2B-Bereich. Beide Oberflächen nutzen als Softwarearchitekturmodell die BOL-/GenIL-Architektur. Diese Architektur umfasst verschiedene und vollständig voneinander getrennte Softwareschichten, die u. a. die Komplexität mindern und damit weniger Spezialwissen von Entwicklern und Anwendern voraussetzen. SAP CRM 7 wird durch SAP-Erweiterungspakete (SAP Enhancement Packages, EHP) um neue Funktionen ergänzt, sodass die zugrundeliegende Technologie unberührt bleibt.

2.1.2 Integration mit SAP ERP und SAP CC

SAP BRIM ist ein Systemverbund, der die im Einsatz befindliche Business-Suite SAP ERP sowie die Komponenten SAP CRM und SAP Convergent Charging (SAP CC) umfasst. Da es sich hierbei um jeweils eigenständige Systeme handelt, wurde ein Mechanismus geschaffen, um sie miteinander zu verbinden. Die in Abbildung 2.1 dargestellte Replikation von Stammdaten zeigt die unterschiedlichen Ansätze, mit denen SAP CRM an SAP ERP und SAP CC angebunden werden kann.

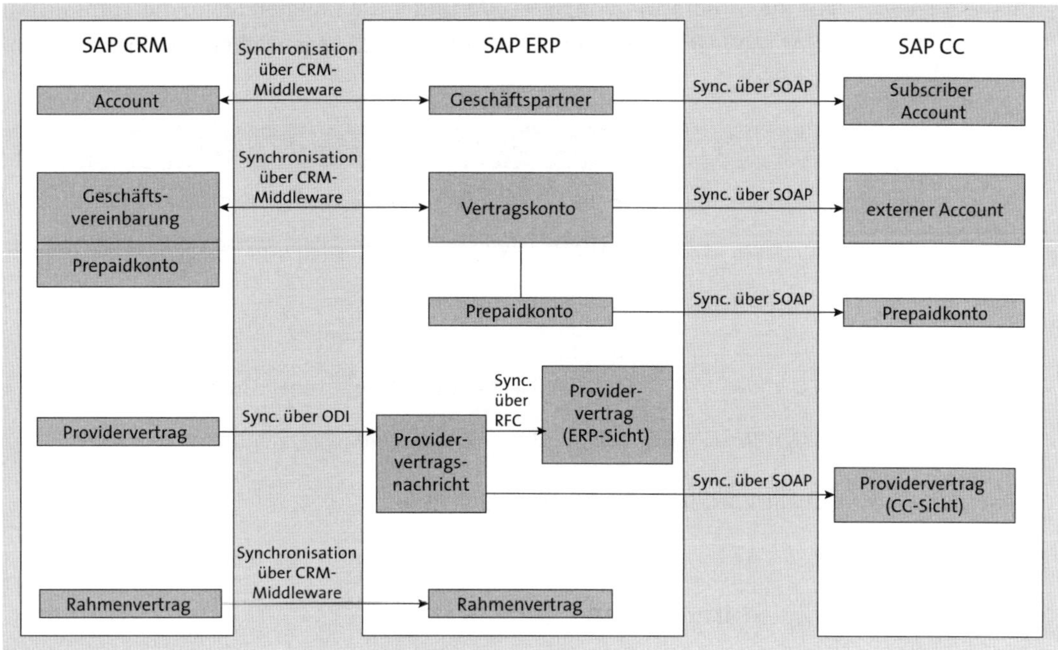

Abbildung 2.1 Austausch von Bewegungsdaten

Stammdaten

Die Stammdaten, die nicht speziell für SAP BRIM entwickelt wurden, sind der SAP-Geschäftspartner, die Geschäftsvereinbarung, die in der Komponente FI-CA von SAP ERP 6.0 dem Vertragskonto entspricht, sowie zum Teil auch Produkte. Sie werden über die CRM-Middleware mit SAP ERP synchronisiert.

SAP-CRM-Middleware

Auf eine genauere Beschreibung der SAP-CRM-Middleware wollen wir in diesem Buch verzichten, da der hier genutzte Standard bereits in zahlreichen anderen Publikationen ausführlich beschrieben wurde.

SAP CC ist eine Anwendung, die auf einem Java-Stack aufbaut. Daher kann sie nicht über die SAP-CRM-Middleware mit Daten versorgt werden. Die Kommunikation erfolgt ausschließlich über Webservices, die sowohl von SAP CRM als auch vom SAP-ERP-System aus angesteuert werden.

Integration und Verteilung von Providerverträgen

Für die Integration und Verteilung von Providerverträgen wurde die *Order Distribution Infrastructure* (ODI) entwickelt. Sie wird in Abschnitt 2.3.1, »Auftrags- und Vertragsmanagement«, genauer beschrieben.

Consumer-Proxys

Für die Integration von SAP CRM und SAP CC gehen Sie in die Transaktion SOAMANAGER und richten die in Tabelle 2.1 beschriebenen Consumer-Proxys ein.

Consumer Proxy	Beschreibung
CO_CRM_ISX_CC_CATALOG_SERVICES	Catalog Management
CO_CRM_ISX_CC_RATING_SERVICES	Rating Services
CO_CRM_ISX_CC_SUBSCRIBER_MAPPI	Mapping-Tabelle für Subscriber Accounts
CO_CRM_ISX_CC_SUBSCRIBER_RANGE	Range-Tabelle für Subscriber Account
CO_CRM_ISX_CC_CHARGEABLE_ITEM	Aufladeservice Chargeable Item

Tabelle 2.1 Consumer-Proxys für SAP CRM

2.2 Stammdaten

Im Folgenden beschreiben wir alle in SAP BRIM genutzten Stammdaten. Um die erläuterten Funktionen auch praxisnah darstellen zu können, verwenden wir ein Beispiel, das wir zunächst skizzieren.

2.2.1 Anwendungsbeispiel

Video-on-Demand als Anwendungsbeispiel

Im Verlauf dieses Buches werden wir anhand eines gesamtheitlichen BRIM-Szenarios die einzelnen Module und ihre Komponenten näher beschreiben. Das Beispiel orientiert sich am Abrechnungsszenario des fiktiven Video-on-Demand-Anbieters »Media4bpc«. Dieser stellt Kunden einen Onlinedienst zur Verfügung, über den Filme und Serien angesehen werden können.

Flatratevertrag und Prepaidvertrag als Vertragsmodelle

Für den Zugriff auf den Onlinedienst des Anbieters werden zwei unterschiedliche Vertragsmodelle angeboten:

- **Flatratevertrag**
  Der Kunde bezahlt eine monatliche Grundgebühr. Hierfür stehen ihm die Dienste der Video-on-Demand-Plattform uneingeschränkt zur Verfügung. Die Höhe der Grundgebühr richtet sich nach der Anzahl der Geräte des Kunden, die für den Dienst freigeschaltet werden sollen. Bei Vertragsbeginn wird eine einmalige Aktivierungsgebühr erforderlich. Für Businesskunden, wie Hotels oder Fitnesscenter, können kundenspezifische Grundgebühren und Aktivierungsgebühren ausgehandelt werden.

- **Prepaidvertrag**
  Media4bpc bietet Endkunden einen freien Zugang zum Videoangebot an, der sich auf die Dauer eines Jahres beschränkt. In diesem Fall wird das abgerufene Video aber in regelmäßigen Abständen von Werbepausen unterbrochen. Um sich Inhalte ohne Unterbrechungen anschauen zu können, kann der Kunde seinen Account mit werbefreien Minuten aufladen. Diese werden automatisch mit der Nutzung verbraucht. Ab einer bestimmten Anzahl von gebuchten werbefreien Minuten pro Monat reduziert sich deren Preis (Staffelpreissystem).

2.2.2 Produkte

Produkte sind die Grundlage für alle Angebots- und Vertragsprozesse in SAP CRM. In diesem Abschnitt zeigen wir die Produktabbildung von SAP CRM für die Integration in SAP BRIM.

Für die Abbildung von Produkten können im SAP CRM die vereinfachte Konfiguration sowie die Komponente *SAP Internet Pricing and Configurator* (SAP IPC) verwendet werden. Auf diese Möglichkeit der Produktabbildung werden wir jedoch nicht näher eingehen, da es sich hierbei um Funktionen des SAP-CRM-Standards handelt. Wir konzentrieren uns vielmehr auf die Spezifika, die für SAP BRIM geschaffen wurden.

Produkte werden in der Provider-Auftrags- und -Vertragsbearbeitung für Folgendes verwendet:

- Tarife
- Tarifoptionen
- Verkaufspakete
- Verkaufs- oder Änderungsgebühren
- Verkaufspositionen

Verkaufspakete

Neben einzelnen Produkten können auch Verkaufspakete angeboten werden. Diese Pakete sind eine Kombination aus verschiedenen Produkten, die zu einem Paket zusammengefasst werden. In den Paketen können verschiedene Produktarten, wie Materialien und Services, zusammengeführt werden.

Bei der Anlage von Produkten und Verkaufspaketen können entweder der Typ Material oder der Typ Service verwendet werden. Alle Standardelemente von SAP CRM, wie Terminschemata, Statusschemata, Aktionsprofile ebenso wie die Konditionstechnik, können auch in der Produktpflege für SAP BRIM verwendet werden.

Katalogübergreifendes Mapping

Tarifschema

Für die Integration der CRM-Produkte mit SAP CC wurde das katalogübergreifende Mapping geschaffen. Mit diesem Mapping können die Tarifschemata aus SAP CC nach SAP CRM heruntergeladen und in einer eigenen Benutzeroberfläche dargestellt werden. Das *Tarifschema* enthält Informationen über die Zahlweise (Prepaid/Postpaid). Ferner können den Attributen des Tarifschemas Ereignisse für die Verwendung des Business Rule Frameworks (BRF) sowie CRM-Attribute zugeordnet werden.

Settypen für Produkte

Für die Integration in die CRM-Produkte wurden einige neue Settypen geschaffen, mit denen diese Daten in SAP CRM gespeichert werden können. Für jeden Datentyp aus SAP CC gibt es eine spezifische Darstellungsform und auch eigene Datenbanktabellen.

In der CRM-Produkthierarchie haben die Settypen bestimmte Bedeutungen. In Tabelle 2.2 finden Sie die wichtigsten Settypen für die Integration in SAP BRIM.

Settyp	Beschreibung
CRM_ISX_VERSN	Version für katalogübergreifendes Mapping
CRM_ISX_VERSNT	Kurzbeschreibung für Version für katalogübergreifendes Mapping
CRM_ISX_CPASSI	Tarifschemazuordnung
CRM_ISX_CPASST	Beschreibung für Tarifschemazuordnung
CRM_ISX_PARAM	Tarifschemaparameter
CRM_ISX_COUNTR	Gemeinsame Zählernutzung
CRM_ISX_ACASSI	Kontierung
CRM_ISX_TECRES	Technische Ressourcen
CRM_ISX_SERVIC	Technische Service-ID
CRM_ISX_PAYMNT	Zahlungsdaten
CRM_ISX_DASSI	Rabattzuordnung
CRM_ISX_EOASSI	externe Objektzuordnung
CRM_ISX_EOPARA	Parameter für externe Objekte

Tabelle 2.2 Settypen in der CRM-Produkthierarchie

Wenn für die Produkte die vereinfachte Konfiguration genutzt werden soll, müssen zusätzlich noch die in Tabelle 2.3 gezeigten Settypen in der Produkthierarchie ergänzt werden.

Settyp	Beschreibung
CRM_ISU_GROUPS	Ergebnisgruppen
CRM_ISU_BRF	IS-U: BRF und Regelzuordnungen
CRM_ISU_VERS	IS-U: Version des Produkts
CRM_ISU_ATTR2	IS-U: Attribute für Verträge
CRM_ISU_VALCON	IS-U: Konditionen für Attribute

Tabelle 2.3 Settypen für die vereinfachte Konfiguration

Herunterladen von Tarif- und Aufladeschemata

Die Produktmodellierung in SAP CRM setzt voraus, dass die Tarifschemata in SAP CC bereits definiert wurden. Nach den Tarifschemata kann dann in der CRM-Benutzeroberfläche gesucht werden. Die Informationen eines Tarifschemas werden heruntergeladen und in die entsprechenden Settypen des Produkts importiert. Die Tarifschemata enthalten Informationen über unterschiedliche Parameterarten, Kontierungen, Informationen zur gemeinsamen Zählernutzung und technische Daten, einschließlich Service-IDs und Referenzen zu Convergent-Charging-Tabellen.

Die Inhalte der Convergent-Charging-Tabellen können bei der Produktmodellierung in SAP CRM redefiniert werden. Dies bezieht sich sowohl auf einzelne Einträge als auch auf den gesamten Inhalt der Tabellen.

Neben den Tarifschemata können mit der gleichen Oberfläche auch Aufladeschemata für Prepaid-Produkte heruntergeladen und bearbeitet werden. Die Bearbeitung erfolgt analog zu den Tarifschemata.

Während der Replikation nach SAP CC werden die Zuordnungen von Tarif- und Aufladeschema ausgewertet. Die entsprechenden Daten werden verwendet, um den Providervertrag in SAP CC anzulegen. Was man unter einem Providervertrag versteht, erläutern wir Ihnen in Abschnitt 2.2.5, »Providervertrag«.

Preiskonditionen

Generierung eines Preisschlüssels

Für die Abbildung von wiederkehrenden Gebühren kann die Konditionstechnik von SAP CRM genutzt werden. Hierzu werden im Customizing die Konditionsarten definiert, mit deren Hilfe in SAP CC ein Preisschlüssel generiert werden kann. Sie können den Preisschlüssel generieren, indem Sie im CRM-Customizing (Transaktion SPRO) folgendem Menüpfad folgen:

Customer Relationship Management • Branchenübergreifende Funktionen • Stammdaten • Produkte • Preiskonditionen • Preiskonditionen für die Verteilung an SAP Convergent Charging definieren

Werden nun in den Produkten Preisbeträge definiert, wird über den generierten Preisschlüssel ein Preis in SAP CC erzeugt. Die Logik der Preisfindung wird mit dieser Technik vollständig durch SAP CRM übernommen, inklusive aller Zu- und Abschläge, Steuern sowie der Anzeige von Brutto- und Nettopreisen.

[»]

Definition von Preisbeträgen

Im Anwendungsbeispiel wurden die Preise nicht in SAP CRM definiert, sondern direkt in SAP CC im Tarifschema angelegt. Diese Vorgehensweise ist deutlich einfacher in der Preispflege, hat aber den Nachteil, dass im CRM-System die Preise nicht im Providerauftrag angezeigt werden.

Einmalentgelte

Neben wiederkehrenden Gebühren, die mit SAP CC repliziert werden, gibt es auch einmalige Gebühren, die nicht nach SAP CC repliziert, sondern direkt in SAP ERP abgerechnet werden.

Spezielle Preiskondition

Um Einmalentgelte definieren zu können, werden spezielle Preiskonditionen benötigt, die für die direkte Abrechnung in SAP ERP geeignet sind. Im Standard wird hierfür die Kondition PRSV ausgeliefert, die um ein Statusschema erweitert werden muss, das den Vorgang TOCI zulässt.

Externe Objekte

In der Produktpflege können dem Produkt Objekte aus externen Systemen zugeordnet werden. So ist beispielsweise die Vergabe von Telefonnummern bei Mobilfunkanbietern im System für die Mobilfunktechnik angesiedelt. Da die Mobilfunknummer aber auch für die Abrechnung relevant ist, kann sie über externe Objekte zugeordnet werden.

Für die Verarbeitung von externen Objekten werden kundenspezifische Handler-Klassen benötigt, die das Interface IF_CRM_ISX_EXTOBJ_HANDLER ausimplementieren. Die Definition der externen Objekte finden Sie im Customizing über folgenden Menüpfad:

Customer Relationship Management • Stammdaten • Produkte • Externe Objekttypen für katalogübergreifendes Mapping definieren

Produkttransport

Mit Release SAP CRM 7.0 EHP4 wurde eine Funktion zum Transportieren von Produkten zwischen Systemen implementiert. Diese Funktion erleichtert die Handhabung von Produkten in einer klassischen Drei-System-Umgebung mit Entwicklungs-, Test- und Produktivsystem, weil nun nicht mehr in jedem System Produkte einzeln angelegt werden müssen.

Kommunikation durch RFC

Beim *Produkttransport* handelt es sich nicht um einen Transport über das SAP-Transportwesen. Die Daten werden via Remote Function Call (RFC) direkt an das empfangende System gesendet. Voraussetzung für den Produkttransport ist also eine RFC-Verbindung mit einem User, der über die Berechtigung verfügt, Produkte im empfangenden System anlegen zu dürfen.

Bevor der Produkttransport in SAP CRM durchgeführt werden kann, ist sicherzustellen, dass die in dem Produkt genutzten SAP-CC- und SAP-ERP-Elemente in der Zielsystemlandschaft vorhanden sind. Dies gilt auch für die BRF-Ereignisse, die nicht mit dem Produkttransport übergeben werden können, sondern über das SAP-Transportwesen übermittelt werden müssen.

Anwendungsbeispiel: Produkte anlegen

Für das Anwendungsszenario sind in SAP CRM zwei Produkte abzubilden, um später einen Flatrate- und einen Prepaidvertrag anlegen zu können. Im katalogübergreifenden Mapping müssen die zwei Produkte mit dem Charge-Plänen aus SAP CC verbunden werden, die das jeweilige Szenario beschreiben. Um Produkte anzulegen, klicken Sie auf **Grundfunktionen**. Im Block **Suchen** gehen Sie auf den Button **Produkte**. In der nun geöffneten Produktsuche finden sich zwei Schaltflächen zum Anlegen von Produkten und Services.

Für das Anwendungsbeispiel legen Sie einen neuen Service an. Als Basiskategorie wählen Sie die Produkthierarchie, in der die oben beschriebenen Settypen zugeordnet sind. Außerdem ordnen Sie die Positionstypengruppe **PRRP** zu. Im Zuordnungsblock **Katalogübergreifendes Mapping** stellen Sie die Verbindung zum Tarifschema aus SAP CC her.

In Abbildung 2.2 sehen Sie das Produkt für den Flatrateservice aus dem Anwendungsbeispiel.

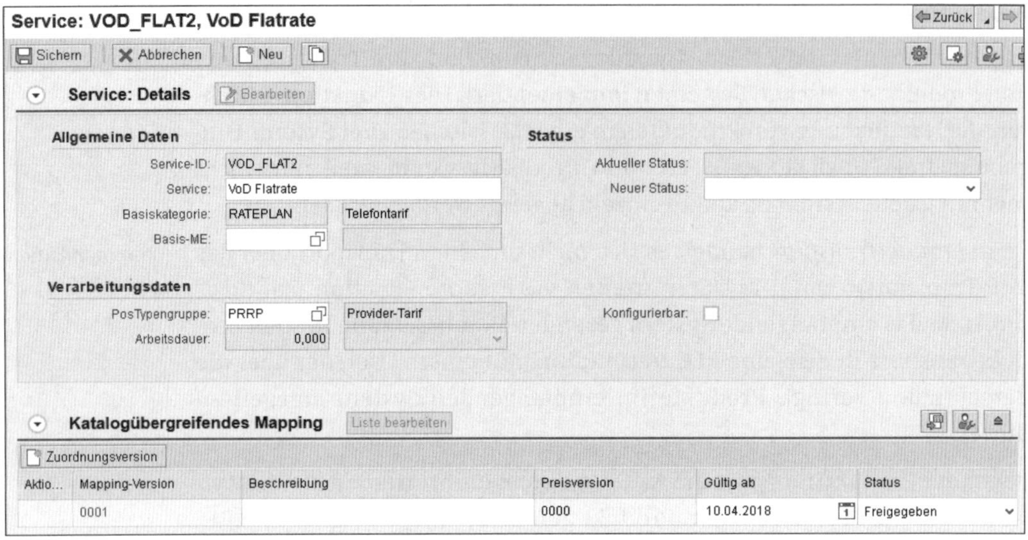

Abbildung 2.2 Produkt für Flatrate-Vertrag

Abbildung 2.3 zeigt das katalogübergreifende Mapping für den Flatrateservice aus dem Anwendungsbeispiel. Das verwendete Tarifschema wird auch aus SAP-CC-Sicht in Kapitel 5, »Rating in SAP Convergent Charging«, vorgestellt.

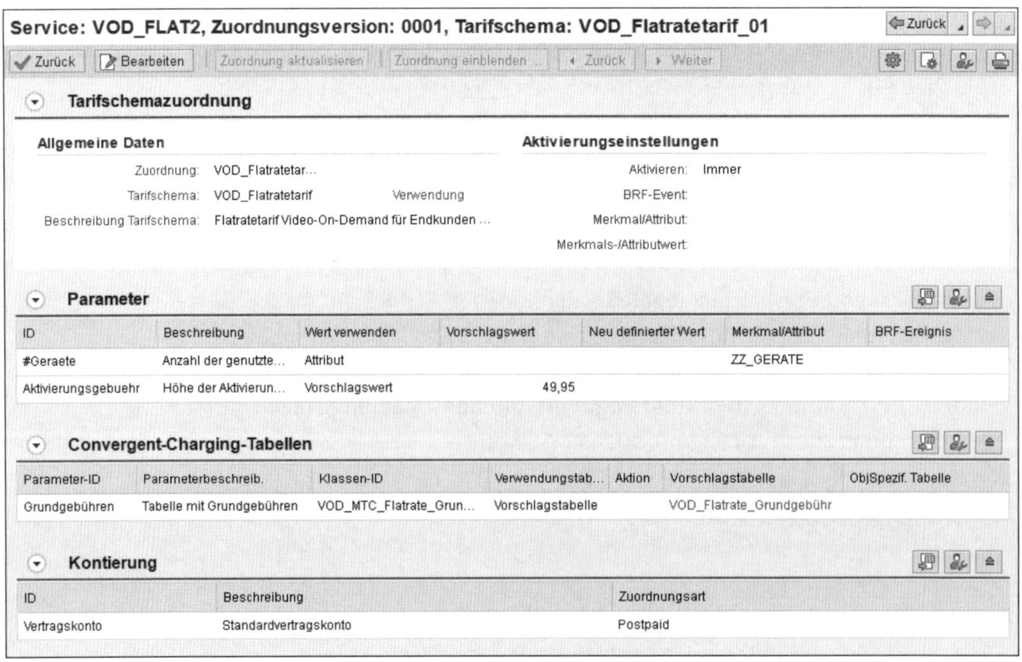

Abbildung 2.3 Katalogübergreifendes Mapping im Produkt

2.2.3 Geschäftspartner

Ausgangspunkt für alle CRM-Aktivitäten

Der zentrale Ausgangspunkt für alle Aktivitäten in SAP CRM ist der *Geschäftspartner*, der auf der CRM-Benutzeroberfläche unter dem Begriff **Account** geführt wird. Der Geschäftspartner ist aber auch für die übrigen Systeme von SAP BRIM ein zentraler Bestandteil, weshalb er in allen Systemen vorgehalten wird. Bei der initialen Einrichtung der Systemlandschaft sollten Sie beachten, dass in allen drei Systemen (SAP CRM, SAP ERP, SAP CC) identische Nummernkreise für die Geschäftspartner vergeben werden müssen, um eine systemübergreifende Identifikation zu ermöglichen.

Rollenzuordnung

Neue Geschäftspartner, mit denen noch kein gültiger Vertrag besteht, werden in SAP CRM häufig zunächst in der Rolle *Interessent* angelegt. Anhand der Rollenzuordnung ist es möglich, die Verteilung des Geschäftspartners in die beiden nachgelagerten Systeme zu steuern. Nimmt ein Geschäftspartner einen Vertrag an, ändert sich in SAP CRM die Rollenzuordnung auf *Vertragspartner*.

Diese Änderung kann als Anlass für eine Replikation genutzt werden, sodass Interessenten ausschließlich in SAP CRM verwaltet und Vertragspartner wiederum in die übrigen Systeme repliziert werden.

Ein Geschäftspartner kann von SAP CRM nicht direkt nach SAP CC repliziert werden (siehe Abbildung 2.1). Die Weiterverteilung wird in diesem Fall vom ERP-System durchgeführt, das mit SAP CC über einen Webservice kommuniziert, sobald ein Geschäftspartner angelegt oder geändert wird.

Anwendungsbeispiel: Geschäftspartner anlegen

Um eine natürliche Person oder eine Organisation als Geschäftspartner anzulegen, melden Sie sich in SAP CRM an und klicken in der Navigationsleiste auf den Button **Account Management**. In der sich nun öffnenden Bereichsstartseite wählen Sie im Kasten **Anlegen** die Schaltfläche **Privat-Account** für Personen oder **Unternehmens-Account** für Organisationen. Hier können Sie nun einen Geschäftspartner anlegen.

Ein vollständig angelegter Geschäftspartner vom Typ **Person** ist in Abbildung 2.4 dargestellt. Alle Änderungen der Geschäftspartnerdaten werden bidirektional zwischen den Systemen repliziert.

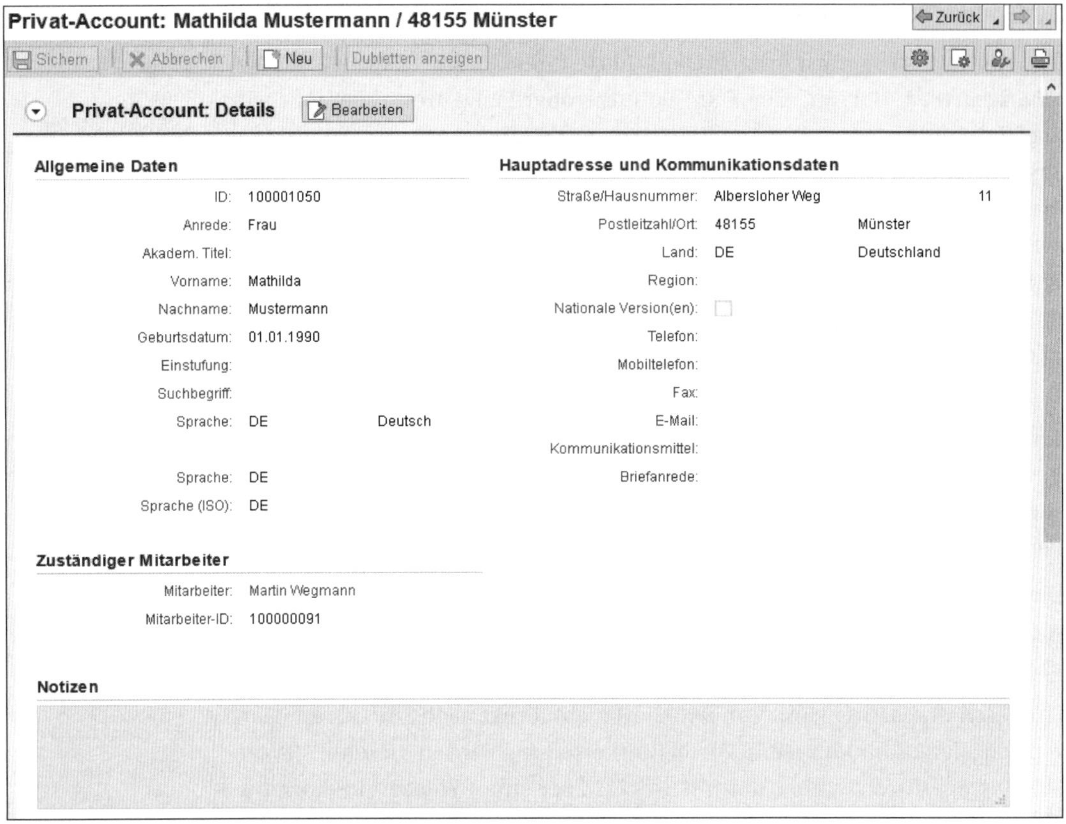

Abbildung 2.4 Privat-Account in SAP CRM

2.2.4 Vertragskonten

Geschäftsvereinbarungen

Zentraler Bestandteil für die Prozesse im Vertragskontokorrent (FI-CA) des ERP-Systems ist das *Vertragskonto*. Für jedes Vertragskonto gibt es in SAP CRM eine korrespondierende Geschäftsvereinbarung, in der wesentliche Daten zu Zahlwegen, zur Korrespondenz und zu Steuern hinterlegt sind.

Jedem Geschäftspartner können mehrere Geschäftsvereinbarungen zugeordnet sein, denen dann wiederum Verträge zugeordnet werden. Neben den im nächsten Abschnitt beschriebenen Providerverträgen können auch Verträge aus anderen Branchenlösungen, wie z. B. ein Versorgungsvertrag für die Branchenkomponente Versorgungsindustrie, zugeordnet werden, sofern diese Komponenten aktiv sind.

2.2.5 Providervertrag

Der *Providervertrag* in SAP CRM enthält alle Informationen, die zur Verwaltung von Verträgen notwendig sind. Dies beinhaltet neben technischen und kaufmännischen Informationen auch Zählwerte, die physisch in SAP CC gespeichert sind und für die Anzeige auf der CRM-Benutzeroberfläche aus SAP CC ausgelesen werden.

Providervertragsposition

Ein CRM-Providervertrag umfasst immer mindestens eine Providervertragsposition. Diese CRM-Providervertragsposition entspricht dem Providervertrag in SAP ERP und SAP CC und enthält die eigentliche Providervertragsnummer, die in allen drei Systemen identisch ist. Wenn der ERP-/CC-Providervertrag wiederum mehrere Positionen hat, werden diese als Unterpositionen der CRM-Vertragsposition dargestellt.

Providerauftrag

Der Providervertrag ist in SAP CRM nicht mehr bearbeitbar und kann auch nicht manuell von einem Sachbearbeiter angelegt werden. Für die Neuanlage und Änderung von Providerverträgen ist immer die Anlage eines *Providerauftrages* notwendig, der in einen Providervertrag überführt werden kann. Den Prozess zur Anlage eines Providerauftrages beschreiben wir in Abschnitt 2.3.1, »Auftrags- und Vertragsmanagement«.

2.2.6 Rahmenvertrag

Für die Vereinbarung von speziellen Konditionen mit großen Kunden, die mehrere Providerverträge abschließen möchten, gibt es das Konzept eines *Rahmenvertrags*, in dem diese Konditionen hinterlegt werden können.

Einem Rahmenvertrag werden die Produkte zugeordnet, die für die auf dem Rahmenvertrag basierenden Providerverträge genutzt werden können. Auch die Konditionen und Preise, die für die Providerverträge gelten sollen, werden im Rahmenvertrag definiert. Hierzu kann das katalogübergreifende Mapping aus dem Produkt überschrieben werden. Außerdem kann der Kreis der Geschäftspartner festgelegt werden, die für diesen Rahmenvertrag bezugsberechtigt sind.

Die Rahmenverträge werden sowohl nach SAP ERP als auch nach SAP CC repliziert, um eine Zuordnung von Providerverträgen und Rahmenverträgen auch in diesen Systemen darstellen und die entsprechenden Konditionen abrechnen zu können.

2.2.7 Sharingvertrag

Ein *Sharingvertrag* wird verwendet, um die gemeinsame Nutzung von Zählern abbilden zu können. Hierbei geht es z. B. darum, dass einem Unternehmen, das einen Rahmenvertrag abgeschlossen hat, ein gewisses Kontingent von Freiminuten zur Verfügung gestellt wird.

Rahmenvertrag plus Sharingvertrag

Das Konzept des Sharingvertrags ist in SAP CRM also eng mit dem Rahmenvertrag verknüpft. Der Kunde schließt einen Rahmenvertrag zu bestimmten Konditionen ab und es wird zusätzlich ein Sharingvertrag angelegt, in dem die Zähler definiert werden, die für alle Verträge des Rahmenvertrags genutzt werden.

Für die Nutzung des Sharingvertrags werden spezielle Sharingprodukte benötigt. In diesen Produkten wird über das katalogübergreifende Mapping der jeweilige Zähler definiert.

2.2.8 Partnervereinbarungen

Partnervereinbarungen werden zur Abrechnung von Vertriebspartnern genutzt. Die Partnervereinbarungen sind jedoch kein eigenständiges Konstrukt, sondern werden über Providerverträge abgebildet. Hierzu existiert in SAP CRM eine eigene Vorgangsart, mit der die Partnervereinbarungen als Partner-Providerverträge abgebildet werden.

Diese Verträge werden dann analog zu den klassischen Providerverträgen verteilt (siehe Abschnitt 2.3.1, »Auftrags- und Vertragsmanagement«), sodass in der gesamten Systemkette die Partnervereinbarungen genutzt werden können.

2.2.9 Prepaid-Konten

In SAP CRM gibt es die Möglichkeit, zu einer Geschäftsvereinbarung, die mit einem Vertragskonto aus SAP ERP verknüpft ist, *Prepaid-Konten* zu nutzen. Auf der CRM-Benutzeroberfläche können alle Bewegungen des Kontos angezeigt werden. Außerdem können die Guthaben aufgeladen und ausgezahlt werden und es können Guthaben und Forderungen an das Vertragskonto übertragen werden.

2.3 Prozesse

In diesem Abschnitt beschreiben wir die Prozesse, die in SAP CRM für SAP BRIM implementiert wurden. Herzstück bildet hierbei das Auftrags- und Vertragsmanagement.

2.3.1 Auftrags- und Vertragsmanagement

In Abschnitt 2.2.5, »Providervertrag«, haben wir aufgezeigt, dass Providerverträge in SAP CRM nicht angelegt und auch nicht bearbeitet werden können. Im folgenden Abschnitt erklären wir den Prozess, der zur Anlage und Änderung von Providerverträgen notwendig ist.

Die Prozesse zur Anlage von Providerverträgen unterscheiden sich in den beiden CRM-Benutzeroberflächen folgendermaßen:

- Der Interaction Center (IC) WebClient ist für das Massenkundengeschäft optimiert.
- Die WebUI steht für das Großkundengeschäft zur Verfügung.

Providervertrag in der WebUI anlegen

Das hier beschriebene Vorgehen bezieht sich auf die CRM-Rolle *Provider-Auftrags- und Vertragsbearbeitung*. In dieser Rolle muss zunächst ein Providerauftrag angelegt werden.

Providerauftrag in WebUI anlegen

Dem Providerauftrag wird ein Geschäftspartner sowie ggf. ein Ansprechpartner zugeordnet. Im Zuordnungsblock **Positionen** können dann die Produkte für den Providervertrag ausgewählt werden. Hier sei nochmals erwähnt, dass aus jeder Position des Providerauftrags – und später der Position des Providervertrags in SAP CRM – ein eigener Providervertrag in SAP ERP und SAP CC entsteht.

Nachdem die Produkte einer Position zugeordnet wurden, kann über **Geschäftsvereinbarung zuordnen** jeder Position eine Geschäftsvereinbarung zugeordnet werden. Hierbei kann unterschieden werden, ob jeder Position die gleiche oder eine individuelle Geschäftsvereinbarung zugeordnet werden soll.

Über das Symbol **Bearbeiten** können die Positionen des Providerauftrags bearbeitet werden. Hier können, wenn nötig, technische Ressourcen hinterlegt werden. Auch die Zuordnung zu einem Sharingvertrag kann noch bearbeitet werden, sofern diese Zuordnung nicht durch einen Rahmenvertrag vorgegeben ist. Außerdem ist es hier möglich, Preistabellen zu redefinieren, um kundenindividuelle Preise, beispielsweise für Großkunden, zu hinterlegen. Abbildung 2.5 zeigt eine Übersicht über den Providerauftrag.

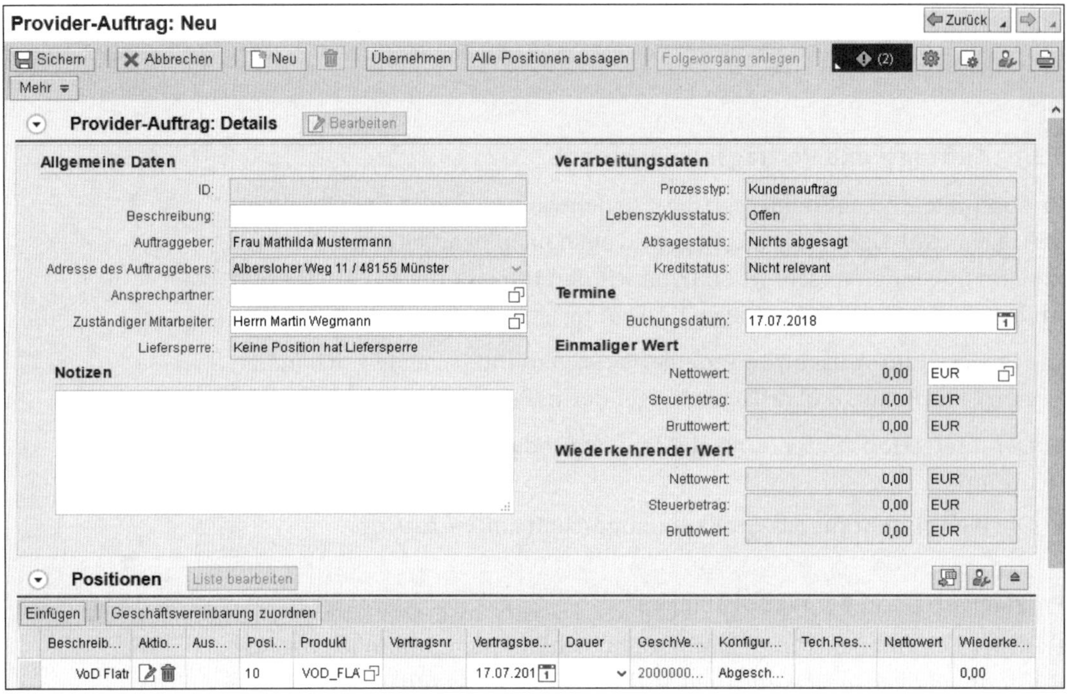

Abbildung 2.5 Providerauftrag

Wurden alle Einstellungen im Providerauftrag vorgenommen, kann er gesichert werden. Nach dem Sichern wird der Button **Übernehmen** im Übersichtsbild des Providervertrags auswählbar. Über diese Schaltfläche kann der Providerauftrag in einen Providervertrag überführt werden, und die Vertragspositionen werden nach SAP ERP und SAP CC repliziert. Eine Änderung des Auftrags und des Vertrags ist nun nicht mehr möglich.

Standardprozesse

Alle Änderungen, die anschließend an einem Providervertrag vorgenommen werden sollen, müssen über den Block **Prozesse** angestoßen werden. Im Standard stehen die folgenden Prozesse zur Verfügung:

- Sofortabrechnung in SAP ERP anstoßen
- Vertragsverlängerung
- Produktwechsel
- technische Ressourcen ändern
- Verträge sperren und entsperren
- Kündigung

Sie können weitere individuelle Prozesse hinzufügen und die Standardprozesse verändern. Dazu folgen Sie im Customizing folgendem Menüpfad:

Customer Relationship Management • Branchenübergreifende Funktionen • Provider-Auftrags- und Vertragsbearbeitung • Vorgänge • Provider-Vertragsspezifische Prozessprofile definieren

Diese Prozesse erstellen einen neuen Providerauftrag, der einen Änderungsauftrag darstellt. Die Änderung am Providervertrag erfolgt dann wieder über den Button **Übernehmen**.

Anwendungsbeispiel Video-on-Demand

Anwendungsbeispiel: Providerauftrag anlegen und Produkt konfigurieren

Drücken Sie im Hauptmenü der WebUI den Button **Provider-Vertragsmanagement**. Im Block **Anlegen** gibt es die Schaltfläche **Provider-Auftrag**. Legen Sie hierüber einen Providerauftrag an und ordnen Sie im Feld **Auftraggeber** den Account und im Zuordnungsblock **Positionen** eines der Produkte dieses Beispiels zu. Drücken Sie anschließend den Button **Geschäftsvereinbarung zuordnen**. Wenn Sie einen neuen Geschäftspartner angelegt haben, zu dem noch keine Geschäftsvereinbarung besteht, können Sie diese über die Schaltfläche **Geschäftsvereinbarung** anlegen. Nachdem Sie die Geschäftsvereinbarung zugeordnet haben, muss das Produkt noch konfiguriert werden. Hierzu springen Sie in die Position des Providerauftrags, wie Sie sie in Abbildung 2.6 sehen können.

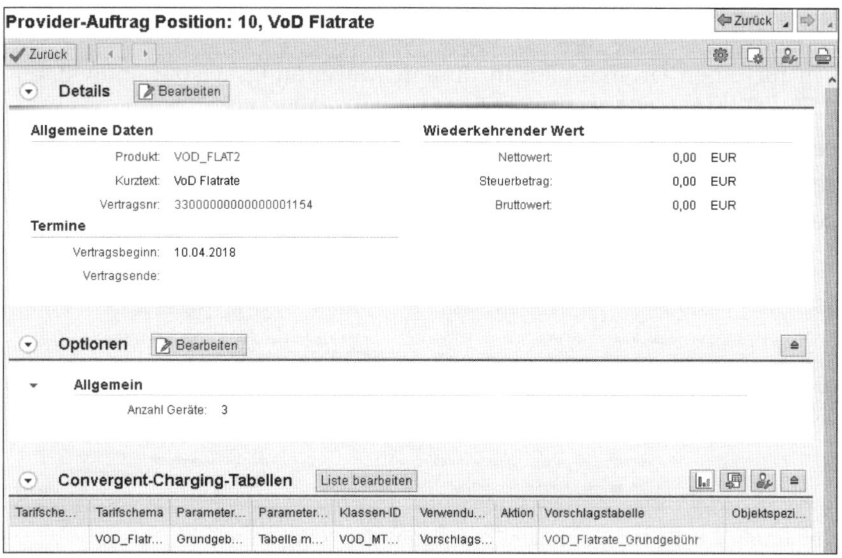

Abbildung 2.6 Position eines Providerauftrags

In diesem Beispiel besteht die Konfiguration des Produktes nur aus der Anzahl der Geräte, die für den Flatrate-Vertrag genutzt werden sollen, die Sie im Zuordnungsblock **Optionen** finden. Nachdem Sie das Produkt konfiguriert haben, wechseln Sie wieder auf die Ansicht des Providerauftrags und klicken auf den Button **Übernehmen**. Der Providervertrag wird nun angelegt (siehe Abbildung 2.7).

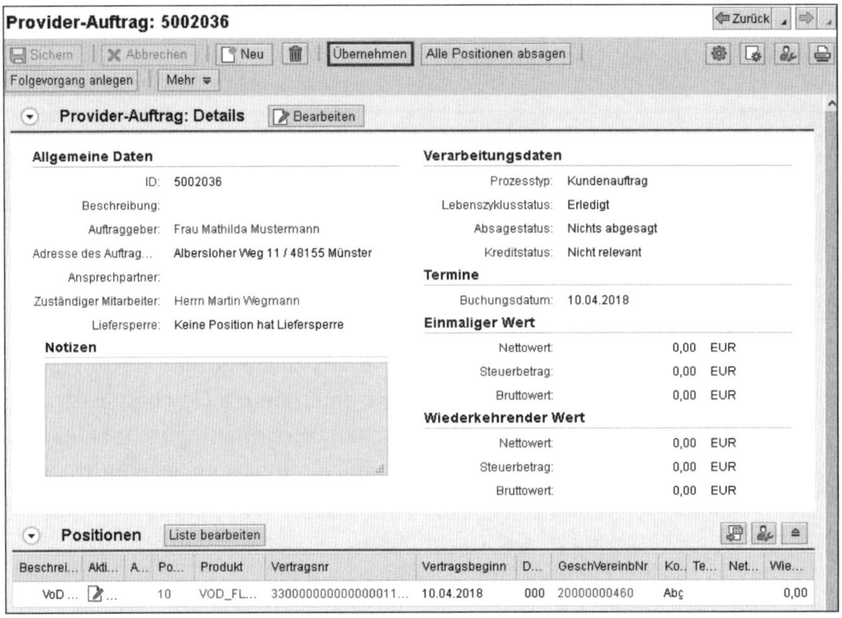

Abbildung 2.7 Providerauftrag anlegen

Um für einen Großkunden in diesem Anwendungsbeispiel individuelle Preise festlegen zu können, gibt es in der Providerauftragsposition im Zuordnungsblock **Convergent-Charging-Tabellen** die Möglichkeit, Convergent-Charging-Tabellen zu redefinieren. Hierzu wählen Sie die Option **Neu definierte Tabelle** (siehe Abbildung 2.8).

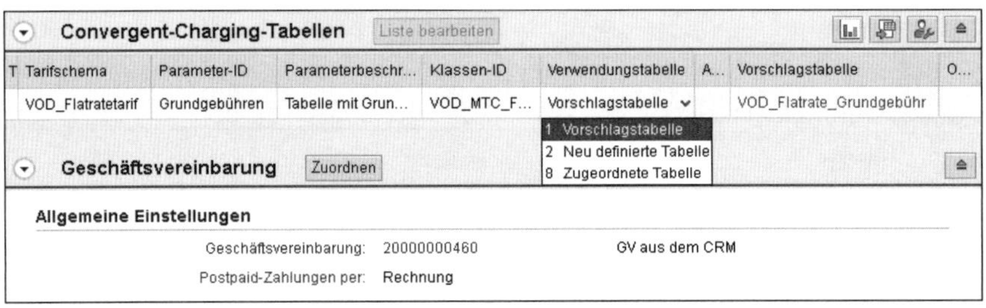

Abbildung 2.8 Redefinition der Convergent-Charging-Tabellen

Nach Abschluss des Vertrags wird diese Tabelle in SAP CC angelegt und für die Preisfindung verwendet.

Providervertrag im IC WebClient anlegen

Die Standardrolle für die Providervertragsbearbeitung im IC WebClient ist *Provider-IC-Agent*. Wenn Sie mit dieser Rolle arbeiten, müssen Sie zunächst den Geschäftspartner identifizieren, bevor Sie mit der weiteren Bearbeitung fortfahren können.

Anlage Providerauftrag im IC WebClient

Über den Menüeintrag **Kundenauftrag** kann ein Providerauftrag angelegt werden. Anders als in der WebUI muss hier kein Geschäftspartner mehr zugeordnet werden, sondern es reicht aus, pro Position ein Produkt hinzuzufügen. Markiert man die entsprechenden Positionen, können alle Einstellungen direkt bearbeitet werden, und auch die Geschäftsvereinbarung kann zugeordnet werden.

Den Providerauftrag können Sie in dieser Rolle durch Auswählen der Schaltfläche **Übernehmen** in einen Providervertrag überführen. Ein Speichern des Auftrags ist nicht unbedingt notwendig und muss nur vorgenommen werden, wenn der Providervertrag nicht direkt angelegt werden soll. In Abbildung 2.9 sehen Sie einen Providerauftrag im Interaction Center WebClient.

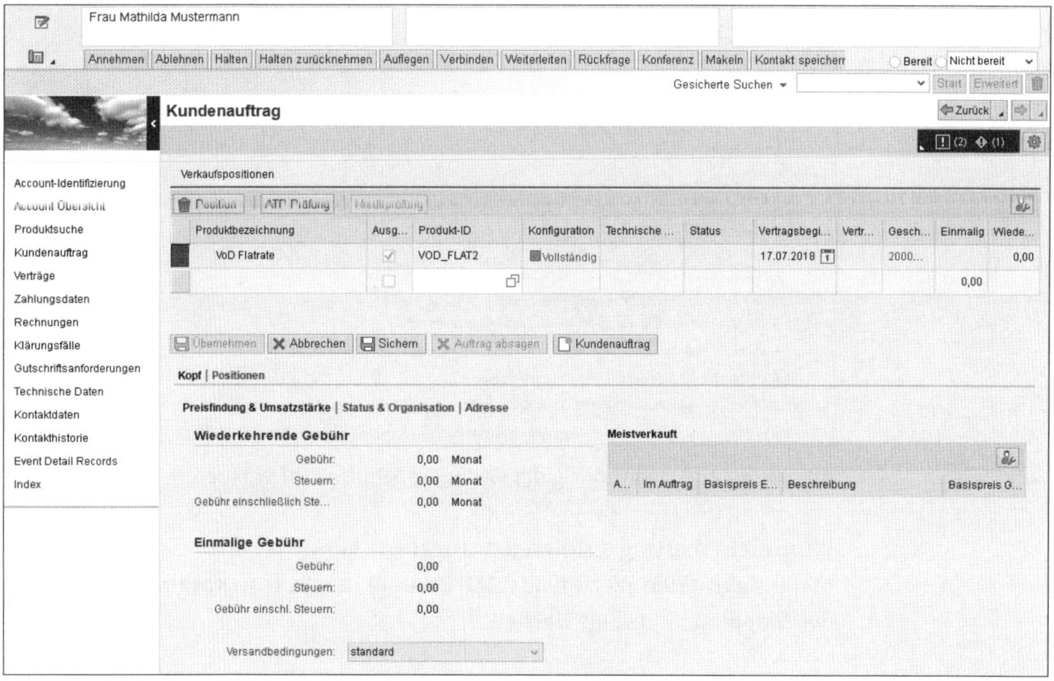

Abbildung 2.9 Providerauftrag im Interaction Center WebClient

Vertragsverteilung mit ODI

Wurde bei der Anlage von Provideraufträgen der Button **Übernehmen** ausgewählt, erfolgt die Anlage des Providervertrags in SAP CRM und die Verteilung der Vertragspositionen an die nachgelagerten Systeme.

Die Verteilung der Verträge übernimmt die *Order Distribution Infrastructure* (ODI) von SAP CRM. In diesem Framework können Schritte definiert werden, nach welchen Kriterien und wohin der Providervertrag verteilt werden soll.

ODI-Monitoring

ODI stellt darüber hinaus in der WebUI eine Benutzeroberfläche zur Verfügung, mit der die Verteilung der Providerverträge überwacht werden kann. Hier können Sie überprüfen, in welchem Schritt der Anlage sich der Providervertrag befindet und ob die Schritte fehlerfrei durchlaufen werden. Aus dieser Oberfläche heraus kann die Verteilung auch neu gestartet werden. Diese Benutzeroberfläche finden Sie im nachfolgenden Anwendungsbeispiel in Abbildung 2.10.

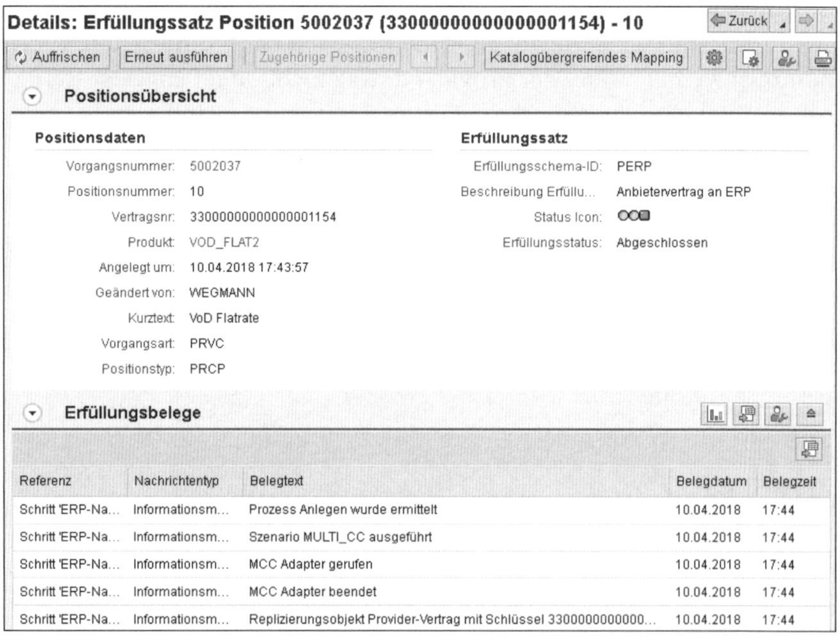

Abbildung 2.10 Monitoring der Order Distribution Infrastructure (ODI)

Wurde ein Vertrag erfolgreich angelegt, kann das katalogübergreifende Mapping mit den Werten aus SAP CC über den Button **Katalogübergreifendes Mapping** angezeigt werden.

Verteilung der Providerverträge überwachen

Nachdem der Vertrag in SAP CRM angelegt wurde, kann über den Providerauftrag in den Providervertrag abgesprungen werden. Hierzu klicken Sie auf die **Providervertragsnummer**. Im Zuordnungsblock **Erfüllungsstatus** können die Verteilschritte in der ODI nachvollzogen werden. Klicken Sie auf die Schaltfläche **Monitor**, um eine Übersicht über den Datensatz zu erhalten und die Verteilung an SAP ERP und SAP CC über den Button **Erneut ausführen**, neu zu starten.

ODI-Customizing

Die Einstellungen der ODI finden sich im Customizing über folgenden Menüpfad:

Customer Relationship Management • Branchenübergreifende Funktionen • Provider-Auftrags- und -Vertragsbearbeitung • Vorgänge • Belegverteilung • Einstellungen für die Belegverteilung definieren

Hier können auch Schemaschritte definiert werden, die weitere Systeme außerhalb von SAP BRIM betreffen. Beispielsweise können technische Systeme zur Bereitstellung von Mobilfunkdiensten darüber informiert werden, dass ein Vertrag angelegt wurde und dass die zugehörige Mobilfunknummer freigeschaltet wird.

Die Weiterverteilung des Providervertrags an SAP ERP und SAP CC erfolgt dadurch, dass die ODI in SAP ERP den *Common Object Layer* aufruft (siehe Abschnitt 4.1.1, »Stammdatenpflege und integrierte Verteilung in SAP BRIM«), der wiederum die Verträge in SAP ERP und per Webservice in SAP CC anlegt und mit den entsprechenden Informationen aus dem katalogübergreifenden Mapping versorgt.

2.3.2 Vertragskontokorrentprozesse

Dem Anwender sollen auf der IC-WebClient-Oberfläche möglichst viele Daten zum Kunden angezeigt werden, um diesen ohne Hin- und Her-Wechseln zwischen SAP CRM und SAP ERP bestmöglich betreuen zu können. Hierfür wurden bestimmte buchhalterische Übersichten aus dem Bereich des Vertragskontokorrents (FI-CA) für SAP CRM verfügbar gemacht. Dazu zählen beispielsweise eine Offene-Posten-Liste oder die Mahnhistorie. Außerdem ist es möglich, bestimmte Vertragskontokorrentprozesse direkt im IC WebClient durchzuführen, ohne dazu nach SAP ERP wechseln zu müssen. Diese Übersichten und Prozesse wurden nicht speziell für SAP BRIM entwickelt, sondern sind als allgemeingültiger Bestandteil der Kundenservice-Benutzerrolle branchenübergreifend in SAP CRM verfügbar.

Weitere Informationen zu den Vertragskontokorrentfunktionen in SAP CRM finden Sie in Abschnitt 3.3.2, »SAP CRM«.

2.4 Zusammenfassung

In diesem Kapitel haben wir einen Überblick über SAP CRM 7 für SAP BRIM gegeben. Wesentlicher Bestandteil von SAP CRM ist die Modellierung von Produkten und das Verwalten der Providerverträge.

Die Modellierung von Produkten vereinfacht es ganz wesentlich, die komplexe Struktur der Charge-Pläne aus SAP CC mit entsprechenden Daten zu füllen und so dem Anwender eine schnelle Anlage von Providerverträgen zu ermöglichen. Außerdem bietet die Produktmodellierung dem Vertrieb eines Unternehmens eine flexible und schnelle Gestaltung von Produkten.

Neben den Produkten haben wir noch weitere Stammdaten vorgestellt und festgehalten, dass diese keine Neuerung für SAP BRIM sind, sondern schon zuvor in SAP CRM vorhanden waren. Diese Nutzung bestehender Stammdatenkonstrukte erleichtert die Einrichtung des Systems und ermöglicht zudem auch einen Parallelbetrieb mehrerer Branchenlösungen.

Nach der Behandlung der Stammdaten haben Sie das Provider-Auftrags- und -Vertragsmanagement kennengelernt. Die beschriebenen Prozesse stellen das Herzstück des CRM für SAP BRIM dar, weil hier die Anlage und Verteilung der Providerverträge übernommen wird. Mit dem Monitoring anhand der Order Distribution Infrastructure (ODI) lassen sich die Prozesse im laufenden Betrieb überwachen.

Neben der einfachen Modellierung von Produkten und der geführten Anlage von Providerverträgen gibt es noch einen weiteren Grund, warum CRM als Frontend für SAP BRIM ausgewählt wurde: SAP CRM bietet im Standard sehr viele Funktionen zur Interaktion mit dem Kunden. Sämtliche Kundenkontakte können mit den CRM-Aktivitäten sowohl für den Privat- als auch für den Geschäftskundenbereich nachgehalten werden. SAP CRM ermöglicht einen umfassenden Blick auf die Kunden eines Unternehmens und verbessert so die Servicequalität und letztlich auch die Kundenzufriedenheit.

Kapitel 3
Vertragskontokorrent in SAP FI-CA

In diesem Kapitel stellen wir Ihnen die Stammdaten und deren Erweiterungsmöglichkeiten sowie die wichtigsten Geschäftsprozesse des Vertragskontokorrents vor. Die Integration von SAP BRIM steht dabei im Fokus.

Überblick FI-CA

Beim *Vertragskontokorrent* (FI-CA) handelt es sich um ein spezielles Nebenbuch von SAP, das auf Massenkontokorrentbuchhaltung ausgelegt ist. Ursprünglich wurde es u. a. für die Branchenlösungen Telekommunikation (IS-T), Versicherung (IS-FS) und Energiewirtschaft (IS-U) entwickelt, bei denen eine hohe Anzahl an Personenkonten und -belegen, oftmals im Millionenbereich, anfallen. Die dort integrierten Versionen des Vertragskontokorrents sind auf Besonderheiten der entsprechenden Branchen abgestimmt und bieten größtenteils branchenspezifische Zusatzfunktionalitäten. Im Lösungsportfolio von SAP BRIM ist das Vertragskontokorrent im *SAP Customer Financial Management* (SAP CFM) integriert.

Im allgemeinen Paket SAP BRIM ist das branchenneutrale Vertragskontokorrent FI-CAx Bestandteil.

Das Vertragskontokorrent ist integriert in die SAP-Komponente FI und kann als leistungsfähigerer Ersatz für die klassische Debitoren- und Kreditorenbuchhaltung FI-AR bzw. FI-AP genutzt werden. Eine hervorzuhebende Besonderheit von FI-CA ist, dass durch die spezielle Datenhaltung ein Großteil der Prozesse parallelisiert ausgeführt werden kann und somit eine effiziente Bearbeitung bei Standardprozessen wie Zahl- und Mahnlauf sichergestellt ist. Auch eine schnelle Antwortzeit des Systems bei geschäftskritischen Anwendungen ist hierdurch gewährleistet.

Über zahlreiche Konfigurations- und Erweiterungsmöglichkeiten kann das Vertragskontokorrent auf Kundenbedürfnisse individuell angepasst werden. Als wichtige Hilfsmittel hierzu seien beispielhaft das *Business Data Toolset* (*BDT*) und das *Event-Konzept* genannt. Mit dem Business Data Toolset können auf einfachem standardisierten Weg Funktionen zur Stammdatenbearbeitung angepasst werden. Bei *Events* (Zeitpunkten) handelt es sich um vordefinierte Eingriffsstellen, an denen über selbst entwickelte Funktionsbausteine in die Standardlogik eingegriffen werden kann. So besteht eine Möglichkeit, die Funktionalitäten des SAP-Standards durch eigene Programmierung zu erweitern. Der SAP-Standardablauf wird bis zu dieser Eingriffsstelle immer durchlaufen. Ist ein Funktionsbaustein im Customizing hinterlegt, wird dieser ausgeführt. Anschließend wird der Standardablauf fortgesetzt.

Die Erweiterung des Systems über Events geschieht ohne Modifikation der SAP-Programmierung. Hinterlegte Bausteine werden in der Customizing-Transaktion FQEVENTS zentral verwaltet. In Abbildung 3.1 sehen Sie auf der linken Seite die Auswahl- und Suchmöglichkeiten für Bausteine, während auf der rechten Seite die hinterlegten Kunden- und Standardbausteine zu erkennen sind.

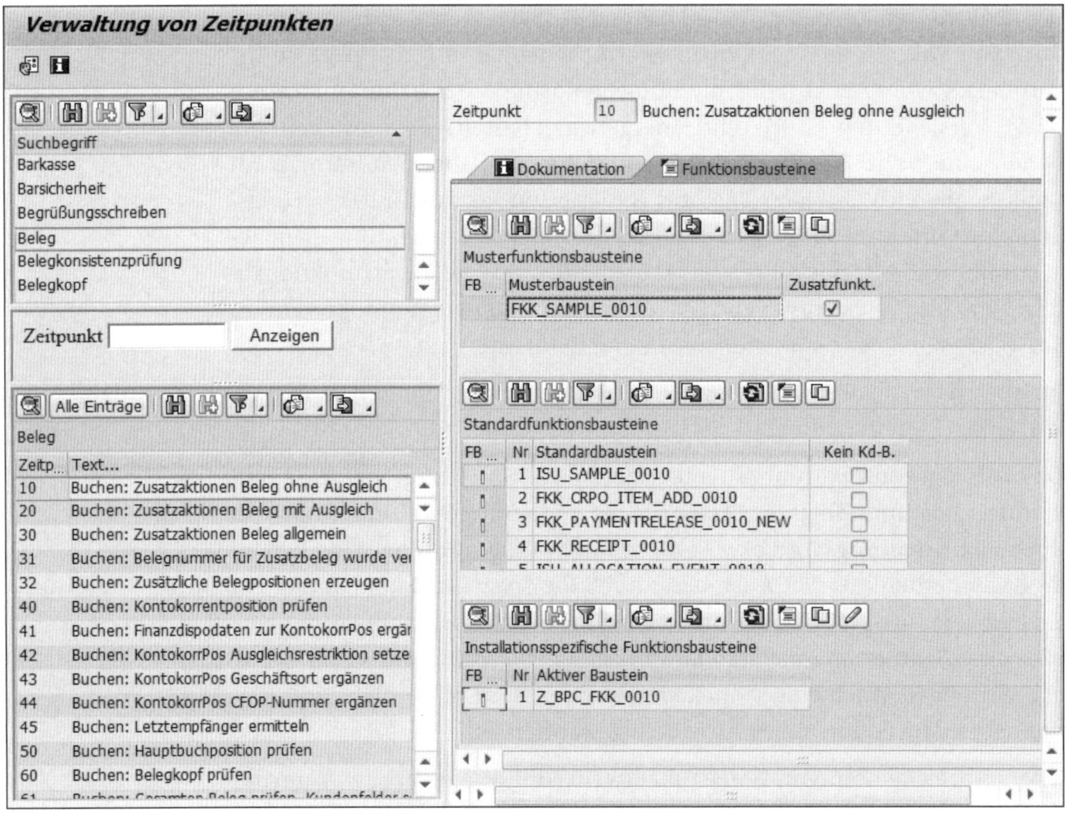

Abbildung 3.1 Verwaltung von Zeitpunkten mit Transaktion FQEVENTS

Mithilfe des Event-Konzepts wird in vielen Fällen über standardisierte Wege eine modifikationsfreie Erweiterung der Logik ermöglicht, und FI-CA kann somit flexibel an die eigene Geschäftsstruktur angepasst werden.

3.1 Stammdaten

Stammdatenmodell in FI-CA

Die Stammdaten des Vertragskontokorrents sind zweistufig aufgebaut: Auf der oberen Ebene befindet sich der Geschäftspartner, zu dem Sie ein oder mehrere darunterliegende Vertragskonten anlegen können. In den unterschiedlichen Branchenlösungen sind branchenspezifische Vertragsarten enthalten, in Abschnitt 2.2.5, »Providervertrag«, wird auf Providerverträge als Bestandteil des Convergent Invoicing eingegangen. Im branchenneutralen Vertragskontokorrent FI-CAx ist es nicht obligatorisch, dass einem Vertragskonto Verträge zugeordnet sind, da Buchungen i. d. R. auf Ebene des Vertragskontos stattfinden und über ein zusätzliches Merkmal einem Vertrag zugeordnet werden können.

Stammdaten, die teilweise auf verschiedenen Ebenen hinterlegt werden können, werden dabei immer aus der tiefsten Ebene übernommen: In einem Vertrag hinterlegte Stammdaten übersteuern z. B. die Stammdaten auf der Ebene des Vertragskontos oder des Geschäftspartners.

3.1.1 Geschäftspartner

Allgemeine Daten des Geschäftspartners

Auf Ebene eines Geschäftspartners speichern Sie allgemeine Daten zu einer natürlichen oder juristischen Person, wie z. B. Adressen, Bankverbindungen, Identifikationsdaten oder Ansprechpartner. Ein Geschäftspartner entspricht dabei einem Personenkonto, zu dem, abweichend von der Logik in der klassischen SAP-Debitorenbuchhaltung FI-AR, das Abstimmkonto nicht fest vorgegeben, sondern zum Buchungszeitpunkt anhand von Merkmalen aus dem Vertragskonto abgeleitet wird (siehe Abschnitt 3.1.2, »Vertragskonten«).

Grundsätzlich können Geschäftspartner in SAP als Organisation, Person oder Gruppe angelegt werden. Über diesen sogenannten *Geschäftspartnertyp* steuern Sie u. a. die Feldauswahl bei der Stammdatenpflege. Ein Geschäftspartner entspricht also einer juristischen oder natürlichen Person als Vertragspartner.

Besonderheit in FI-CA

Ein SAP-Geschäftspartner, der für das Vertragskontokorrent genutzt werden soll, muss mit der Rolle MKK (Vertragspartner) angelegt werden. Dies ist z. B. bei der Anlage des Geschäftspartners mithilfe der Transaktion FPP1 der Fall. Geschäftspartner in abweichenden Rollen können Sie im Vertragskontokorrent z. B. als Korrespondenzempfänger oder am Vertragskonto als hinterlegte Sachbearbeiter verwenden.

Die Transaktionen FPP2 (Geschäftspartner bearbeiten) bzw. FPP3 (Geschäftspartner anzeigen) sind nur zum Verwalten von Geschäftspartnern im Vertragskontokorrent nutzbar. Sie bieten u. a. die Möglichkeit, über den Reiter **Verwendungsnachweis** direkt in verknüpfte Vertragskonten oder auch Verträge abzuspringen. Mit der allgemeinen Pflegetransaktion für Geschäftspartner, BP, können Sie hingegen auch Geschäftspartner in abweichenden Rollen ansehen und bearbeiten. Abbildung 3.2 zeigt die Rollenansicht eines Geschäftspartners mit Transaktion FPP3.

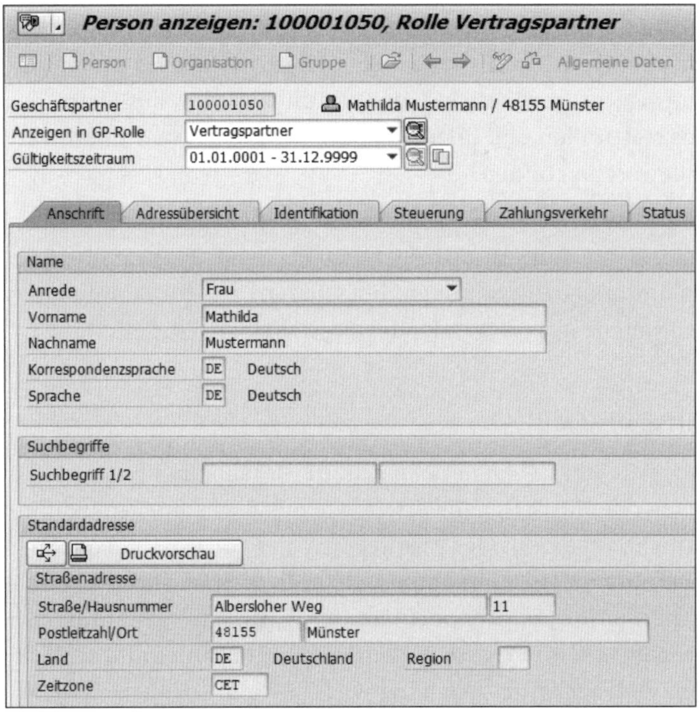

Abbildung 3.2 Ansicht eines Geschäftspartners mit Transaktion FPP3

Bankverbindungen

Bankverbindungen werden im Vertragskontokorrent auf Ebene des Geschäftspartners hinterlegt. Zusätzlich zu Bankverbindungen können Sie auch *SEPA-Mandate* anlegen, die für eine *SEPA-Lastschrift* notwendig sind. Neben dem Absprung über die Transaktion FPP2 kann auch über die SEPA-Mandats-Pflegetransaktionen FSEPA_M1 (anlegen), FSEPA_M2 (bearbeiten), FSEPA_M3 (anzeigen) auf SEPA-Mandate zugegriffen werden. Bei Lastschrifteinzügen stellt SAP von sich aus sicher, dass diese nur dann durchgeführt werden, wenn ein gültiges, aktives Mandat vorhanden ist. Der Zahllauf wird in Abschnitt 3.2.2 behandelt.

Ob – und wenn ja, wie – eine Adresse oder eine Bankverbindung im Vertragskontokorrent genutzt werden, wird an den einzelnen Vertragskonten hinterlegt. Somit können Sie beispielsweise für einen Kunden mehrere

Bankverbindungen im Geschäftspartner für Auszahlungen pflegen und im Vertragskonto eine dieser Bankverbindungen für Lastschrifteinzüge hinterlegen.

Single European Payments Area (SEPA)

Erweiterungen durch das SEPA-Verfahren

Seit dem 1. August 2014 ist das SEPA-Verfahren zur Vereinheitlichung des europäischen Zahlungsverkehrs verpflichtend. Bei SEPA-Zahlungsvorgängen wird unterteilt in SEPA-Überweisungen (Credit-Transfer, CT) und SEPA-Lastschrift (Direct Debit, DD). Während bei SEPA-Inlandsüberweisungen nur Kontoinhaber und IBAN verpflichtende Angaben sind (bei Auslandsüberweisungen zusätzlich die BIC), muss nach den rechtlichen Vorschriften bei SEPA-Lastschriften ein unterschriebenes SEPA-Mandat vorliegen. Im Vertragskontokorrent ist die Logik zur Prüfung auf vorhandene und gültige SEPA-Mandate standardmäßig implementiert. Somit ist sichergestellt, dass SEPA-Lastschrifteinzüge nur dann erfolgen können, wenn die rechtlichen Voraussetzungen erfüllt sind.

Die Anlage, Bearbeitung und Ansicht eines SEPA-Mandats erfolgt, wie bereits erwähnt, über die Transaktionen FSEPA_M1, FSEPA_M2 und FSEPA_M3 oder direkt über die Geschäftspartner-Transaktionen. Abbildung 3.3 zeigt die SEPA-Mandatsanlage.

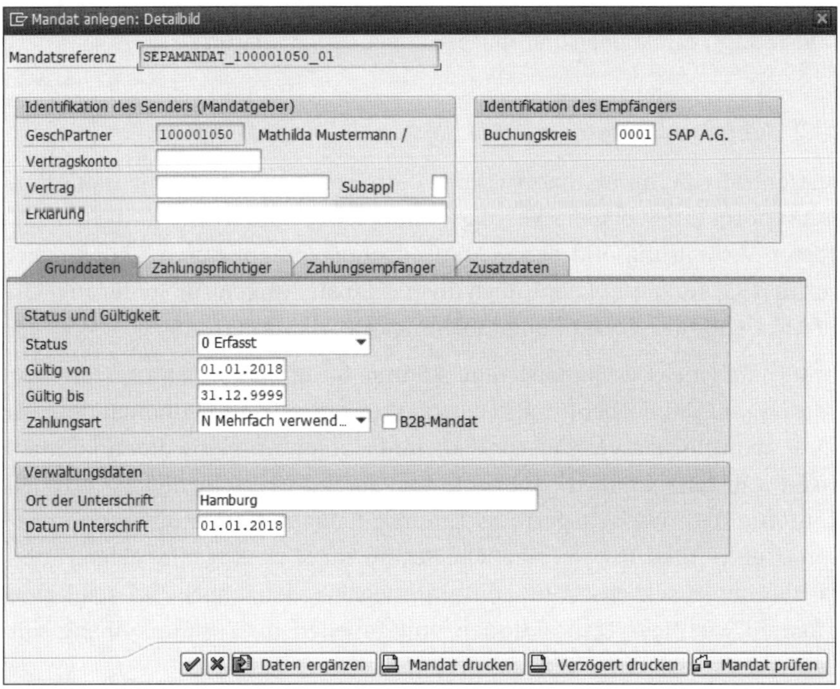

Abbildung 3.3 SEPA-Mandatsanlage mit Transaktion FSEPA_M1

Tabelle 3.1 zeigt eine Übersicht über die wichtigsten Transaktionen und Tabellen zum Geschäftspartner.

Transaktion	Beschreibung
FPP1/FPP2/FPP33	Geschäftspartner anlegen/ändern/anzeigen
BP	Geschäftspartner aller Rollen verwalten
Tabelle	**Beschreibung**
BUT000	Geschäftspartnerstammdaten
BUT100	Rollen zum Geschäftspartner
BUT020	Adressen zum Geschäftspartner
BUT021_FS	Adressverwendung zum Geschäftspartner
ADRC	Adressstammdaten
BUT0BK	Bankverbindungen zum Geschäftspartner
BUT0ID	Identifikationsnummern zum Geschäftspartner
BUT0IS	Branchen zum Geschäftspartner
BUT050	Geschäftspartnerbeziehungen

Tabelle 3.1 Transaktionen und Tabellen zum Geschäftspartner

3.1.2 Vertragskonten

Vertragskonto als zentrales Stammdatenobjekt

Als zentrales Stammdatenobjekt des Vertragskontokorrents dient das Vertragskonto. Auf Ebene des Vertragskontos führen Sie einerseits die Offene-Posten-Verwaltung und das Forderungsmanagement durch, andererseits können Sie auf dieser Ebene auch diverse Einstellungen zur Steuerung von Faktura, Zahlungsverkehr oder Buchungen vornehmen.

Unterhalb eines Geschäftspartners können Sie ein oder mehrere Vertragskonten anlegen, wobei für alle Vertragskonten getrennt voneinander Einstellungen für das Vertragskontokorrent vorgenommen werden können. So ist z. B. denkbar, dass bei Buchungen auf zwei verschiedenen Vertragskonten eines Geschäftspartners unterschiedliche Abstimmkonten angesprochen werden, unterschiedliche Regeln zur Mahnung oder eigene Toleranzen bei Ausgleichszahlungen hinterlegt werden. Tabelle 3.2 zeigt eine Auswahl wichtiger Transaktionen und Tabellen im Zusammenhang mit den Vertragskonten.

Transaktion	Beschreibung
CAA1/CAA2/CAA3	Vertragskonto anlegen/ändern/anzeigen
Tabelle	**Beschreibung**
FKKVKO	Vertragskonto – Kopfdaten
FKKVKP	Vertragskonto – partnerspezifische Daten (inkl. Zuordnung zum Geschäftspartner)
FKKVK_CORR	abweichende bzw. zusätzliche Korrespondenzempfänger zum Vertragskonto

Tabelle 3.2 Transaktionen und Tabellen zu Vertragskonten

Durch das Vertragskonto können Sie unterschiedliche buchhalterische Informationen für die Fakturierung, die Zahlungs- und Mahnabwicklung sowie für Berechtigungen steuern (siehe Abbildung 3.4).

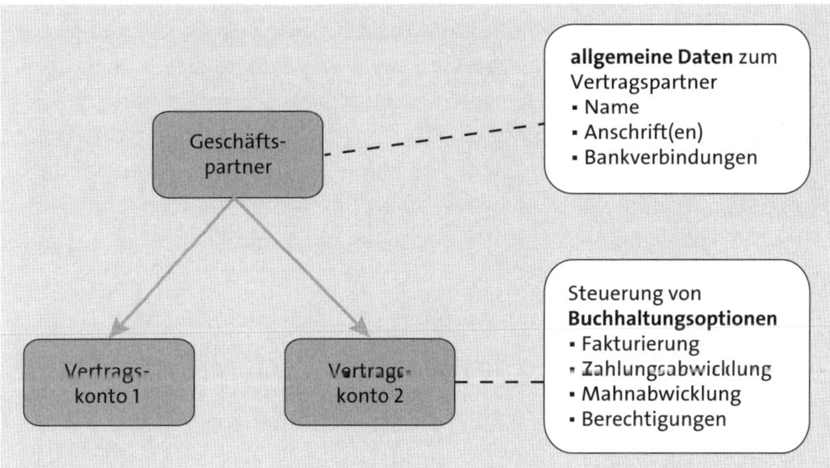

Abbildung 3.4 Stammdaten im Vertragskontokorrent

In den allgemeinen Daten zum Vertragskonto legen Sie Kontoverwaltungsdaten wie beispielsweise den Verrechnungstyp und das Kontofindungsmerkmal fest (siehe Abschnitt 3.2.4, »Kontenpflege und Verrechnungssteuerung«, sowie »Kontenfindung« unter Abschnitt 3.2.1, »Belege«). Der Verrechnungstyp steuert in Kombination mit der Verrechnungsart, die aus dem Geschäftsvorfall ermittelt wird, den (Teil-)Ausgleich der offenen Posten eines Geschäftspartners. Das Kontenfindungsmerkmal ist das zentrale Kennzeichen zur Ermittlung der korrekten Kontenfindung in FI-CA.

Über den Reiter **Zahlungen/Steuern** im Vertragskonto definieren Sie die Zuordnung des Vertragskontos zu einem Buchungskreis und legen beispielsweise die Zahlwege und Bankverbindungen (aus dem Geschäftspartner) für die Eingangs- und Ausgangszahlungsverarbeitung fest.

In Abschnitt 3.2.5, »Zahlungsverfolgung«, wird das Mahnen nach Mahnverfahren beschrieben. Je Vertragskonto können Sie im Reiter **Mahnen/Korrespondenz** des Vertragskontos das Mahnverfahren hinterlegen. Ferner können Sie dort auch die Mahngruppierung und eine Mahnsperre hinterlegen.

Anwendungsbeispiel: Video-on-Demand

Die Firma Media4bpc legt Kunden in der Regel über das CRM an (siehe zum Praxisbeispiel den Abschnitt 2.2.1, »Anwendungsbeispiel«). Zur Überprüfung der an das Vertragskontokorrent übermittelten Geschäftspartner-Stammdaten können Sie mit Transaktion FPP3 die hinterlegten Stammdaten anzeigen lassen. Die Daten von Frau Mustermann sehen Sie in Abbildung 3.5.

Frau Mustermann erteilt ein SEPA-Mandat für eine neue Bankverbindung. Der unternehmensinterne Prozessablauf sieht vor, dass dieses nicht über das CRM, sondern direkt im Vertragskontokorrent angelegt wird. Hierzu öffnen Sie den Geschäftspartner in Transaktion FPP2 und legen die Bankverbindung mit **ID 0001** an (siehe Abbildung 3.5). Durch Anklicken des Buttons **SEPA Mandate** können Sie hier auch direkt das SEPA-Mandat hinterlegen. Anschließend speichern Sie die Änderungen mit einem Klick auf das Disketten-Symbol.

Die Bankverbindung soll nur an einem der vorhandenen Vertragskonten als Ein- und Ausgangszahlweg hinterlegt werden. Sie öffnen das Vertragskonto im Bearbeitungsmodus mit Transaktion CAA2. Unterhalb des Reiters **Zahlungen/Steuern** tragen Sie die ID der auf Geschäftspartnerebene angelegten Bankverbindung **0001** sowohl als Eingangs- als auch als Ausgangsbankverbindung ein. Media4bpc benutzt als Eingangszahlweg (SEPA-Lastschrifteinzüge) i. d. R. den Zahlweg **F** und für ausgehende Überweisungen den Ausgangszahlweg **A**. Diese tragen Sie ebenfalls ein und speichern die Änderungen mit einem Klick auf das Disketten-Symbol. In Abbildung 3.6 sehen Sie die Einstellungen für die Eingangsbankverbindung.

Abbildung 3.5 Anlage einer Bankverbindung (Transaktion FPP2)

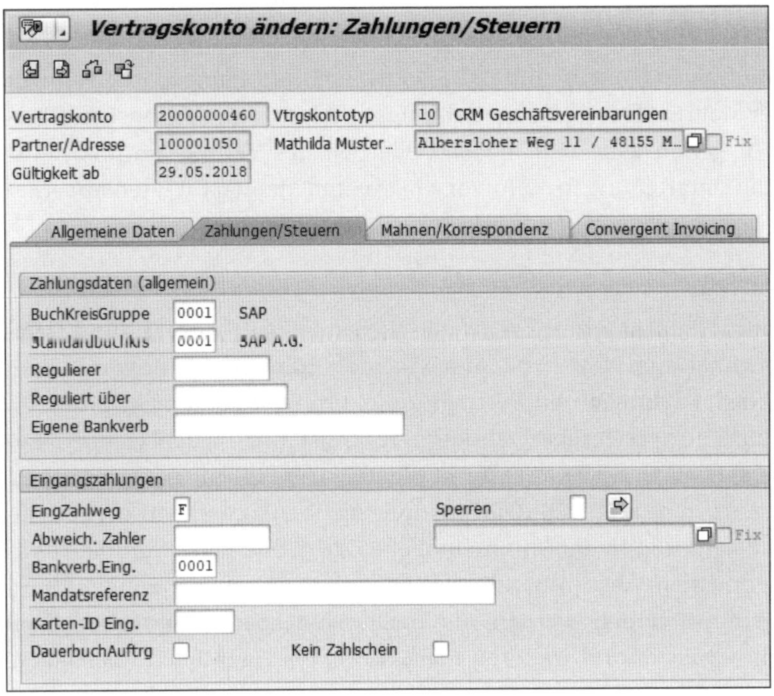

Abbildung 3.6 Hinterlegen einer Eingangsbankverbindung an einem Vertragskonto (Transaktion CAA2)

3.2 Prozesse

Standardprozesse des Vertragskontokorrents

Im Folgenden lernen Sie ausgewählte Standardprozesse des Vertragskontokorrents näher kennen. Zunächst erhalten Sie einen Überblick über Aufbau und Eigenheiten der Kontokorrentbelege. Der Ausgleich offener Forderungen geschieht im Geschäftsalltag größtenteils über Banktransaktionen. Hierzu werden in Abschnitt 3.2.2, »Zahllauf«, zum einen selbstinitiierte Zahlungen in Form von Lastschrifteinzügen oder ausgehenden Überweisungen behandelt. Zum anderen lernen Sie dort am Beispiel des Zahllaufs die Möglichkeit der Parallelisierung von Prozessen im Vertragskontokorrent kennen. Anschließend erfahren Sie in Abschnitt 3.2.3, »Kontoauszugsverarbeitung«, mehr über fremdinitiierte Zahlungen, die in der Regel über elektronische Kontoauszüge und Zahlungsstapel im System verbucht werden. Der manuelle oder automatisierte Ausgleich von offenen Posten auf Vertragskonten wird als *Kontenpflege* bezeichnet. Diese wird gemeinsam mit der thematisch eng verknüpften und vielseitig konfigurierbaren Verrechnungssteuerung, die die Logik zur automatisierten Zuordnung von Forderungen und Guthaben bereitstellt, in Abschnitt 3.2.4, »Kontenpflege und Verrechnungssteuerung«, behandelt.

Im darauffolgenden Abschnitt 3.2.5, »Zahlungsverfolgung«, erläutern wir die über Mahnläufe umgesetzte Zahlungsverfolgung im Vertragskontokorrent. Wir gehen dabei auf die Besonderheit des Vertragskontokorrents sowie die Unterteilung in Mahnvorschlags- und Mahnaktivitätenlauf ein.

3.2.1 Belege

Das Vertragskontokorrent besitzt, abweichend zur Kreditoren- und Debitorenbuchhaltung FI-AP bzw. FI-AR, keine Online-Integration mit dem Hauptbuch. Buchungen im Vertragskontokorrent werden nicht direkt im Hauptbuch fortgeschrieben, sondern zunächst nur in den eigenen Buchungstabellen (u. a. DFKKKO für Kopfdaten, DFKKOP für Buchungsdaten im Kontokorrent und DFKKOPK für sonstige Sachkonten betreffende Buchungsdaten) und in der Summentabelle DFKKSUM. Jeder Kontokorrentbeleg wird einem Abstimmschlüssel zugeordnet. Erst mit speziellen Überleitungstransaktionen werden die Buchungen später, aggregiert nach Abstimmschlüssel und weiteren Merkmalen, ins Hauptbuch übertragen. Sie sind dann als Summenbuchung auf den betreffenden Sachkonten sichtbar. Durch diese Besonderheit sind die Daten aus Haupt- und Nebenbuch voneinander getrennt. Auswertungen und Buchungen im Hauptbuch werden in anderen Datenbereichen als Massenprozesse aus dem Nebenbuch durchgeführt. Weitere Details erfahren Sie in Abschnitt 3.3, »Integration«.

Aufbau von Kontokorrentbelegen

Belege im Vertragskontokorrent bestehen aus verschiedenen Teilen. Für jeden Beleg existiert ein *Belegkopf* (Tabelle FKKVKO), der für den gesamten Beleg gültige Daten wie Belegdatum, Buchungsdatum, bei aus der CI-Faktura entstandenen FI-CA-Buchungsbelegen einen Verweis zum verknüpften Fakturabeleg und den Abstimmschlüssel zur Aggregation bei der Hauptbuchüberleitung enthält. Abhängig von der zugrundeliegenden Buchung kann ein Beleg Geschäftspartnerpositionen, Hauptbuchpositionen oder beides beinhalten.

Geschäftspartnerpositionen (Tabelle DFKKOP) beschreiben Buchungen, die das Vertragskontokorrent betreffen, d. h. Buchungen auf Vertrags- und damit auch auf Abstimmkonten. Eine Geschäftspartner-Buchungszeile enthält für das Nebenbuch relevante Daten, wie das bebuchte Vertragskonto, ggf. den zur Buchung gehörenden Vertrag, das Abstimmkonto, Nettofälligkeit oder auch einen Verweis zum Ausgleichsbeleg. Hier sind darüber hinaus die Haupt- und Teilvorgänge hinterlegt, die verwendet werden. Sie dienen der Kontenfindung und werden weiter unten in diesem Kapitel behandelt. Buchungen, die Hauptbuchkonten direkt ansprechen, zum Beispiel auf Steuer- oder Erlöskonten, werden in *Hauptbuchpositionszeilen* (Tabelle DFKKOPK) gespeichert.

Kontokorrentbelege, die zum Beispiel während einer Faktura entstehen, enthalten i. d. R. mindestens eine Geschäftspartnerzeile, mindestens eine Erlöskontoposition und mindestens eine Steuerposition. Im Gegensatz dazu bestehen Umbuchungen auf Vertragskontenebene neben der Kopfzeile nur aus Geschäftspartnerpositionen. Sie sind nicht erlöswirksam und ziehen bei einer Hauptbuchüberleitung maximal eine Umbuchung auf Abstimmkonten im Hauptbuch nach sich.

Statistische Buchungen

Als eine zusätzliche Funktionalität bietet das Vertragskontokorrent die Möglichkeit, Belege statistisch zu buchen. Dabei werden, anders als bei hauptbuchrelevanten (echten) Belegen, die Belegpositionen nur auf den Vertragskonten gebucht, ohne dass eine Buchung auf Sachkonten stattfindet. Erst mit Ausgleich der statistischen Position wird eine echte Buchung im Hauptbuch vorgenommen. Trotzdem können diese Positionen im Vertragskontokorrent wie echte Forderungen berücksichtigt werden und somit z. B. im Rahmen des Forderungsmanagements gemahnt oder bei Zahlläufen eingezogen werden. Statistische Buchungen werden z. B. genutzt, um Gebührenforderungen oder Anzahlungsanforderungen abzubilden oder, speziell im Energieversorgerbereich, um Abschlagsforderungen von Periodenabrechnungen darzustellen.

Belegausgleich

Ausgleiche einer Belegposition werden auf Ebene der Kontokorrentposition als Verweis auf den Ausgleichsbeleg hinterlegt. Das Vertragskontokorrent bietet die Möglichkeit, Ausgleiche zurückzunehmen und diese über eine Ausgleichshistorie zurückzuverfolgen.

Eine zusätzliche Standardfunktionalität des Vertragskontokorrents ist die Umsetzung von *Teilausgleichen*. Beim Teilausgleich einer Belegposition wird diese technisch in mehrere Teilpositionen unterteilt, von denen manche ausgeglichen sind, während die verbleibenden offen auf dem Vertragskonto stehen bleiben. Eine Forderung kann so z. B. mit mehreren aufeinanderfolgenden Zahlungen bei jedem Zahlungseingang etwas weiter ausgeglichen werden.

Kontenfindung

Im Vertragskontokorrent werden die zu bebuchenden Sach- und Abstimmkonten über eine *Kontenfindung* ermittelt.

Haupt- und Teilvorgänge

Mithilfe der vertragskontokorrenteigenen Haupt- und Teilvorgänge werden Buchungen über vierstellige Schlüssel kategorisiert. Der Hauptvorgang gibt dabei eine grobe Einordnung vor, die über den Teilvorgang spezifiziert wird. Haupt- und Teilvorgang werden an jeder Kontokorrentposition mitgegeben. Gebühren werden beispielsweise in der Standardausprägung mit dem Hauptvorgang 0010 gebucht. Der Teilvorgang spezifiziert, um welche Art von Gebühr es sich handelt, z. B. 0010 – statistische Mahngebühr –, 0020 – echte Mahngebühr – oder 0030 – Ratenplangebühren. Beim Kontenfindungsmerkmal handelt es sich um ein zusätzliches Merkmal, das am Vertragskonto hinterlegt wird.

Kontenfindungsmerkmal

Anhand der Parameter Buchungskreis, Sparte, Kontenfindungsmerkmal sowie Haupt- und Teilvorgang wird bestimmt, welches Steuerkennzeichen, welche Erfolgskonten und welche CO-Elemente bebucht werden. Das *Kontenfindungsmerkmal* ist ein zweistelliger Schlüssel, der am Vertragskonto hinterlegt werden kann. In Abbildung 3.7 ist die Kontenfindung für diese Elemente dargestellt.

Über Kontenfindungsmerkmal und Hauptvorgang wird zum Zeitpunkt der Buchung das Abstimmkonto abgeleitet. Die Customizing-Einstellungen für die Kontenfindung des Abstimmkontos sind in Abbildung 3.8 dargestellt. Ebenso lassen sich für unterschiedliche Kontenfindungsmerkmale auch Szenarien realisieren, in denen abhängig vom Vertragskonto unterschiedliche Erfolgskonten oder Steuerkennzeichen angesprochen werden.

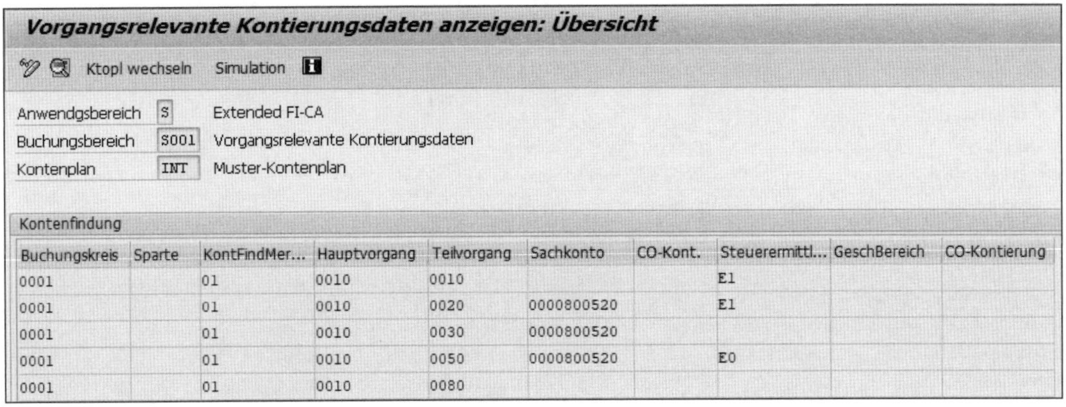

Buchungskreis	Sparte	KontFindMer...	Hauptvorgang	Teilvorgang	Sachkonto	CO-Kont.	Steuerermittl...	GeschBereich	CO-Kontierung
0001		01	0010	0010			E1		
0001		01	0010	0020	0000800520		E1		
0001		01	0010	0030	0000800520				
0001		01	0010	0050	0000800520		E0		
0001		01	0010	0080					

Abbildung 3.7 Kontenfindung für Erfolgskonten

Buchungs...	Sparte	KontFindM...	Hauptvorg...	Sachkonto
0001			3000	0000140500
0001		01	0010	0000140520

Abbildung 3.8 Kontenfindung für Abstimmkonten

Customizing

Das Customizing zur Kontenfindung wird über *Buchungsbereiche* (z. B. S000, S001 – Tabelle TFK033D) in Transaktion FQC0 verwaltet. Zusätzlich kann für die über die Haupt- und Teilvorgänge beschriebenen Buchungsvorgänge festgelegt werden, ob Buchungen statistisch erfolgen oder ob z. B. bei der Buchung direkt Sperren im Beleg gesetzt werden.

Kontokorrentbeleg buchen

Belege im Vertragskontokorrent können über die Transaktion FPE1, FPE2 und FPE3 gebucht, geändert bzw. angezeigt werden. Abbildung 3.9 zeigt einen durch eine Faktura entstandenen Kontokorrentbeleg in der Belegansicht FPE3.

Mit der Transaktion FPL9 können Sie sich zu jedem Geschäftspartner, Vertragskonto oder Vertrag den Kontenstand anzeigen lassen. Abbildung 3.10 können Sie beispielsweise entnehmen, dass drei Belege noch nicht ausgeglichen worden sind (Status zeigt eine rote Ampel).

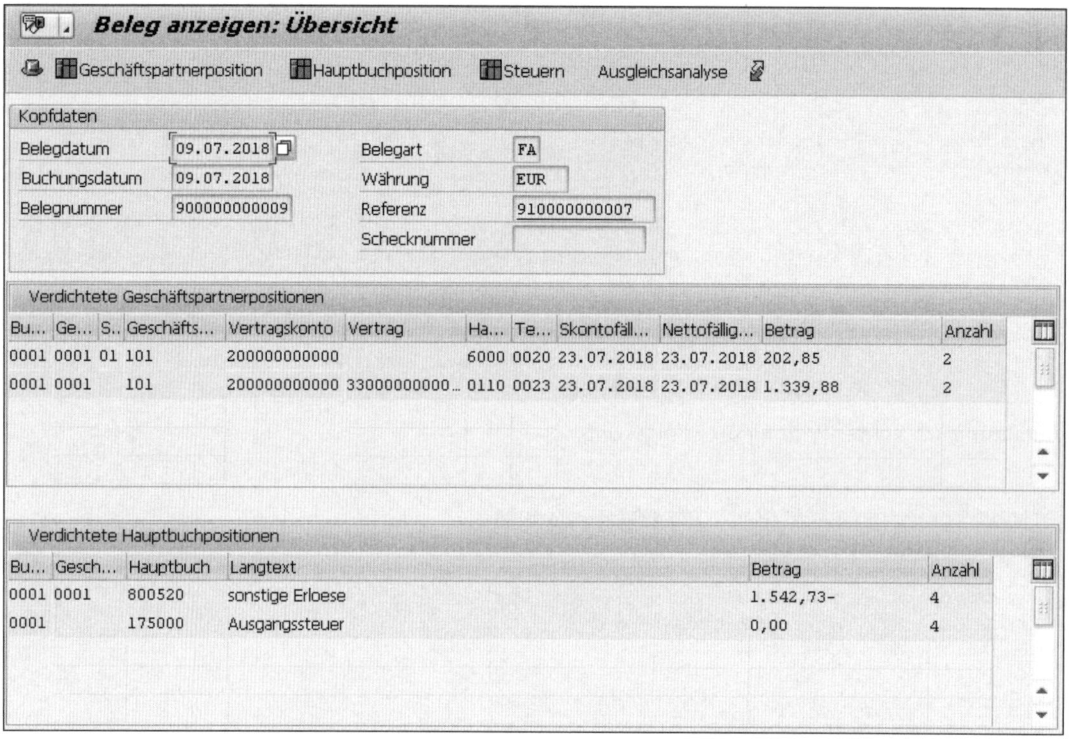

Abbildung 3.9 Ansicht des Aufbaus eines Kontokorrentbelegs (FPE3)

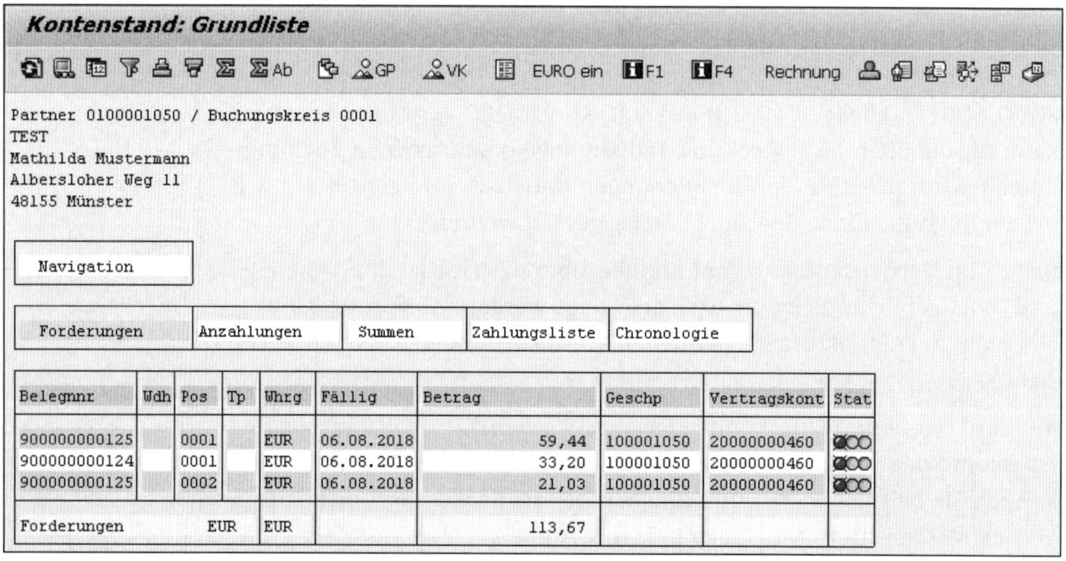

Abbildung 3.10 Kontenstand (Transaktion FPL9)

Fiori-Apps

Mit dem Umstieg auf SAP S/4HANA stehen Ihnen nun auch Fiori-Apps zur Verfügung. Unter anderem sind das die Apps *Business Partner Financial Overview* zur Kontenstandsanzeige eines Vertragskontos, *Analyze Clearing Locks* und *Analyze Clearing Reasons* zur Analyse von Ausgleichsgründen und -sperren an Belegpositionen sowie *Analyze Open Credits* zur Auswertung offener Posten anhand unterschiedlicher Merkmale. Gesetzte Buchungssperren können über die App *Analyze Posting Locks* angezeigt werden.

Tabelle 3.3 zeigt eine Übersicht über die wichtigsten Transaktionen und Tabellen für Belege im Vertragskontokorrent.

Transaktion	Beschreibung
FPE1/FPE2/FPE3	Beleg buchen/ändern/anzeigen
FPL9	Kontenstand
FP04	Posten ausbuchen
FP40	Posten transferieren
FPR1/FPR2/FPR3	Ratenplan anlegen/ändern/anzeigen
FPF1/FPF2/FPF3	Abstimmschlüssel anlegen/schließen/anzeigen
FPG4	Abstimmschlüssel löschen und schließen
FPG1	Überleitung Hauptbuch
FPG1M	Überleitung Hauptbuch im Massenlauf
FPG8	Überleitung Hauptbuch stornieren
FPO2	offene Posten abstimmen
FPT3	Nachweis für Hauptbuchübernahme
FPG5	Einzelnachweis für Hauptbuchbelege
FPT7	Nachweis für Buchungssummen
Tabelle	**Beschreibung**
DFKKKO	Kopfdaten zum Kontokorrentbeleg
DFKKOP	Positionen zum Kontokorrentbeleg (Nebenbuch)
DFKKOPK	Positionen zum Kontokorrentbeleg (Hauptbuch)

Tabelle 3.3 Transaktionen und Tabellen für Belege im Vertragskontokorrent

Tabelle	Beschreibung
DFKKOPW	Positionen zum Kontokorrentbeleg (Wiederholungspositionen)
DFKKCFCSLOCKS	Sperren im Vertragskontokorrent
DFKKSUM	Buchungssummen aus dem Massenkontokorrent
DFKKSUMC	Kontrollinformationen für Buchungssummen
DFKKSUMCB	Kontrollinformationen für Buchungssummen pro Buchungskreis
DFKKSUMR	Kontrollinformationen für Buchungssummen pro Buchungskreis
FKK_INSTPLN_HEAD	Kopfdaten des Ratenplans
FKK_INSTPLN_HIST	Ratenplanhistorie

Tabelle 3.3 Transaktionen und Tabellen für Belege im Vertragskontokorrent (Forts.)

3.2.2 Zahllauf

Fremd- und selbstinitiierte Zahlungen

Bei Zahlvorgängen wird prinzipiell zwischen fremd- und selbstinitiierten Zahlungen unterschieden. Im ersten Fall handelt es sich um Zahlungen, die i. d. R. über einen Kontoauszug im System verbucht werden, während es sich bei selbstinitiierten Zahlungen um Vorgänge handelt, die aus dem Vertragskontokorrent heraus initiiert wurden, wie z. B. ausgehende Zahlungen oder Lastschrifteinzüge.

Funktionen des Zahllaufs

Auszahlungen und Lastschrifteinzüge werden im Vertragskontokorrent durch Zahlläufe angestoßen. Bei der Ausführung eines Zahllaufs werden offene Posten ausgeglichen, Zahlungsträger für die Übermittlung der Zahldaten an die Bank erstellt und, bei entsprechender Konfiguration, Zahlungsträgerbegleitschreiben erstellt. Während des Zahllaufs getätigte und bereits übergeleitete Sachkontenbuchungen in SAP FI, z. B. auf Bankverrechnungskonten, werden mit der Rückmeldung über elektronische Kontoauszüge ausgeglichen.

Folgende Schritte werden bei Ausführung des Zahllaufs durchlaufen:

1. Auswahl der offenen Posten
2. Zusammenfassung offener Posten zu Zahlungen bzw. Lastschriften
3. Auswahl der Zahlwege, Bankverbindungen und SEPA-Mandate

4. Buchung der Zahlungsbelege mit Ausgleich der offenen Posten
5. Bereitstellung der Daten für den Zahlungsträger

Über welchen Zahlweg ein offener Posten ausgeglichen wird, kann entweder mithilfe eines entsprechenden Kennzeichens am Beleg hinterlegt werden oder aber durch die entsprechende Einstellung am Vertragskonto. Ein gesetzter Zahlweg am Beleg übersteuert hierbei einen am Vertragskonto hinterlegten Zahlweg.

Regulierungsliste

Während des Zahllaufs wird eine Regulierungsliste erstellt, in der mit dem Zahllauf ausgeglichene Positionen registriert werden. Können während eines Zahllaufs Belegpositionen nicht ausgeglichen werden, z. B. wegen eines fehlenden oder ungültigen SEPA-Mandats, findet sich in der Regulierungsliste eine entsprechende Kennzeichnung. Offene Posten, die nicht reguliert werden konnten, werden durch Ausnahmegründe in der Regulierungsliste gekennzeichnet. Der Ausnahmegrund dokumentiert den Grund der Ausnahme an der Position.

Prenotification (SEPA)

Rechtlich ist es notwendig, dass Forderungen über SEPA-Lastschrifteinzüge erst nach einer vorherigen Ankündigung (*SEPA-Prenotification*) eingezogen werden. Über Customizing-Einstellungen können Sie für das Vertragskontokorrent global aktivieren, dass diese Anforderung berücksichtigt werden soll. Die Vorankündigung (engl. Prenotification) kann über einen Prenotification-Lauf in Transaktion FPY1 mit einem eigenen Formular durchgeführt werden oder aber bereits während der CI-Faktura auf die Rechnung gedruckt werden. Die dabei hinterlegte Kennzeichnung zur Vorankündigung wird dann beim Lastschriftlauf berücksichtigt.

Viele Einstellungen, wie Bankenauswahl oder Zahlwege, können Sie im Customizing anpassen. Über die Zahlwege können zudem zusätzliche Funktionalitäten gesteuert werden.

Parallelisierung von Massenläufen

Viele Prozesse im Vertragskontokorrent, wie Hauptbuchüberleitung, Zahllauf, Mahnvorschlags- und -aktivitätenlauf, Zinslauf oder auch Drucklauf, können Sie parallelisiert ausführen. Solche *Massenläufe* werden durch eine Kombination aus Datumskennung und Laufidentifikation identifiziert, wie Abbildung 3.11 zeigt.

Am Beispiel eines Zahllaufs gehen wir im Folgenden auf die Funktionsweise der Parallelisierung ein. Das Prozedere lässt sich aber analog auf andere Massenläufe übertragen.

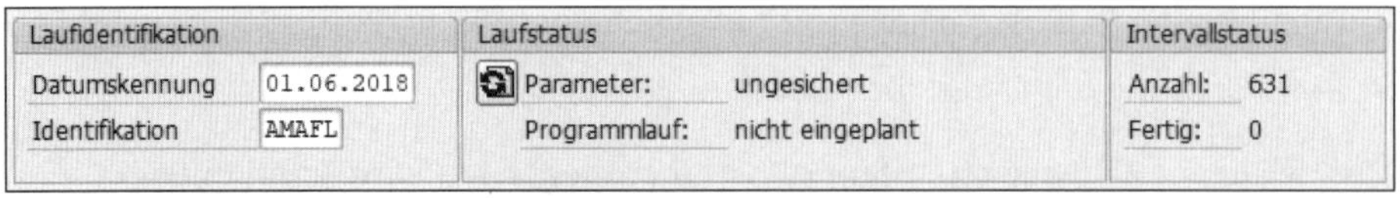

Abbildung 3.11 Identifikation eines Massenlaufs (hier: Zahllauf)

Funktionsweise der Parallelisierung

Wenn man im einfachsten Fall davon ausgeht, dass zu jedem Geschäftspartner ein einzelnes Vertragskonto existiert, das über eine eigene Bankverbindung per Lastschrift ausgeglichen wird, dann dauert die Ausführung des Zahllaufs in etwa so lange wie die Summe der Laufzeiten über jedes einzelne Vertragskonto. In diesem Fall können die Vertragskonten alle unabhängig voneinander bearbeitet werden. Durch Aufteilung der Vertragskonten in *n* gleichzeitig bearbeitete Intervalle kann die Laufzeit um den Faktor 1/n reduziert werden. Werden die Vertragskonten auf zehn Intervalle aufgeteilt, kann die Laufzeit theoretisch um bis zu ca. 90 % gesenkt werden. In der Praxis fällt der Geschwindigkeitsvorteil etwas geringer aus, weil u. a. zusätzlicher Verwaltungsaufwand für die Parallelisierung entsteht, aber auch weil die Bearbeitungsdauer verschiedener Intervalle unterschiedlich lang ist: Der Massenlauf kann erst abgeschlossen werden, wenn das letzte Intervall vollständig bearbeitet ist. Dem zweiten Punkt können Sie entgegensteuern, indem Sie die Anzahl der Intervalle in der Praxis höher setzen als die Anzahl der Jobs, die diese Intervalle bearbeiten. Wurde die Bearbeitung eines Intervalls in einem Job beendet, kann dieser direkt mit der Bearbeitung des nächsten freien Intervalls beginnen. Die zur Verfügung stehenden Ressourcen werden so effizient genutzt.

Die Parallelisierung kann in Massenläufen in der Regel auf dem Reiter **Techn.Einstellungen** konfiguriert werden (siehe Abbildung 3.12). Dort finden Sie u. a. die Einstellungen zur Anzahl der Jobs und zum verwendeten Parallelisierungsobjekt.

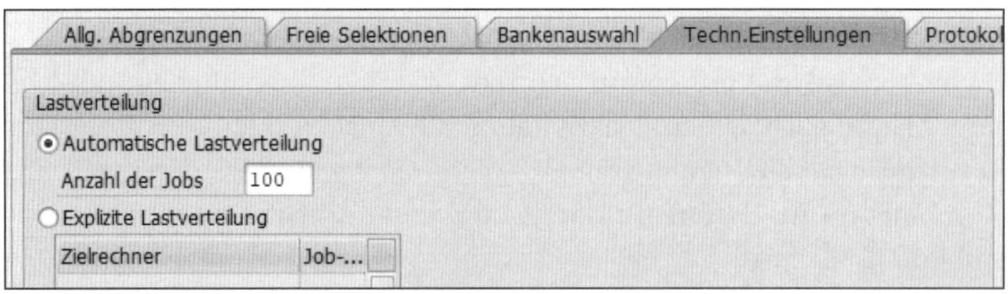

Abbildung 3.12 Einstellungen zur Parallelisierung (Zahllauf)

Beim Zahllauf kann z. B. nach Vertragskonten oder nach Geschäftspartnern parallelisiert werden, wie Abbildung 3.13 zeigt.

Abbildung 3.13 Einstellungen zum Parallelisierungsobjekt (Zahllauf)

Über Varianten wird spezifiziert, wie die Parallelisierung zu erfolgen hat. Zum Beispiel können feste Intervallgrößen oder eine feste Intervallanzahl vorgegeben werden (siehe Abbildung 3.14).

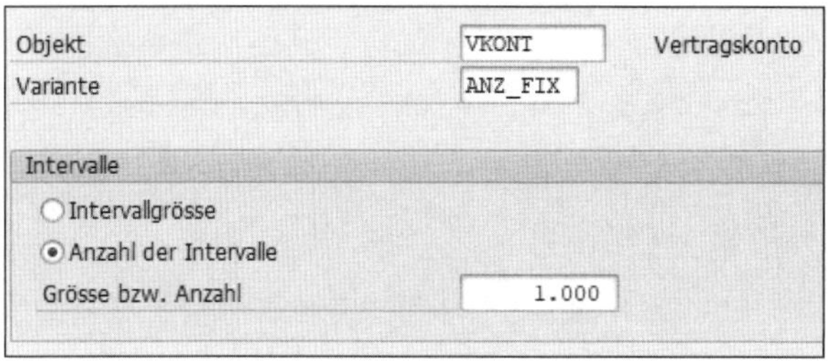

Abbildung 3.14 Varianten zur Parallelisierung (Zahllauf)

Fiori-Apps

Zusätzlich können auf SAP-S/4HANA-Systemen Auswertungen in Fiori-Apps vorgenommen werden. Insbesondere können Sie mit *Analyze Payment Run Exceptions* die bei den Zahlläufen aufgetretenen Ausnahmegründe analysieren und über *Analyze Payment Locks* vorhandene Zahlsperren an Belegpositionen anzeigen lassen. Tabelle 3.4 zeigt eine Übersicht über Transaktionen und Tabellen zum Zahllauf.

Transaktion	Beschreibung
FPY1	Zahlungslauf bzw. Lastschriftlauf
FP31	Suche nach Zahlungen in Zahlläufen
FSEPA_M1/FSEPA_M2/ FSEPA_M3	SEPA-Mandate anlegen/ändern/ansehen
FSEPA_M4	Übersicht über SEPA-Mandate
FPSEPA	Massenanlegen von SEPA-Mandaten
FDTA	Verwaltung TemSe/REGUT-Daten/Datenträgerverwaltung
FPCPR	Klärung Ausnahme

Tabelle 3.4 Transaktionen und Tabellen zum Zahllauf

Tabelle	Beschreibung
DPAYC	Zahlungsprogramm – Verwaltungssätze
DPAYCHKH	Kopf: Buchführung über Erzeugung von Zahlungsträgern
DPAYCHKH1	ergänzende Zuordnungen bei Erzeugung von Zahlungsträgern
DPAYCHKP	Kopf: Buchführung über Erzeugung von Zahlungsträgern
DPAYD	Zahlungsprogramm – Zahlungen (Prüfung des Abbuchungslimits)
DPAYH	Zahlungsprogramm – Daten zur Zahlung
DPAYP	Zahlungsprogramm – Daten zum bezahlten Posten
DPAYV	Zahlungsprogramm – Varianten für Zahlungsträger und -liste
FKKO42ZA	Arbeitstabelle Zahlwege im Land (Daten liegen in TFK042ZA)
REGUT	TemSe – Verwaltungsdaten
SEPA_MANDATE	SEPA-Mandate

Tabelle 3.4 Transaktionen und Tabellen zum Zahllauf (Forts.)

3.2.3 Kontoauszugsverarbeitung

Fremdinitiierte Zahlungsvorfälle, insbesondere eingehende Überweisungen oder Rückläufer, sowohl aus Lastschrifteinzügen als auch eigenen Überweisungen, werden im Vertragskontokorrent über *Zahlstapel*, *Scheckstapel* oder *Rückläuferstapel* abgebildet. Sie können diese entweder manuell erfassen (Transaktionen FP05, FP25 bzw. FP09) oder automatisch mit der Transaktion FPB7 *elektronische Kontoauszüge* (ElKo) übernehmen, die zuvor in SAP FI eingelesen wurden.

Elektronischer Kontoauszug

Hierzu lesen Sie den ElKo zunächst in SAP FI mit Transaktion FF.5 ein. Der ElKo durchläuft dabei die Heuristiken des FI. Über die Kontoauszugübernahme mit Transaktion FPB7 werden die im Customizing konfigurierten Bankvorfälle nach FI-CA übernommen. Anhand der bei Zahlungsvorgängen mitgegebenen Geschäftsvorfallcodes (GVC) kann zugeordnet werden, ob es sich dabei z. B. um eine Zahlung oder einen Rückläufer handelt. Entsprechend wird die Zuordnung zu einem Zahlungs- oder Rückläuferstapel vorgenommen. Beim Buchen der Zahlungen aus Zahlungs- und Rückläuferstapeln wird anhand von Heuristiken, die im Customizing definiert wurden, eine automatische Zuordnung zu offenen Posten oder zu Vertragskonten in FI-CA vorgenommen. Wenn möglich, erfolgt ein direkter Ausgleich. Die Regeln zur automatisierten Zuordnung der Zahlungen finden sich in der Verrechnungssteuerung, die in Abschnitt 3.2.4, »Kontenpflege und Verrechnungssteuerung« vorgestellt wird. Für Posten aus dem ElKo, die sich nicht automatisch zuordnen lassen, können Sie eine manuelle Klärung in der Zahlstapel- oder Rückläuferklärung (Transaktionen FPCPL bzw. FPCRL) durchführen. Der Prozessablauf der Kontoauszugsverarbeitung ist in Abbildung 3.15 grafisch dargestellt.

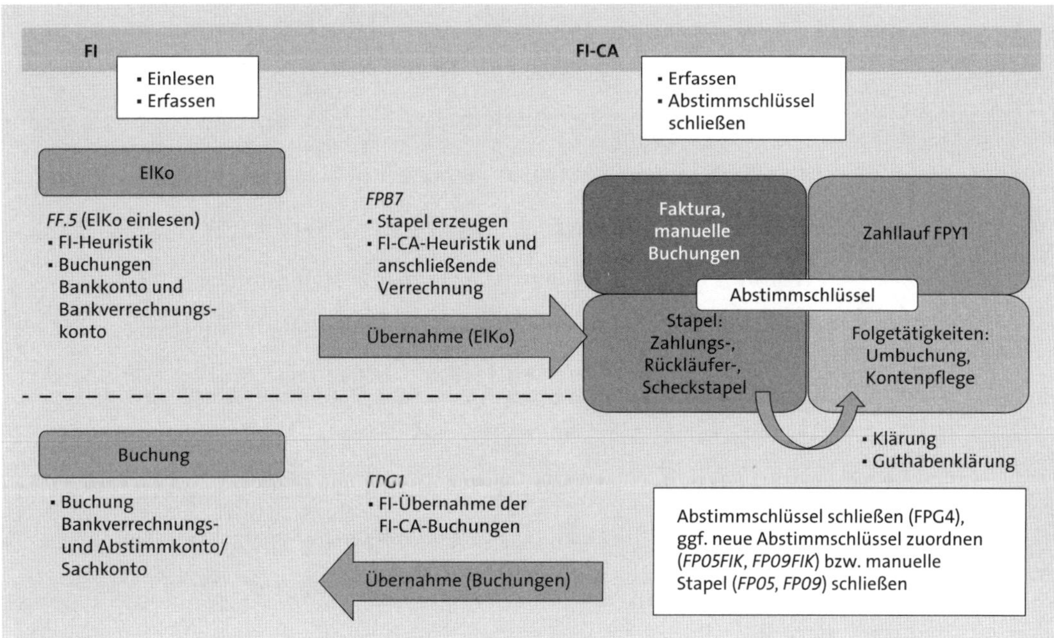

Abbildung 3.15 Prozessübersicht der Kontoauszugsverarbeitung

Fiori-Apps

Wie auch für andere Prozesse stellt SAP mit S/4HANA Fiori-Apps zur komfortablen Auswertung von Zahlungsvorgängen über die Kontoauszugsverarbeitung bereit: Mit *Search Payments* kann gezielt nach Zahlungen gesucht werden, während mit der App *Analyze Returns* Auswertungen zu Rückläufern durchgeführt werden können. Tabelle 3.5 zeigt eine Übersicht über die Transaktionen und Tabellen in der Kontoauszugsverarbeitung.

Transaktion	Beschreibung
FF.5	Einlesen elektronischer Kontoauszug – SAP FI
FEBAN	Nachbearbeitung Kontoauszüge
FPB7	Übernahme aus elektronischem Kontoauszug
FP25	Scheckstapel bearbeiten
FP05	Zahlungsstapel bearbeiten
FPB3	Zahlungsstapelübernahme
FPCPL	Zahlungszuordnung
FP09	Rückläuferstapel bearbeiten
FPRU	Übersicht Rückzahlungsanforderungen
FPCRL	Rückläufer-Klärungsfälle
FPCRPO	Guthabenklärung
FPTCRPO	Guthaben bearbeiten
FP30	Zahlung in Zahlungsstapel suchen
FP05FIK	Zahlungsstapel neuen Abstimmschlüssel zuordnen
FP09FIK	Rückläuferstapel neuen Abstimmschlüssel zuordnen
Tabelle	**Beschreibung**
DFKCRPO	Klärungsbestand Guthaben
DFKKCFPAYRUN	Klärungsbestand: Zahlprogramm
DFKKCFPAYRUN2	Klärungsbestand: Zahlprogramm (neue Version)
DFKKZF	Zahlungsstapel: Abstimmschlüssel
DFKKZK	Zahlungsstapel: Kopfdaten
DFKKZP	Zahlungsstapel: Daten zur Zahlung
DFKKZPT	Zahlungsstapel: Daten zur Teilklärung einer Zahlung
DFKKCFZST	Klärungsfälle aus Zahlungsstapel
DFK006BX	Verwendungszweck – Texte
DFK006EX	Verwendungszweck – Konten neu

Tabelle 3.5 Transaktionen und Tabellen in der Kontoauszugsverarbeitung

Tabelle	Beschreibung
DFKKRF	Rückläuferstapel: Abstimmschlüssel
DFKKRK	Rückläuferstapel: Kopfdaten
DFKKRP	Rückläuferstapel: Daten zur Zahlung
DFKKZA	Rückzahlungsanforderung
DFKKZAE	Sperrtabelle für Auszahnung von Rückzahlungs-anforderungen
FKKBSTEM	Übernahme Kontoauszug: Nachrichten zu fehlerhaften Sätzen
FKKBSTER	Übernahme Kontoauszug: Anhang zu Verwaltungssätzen
FKKBSTMC	Übernahme Kontoauszug: Historie der verarbeiteten MC-Auszüge
FKKBSTMV	Übernahme Kontoauszug: Verwaltungssätze

Tabelle 3.5 Transaktionen und Tabellen in der Kontoauszugsverarbeitung (Forts.)

3.2.4 Kontenpflege und Verrechnungssteuerung

Der manuelle oder maschinelle Ausgleich offener Posten auf einem Vertragskonto in SAP wird als *Kontenpflege* bezeichnet. Das Vertragskontokorrent bietet mit Transaktion FPMA, der maschinellen Kontenpflege, eine komfortable Möglichkeit zum automatisierten Ausgleich offener Guthaben- und Forderungsposten auf Vertragskonten. Die Zuordnung erfolgt dabei nach vorher definierten Heuristiken. Mit der manuellen Kontenpflege über die Transaktion FP06 haben Sie unter Umgehung der festgelegten Regeln die Option, Ausgleiche vorzunehmen. Den in einer maschinellen Kontenpflege sonst durchgeführten Ausgleich können Sie sich trotzdem als Vorschlag anzeigen lassen.

Verrechnungssteuerung

Das Regelwerk, nach dem die Zuordnung von Guthaben und Forderungen erfolgt, wird als *Verrechnungssteuerung* bezeichnet. Nicht nur beim automatisierten Ausgleich von offenen Posten über die maschinelle Kontenpflege wird die Verrechnungssteuerung verwendet, sondern auch bei den folgenden Prozessen:

- Zahlungsverarbeitung (Kontoauszugsverarbeitung, Klärung, Barkasse, Schecks)

- Faktura
- interne Weiterverrechnung von Raten auf ursprüngliche Posten

Ein einzelnes Regelwerk der Verrechnungssteuerung wird als *Verrechnungsvariante* bezeichnet. In einer Verrechnungsvariante können Sie mehrere sequenziell abzuarbeitende *Verrechnungsschritte* definieren. Die Verrechnungsschritte sind in der Regel zunehmend feiner granuliert sortiert. In jedem Schritt werden die offenen Posten ausgewählt, gruppiert und sortiert und mögliche Ausgleiche abhängig von den Beträgen – entsprechend der vorgegebenen Regeln – durchgeführt. Nur die am Ende eines Schrittes noch nicht ausgeglichenen Posten werden an den jeweils nachfolgenden Schritt übergeben. Zusätzlich können Sie auch automatisierte Teilausgleiche und Toleranzausbuchungen bei geringfügig abweichenden Zahlungsbeträgen konfigurieren. Das Customizing eines Verrechnungsschritts ist in Abbildung 3.16 dargestellt.

Abbildung 3.16 Verrechnungssteuerung: Customizing-Einstellung eines Verrechnungsschritts

Verrechnungsvariante

Über die Konfiguration der Verrechnungsvarianten ist es möglich, in verschiedenen Anwendungen unterschiedliche Verrechnungsregeln zu verwenden: So können Sie z. B. bei Zahlungen auf einen Ratenplan definieren, dass zunächst die ältesten Hauptforderungen der Reihe nach berücksichtigt und Nebenforderungen mit geringerer Priorität behandelt werden. Für Eingangszahlungen können Sie hingegen festlegen, dass der Ausgleich auf ein Vertragskonto immer auf den betragsgleichen Posten mit frühester Fälligkeit vorgenommen wird, unabhängig davon, ob es sich um eine Neben- oder Hauptforderung handelt.

Verrechnungsart

Über *Verrechnungsarten* wird im Customizing die Zuordnung von Verrechnungsvarianten zu den verschiedenen Prozessen vorgenommen.

In Tabelle 3.6 finden Sie eine Übersicht über die Transaktionen und Tabellen aus der Kontenpflege.

Transaktion	Beschreibung
FP06	manuelle Kontenpflege
FPMA	maschinelle Kontenpflege/Ausgleich maschinell
FPE7	Ausgleichsrücknahme
FP08	Beleg stornieren
FP08M	Massenstorno
Tabelle	**Beschreibung**
DFKKRAPT	Ausgleichs-/Rücknahmehistorie (Belegpositionsebene)
DFKKRAT	partielle Ausgleichsrücknahmen

Tabelle 3.6 Transaktionen und Tabellen aus der Kontenpflege

3.2.5 Zahlungsverfolgung

Mahnwesen

Über *Mahnläufe* ist im Vertragskontokorrent die Zahlungsverfolgung implementiert. Zur individuellen Konfiguration können Sie mehrere unterschiedliche Mahnverfahren einrichten, über die u. a. Mahnrhythmus, zu berechnende Nebenforderungen, aber auch die auszuführenden Mahnschritte und -schreiben definiert werden.

Im Allgemeinen werden bei Mahnungen folgende Schritte durchlaufen:

- Ermittlung der zu mahnenden Forderungen
- Berechnung der Nebenforderungen aus der Mahnung (z. B. Mahngebühren und Mahnzinsen)
- Erstellen der Mahnschreiben

Während des Mahnlaufs werden nur offene, überfällige Posten berücksichtigt. Die Verzinsung nicht mehr offener, aber verspätet ausgeglichener Positionen erfolgt, unabhängig vom Mahnlauf, über den Zinslauf mit Transaktion FPINTM1.

Mahnvorschlagslauf

Der Mahnlauf im Vertragskontokorrent ist mehrstufig aufgebaut. In einer ersten Stufe wird ein *Mahnvorschlagslauf* mit Transaktion FPVA durchgeführt. Das Ergebnis nach der Ausführung ist ein Mahnvorschlag, in dem gemahnte Posten, anfallende Gebühren etc. aufgelistet sind. Zu diesem Zeitpunkt sind noch keine Gebühren gebucht, Schreiben erstellt oder neue Mahnstufen gesetzt. Anschließend können Sie die Mahnvorschläge in der Mahnhistorie mit Transaktion FPM3 durchsehen, einzelne Mahnungen verhindern (Storno der Mahnvorschläge) oder den gesamten Mahnvorschlagslauf stornieren.

Mahnaktivitätenlauf

Erst mit anschließender Ausführung des *Mahnaktivitätenlaufs* mit Transaktion FPVB werden im Customizing eingestellte Mahnaktivitäten durchgeführt und entsprechend Nebenforderungen, wie Mahngebühren oder Verzugszinsen, auf den Vertragskonten gebucht oder Mahnkorrespondenzen erstellt. Außer der Erstellung von Korrespondenzen bietet das Vertragskontokorrent auch z. B. die Möglichkeit, telefonische Mahnungen zu verwalten.

Korrespondenzen im Vertragskontokorrent werden nicht direkt gedruckt, sondern die zum Druck notwendigen Daten werden in einem Korrespondenzcontainer gespeichert. Die Ausgabe auf Papier oder als PDF erfolgt durch einen Drucklauf mit Transaktion FPCOPARA.

Mahnen nach Collection-Strategie

Mahnen nach Collection-Strategie und nach Mahnverfahren

Neben dem klassischen Mahnen nach Mahnverfahren bietet der SAP-Standard das komplexere, aber auch flexiblere *Mahnen nach Collection-Strategie* an. Über das *Business Rule Framework* (BRF) bzw. *Business Rules Framework plus* (BRFplus) können Sie Mahnstufen und Mahnaktivitäten individuell ansteuern. Im Mahnen nach Mahnverfahren hingegen können nur starre Regeln über das Customizing vorgegeben werden.

Neben der Unterstützung von Freigabeverfahren stellt das Mahnen nach Collection-Strategie zusätzlich Funktionen zur Gegenüberstellung der Ergebnisse verschiedener Collection-Strategien in Testreihen zur Verfügung. Dies ermöglicht, die Wirksamkeit der Strategien durch eine nachträgliche Auswertung zu vergleichen und zu optimieren.

Integration SAP Collections Management

Durch Integration mit der Komponente SAP Collections Management wird das außerdem aktive Forderungsmanagement unterstützt: Kunden können nach vorhandenen Geschäftspartnerdaten bewertet und priorisiert werden, um daraus Arbeitslisten für die Bearbeitung der Mahnungen in

SAP CRM zu erstellen und die Verteilung der Arbeit mit Kapazitätsplänen vorzunehmen.

[«] 3

Business Rule Framework plus

Das Business Rule Framework plus (BRFplus) bietet eine Möglichkeit, zeitpunktgestützt Regelwerke auf ABAP-Basis umzusetzen. Damit lassen sich Geschäftsregeln modifikationsfrei und unabhängig vom sonstigen Programmcode als Logik umsetzen und können zentral angepasst und gepflegt werden.

Anbindung eines Inkassoverfahrens

SAP BRIM bietet als umfängliche Nebenbuchhaltung Standardfunktionen zur Einbindung externer Inkassoverfahren. Über entsprechende Mahnaktivitäten können Forderungen zum Export vorgemerkt und mit den Schnittstellen bearbeitet werden. Hierzu zählen u. a.:

- eine Exportschnittstelle für Forderungen an externe Inkassoverfahren
- eine Statusschnittstelle für übergebene Forderungen
- eine Standardrückschnittstelle für den Import fremder Forderungen und Zahlungen

Fiori-Apps

Zusätzlich stellt SAP mit S/4HANA einige Fiori-Auswertungen zu Mahnläufen zur Verfügung: Mit den Apps *Analyze Dunning Locks, Analyze Dunning Run Exceptions, Analyze Dunning Success* und *Analyze Dunning Volume* erhalten Sie einen Überblick über gesetzte Mahnsperren, während eines Mahnlaufs aufgetretene Ausnahmen, den Erfolg bei Mahnungen bzw. einen Überblick über das Mahnvolumen inkl. Auswertungen über Mahngebühren und Verzugszinsen. Analog werden die Apps *Analyze Collections Success* und *Analyze Collections Volume* für Mahnungen mit dem Collection-Verfahren angeboten. Auswertungen über fällige und überfällige Posten erhalten Sie über die App *Analyze Overdue Items/Overdue Item Analysis* auch unabhängig vom Mahnlauf.

Tabelle 3.7 zeigt eine Übersicht über die Transaktionen und Tabellen bei der Zahlungsverfolgung.

Transaktion	Beschreibung
FPVA	Mahnvorschlagslauf
FPVB	Mahnaktivitätenlauf

Tabelle 3.7 Transaktionen und Tabellen bei der Zahlungsverfolgung

Transaktion	Beschreibung
FPVC	Massenstorno von Mahnungen
FPVV	Bewertung von Mahnungen
BRF+	BRFplus Workbench
FPCOPARA	Korrespondenzdruck
FP03	Abgabe an externes Inkassobüro
FP03D	Forderungen an Inkassobüro abgeben
FP03E	Freigabe von Posten zum Inkasso
FKKCOLL_MONI	Monitor des Inkassoservices
FPM2_RELEASE	Mahnungen freigeben
FPCOLLHIST	Collection-Historie
FPINTM1	Zinslauf
FPI1	Zinsen – Buchen
FPI4	Berechnung anzeigen
Tabelle	**Beschreibung**
FKKMACTIVITIES	Mahnaktivitäten
FKKMAHNV	Verwaltungssätze für das Mahnprogramm im VKK
FKKMAKO	Mahnhistorie – Kopfdaten
FKKMAKT	Mahnaktivitäten
FKKMAZE	Mahnhistorie Belegzeilen
DFKKIA	FI-CA: Datenbanktabelle zu FKKIA – Zinsanhang
DFKKIAPT	Verzinsung: Protokoll Zinslauf
DFKKIH	FI-CA: Tabelle mit Zinshistorie

Tabelle 3.7 Transaktionen und Tabellen bei der Zahlungsverfolgung (Forts.)

Anwendungsbeispiel: Video-on-Demand

Zur Zahlungsverfolgung setzt Media4bpc die Mahnläufe des Vertragskontokorrents ein. Um einen Mahnlauf durchzuführen, erstellen Sie zunächst einen Mahnvorschlag mithilfe der Transaktion FPVA. Da Sie vor dem Erstellen der Mahnkorrespondenzen zunächst noch einen Blick auf die Vorschlagsliste werfen möchten, überprüfen Sie im Reiter **Mahnparameter**, dass der Haken bei **Akt.lauf anstoßen** deaktiviert ist (siehe Abbildung 3.17). Nach dem Speichern führen Sie den Mahnvorschlagslauf im Hintergrund aus.

Anschließend prüfen Sie in der Mahnhistorie mit Transaktion FPM3 stichprobenartig die Mahnungen, die Sie dort auch einzeln stornieren können.

Zum Erstellen der Mahnkorrespondenzen führen Sie den Mahnaktivitätenlauf mit Transaktion FPVB aus und geben als Parameter die Identifikationsdaten des Mahnvorschlagslaufs an, wie in Abbildung 3.18 zu sehen. Nach dem Speichern führen Sie den Mahnaktivitätenlauf wieder mit einem Klick auf **Programmlauf einplanen** aus.

Abschließend drucken Sie die erstellten Korrespondenzen aus. Hierzu öffnen Sie den Drucklauf FPCOPARA. Da Sie nur Mahnschreiben drucken möchten, schränken Sie den zu druckenden Korrespondenztyp auf Mahnungen (0003) ein. Nach der Auswahl eines Druckers in den Druckparametern und anschließendem Speichern starten Sie den Drucklauf, wie in Abbildung 3.19 dargestellt.

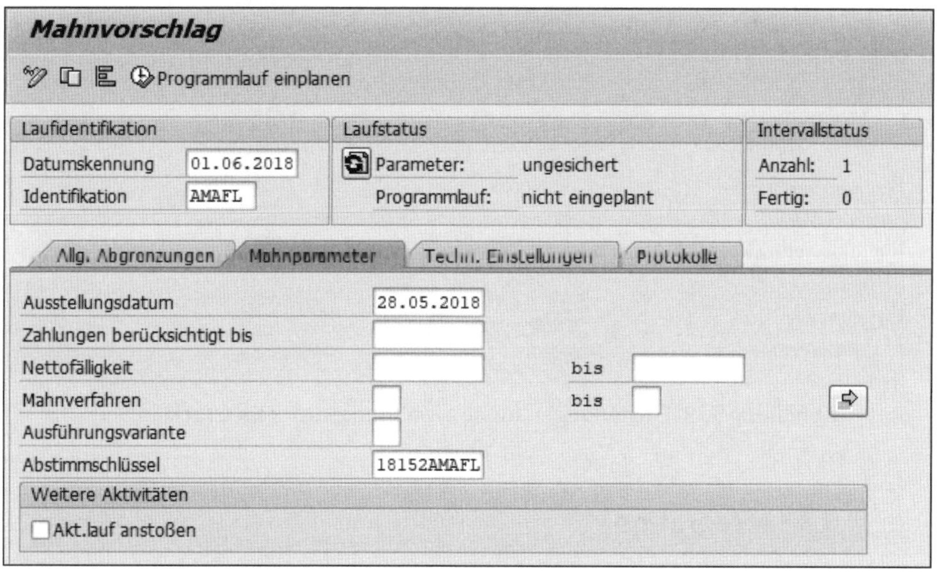

Abbildung 3.17 Mahnparameter im Mahnvorschlagslauf

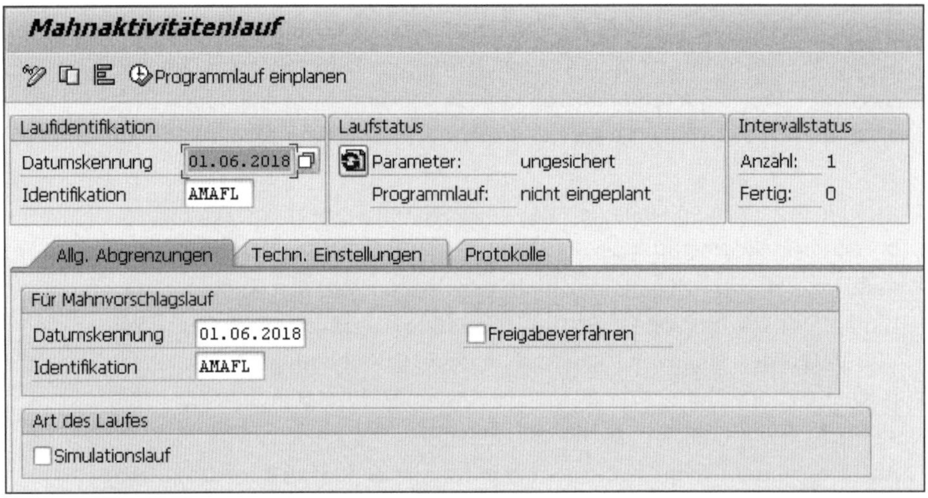

Abbildung 3.18 Mahnaktivitätenlauf

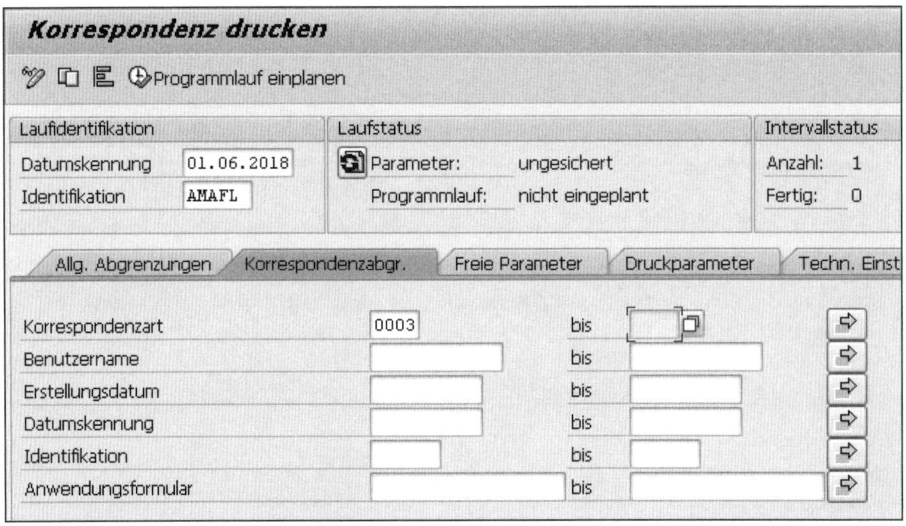

Abbildung 3.19 Einstellungen für den Mahnungsdruck im Drucklauf

3.3 Integration

Im Folgenden lernen Sie die Integration des Vertragskontokorrents in die Komponenten des Hauptbuchs und in SAP CRM kennen.

3.3.1 Hauptbuch

Hauptbuchüberleitung

Im Gegensatz zu anderen Nebenbüchern wie z. B. der Kreditorenbuchhaltung (FI-AP) oder Debitorenbuchhaltung (FI-AR) verfügt das Vertragskontokorrent nicht über eine Online-Integration zum Hauptbuch (FI-GL). Hauptbuchrelevante Informationen werden zur Laufzeit, also bei der Buchung in Einzelposten-Tabellen (z. B. DFKKKO, DFKKOP, DFKKOPK) und Summen-Tabellen (DFKKSUM) fortgeschrieben und erst mit einer speziellen Transaktion (FPG1 bzw. FPG1M im Massenlauf) an das Hauptbuch weitergeleitet.

Die erfassten Daten werden unter sogenannten *Abstimmschlüsseln* gesammelt und aus dem Nebenbuch in das Hauptbuch »übergeleitet« (siehe Abbildung 3.20).

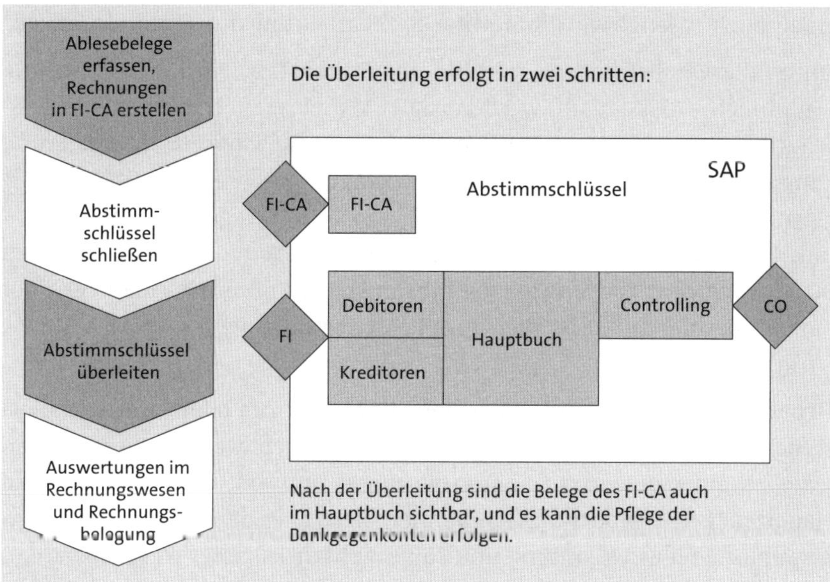

Abbildung 3.20 Überleitung der Abstimmschlüssel in das FI

Die Hauptbuchüberleitung ist sowohl in Verbindung mit einem ERP- als auch mit einem SAP-S/4HANA-System notwendig. Waren zur Überleitung von FI/CO- und CO-PA-Posten separate Überleitungen in die Hauptbuchhaltung notwendig, so wird unter SAP S/4HANA Finance nur eine Überleitung benötigt, in der sowohl die FI/CO- als auch CO-PA-Buchungsinformationen aus dem FI-CA an die Hauptbuchhaltung übertragen werden.

Unabhängig davon, ob die Hauptbuchhaltung in einem ERP- oder SAP-S/4HANA-System genutzt wird, finden Massenprozesse wie Mahnläufe und Auswertungen des Hauptbuches in getrennten Datenbereichen statt. Darüber hinaus wird den Anforderungen eines Massenkontokorrents durch besondere technische Vorkehrungen Rechnung getragen. Beispielsweise gehören in Versorgungsunternehmen Abrechnungs- und Fakturierungsprozesse zu zeitkritischen Vorgängen. Durch die Softwarearchitektur wird gewährleistet, dass diese Vorgänge auch für Millionen von Kundenverträgen performant verarbeitet werden können. Dabei werden Aufgaben durch gezielte Parallelisierung beschleunigt.

Parallelisierung von Massenläufen

Dies möchten wir anhand des Beispiels der oben erwähnten Weiterleitung in das Hauptbuch noch näher erläutern: In der Transaktion FPG1 (Buchungssummen ins Hauptbuch übernehmen) werden alle in FI-CA erfassten Belege, die eine Hauptbuchrelevanz haben – also zu einer Fortschreibung der Verkehrszahlen in FI führen – sequenziell abgearbeitet. Somit dauert die Überleitung der Informationen aus dem Nebenbuch in das Hauptbuch so lange wie die Summe der Bearbeitung der einzelnen Belege.

Durch die Parallelisierung mithilfe der Transaktion FPG1M (Übernahme Hauptbuch – Massenlauf) werden zugleich mehrere Jobs gestartet, die parallel bearbeitet werden. In Abhängigkeit von der Systemparametrisierung kann dies zu einer erheblichen Beschleunigung des zu bearbeitenden Belegvolumens führen. Wird ein Intervall von 1.000 Belegen in zehn parallele Jobs aufgeteilt, kann dies im Idealfall zu einer Laufzeitverkürzung um bis zu 90 % der ursprünglichen Laufzeit führen. In der Praxis wird man bei einer Parallelisierung in *n* Jobs allerdings keine Beschleunigung auf den Faktor *1/n* erreichen.

Neben hauptbuchrelevanten Belegen, die bei Faktura oder Zahlungen entstehen, können statistische Belegpositionen gebucht werden. Diese werden lediglich auf den Vertragskonten vermerkt und erst nach Ausgleich im Hauptbuch echt gebucht. Offen können diese aber dennoch in den FI-CA-Anwendungen wie Mahnung und Zahlung berücksichtigt werden. Statistische Buchungen werden beispielsweise genutzt, um Abschläge oder Gebührenforderungen abzubilden.

Wie bei der Buchung eines Belegs kontiert wird, bestimmt die sogenannte *Kontenfindung*. Dabei wird im Customizing (u. a. Buchungsbereiche R000 und R001, Tabelle TE305) hinterlegt, welche Sachkonten und CO-Elemente aus den Parametern Buchungskreis, Sparte und Kontenfindungsmerkmal sowie Haupt- und Teilvorgang abgeleitet werden. Gleichzeitig können Sie festlegen, ob die Buchung statistisch erfolgt oder gleichzeitig beispielsweise Sperren im Beleg gesetzt werden.

Debitorenbuchhaltung

Die Debitorenbuchhaltung (FI-AR) stellt das Nebenbuch dar, in dem Forderungen und Verbindlichkeiten, Gutschriften, Zahlungen und interne Ausgleichsvorgänge sowie die Stammdaten von Geschäftspartnern verwaltet werden.

Unterschiede FI-AR zu FI-CA

Insbesondere bei der Verarbeitung von mehreren Hunderttausend bis mehreren Millionen Stammdaten und einer entsprechenden Anzahl von Belegen wird das Vertragskontokorrent eingesetzt. Auf der eine Seite stellt die Verarbeitung dieser großen Anzahl an Stamm- und Bewegungsdaten eine enorme Herausforderung für die Hardware dar, weshalb FI-CA mit den performanten Massenläufen (Parallelisierung von Jobläufen) entwickelt worden ist. Auf der anderen Seite bietet FI-CA auch einen funktionalen Mehrwert, insbesondere im Bereich des Forderungsmanagements (Mahnwesen, Ratenpläne, Inkassoabgabe etc.). Unter SAP S/4HANA verliert der erste Aspekt an Bedeutung, da die Debitorenbuchhaltung (FI-AR) im Finanzwesen aufgrund des mit SAP S/4HANA vereinfachten Datenmodells wesentlich performanter als unter ERP abläuft, jedoch im Vergleich mit einem FI-CA unter SAP S/4HANA noch immer langsamer arbeitet. Der funktionale Mehrwert, den FI-CA im Vergleich zu FI-AR bietet, bleibt auch in SAP S/4HANA bestehen.

In Abschnitt 3.2.1, »Belege«, haben Sie bereits die Darstellung von statistischen Anzahlungsanforderungen in FI-CA kennengelernt – statistisch deshalb, weil Anzahlungen noch keine rechtswirksamen Forderungen darstellen. Erst mit der späteren Faktura entstehen Forderungen aus Lieferungen und Leistungen, die in FI-CA erfolgswirksam gebucht werden. Mit der Transaktion FPE3 (Beleg anzeigen) können Sie sich einen Beleg in FI-CA ansehen.

Belege in FI-CA

Abbildung 3.21 zeigt den grundsätzlichen Aufbau von Belegen in FI-CA. Der obere Bildschirmbereich stellt Informationen des Belegkopfes dar, im mittleren Bildschirmbereich ist eine Geschäftspartnerposition (die Forderung) und im unteren Bildschirmbereich sind zwei Sachkontenpositionen dargestellt (eine Ertragszeile und eine Umsatzsteuerzeile).

In der Darstellung der Geschäftspartnerposition wird eine Besonderheit von FI-CA deutlich: Die Ermittlung von zu bebuchenden Sachkonten erfolgt mittels sogenannter *Haupt-* und *Teilvorgänge* (Spalte **Ha...** = **0100** und **Teil...** = **0002**). Dabei handelt es sich um Vorgangsschlüssel, die gemeinsam eine Belegzeile charakterisieren und mittels derer über eine besondere Kontenfindung die richtigen Sachkonten ermittelt und bebucht werden.

Dies hat den Vorteil, dass die Sachkontenfindung je nach Geschäftsvorfall sehr detailliert ausgesteuert werden kann.

Abbildung 3.21 Beleganzeige einer Rechnung mittels FPE3

In FI-CA stehen selbstverständlich umfangreiche Funktionen zur Verwaltung offener Posten und zur Zahlungsregulierung zur Verfügung (z. B. für Überzahlungen, kreditorische Geschäftsvorfälle oder die Einziehung von Forderungen mittels SEPA-Lastschrift). Wie bereits in Abschnitt 3.1.1, »Geschäftspartner«, und Abschnitt 3.2.2, »Zahllauf«, dargelegt, sind für die Nutzung der SEPA-Lastschrift SEPA-Mandate notwendig, die die klassische Lastschrifteinzugsermächtigung ersetzen.

Darüber hinaus stehen für die Verfolgung von Forderungen eigene Funktionen bereit, beispielsweise für Mahnungen mit individuell zu gestaltenden Formularen oder für die Einbeziehung externer Inkasso-Unternehmen. Abschließend müssen die asynchron erzeugten Buchungen in FI-CA in FI übergeleitet und die Resultate dieser Überleitung abgeglichen werden.

Kreditorenbuchhaltung

Die Hauptaufgaben der Kreditorenbuchhaltung (FI-AP) liegen in der Verwaltung von Zahlungsempfängerstammdaten, in der Buchung von Eingangsrechnungen sowie in deren Regulierung (z. B. für Büromaterial, Büro- und Geschäftsausstattung, Beschaffung von Energie, Netznutzungsrechnungen). Die Regulierung erfolgt über das Zahlprogramm, das mithilfe der

Transaktion F110 (Parameter für maschinelle Zahlung) aufgerufen werden kann. Abbildung 3.22 zeigt die Pflege der Parameter für das Zahlprogramm, mit dessen Hilfe fällige offene Verbindlichkeiten reguliert werden können.

Die Einschränkung offener Posten, die in einem Zahllauf reguliert werden sollen, kann über Nummernbereiche der Kreditoren, Buchungskreise, Zahlwege oder sogenannte *freie Selektionen* erfolgen. Das Programm sucht nach zu regulierenden Posten, gibt eine Vorschlagsliste aus und kann diese regulieren, ggf. nach Überarbeitung. Dabei wird in der Regel ein Datenträger (in der EU im XML-Format) erzeugt, der anschließend dem ausführenden Kreditinstitut zur Verfügung gestellt wird.

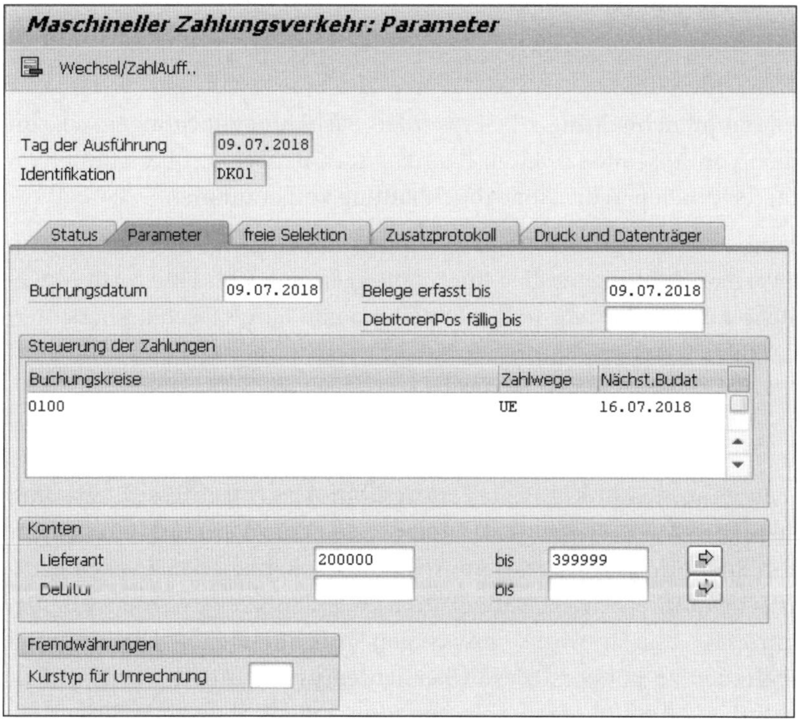

Abbildung 3.22 Parameterpflege des Zahlprogramms

Bankbuchhaltung

In der Bankbuchhaltung (FI-BL) werden die Stammdaten der Hausbanken, inklusive der eigenen Bankkonten, sowie die Adressen und der BIC (Business Identifier Code) von allen Kreditinstituten des jeweiligen Landes gepflegt. Die wesentliche Aufgabe der Bankbuchhaltung besteht in der regelmäßigen Zahlungsabwicklung. Es werden Datenträger für selbstinitiierte Zahlungen (über das Zahlprogramm) und fremdinitiierte Zahlungen über

Bankkontoauszüge (z. B. mit Überweisungen von belieferten Kunden oder Belastungen aus eigenen Überweisungen) ausgetauscht.

Anlagenbuchhaltung

Die kaufmännische Anlagenbuchhaltung (Nebenbuch FI-AA) verwaltet die Stammsätze für Gegenstände des Anlagevermögens, wie Kraftwerke, Netze, Versorgungsanlagen und Zähler, sofern Letztere nicht über die Materialwirtschaft gepflegt werden. Ein Schwerpunkt der Funktionen liegt in der Abbildung von Anlagenzugängen und -abgängen (z. B. durch An- und Verkauf oder Verschrottung) sowie in der Anpassung von Bestandswerten durch Zu- oder Abschreibungen.

Hauptbuchhaltung

In der Hauptbuchhaltung (FI-GL) werden Sachkontenbuchungen z. B. im Rahmen von Abschlussarbeiten oder zur summarischen Übernahme von Geschäftsvorfällen in die Finanzbuchhaltung vorgenommen.

Im Rahmen von Abschlussarbeiten werden z. B. Abgrenzungsposten, Pauschalwertberichtigungen oder Rückstellungen gebucht. Eine weitere wesentliche Aufgabe besteht in der Erstellung von Jahresabschlussberichten wie der Bilanz oder der Gewinn- und Verlustrechnung.

3.3.2 SAP CRM

Wie bereits in Abschnitt 2.3.2, »Vertragskontokorrentprozesse«, erwähnt, sind einige der Übersichten und Prozesse aus dem Vertragskontokorrent auch in SAP CRM verfügbar. Dem Anwender sollen auf der IC-WebClient-Oberfläche möglichst viele Daten zum Kunden angezeigt werden, um diesen ohne Hin- und Herwechseln zwischen SAP CRM und SAP ERP bestmöglich betreuen zu können. Diese Übersichten und Prozesse wurden nicht speziell für SAP BRIM entwickelt, sondern sind als allgemeingültiger Bestandteil der Kundenservice-Benutzerrolle branchenübergreifend in SAP CRM verfügbar.

Buchhalterische Sicht in SAP CRM

Als Einstiegspunkt für die buchhalterische Sicht auf den Kunden dient eine Kontoübersicht, die diverse Summen und Salden zum aktuell identifizierten Kunden bzw. Vertragskonto auflistet. Hier sind beispielsweise pro Vertragskonto der Saldo offener Posten und die Summe aller fälligen Forderungen auf einen Blick ersichtlich. Weitere Informationen zu Mahnungen und Zahlungen werden übersichtlich in Textform dargestellt. Werden detailliertere Informationen zu einzelnen Belegen, Mahnungen oder Zahlungen benötigt, kann die Einzelpostenanzeige aufgerufen werden (siehe Abbildung 3.23).

Sie entspricht im Wesentlichen der Kontenstandsanzeige aus der SAP GUI des Vertragskontokorrents. Die Belege können auch einzeln in einer Detailansicht angezeigt werden. Außerdem gibt es eine Kontohistorie, in der alle Belege chronologisch aufgeführt sind. Die Informationen zu den Bewegungsdaten werden hierbei per Remote Function Call (RFC) aus dem angeschlossenen SAP-ERP-System ermittelt, sodass keine doppelte Datenhaltung notwendig ist und die Daten immer aktuell angezeigt werden. Lediglich die notwendigen Stammdaten für den Aufruf des Kunden und des Vertragskontos in SAP CRM liegen repliziert im CRM-System vor (siehe Abschnitt 2.1, »Grundlagen und Integration«) und werden zur Ermittlung der Bewegungsdaten zur Laufzeit an FI-CA übergeben.

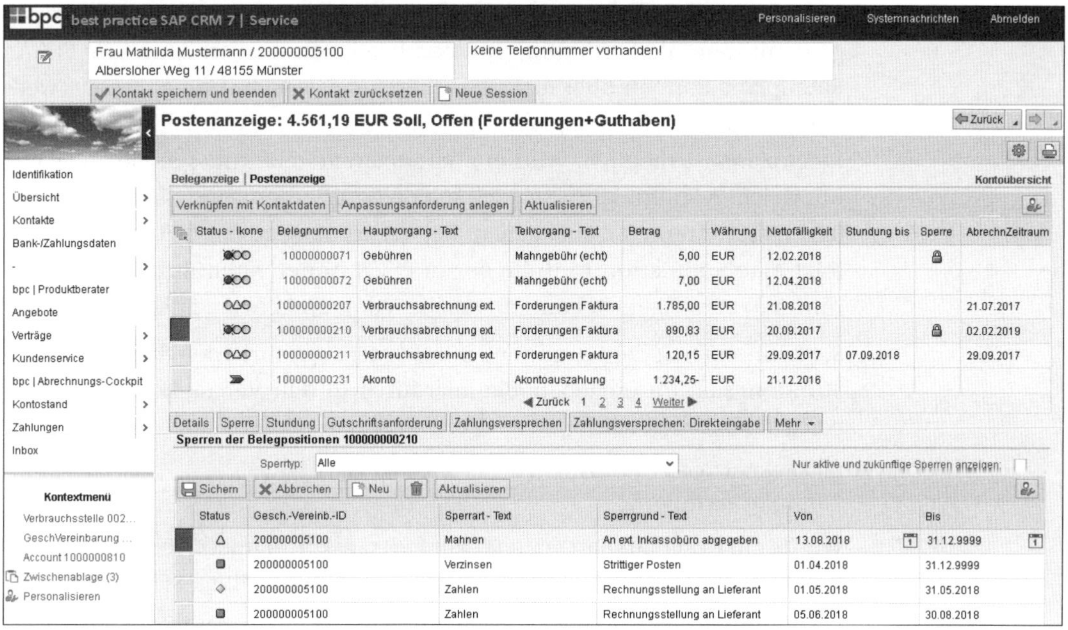

Abbildung 3.23 FI-CA-Kontoübersicht mit Einzelposten in SAP CRM

Absprung in FI-CA

Aus den Übersichten heraus können Sie in diverse Vertragskontokorrentprozesse springen. Auch diese Prozesse werden im IC WebClient durchgeführt, die Datenhaltung sowie die eigentliche Prozesslogik inkl. Prüfungen, Kontierungsableitung etc. erfolgt im Hintergrund in FI-CA. Dabei liegt der Fokus auf den kundenindividuellen Prozessen. Kundenübergreifende Massenläufe (z. B. Mahnlauf, Zinslauf oder Zahllauf) werden in SAP CRM nicht angezeigt und können von dort auch nicht angestoßen werden. Im Folgenden werden die wichtigsten in SAP CRM verfügbaren Vertragskontokorrentprozesse kurz vorgestellt.

Zahlungen

Alle auf den selektierten Vertragskonten gebuchten Zahlungen werden in SAP CRM angezeigt. Zahlungen können außerdem anhand verschiedener Kriterien gesucht und in einer Detailansicht angezeigt werden. Sofern in der jeweiligen FI-CA-Ausprägung Zahlungsversprechen, Auszahlungsanforderungen oder Zahlungspläne genutzt werden, können Sie diese ebenfalls über SAP CRM anlegen und bearbeiten.

Ratenpläne und Stundung

Kann ein Kunde seine offenen Forderungen nicht sofort begleichen, besteht im Vertragskontokorrent die Möglichkeit, einen Ratenplan anzulegen, mit dem die Forderung in Raten beglichen werden kann. Die FI-CA-Ratenpläne können über die CRM-Oberfläche gesucht und angezeigt werden, aber auch eine Neuanlage oder das Bearbeiten bzw. Deaktivieren eines Ratenplans ist möglich. Wird ein Ratenplan erstellt, müssen Sie angeben, um welchen Ratenplantyp es sich handelt. Außerdem sind das Startdatum und Druckparameter anzugeben. Bei der Neuanlage eines Ratenplans erfolgt eine Simulation mithilfe der in FI-CA hinterlegten Regeln, um dem Anwender anzeigen zu können, welche Raten und Zinsen fällig werden.

Sie können auch die Stundung einer Forderung einrichten, indem Sie ein Stundungsdatum eingeben, das hierdurch in den Vertragskontokorrentbeleg geschrieben wird.

Zahlungsverfolgung

Wurde ein Geschäftspartner oder ein Vertragskonto im IC WebClient bestätigt, kann die zugehörige Mahnhistorie angezeigt werden. Sie können einzelne Mahnungen suchen, anzeigen lassen und – bei Bedarf – stornieren. Hierbei wird sowohl das Mahnen nach Mahnverfahren als auch nach Collection-Strategie unterstützt.

Wenn in FI-CA die Integration mit einem externen Inkassodienstleister eingerichtet ist, sind in den CRM-Übersichten zum Vertragskontokorrent die Informationen zum Inkassobüro inkl. Inkasso-Score sichtbar. Die Freigabe von Posten für das Inkassobüro können Sie ebenfalls über die CRM-Oberfläche steuern.

Sperren

Betriebswirtschaftliche Sperren können sowohl auf Ebene des Vertragskontos als auch auf Belegebene im IC WebClient erfasst und gepflegt werden. Dies umfasst Mahn-, Eingangs- und Ausgangszahlsperren sowie Zins- und Ausgleichs- bzw. Buchungssperren. Auf Vertragskontenebene kann zusätzlich eine Fakturasperre gesetzt werden.

Collection-Historie

Wenn in FI-CA das Collections Management verwendet wird, werden in SAP CRM auch die zugehörigen Klärungsfälle angezeigt und stehen zur Bearbeitung bereit. Die Collection-Historie gibt einen Überblick über alle Ereignisse aus dem Vertragskontokorrent. Zu diesen Ereignissen können jeweils Details angezeigt werden und es kann in die Bearbeitung der Unterkategorien abgesprungen werden. Folgende Ereignisse können Sie sich anzeigen lassen:

- Mahnung
- Korrespondenz
- Workitem
- Zahlung
- Zahlungsversprechen
- Ratenplan

Korrespondenz

Über die Korrespondenzhistorie sind alle in FI-CA erstellten Korrespondenzen in SAP CRM sichtbar. Für einzelne Korrespondenzen lässt sich ein Wiederholungsdruck anstoßen. Aus der CRM-Kontoübersicht können Sie außerdem ein Kontoinformationsschreiben generieren, mit dem Sie dem Kunden eine Übersicht über seine offenen Belege zur Verfügung stellen können.

3.4 Zusammenfassung

In diesem Kapitel haben Sie eine kurze Einführung in die zur Verfügung stehenden Funktionalitäten des Vertragskontokorrents erhalten. Sie kennen nun die wichtigsten Stammdaten in FI-CA, die Besonderheiten der Kontokorrentbelege und haben darüber hinaus die Kontenfindung kennengelernt. Anschließend haben Sie einen Einblick in ausgewählte Standardprozesse der Nebenbuchhaltung erhalten. Hierzu zählen insbesondere die

Verarbeitung von Ein- und Ausgangszahlungen über elektronische Kontoauszüge bzw. Zahlläufe, die Zahlungsverfolgung mit Mahnläufen ebenso wie die Kontenpflege und Verrechnungssteuerung, die einen wichtigen Beitrag zur Automatisierung von Zahlungszuordnungen liefern.

Das Vertragskontokorrent ist mit den klassischen SAP-Finanzkomponenten kompatibel und großteils integrierbar, sodass der parallele Betrieb ebenso wie die Ablösung einzelner Komponenten problemlos möglich sind. Selbstverständlich bietet das Vertragskontokorrent schon im Standard noch viele weitere Transaktionen, die für Kontokorrentprozesse notwendig oder hilfreich sind. Insbesondere die Verflechtung mit den anderen SAP-BRIM-Modulen macht das Vertragskontokorrent zu einem mächtigen System für sämtliche Nebenbuchprozesse, aus dem heraus auch Absprünge in Daten ergänzender SAP-Komponenten, wie das Abrechnungs- und Fakturamodul SAP CI oder die klassische SAP-Finanzkomponente FI, möglich sind.

Durch zahlreiche Erweiterungs- und Customizingoptionen kann das Vertragskontokorrent in vielen Fällen modifikationsfrei und standardnah an schon vorhandene Geschäftsprozesse angepasst werden oder diese sogar erweitern. Somit lässt sich FI-CA für sämtliche Prozesse im Massenkontokorrent komfortabel und effizient konfigurieren und nutzen. Für Kunden, die SAP CRM als Lösung für den Kundenservice einsetzen, sind außerdem viele der Vertragskontokorrentfunktionen auch auf der Weboberfläche im CRM-System verfügbar.

Kapitel 4
Abrechnung und Fakturierung mit SAP Convergent Invoicing

4

Im Rahmen dieses Kapitels werden die Kernfunktionalitäten und -prozesse von SAP Convergent Invoicing vorgestellt. Außerdem wird beschrieben, wie sich SAP Convergent Invoicing in Ihre Systemlandschaft integriert.

Einführung in SAP CI

Die Abrechnung und Fakturierung im Vertragskontokorrent bilden zusammen *SAP Convergent Invoicing* (SAP CI). Dieses ist integriert in SAP FI-CA und damit Teil des SAP-ERP- bzw. SAP-S/4HANA-Systems.

SAP CI erstellt auf Basis von *abrechenbaren Positionen* Rechnungen oder Gutschriften und bucht im Vertragskontokorrent entsprechende Forderungen oder Verbindlichkeiten. Abrechenbare Positionen (auch *Billable Items, BITs*) können von externen Systemen oder durch Integration mit SAP Convergent Charging (siehe Kapitel 5, »Rating in SAP Convergent Charging«) und SAP CRM (siehe Kapitel 2, »Kundenmanagement mit SAP CRM«) übernommen werden.

Zusätzlich können abrechenbare Positionen direkt über die Funktionalität eines Abrechnungsplans in SAP CI erzeugt werden (siehe Abschnitt 4.2.9, »Abrechnungspläne«). Die dabei verwendeten Abrechnungsplanpositionen beinhalten Daten zur periodischen oder einmaligen Erstellung einer abrechenbaren Position.

Die Abrechnung im Vertragskontokorrent verwaltet die abrechenbaren Positionen. Diese werden im Rahmen der Abrechnung zu Abrechnungsbelegen zusammengefasst. Darüber hinaus können Abrechnungsbelege aus externen Anwendungen und Systemen, z. B. aus der Vertriebskomponente SAP SD, direkt in die Fakturierung integriert werden (siehe dazu den Abschnitt 4.3, »Integration«).

In der anschließenden Fakturierung werden entsprechend Abrechnungsbelege zu Rechnungen bzw. Gutschriften zusammengestellt. Ähnlich wie bei der Übernahme von Abrechnungsbelegen externer Anwendungen können die in SAP CI erzeugten Abrechnungsbelege auch in externen Anwendungen (dazu gehört auch z. B. SAP SD) weiterverarbeitet werden (mehr dazu erfahren Sie in Abschnitt 4.3, »Integration«).

In diesem Kapitel werden wir also die höchstflexiblen Funktionalitäten in SAP CI vorstellen, die es erlauben, verschiedenste Geschäftsszenarien abzubilden und in Ihre Systemlandschaft zu integrieren.

Zunächst beginnen wir damit, die Stammdaten aus Sicht von SAP Convergent Invoicing zu betrachten.

4.1 Stammdaten in SAP CI

In SAP CI werden folgende Stammdatenobjekte verwendet:

- Geschäftspartner
- Vertragskonto
- Providervertrag
- Sharingvertrag
- Rahmenvertrag
- Partnervereinbarungen
- Prepaidkonto
- Produkt

In den nachfolgenden Abschnitten beschreiben wir die genannten Stammdaten mit Fokus auf die Ausprägung in SAP CI. Zunächst möchten wir aber auf die Spezifika im Systemverbund von SAP BRIM hinsichtlich der Stammdatenpflege und -verteilung eingehen.

Eine Übersicht über die wichtigsten Datenbanktabellen und Transaktionen in SAP CI zeigt Tabelle 4.1.

Transaktion	Beschreibung
FPPRD1/2/3	Produkt anlegen/ändern/anzeigen
CAA1/2/3	Vertragskonto anlegen/ändern/anzeigen
FP_VT1/2/3	Providervertrag Konto anlegen/ändern/anzeigen
FP_MA1/2/3	Rahmenvertrag Konto anlegen/ändern/anzeigen
FP_PV1/2/3	Partnervereinbarung Konto anlegen/ändern/anzeigen
PPAC1/2/3	Prepaidkonto anlegen/ändern/anzeigen

Tabelle 4.1 Stammdaten-Transaktionen und -Tabellen

Transaktion	Beschreibung
FKKCC_MD_MON	Replikation nach SAP CC überwachen
FKKCC_PC_MON	Replikation Providervertrag überwachen
FKKCC_MD_MIG	Migration von Stammdaten nach SAP CC
Tabelle	**Beschreibung**
DFKK_VT_PRD	Produkte zum Vertrag
DFKK_VT_H	Kopfdaten des Providervertrags
DFKK_VT_I	Positionen des Providervertrags
DFKK_VT_TR	Kennungen des Providervertrags
DFKK_VT_D	Rabatte am Providervertrag
DFKK_MA_H	Kopfdaten des Rahmenvertrags
DFKK_MA_*	(weitere Tabellen zum Rahmenvertrag)
FKKPREPACC	Stammdaten zum Prepaidkonto

Tabelle 4.1 Stammdaten-Transaktionen und -Tabellen (Forts.)

4.1.1 Stammdatenpflege und integrierte Verteilung in SAP BRIM

Führendes System im integrierten Szenario

Im Systemverbund von SAP BRIM ist SAP CRM hinsichtlich der Stammdaten das führende System. Die Stammdaten werden in SAP CRM erfasst und anschließend an die angebundenen Systeme verteilt. Für SAP BRIM sind dies SAP CI und SAP CC. Hinsichtlich der Vertragsstammdaten und Produkte hält SAP CI dabei nur die Informationen vor, die für die ablaufenden Geschäftsvorfälle unmittelbar benötigt werden. Dazu gehören beispielsweise die Nummer des zugehörigen Vertragskontos, die Gültigkeit sowie der Schlüssel für Rabatte oder Zuschläge.

Providerverträge und Produkte werden in SAP CI in der Regel nur angezeigt. Transaktionen für die Änderung von Produkten und Verträgen stehen in Ausnahmefällen natürlich dennoch zur Verfügung. Ein Beispiel für einen solchen Ausnahmefall kann eine fehlerhafte Replikation von Stammdaten darstellen. Wenn die Daten kurzfristig im Vertragskontokorrent benötigt werden, beispielsweise um eine Rechnung zu drucken, können sie manuell nachgetragen werden. Diese Änderungen sind jedoch rein lokal und werden nicht an die angeschlossenen Systeme verteilt.

Stammdatenreplikation

Der Fluss der Stammdaten kann Abbildung 4.1 entnommen werden. Dabei hat die Replikation des Providervertrags eine wichtige Rolle inne. In SAP ERP wird für die Verarbeitung der Provider-Vertragsnachricht der *Common Object Layer* (COL) genutzt. Dieser empfängt die entsprechenden Informationen zum Providervertrag aus SAP CRM in SAP ERP, speichert diese und verteilt sie anschließend asynchron in SAP CI und SAP CC. Geschäftspartner und Vertragskonto werden mit dem zugehörigen Providervertrag nach SAP CC repliziert, wenn die gemeinsame Replikation aller Stammdaten aktiviert und das Replikationsszenario MULTI_CC genutzt wird. Die gemeinsame Replikation kann im Customizing unter **Finanzwesen (neu) • Vertragskontokorrent • Integration • Convergent Charging • Gemeinsame Replikation aller Stammdaten aktivieren** hinterlegt werden. Während der Replikation wird also der Providervertrag in SAP CI angelegt und alle Stammdaten, bestehend aus Geschäftspartner, Vertragskonto und Providervertrag, zur Anlage an SAP CC versandt. Dieses Szenario ist im Systemverbund SAP BRIM aktuell der Standard.

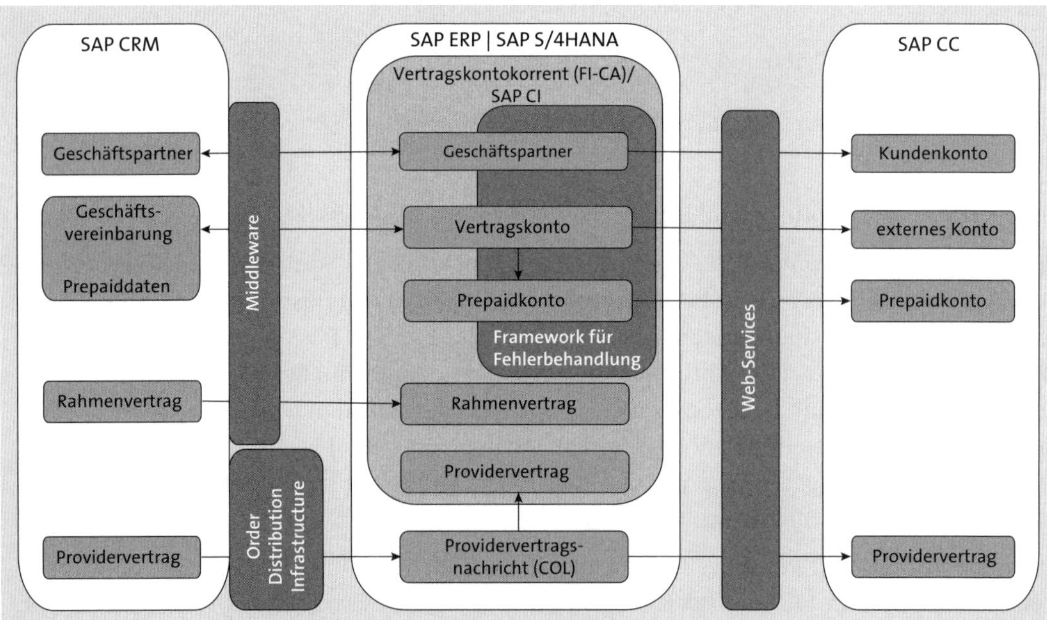

Abbildung 4.1 Stammdatenreplikation SAP CI

Das Customizing zum Common Object Layer finden Sie unter **Finanzwesen (neu) • Vertragskontokorrent • Programmerweiterungen • Vorgaben für das Common Object Layer Framework**.

Unter SAP S/4HANA wird laut SAP auf den Einsatz des Common Object Layers verzichtet, da die CRM-Funktionalitäten mit dem Customer-Management-Add-on bzw. SAP S/4HANA for Subscription Order Management bereits integriert sind.

Zur Integration von SAP CI in SAP CC finden Sie weitere Informationen in Abschnitt 5.5.1, »Integration in SAP CI«.

4.1.2 Geschäftspartner

Den Geschäftspartner haben Sie bereits in Abschnitt 2.2.3 und Abschnitt 3.1.1 kennengerlernt. Da dieser keine spezifischen Einstellungen für SAP CI enthält, verzichten wir an dieser Stelle auf eine zusätzliche Beschreibung.

4.1.3 Vertragskonto

Vertragskonto in SAP CI

Im Vertragskonto wird neben den von SAP FI-CA geprägten Reitern (siehe dazu auch Abschnitt 3.1.2, »Vertragskonten«) ein gesonderter Reiter für SAP CI geführt (siehe Abbildung 4.2).

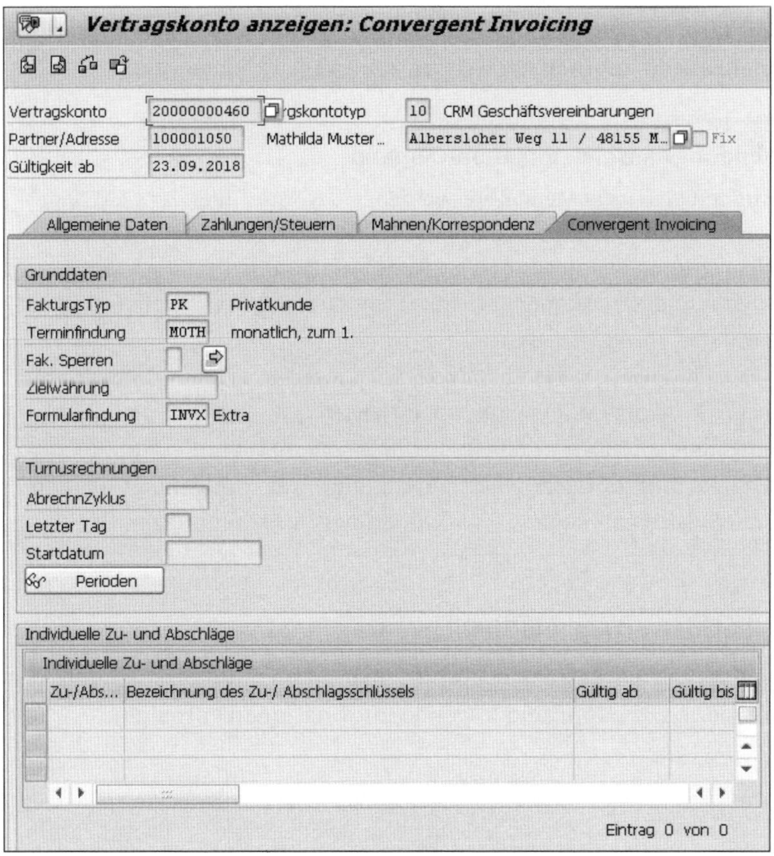

Abbildung 4.2 Vertragskonto mit Merkmalen für SAP CI

Wie Sie Abbildung 4.2 entnehmen können, werden hier folgende Attribute geführt:

- **Fakturierungstyp**
  Der Fakturierungstyp kann unterschiedliche Kundengruppen identifizieren, um diese im Rahmen der SAP-CI-Prozesse gesondert zu behandeln. Dies kann sinnvoll sein, wenn etwa zu einer Kundengruppe die Rechnungen anders zusammengestellt oder Rabatte oder Zuschläge berechnet werden sollen.
- **Terminfindung**
  Mithilfe der Terminsteuerung kann für Rating, Abrechnung und Faktura bestimmt werden, zu welchem Termin der jeweilige Prozess angestoßen werden soll.
- **Formularfindung**
  Dieses Merkmal kann zur Feinsteuerung der Ableitung eines Rechnungsformulars herangezogen werden.
- **Schlüssel für kundenindividuelle Zu- und Abschläge**
  Damit können dem Kunden spezifische Zu- und Abschläge zugeordnet werden, die im Rahmen der Fakturierung angewandt werden.

Anwendungsbeispiel: Video-on-Demand

Die Kunden der Firma Media4bpc werden in der Regel über das CRM angelegt (vgl. zum Praxisbeispiel den Abschnitt 2.2.1, »Anwendungsbeispiel«). Zur Überprüfung der an das Vertragskontokorrent übermittelten Vertragskonto-Stammdaten können Sie mit Transaktion CAA3 die hinterlegten Stammdaten anzeigen lassen.

Die Media4bpc unterscheidet die Kunden anhand der folgenden Fakturierungstypen: PK für Privat-, GK für Geschäfts- und VK für VIP-Kunden. Damit können für diese Kundengruppen getrennte Fakturierungsprozesse angesteuert und unterschiedliche Rechnungsformulare genutzt werden. Für Frau Mustermann wurde als Fakturierungstyp PK hinterlegt.

4.1.4 Providervertrag und Sharingvertrag

Providervertrag

Ein Providervertrag besteht in SAP CI aus einem Vertragskopf und Vertragspositionen. Im Kopf sind folgende Informationen enthalten:

- Nummer des Geschäftspartners, der den Vertrag abgeschlossen hat
- Vertragsbeginn und Vertragsende
- Informationen für Berechtigungsprüfungen
- Art des Vertrags (Providervertrag/Sharingvertrag)
- Fakturierungssperre

Vertragspositionen

Dem Vertragskopf können mehrere Vertragspositionen zugeordnet sein, die die folgenden Informationen enthalten (siehe auch Abbildung 4.3):

- Vertragskonto und ggf. ein Prepaidkonto
- Zuordnung zur Gruppe von Kennungen; Kennungen werden zur Identifizierung von Vertragspositionen benötigt
- Leistungsempfänger (Geschäftspartner), von dem Informationen für die Steuerermittlung abgeleitet werden können
- Zuordnung zu einem Rahmenvertrag
- Produktidentifikation, auf die sich der Providervertrag bezieht
- Kontierung, die das System für abrechenbare Positionen heranzieht (darunter Buchungskreis, Geschäftsbereich, Standardsparte, Profit Center und Segment)
- weitere Kontierungen (beispielsweise Auftrag oder PSP-Element)

Neben den bisher beschriebenen Daten können zusätzlich Rabatte und Zuschläge zugeordnet werden. Diese werden im Rahmen der Abrechnung ausgewertet und berechnet.

Anwendungsbeispiel: Video-on-Demand

Frau Mustermann schließt mit Media4bpc einen Vertrag über ein Prepaidpaket ab. Dabei wird im Providervertrag, der für Frau Mustermann in SAP CRM angelegt wird, eine Kennung – ihre Kundennummer – hinterlegt.

Diese Kennung wird ihr nach der Erstellung mitgeteilt. Beim Abrufen von Filmen und Serien sowie in der zukünftigen Kommunikation mit Frau Mustermann kann diese verwendet werden, um sie als Kundin im System eindeutig zu identifizieren (siehe Abbildung 4.3).

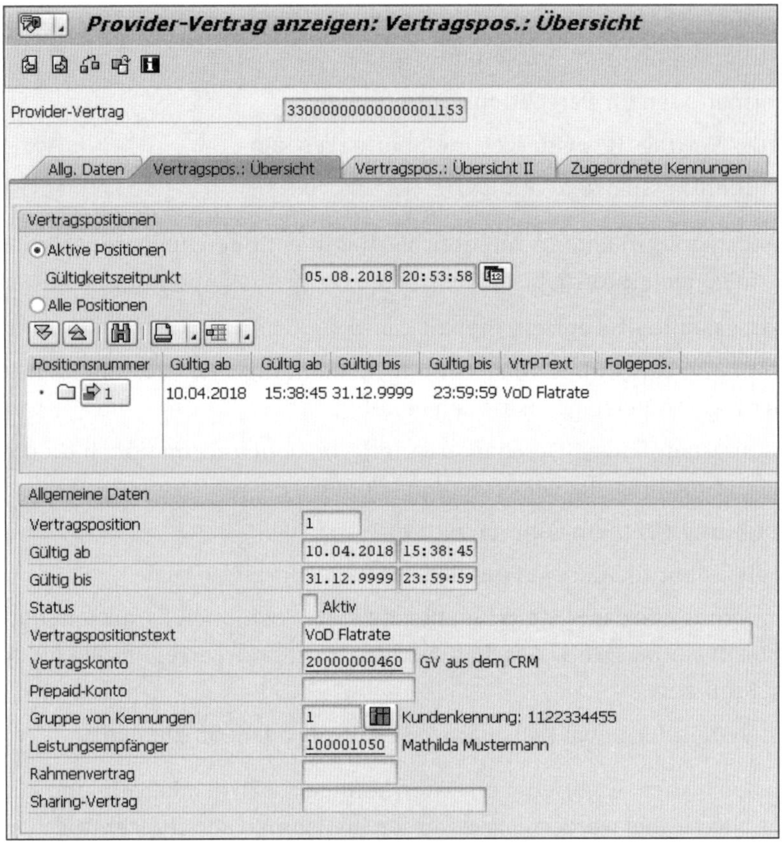

Abbildung 4.3 Vertragsposition eines Providervertrags

Sharingvertrag

Zudem kann im Providervertrag ein Sharingvertrag hinterlegt werden, bei dem verschiedene Kundenverträge einen oder mehrere Verbrauchszähler eines Tarifs gemeinsam nutzen können. Der Sharingvertrag ist somit dem Providervertrag übergeordnet.

Anwendungsbeispiel: Video-on-Demand

Eine Fitnesskette hat als Businesskunde bereits zwei (Provider-)Verträge bei Media4bpc abgeschlossen, die jeweils für ein Studio separat gültig sind. Nun wird ein dritter Vertrag für einen weiteren Standort abgeschlossen. Die Fitnesskette entscheidet sich, die Freiminuten der drei Verträge zusammenzuführen. Dazu wird ein Sharingvertrag angelegt, der einen übergeordneten Zähler führt. Die drei Providerverträge erhalten eine Referenz auf diesen Sharingvertrag und dessen Zähler. Das Konstrukt wird in dieser Form nach SAP CC repliziert (siehe Abschnitt 5.2.3, »Providervertrag«).

4.1.5 Rahmenvertrag

Rahmenverträge werden in SAP CRM und SAP CI sehr ähnlich abgebildet. Deshalb werden wir hier weniger Spezifika des Rahmenvertrags in SAP CI beschreiben, sondern vielmehr einen Eindruck vermitteln, wie dieser analog zu SAP CRM dargestellt und genutzt werden kann.

Zu den Vereinbarungen, die im Rahmenvertrag geschlossen werden können, gehören u. a. Übereinkünfte zu Produkten, Rabatten, Preisen sowie zum Rechnungserstellungsverfahren. Diese Vereinbarungen bestehen aus einer Verfahrensfestlegung, in der Regeln zur Ausführung definiert sind, wie beispielweise Parameter zur Berechnung von Rabatten, sowie einem Gültigkeitsbereich, der beschreibt, für welche Posten diese Vereinbarung gilt (siehe Abbildung 4.4).

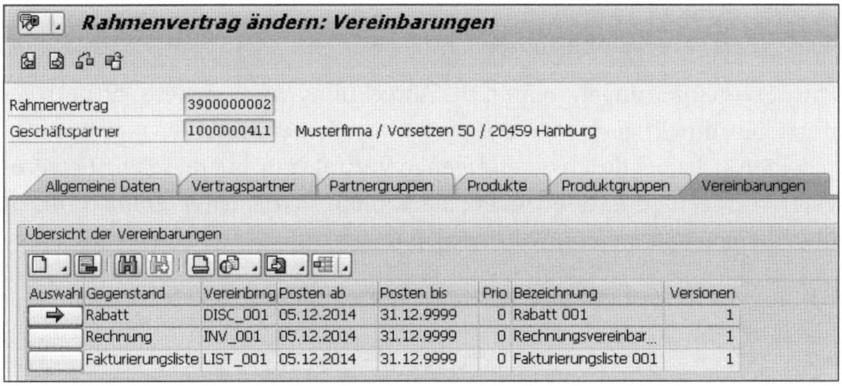

Abbildung 4.4 Vereinbarungen eines Rahmenvertrags

Filterkriterien

Die Vereinbarungen können durch *Filterkriterien* (siehe Abbildung 4.5) weiter eingeschränkt werden. Diese lassen sich u. a. für bestimmte Vertragspartner oder Produkte einschränken. Außerdem kann eine Liste aller Geschäftspartner hinterlegt werden, die Einzelverträge in Bezug auf den Rahmenvertrag abschließen dürfen, sowie Regeln, welche Produkte bezogen werden dürfen.

Abbildung 4.5 Filterkriterien im Rahmenvertrag

Anwendungsbeispiel: Video-on-Demand

Über SAP CRM hat die Media4bpc einen Rahmenvertrag für einen Großkunden angelegt. Über die Transaktion FP_MA3 kann dieser in SAP CI eingesehen werden.

Im Rahmen der Vereinbarungen hat die Media4bpc individuelle Grund- und Verbrauchsgebühren für die Nutzung des Video-on-Demand-Pakets durch den Geschäftskunden festgelegt. Damit der Rahmenvertrag nicht fälschlicherweise durch unbefugte Kunden verwendet wird, hinterlegt Media4bpc die Mitarbeiter des Unternehmens als Geschäftspartner. Der Rahmenvertrag wird anschließend in den zugehörigen Providerverträgen hinterlegt.

4.1.6 Partnervereinbarungen

Partnerbeteiligungen abbilden

Partnervereinbarungen werden zur Abrechnung von Vertriebspartnern genutzt. Sie ähneln auch in SAP CI den normalen Providerverträgen, unterscheiden sich aber durch einen eigenen Vertragstyp, um diese von den Providerverträgen zu differenzieren. Sie können sich Partnervereinbarungen über die Transaktion FP_PV3 anzeigen lassen.

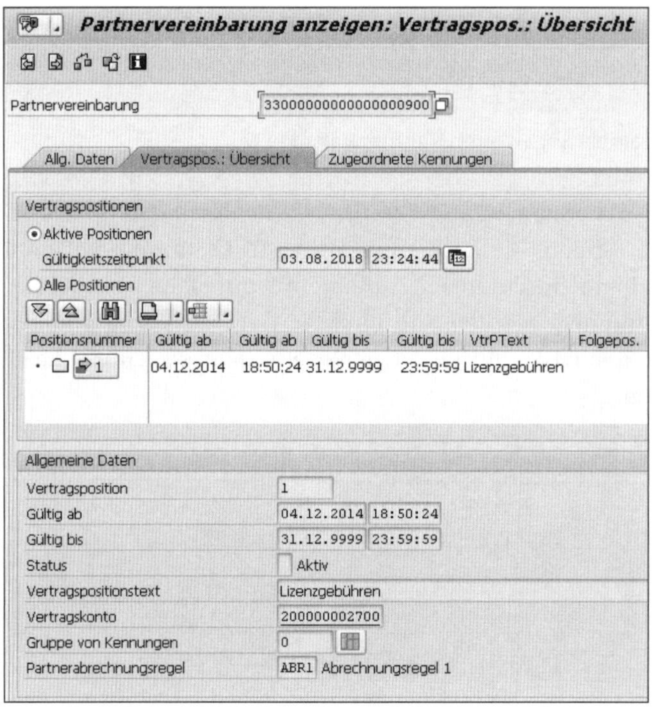

Abbildung 4.6 Vertragsposition einer Partnervereinbarung

Weiterhin werden Partnervereinbarungen in einem gesonderten Prozess, der Partnerabrechnung, abgerechnet. Dabei handelt es sich um die Abrechnung von Partnervereinbarungen zur Abbildung von Partnerbeteiligungsmodellen. Partnervereinbarungen enthalten, wie Sie in Abbildung 4.6 sehen können, eine Partnerabrechnungsregel in der Vertragsposition. Diese Regel steuert u. a. den Zeitpunkt der Abrechnung des Partners oder die Zuweisung eines Ausfallrisikos. Zusätzlich können spezifische Produkte für Partnervereinbarungen angelegt werden, die nicht in normalen Providerverträgen oder Rahmenverträgen hinterlegt werden können.

4.1.7 Prepaidkonten

Mithilfe von Prepaidkonten können Sie Ihren Kunden gebührenpflichtige Serviceleistungen zur Verfügung stellen. Sie können allerdings nur dann vom Kunden in Anspruch genommen werden, wenn dieser ein ausreichendes Guthaben auf seinem Prepaidkonto hat. Dieses Guthaben kann durch Geldbeträge oder gekaufte Guthabeneinheiten (beispielsweise Gesprächsminuten) dargestellt werden. Verwendet der Geschäftspartner eine Serviceleistung, verringern sich das Guthaben oder die gekauften Guthabeneinheiten. Prepaidkonten bieten Ihnen zudem die Möglichkeit, das Guthaben des Kunden zu verwalten.

Innerhalb von SAP CC werden die Charge- und Refill-Vorgänge (siehe dazu auch Abschnitt 5.4.5, »Prepaid-Prozess«) durchgeführt, um den Saldo des Prepaidkontos anzupassen. SAP FI-CA wird hingegen genutzt, um diesen Saldo durch die Buchung von Verbräuchen oder Aufladungen zeitversetzt vorzunehmen.

Stammdaten im Prepaidkonto

Das Prepaidkonto verweist auf genau einen Geschäftspartner und ein Vertragskonto. Dem Konto können die folgenden Daten entnommen werden (siehe auch Abbildung 4.7):

- verwendete Währung
- vorgesehener Minimalbetrag (Fällt das Prepaid-Guthaben des Kunden unter diese Wertgrenze, kann er keine Services mehr nutzen. Falls Überziehungen des Kunden geduldet werden, kann auch ein negativer Betrag angegeben werden.)
- zugeordneter Geschäftspartner und Vertragskonto
- Daten zur Zahlungsabwicklung (z. B. für automatische Aufladungen des Prepaid-Guthabens)
- Betragsgrenzen für Benachrichtigungen

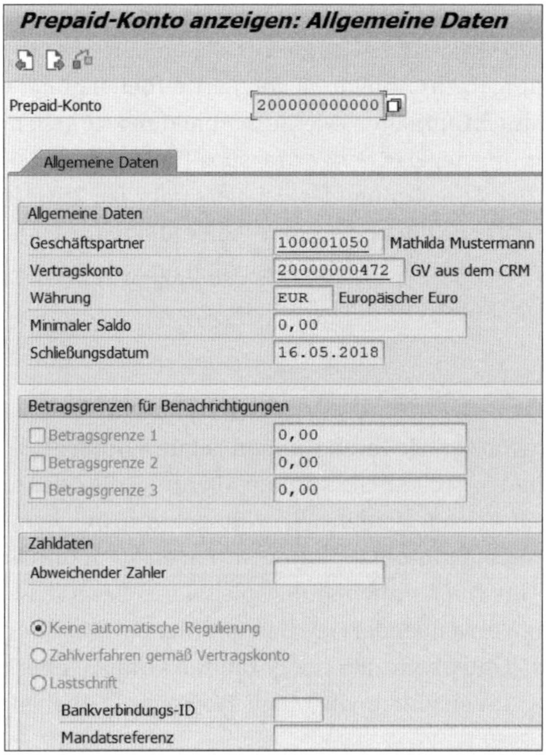

Abbildung 4.7 Allgemeine Daten des Prepaidkontos

4.1.8 Produkte

Produkte im Umfeld von SAP CI

In SAP CI besteht das Produkt aus vergleichsweise wenigen Informationen. Hier werden neben dem Produktschlüssel nur die Bezeichnung und Zuordnungen zu Vertriebsstrukturen wie etwa Vertriebsorganisation im Produkt geführt.

Dieses Produkt wird im Providervertrag in den Vertragspositionen hinterlegt, um die verwendeten Produkte für die spätere Erstellung des Rechnungsformulars zu identifizieren.

Zusätzlich können Produkte auch zur Verwendung in Rahmenverträgen oder Partnervereinbarungen angelegt werden.

4.2 Bewegungsdaten und Prozesse in SAP CI

Prozesse im Umfeld von SAP CI

In den nachfolgenden Abschnitten lernen Sie die Prozessschritte und zugehörigen Bewegungsdaten (beispielsweise abrechenbare Positionen) in SAP CI detailliert kennen.

Für einen besseren Überblick zeigt Abbildung 4.8 skizzenhaft den Standardprozessablauf zwischen SAP CC, SAP CI und SAP FI-CA.

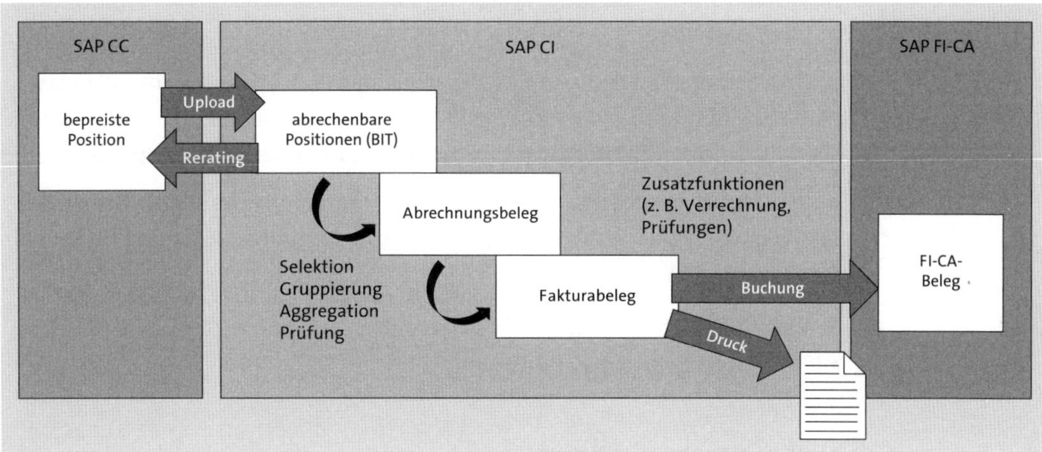

Abbildung 4.8 Prozessablauf in SAP CC, SAP CI und SAP FI-CA

Ausgehend von bepreisten Verbrauchspositionen, die als abrechenbare Positionen in SAP CI übernommen werden, kann im ersten Schritt die Abrechnung und im Anschluss die Fakturierung erfolgen. Ergebnis der Fakturierung sind ein Fakturierungsbeleg und ein Korrespondenzcontainereintrag für die Erzeugung des Drucks sowie Buchungen in SAP FI-CA.

4.2.1 Verbrauchspositionen

Verwendung von Verbrauchspositionen

Verbrauchspositionen oder auch *Consumption Items* (CITs) dienen als Grundlage für die Bewertung von Verbräuchen. Technisch können die Verbrauchspositionen in SAP CI natürlich auch für die Bewertung von wiederkehrenden und einmaligen Gebühren aus Vorsystemen herangezogen werden. Gleichzeitig können mittels Verbrauchspositionen entsprechende Informationen aus Vorsystemen in SAP CI zwischengespeichert werden. Somit müssen Consumption Items alle preisrelevanten Informationen enthalten, die nicht über Produkt oder Vertrag in der Preisberechnung herangezogen werden können. Ihre Feldauswahl wird in einer *Klasse für Verbrauchspositionen* konfiguriert. Consumption Items können durch einen betriebswirtschaftlichen Vorgang oder ein betriebswirtschaftliches Ereignis entstehen, wie beispielsweise durch ein Telefonat oder Nutzung einer Serviceleistung. Verbrauchspositionen enthalten Detailinformationen zum Verbrauch, die für die Bewertung und Abrechnung dieser Positionen benötigt werden, wie beispielsweise die Verbrauchsmenge, den Verbrauchszeitraum und eine ID zur Identifizierung des Verbrauchers (Kundenkennung). Damit bilden sie die Grundlage zur Erstellung von abrechenbaren Positionen im Rating (siehe dazu Abschnitt 4.2.2, »Rating und Rerating«).

So können Verbrauchspositionen – angereichert mit Kundenstammdaten (z. B. durch das Charging in SAP CC, wie in Kapitel 5, »Rating in SAP Convergent Charging«, beschrieben) – in SAP CI zwischengelagert werden, um anschließend über das Rating (etwa in SAP CC) bepreist zu werden.

Status von Verbrauchspositionen

Eine Verbrauchsposition ist immer entweder *unbewertet* (i. d. R. ohne Preis) oder *bewertet* (mit Preis) und kann sich in den folgenden verschiedenen *Status* befinden:

- unbewertet roh
- unbewertet roh ausgenommen
- unbewertet
- unbewertet ausgenommen
- bewertet

Im Status *roh* befinden sich u. a. unvollständige oder inkonsistente Verbrauchspositionen. In diesem Status ist es möglich, einzelne Felder der Verbrauchspositionen zu ändern und ggf. zu korrigieren. In der Regel werden Korrekturen nicht manuell durchgeführt, sondern durch das Vorsystem übermittelt. Damit Verbrauchspositionen bewertet werden können, ihnen also ein Preis zugeordnet werden kann, müssen sie sowohl vollständig als auch konsistent sein. So muss beispielsweise zum Verbrauchszeitraum und der Kundenkennung ein gültiger Stammdatensatz ermittelt werden können.

Damit die Positionen im Rating berücksichtigt werden, müssen sie sich im Status *unbewertet* befinden, und das Rating *ab Datum* sollte erreicht sein. Der Prozess des Ratings wandelt Verbrauchspositionen im Status *unbewertet* in den Status *bewertet* (siehe Abbildung 4.9).

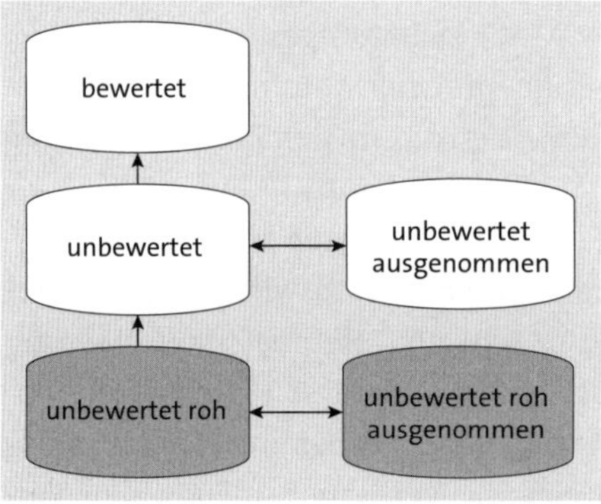

Abbildung 4.9 Zusammenspiel der Status von Verbrauchspositionen

CIT-Monitor

Abbildung 4.10 zeigt einen Ausschnitt des CIT-Monitors (Transaktion FKKBIXCIT_MON). Hier sind die Positionen in den Zeilen 6–8 bewertet. Für die Zeilen 1 und 2 steht die Bewertung noch aus. Zeile 3 enthält eine stornierte Verbrauchsposition, und die Positionen in Zeile 4 und 5 wurden unbewertet ausgenommen. Die drei letztgenannten Positionen finden Sie über den Status *unbewertet ausgenommen*.

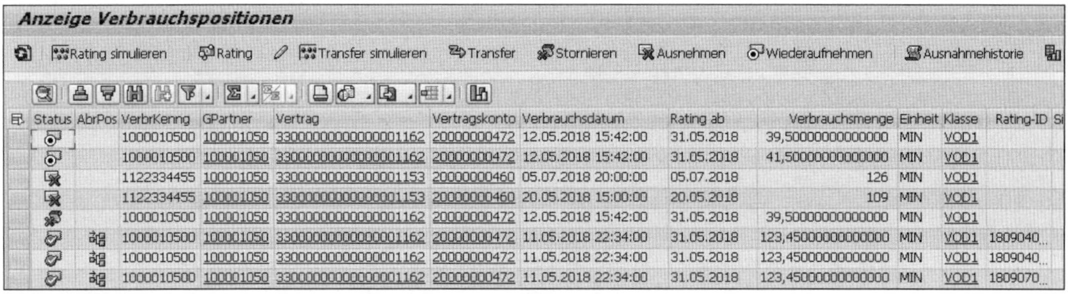

Abbildung 4.10 CIT-Monitor

CITs, die im Rating nicht weiterbearbeitet werden sollen, können ausgenommen oder storniert werden. Dazu werden im Customizing (**Finanzwesen (neu) • Vertragskontokorrent • Convergent Invoicing • Grundfunktionen • Verbrauchspositionen • Verwaltung von Verbrauchspositionen • Ausnahmegründe hinterlegen**) Ausnahmegründe definiert. Ausnahmegründe, die eine Wiederaufnahme nicht erlauben, werden für den Storno genutzt (siehe dazu auch Abschnitt 4.2.6, »Storno«).

Technisch sind die verschiedenen Status von Verbrauchspositionen dabei mithilfe von unterschiedlichen Datenbanktabellen realisiert. Pro Status und Klasse für Verbrauchspositionen gibt es jeweils eine Datenbanktabelle. Nur für den Status *bewertet* gibt es eine Datenbanktabelle pro Rating-Monat. Damit die Positionen beim Rating berücksichtigt werden (siehe dazu Abschnitt 4.2.2, »Rating und Rerating«), müssen sie sich im Status *unbewertet* befinden. Der Rating-Prozess wandelt Verbrauchspositionen im Status *unbewertet* in den Status *bewertet*. Verbrauchspositionen mit dem Status *ausgenommen* werden im Ratingprozess nicht berücksichtigt.

Klasse für Verbrauchspositionen

Eine Klasse für Verbrauchspositionen können Sie durch vordefinierte Schnittstellen und individuelle Kundenfelder im Customizing unter **Finanzwesen (neu) • Vertragskontokorrent • Convergent Invoicing • Grundfunktionen • Verbrauchspositionen • Klassen für Verbrauchspositionen • Klassen für Verbrauchspositionen pflegen** konfigurieren. Nach der Auswahl der Schnittstellenkomponenten (siehe Abbildung 4.11) und der Kundenfelder wird die Klasse aktiviert und alle Schnittstellen sowie Tabellen werden über den Customizingpunkt **Schnittstellen für Klassen für Verbrauchsposi-**

tionen generieren erzeugt. Um Kundenfelder auswählen zu können, müssen entsprechende Customizing-Includes gefüllt werden (siehe dazu auch Tabelle 4.2).

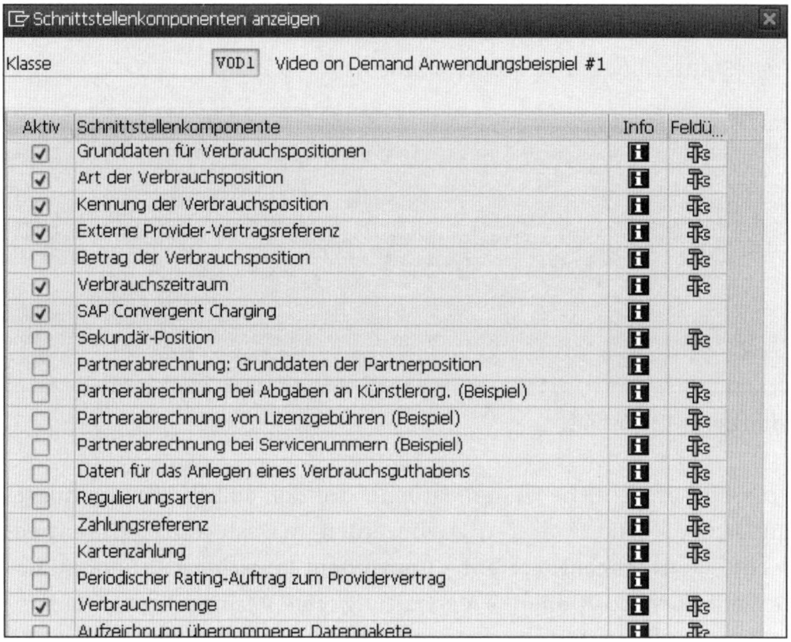

Abbildung 4.11 Schnittstellenkomponenten einer Klasse für Verbrauchspositionen

Um die Klasse der Verbrauchspositionen nutzen zu können, muss diese zusätzlich über den Customizingpunkt **Verwaltung von Verbrauchspositionen • Klassen für Verbrauchspositionen aktivieren** je Mandant für die aktive Nutzung hinterlegt werden.

Außerdem müssen Sie im Customizingpunkt **Verwaltung von Verbrauchspositionen • Verarbeitungsregeln und Programmerweiterungen hinterlegen** pro Mandant einstellen, wie die Verbrauchspositionen übernommen werden sollen. Hier können Sie bei Bedarf über Zeitpunkte kundenindividuell und je Klasse in die Verarbeitungslogik eingreifen. So können Sie zum Zeitpunkt 10, »Anreicherung und Prüfung bei Anlegen v. Verbrauchspositionen«, beispielsweise Zusatzprüfungen implementieren, die Verbrauchspositionen mit Nullmengen automatisch ausnehmen und somit von der weiteren Verarbeitung ausschließen.

Die wichtigsten Datenbanktabellen, Customizing-Includes und Transaktionen für Verbrauchspositionen zeigt Tabelle 4.2.

Transaktion	Beschreibung
FKKBIXCIT_MON	Anzeige von Verbrauchspositionen
FKKBIXCIT02_TRANS	Rohdaten transferieren
FKKBIXCIT02_TRANS_MA	Transfer von Rohdaten nach Verbrauchspositionen (parallelisiert)
FKKBIXCIT_DC_MON	Duplikate anzeigen
FKKBIXCIT_UPLOAD	Upload
RFKKBIXCITSAMPLE	Programm zum Erstellen von Verbrauchspositionen zum Test
Tabelle	**Beschreibung**
/1FC/0*xxxx*0	rohe Positionen zur Klasse *xxxx*
/1FC/0*xxxx*1	ausgenommene rohe Positionen zur Klasse *xxxx*
/1FC/0*xxxx*2	unbewertete Positionen zur Klasse *xxxx*
/1FC/0*xxxx*3	ausgenommene unbewertete Positionen zur Klasse *xxxx*
/1FC/0*xxxx*400	bewertete Positionen zur Klasse *xxxx*
DFKKBIXCIT_LOG DFKKBIXCIT4_LOG	Protokoll der Datenablage für Verbrauchspositionen
DFKKBIXCIT_DC	Duplikatprüfungstabelle
CI_FKKBIXCIT_ALL	Customizing-Include für Kundenfelder
CI_FKKBIX_RATING_ITEM	Customizing-Include für Kundenfelder im Rating

Tabelle 4.2 Datenbanktabellen, Customizing-Includes und Transaktionen zu Verbrauchspositionen

4.2.2 Rating und Rerating

Rating-Prozess

Beim *Rating* werden Verbrauchspositionen bewertet. Das Ergebnis dieser Bewertung sind abrechenbare Positionen (siehe Abschnitt 4.2.3), die in der Abrechnung weiterverarbeitet werden können. Dabei werden im Rating lediglich Verbrauchspositionen vom Status *unbewertet* berücksichtigt. Diese werden bei erfolgreicher Verarbeitung auf den Status *bewertet* gesetzt. Zum Rating kann z. B. SAP CC genutzt werden. Sie können aber auch kundeneigene Funktionsbausteine bzw. andere externe Systeme zur Preisermittlung nutzen.

Außerdem kann das Rating auch ohne zuvor erstellte Verbrauchspositionen direkt über die Bepreisungs-Engine (also SAP CC oder ein externes System) erfolgen. Wie das Rating ohne zuvor angelegte Verbrauchspositionen erfolgt, können Sie in Abschnitt 5.4.1, »Bewertung von Verbräuchen«, nachlesen. Im Folgenden beschreiben wir den Rating-Prozess aus SAP CI.

Bewertung von Verbräuchen aus SAP CI

Voraussetzungen fürs Rating aus SAP CI

Einer der zentralen Begriffe beim Rating ist die sogenannte *Rating-Gruppe*. Über sie werden Parallelisierungskriterien gesteuert, die eine performantere Verarbeitung von CITs ermöglichen, sofern dazu die Gegebenheiten im Rating-System vorhanden sind. Ist der Klasse der Verbrauchspositionen über die Rating-Gruppe der Rating-Baustein FKK_BIX_RATING_EVENT_30_SAPCC zugeordnet, kann für diese Positionen das Rating über SAP CC verwendet werden (siehe Abbildung 4.12).

Die Einstellungen zu Rating-Gruppen finden Sie im Customizing unter **Finanzwesen (neu) • Vertragskontokorrent • Convergent Invoicing • Rating.**

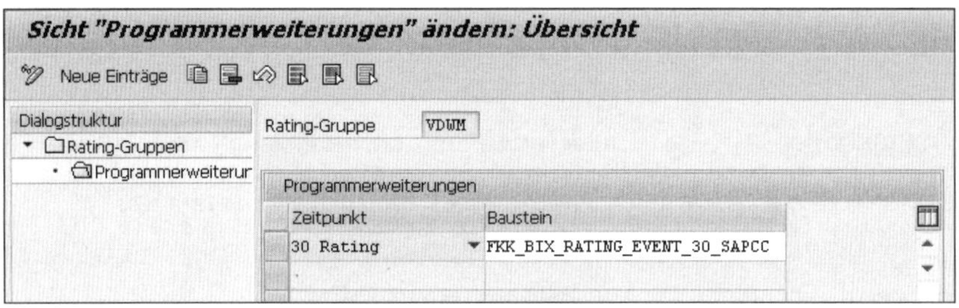

Abbildung 4.12 Rating-Gruppe mit Rating-Baustein aus SAP CC

Der Rating-Prozess übernimmt dabei im Einzelnen folgende Aufgaben:

- Selektion, Gruppierung und bei Bedarf Aggregation der Verbrauchspositionen
- Bewertung von Verbrauchspositionen
- Erstellung abrechenbarer Positionen

Gruppierung im Rating

Soll beim Rating mehr als eine Verbrauchsposition für einen Geschäftspartner verarbeitet werden, ist es oft notwendig, diese Positionen nicht gemeinsam zu verarbeiten, sondern sie nach Kriterien wie einer gemeinsamen Verbrauchsperiode (z. B. dem Abrechnungsmonat) zu gruppieren und die Bewertung für jede Gruppe einzeln durchzuführen. Diese Unterscheidung wird durch die Bildung von sogenannten *Rating-Einheiten* umgesetzt. Eine Rating-Einheit fasst alle Verbrauchspositionen zusammen, die ein Rating-Lauf gemeinsam verarbeiten soll. Die Bildung der Rating-Einheiten kann zum einen maschinell anhand der zum Rating-Prozess hinterlegten *Gruppierungsmerkmale der Gruppierungssteuerung* erfolgen. Zum anderen kann die Bildung der Rating-Einheiten in der Dialogverarbeitung des Ratings manuell beeinflusst werden.

Anwendungsbeispiel: Video-on-Demand

Im Prepaid-Tarif des VOD-Anbieters Media4bpc erfolgt eine Berechnung der monatlichen werbefreien Streaming-Minuten anhand eines Staffelpreissystems. Dabei wird der Minutenzähler monatlich zurückgesetzt. Hier empfiehlt sich als zusätzliches Sicherheitskriterium, eine Gruppierung in Rating-Einheiten anhand einer Monatszuordnung vorzunehmen. Das heißt im Endeffekt, dass alle Verbräuche, die in einem Monat angefallen sind, auch zusammen verrechnet werden. Eine Zuordnung zum Monat kann beispielsweise über das Leistungsdatum erfolgen.

Über dieses Verfahren ist sichergestellt, dass bei einer Abrechnung mehrerer Monate zusammen in einem Rating-Lauf keine fehlerhafte Rücksetzung von Zählern erfolgen kann.

Aggregation im Rating

Optional ist es möglich, Verbrauchspositionen innerhalb des Ratings zu *aggregieren*. Dies ist dann sinnvoll, wenn die Positionen nicht einzeln, sondern im Rahmen des Gesamtverbrauchs, d. h. aggregiert bewertet und so auch in Rechnung gestellt werden sollen. Dies kann z. B. nützlich sein, wenn man über Verbrauchsperioden oder Services hinweg Bewertungen vornehmen möchte. Innerhalb einer *Aggregationsvariante* können Felder angegeben werden, auf deren Basis aggregiert werden soll. Hierbei ist allerdings stark auf die preis- und druckrelevanten Attribute zu achten. Es könnten z. B. alle Telefonate eines Monats als CITs zu einem Summen-CIT aggregiert werden, das die Gesamtverbrauchsminuten des Monats beinhaltet. Allerdings ist mit dieser Aggregation keine Berechnung von Wochenend-Freiminuten mehr möglich.

Anwendungsbeispiel: Video-on-Demand

Media4bpc fasst verschiedene Verbrauchspositionen, die aus dem Streaming eines Films oder einer Serie entstanden sind, zu einer Gesamtmenge zusammen. Wenn beispielsweise der Nutzer den Film während des Streams pausiert hat und so mehrere Verbräuche entstanden sind, können die Verbräuche über die ID des Films zusammengefasst werden. Dies erleichtert die Abrechnung und Faktura, da nur ein Verbrauchswert bearbeitet werden muss. Sie können so flexibel steuern, welche Werte zusammengefasst werden sollen, um Ihre Prozessansprüche zu erfüllen.

Periodische Rating-Aufträge

Mithilfe von *periodischen Rating-Aufträgen* können wiederkehrende Gebühren abgebildet werden. Haben Sie SAP CC und ggf. SAP CRM im Einsatz, empfehlen wir aber, diese wie in Abschnitt 5.4.2, »Wiederkehrende und einmalige Gebühren«, bzw. Abschnitt 2.2.2, »Produkte«, beschrieben einzurichten.

In SAP CI muss hierfür ein *Abrechnungszyklus* innerhalb des Providervertrags hinterlegt werden. Er definiert periodische Abrechnungszeiträume sowie die Frequenz, mit der diese Zeiträume enden und neu beginnen, beispielsweise alle vier Wochen. Mithilfe der Massenaktivität zum Erstellen von periodischen Rating-Aufträgen werden auf Basis der zu verarbeitenden Abrechnungsperioden eine oder mehrere unbewertete Verbrauchspositionen erstellt. Diese werden dann im Rahmen des normalen Rating-Laufs verarbeitet.

Die wichtigsten Transaktionen und Datenbanktabellen zeigt Tabelle 4.3.

Transaktion	Beschreibung
FKKBIX_RATE_S	Rating durchführen Einzelerstellung
FKKBIX_RATE_M/MA	Rating durchführen Massenlauf/parallelisiert
FKKBIX_RERATE_S	Rating stornieren und Rerating durchführen
FKKBIX_RERATE_M/MA	Rating stornieren und Rerating durchführen Massenlauf/parallelisiert
FKKBIX_CYC_MA	periodische Rating-Aufträge erstellen
Tabelle	**Beschreibung**
DFKK_VT_CYC	Verwaltung: Abrechnungszyklus je Providervertrag
DFKK_VT_CYCREQ	periodischer Ratingauftrag

Tabelle 4.3 Transaktionen und Datenbanktabellen zum Rating

Fiori-Apps

Mit dem Umstieg auf SAP S/4HANA werden auch im Convergent-Invoicing-Umfeld SAP Fiori-Apps zur Verfügung gestellt. Mit der Fiori-App *Analyze Unrated Items* können unbewertete Verbrauchspositionen geprüft werden, die ein zuvor angegebenes Rating-Datum erreicht haben. Außerdem können die Verbrauchspositionen überprüft werden, die ihr Rating-Datum noch nicht erreicht haben.

4.2.3 Abrechenbare Positionen

Abrechenbare Positionen oder auch Billable Items bilden die Grundlage für die Abrechnung. Sie enthalten das Entgelt für Verbräuche, einmalige oder wiederkehrende Gebühren und möglicherweise zusätzliche Werte, die aus der Berechnung oder dem Quellsystem an SAP CI übergeben werden sollen.

Technisch werden abrechenbare Positionen z. B. durch den Rating-Prozess in SAP CC, die Verwendung kundeneigener Funktionen oder Schnittstellen zu externen Systemen erzeugt.

Status abrechenbarer Positionen

Eine abrechenbare Position kann sich in den folgenden verschiedenen Status befinden:

- roh
- roh ausgenommen
- abrechenbar
- abrechenbar ausgenommen
- abgerechnet – nicht fakturiert
- fakturiert

Bei der Erzeugung abrechenbarer Positionen erhalten diese in der Regel direkt den Status *abrechenbar*. Falls das System allerdings Stammdaten nicht eindeutig zuordnen kann oder beispielsweise Kontierungsableitungen nicht gepflegt sind, erhalten die abrechenbaren Positionen den Status *roh*. Das heißt, die Daten sind unvollständig oder inkonsistent und können in diesem Zustand noch nicht abgerechnet werden. Dies kann u. a. vorkommen, wenn die abrechenbaren Positionen durch ein externes System erzeugt werden und z. B. Kontierungsinformationen fehlen.

Über Einstellungen zur Übernahmeregel kann dieses Verhalten beeinflusst werden. So können fehlerhafte Positionen bei der Übernahme etwa abgelehnt und an das Ausgangssystem zurückgewiesen werden.

BIT-Monitor

Damit die Positionen bei der Abrechnung berücksichtigt werden, müssen sie sich im Status *abrechenbar* befinden, und das **Abrechnen-ab**-Datum sollte erreicht sein. In Abbildung 4.13 finden Sie einen Ausschnitt des BIT-Monitors (Transaktion FKKBIXBIT_MON). Hier sind die Positionen in den Zeilen 4, 5 und 7 abrechenbar. Wenn Sie die Abrechnung Anfang Juli 2018 anstoßen, wird standardmäßig nur Zeile 4 abgerechnet, da nur hier das **Abrechnen-ab**-Datum erreicht wurde.

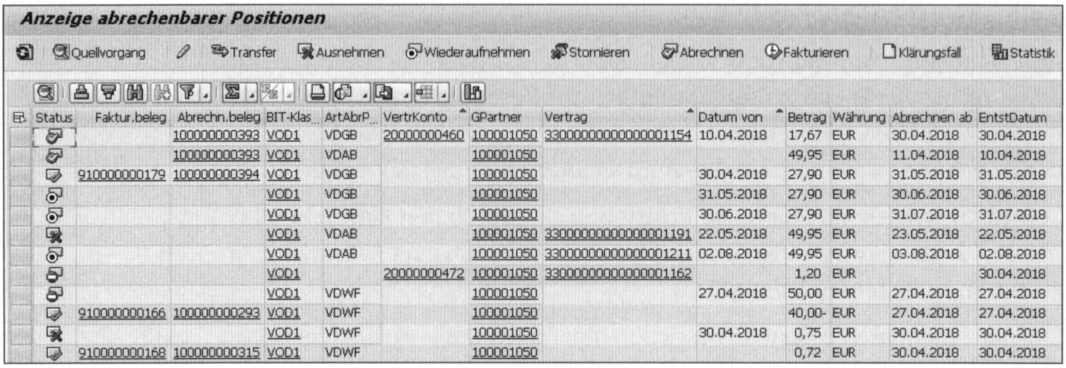

Anzeige abrechenbarer Positionen

Quellvorgang | Transfer | Ausnehmen | Wiederaufnehmen | Stornieren | Abrechnen | Fakturieren | Klärungsfall | Statistik

Status	Faktur.beleg	Abrechn.beleg	BIT-Klas...	ArtAbrP...	VertrKonto	GPartner	Vertrag	Datum von	Betrag	Währung	Abrechnen ab	EntstDatum
		100000000393	VOD1	VDGB	20000000460	100001050	3300000000000001154	10.04.2018	17,67	EUR	30.04.2018	30.04.2018
		100000000393	VOD1	VDAB		100001050			49,95	EUR	11.04.2018	10.04.2018
	910000000179	100000000394	VOD1	VDGB		100001050		30.04.2018	27,90	EUR	31.05.2018	31.05.2018
			VOD1	VDGB		100001050		31.05.2018	27,90	EUR	30.06.2018	30.06.2018
			VOD1	VDGB		100001050		30.06.2018	27,90	EUR	31.07.2018	31.07.2018
			VOD1	VDAB		100001050	3300000000000001191	22.05.2018	49,95	EUR	23.05.2018	22.05.2018
			VOD1	VDAB		100001050	3300000000000001211	02.08.2018	49,95	EUR	03.08.2018	02.08.2018
			VOD1		20000000472	100001050	3300000000000001162		1,20	EUR		30.04.2018
			VOD1	VDWF		100001050		27.04.2018	50,00	EUR	27.04.2018	27.04.2018
	910000000166	100000000293	VOD1	VDWF		100001050			40,00-	EUR	27.04.2018	27.04.2018
			VOD1	VDWF		100001050		30.04.2018	0,75	EUR	30.04.2018	30.04.2018
	910000000168	100000000315	VOD1	VDWF		100001050			0,72	EUR	30.04.2018	30.04.2018

Abbildung 4.13 BIT-Monitor

Der Prozess der Abrechnung wandelt abrechenbare Positionen im Status *abrechenbar* in den Status *abgerechnet – nicht fakturiert*). Abbildung 4.14 zeigt eine Übersicht über die aufeinanderfolgenden Status.

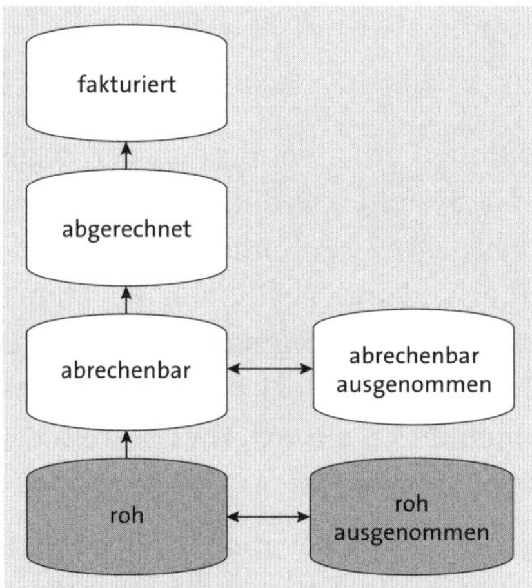

Abbildung 4.14 Zusammenspiel der Status abrechenbarer Positionen

BITs, die im Abrechnungsprozess nicht weiterbearbeitet werden sollen, können ausgenommen oder storniert werden. Dazu werden im Customizing Ausnahmegründe definiert. Ausnahmegründe, die eine Wiederaufnahme nicht erlauben, werden für den Storno genutzt (siehe auch Abschnitt 4.2.6, »Storno«).

Die verschiedenen Status abrechenbarer Positionen sind dabei technisch mithilfe unterschiedlicher Datenbanktabellen realisiert. Pro Status und Klasse für abrechenbare Positionen gibt es eine Datenbanktabelle. Nur für den Status *abgerechnet* können Sie einstellen, wie viele Tabellen verwendet werden sollen und wie diese zu verwenden sind.

Für fakturierte Positionen gibt es keine separaten Datenbanktabellen. Vielmehr werden die Fakturierungsbelege zu den abgerechneten Positionen zur Auswertung genutzt.

Technische Eigenschaften abrechenbarer Positionen

Eine *Klasse abrechenbarer Positionen* wird analog zur Klasse für Verbrauchspositionen durch vordefinierte Schnittstellen und individuelle Kundenfelder im Customizing über **Finanzwesen (neu) • Vertragskontokorrent • Convergent Invoicing • Grundfunktionen • Abrechenbare Positionen • Klassen abrechenbarer Positionen • Klassen abrechenbarer Positionen pflegen** konfiguriert. Ein BIT dient als Quellstruktur der Abrechnung im Vertragskontokorrent, daher muss während des Erstellens der Klasse darauf geachtet werden, dass sämtliche abrechnungsrelevanten Felder in der Klasse zur Verfügung gestellt werden. Nach der Auswahl der Schnittstellenkomponenten (siehe Abbildung 4.15) und der Kundenfelder wird die Klasse aktiviert und alle Schnittstellen sowie Tabellen werden über den Customizingpunkt **Schnittstellen für Klassen abrechenbarer Positionen generieren** erzeugt. Um Kundenfelder auswählen zu können, müssen entsprechende Customizing-Includes zuvor gefüllt werden (siehe Tabelle 4.4).

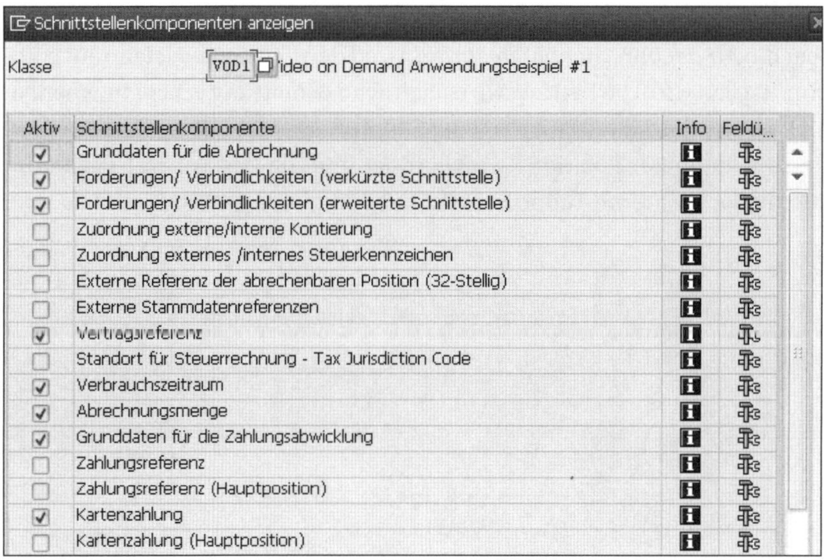

Abbildung 4.15 Schnittstellenkomponenten zur Klasse abrechenbarer Positionen (Ausschnitt)

Wie bei der Klasse für Verbrauchspositionen (siehe dazu Abschnitt 4.2.1) müssen weitere Schritte erfolgen, um die Klasse abrechenbarer Positionen im spezifischen Mandat zu aktivieren und Verarbeitungsregeln zu hinterlegen. Auch hier können Sie die Verarbeitung über kundenspezifische Entwicklungen zu den vordefinierten Zeitpunkten zusätzlich steuern.

Satzarten abrechenbarer Positionen

Abrechenbare Positionen werden zudem nach den folgenden Satzarten unterschieden:

- Hauptpositionen (Kürzel IT) stellen die eigentliche Forderung oder Verbindlichkeit dar.
- Abhängige Satzarten stellen Anhänge zu den Hauptpositionen dar:
  - Zahlungspositionen (Kürzel PY, siehe auch Schnittstellenkomponente »Grunddaten für die Zahlungsabwicklung«),
  - Steuerpositionen (Kürzel TX, siehe auch Schnittstellenkomponente »Steuerdaten aus externer Ermittlung«),
  - Textanhänge (Kürzel TT, siehe auch Schnittstellenkomponente »Textanhänge«).

Die Hauptpositionen stellen die grundlegenden Daten für die Abrechnung zur Verfügung und sind obligatorisch. Abhängige Satzarten hingegen sind optional und können nur in Verbindung mit Hauptpositionen auftreten. Diese Satzarten stehen nur zur Verfügung, wenn entsprechende Schnittstellenkomponenten aktiv sind. Zahlungsdatenpositionen werden z. B. bei Kreditkartendaten verwendet.

Art der abrechenbaren Position und des Teilprozesses

Über die *Art der abrechenbaren Position* und den *Teilprozess* (siehe auch Abschnitt 4.2.4) wird die betriebswirtschaftliche Bedeutung einer abrechenbaren Position definiert. Dabei ist jeder Teilprozess einer oder mehreren Klassen abrechenbarer Positionen zugeordnet und die Positionsart wiederum einem oder mehreren Teilprozessen (siehe Abbildung 4.16).

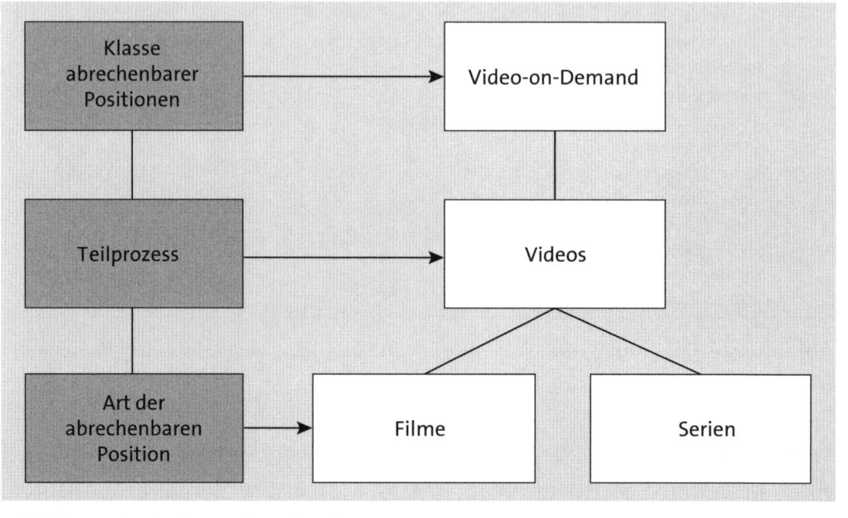

Abbildung 4.16 Klasse abrechenbarer Positionen, Teilprozesse und Arten der abrechenbaren Positionen im Video-on-Demand-Beispiel

Die Positionsart kann z. B. zur Unterscheidung von abrechenbaren Positionen genutzt werden, die aus unterschiedlichen Geschäftsvorfällen erzeugt werden und unterschiedlich behandelt werden sollen.

Tabelle 4.4 zeigt die wichtigsten Transaktionen, Datenbanktabellen und Customizing-Includes für abrechenbare Positionen.

Transaktion	Beschreibung
FKKBIXBIT_MON	Anzeige abrechenbarer Positionen
FKKBIXBIT_REV_S/M	Stornieren Einzel/Masse
FKKBIXBIT_REV_MON	Stornierungsaufträge anzeigen
FKKBIXBIT_DC_MON	Duplikate anzeigen
FKKBIXBIT_UPLOAD	Upload
RFKKBIXBITSAMPLE	Programm zum Erstellen von abrechenbaren Positionen zum Test
Tabelle	**Beschreibung**
/1FE/0*xxxx*0IT	rohe Positionen zur Klasse *xxxx*
/1FE/0*xxxx*1IT	ausgenommene rohe Positionen zur Klasse *xxxx*
/1FE/0*xxxx*2IT	abrechenbare Positionen zur Klasse *xxxx*
/1FE/0*xxxx*3IT	ausgenommene abrechenbare Positionen zur Klasse *xxxx*
/1FE/0*xxxx*4IT00	abgerechnete Positionen zur Klasse *xxxx*
/1FE/0*xxxx*4ITS0	simulierte abgerechnete Positionen zur Klasse *xxxx*
DFKKBIXBIT_LOG DFKKBIXBIT4_LOG	Protokoll der Datenablage für abrechenbare Positionen
DFKKBIXBIT_DC	Duplikatprüfungstabelle
CI_FKKBIXBIT_IT	Customizing-Include Kundenfelder

Tabelle 4.4 Datenbanktabellen, Customizing-Includes und Transaktionen zu abrechenbaren Positionen

Mit dem Umstieg auf SAP S/4HANA erfolgt die Datenermittlung über Datenbank-Views. Zur Analyse nicht fakturierter BITs (Status *roh*, *abrechenbar*, *abgerechnet – nicht fakturiert*) steht der Datenbank-View /1FE/24BITUNINV zur Verfügung.

4.2.4 Abrechnung und Sofortabrechnung

Mit der Abrechnung in SAP CI verwalten Sie die zuvor angelegten abrechenbaren Positionen und fügen diese im Laufe des Prozesses zu Abrechnungsbelegen zusammen.

Abrechnungsbeleg

In Abbildung 4.17 sehen Sie einen Abrechnungsbeleg, der über die Transaktion FKKINVBILL_DISP (Abrechnungsbeleg anzeigen) angezeigt werden kann. Abrechnungsbelege bestehen aus einem Kopf und zugehörigen Positionen. Der Abrechnungsbelegkopf enthält Informationen zum Bearbeitungsstatus (etwa den Fakturierungsbeleg und Stornobezüge), zum Kunden (Geschäftspartner- und Vertragskontonummer) und zum Rahmenparameter wie dem zugrundeliegenden Abrechnungszeitraum.

Die Abrechnungsbelegpositionen hingegen geben u. a. Auskunft über:

- die Positionsart
- Mengen und Beträge
- Kennzeichen zur Buchungs- und Druckrelevanz
- Kontierungs- und Steuerinformationen
- Bezug zum Providervertrag

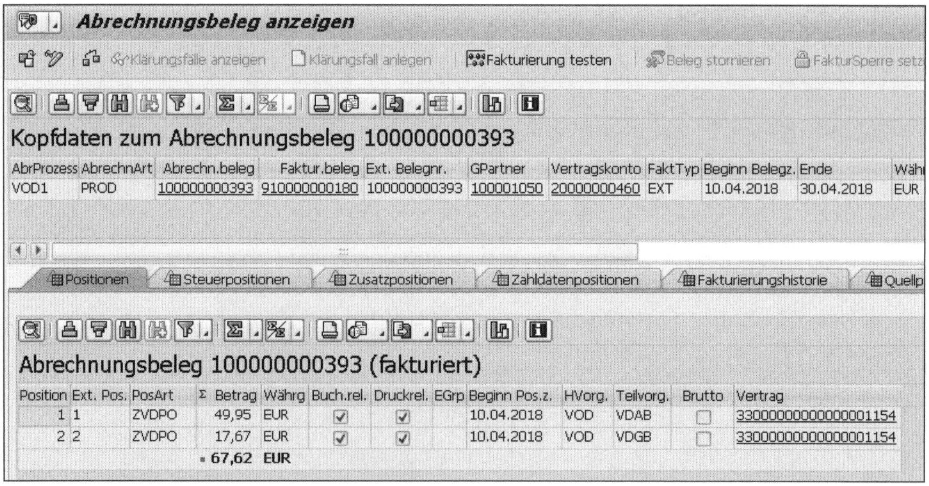

Abbildung 4.17 Abrechnungsbeleg

Außerdem finden Sie über die weiteren Reiter des Abrechnungsbelegs – falls relevant – verknüpfte Positionen (**Steuer-, Zusatz- und Zahldatenpositionen** sowie **Quellpositionen**) sowie die **Fakturierungshistorie** und **Referenzen** (etwa auf den Providervertrag). So können Sie ausgehend vom Abrechnungsbeleg vorwärts (in den Fakturierungsbeleg) und rückwärts (in die abrechenbaren Positionen) navigieren.

Fakturierungsauftrag

Nach der Ausführung der Abrechnung wird für den erzeugten Abrechnungsbeleg ein Fakturierungsauftrag erstellt. Dieser repräsentiert einen noch nicht fakturierten Abrechnungsbeleg und wird im Fakturierungsprozess dazu verwendet, den verknüpften Abrechnungsbeleg zu selektieren. Nach einer erfolgreichen Fakturierung wird dieser Fakturierungsauftrag wieder gelöscht.

Fakturierungssperre

Soll ein Abrechnungsbeleg nicht in die Faktura übernommen werden, kann für diesen Abrechnungsbeleg eine Fakturierungssperre hinterlegt werden. Dadurch können Sie verhindern, dass ein *Fakturierungsauftrag* für diesen Abrechnungsbeleg angelegt wird. Das manuelle Setzen und Entfernen der Sperre kann im Zuge der Definition der Abrechnungsart gesteuert werden.

Bei der Abrechnung entsteht folgender Standard-Belegfluss (siehe auch Abbildung 4.18):

1. Übernahme von abrechenbaren Positionen aus externen Systemen ❶ (z. B. aus SAP CRM) und Speicherung der BITs im SAP-System

   Dieser Schritt ist optional. Sollten Sie keine externen BITs verwenden, werden nur abrechenbare Positionen verarbeitet, die in SAP CI erzeugt worden sind.
2. Verarbeitung der abrechenbaren Positionen (interne sowie externe) ❷ im Rahmen des Abrechnungsprozesses ❸
3. Erzeugung von Abrechnungsbelegen ❹ und Fakturierungsaufträgen ❺.
4. Der *Abrechnungsprozess* steuert die Abrechnung in SAP CI. Hierbei können verschiedenste Parameter definiert werden, damit Sie die Abrechnung an Ihre Bedürfnisse anpassen können.

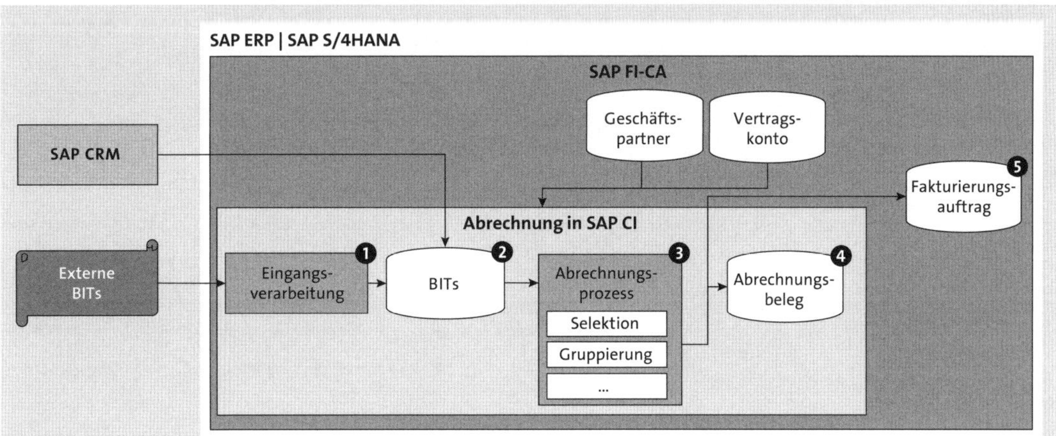

Abbildung 4.18 Belegfluss innerhalb einer Abrechnung

Abrechnungsprozess zur Steuerung der Abrechnung

Über das Customizing kann der Abrechnungsprozess und damit die Zusammenstellung der abrechenbaren Positionen zu Abrechnungsbelegen gesteuert werden. Dies beinhaltet sowohl die Selektion als auch Gruppierung und Aggregation von abrechenbaren Positionen sowie die Definition von Abrechnungsarten, die in diesem Kapitel beschrieben werden.

Die entsprechenden Customizingeinstellungen nehmen Sie im Bereich **Finanzwesen (neu) • Vertragskontokorrent • Convergent Invoicing • Abrechnung** vor.

Ausprägung des Abrechnungsprozesses

Die Abrechnungsprozesse werden über Teilprozesse (siehe Abschnitt 4.2.3, »Abrechenbare Positionen«) fein gesteuert. Im Abrechnungsprozess wird festgelegt, welche Teilprozesse unterstützt und verarbeitet werden. Dabei ist mindestens ein Teilprozess notwendig. Auf der Ebene des Teilprozesses bestehen dann weitere Steuerungsmöglichkeiten:

- Selektion der abrechenbaren Positionen (Selektionsvarianten)
- Gruppierung und bei Bedarf Aggregation von abrechenbaren Positionen (Gruppierungsvarianten)
- Reihenfolge der Abarbeitung der Teilprozesse
- Abrechnungsarten, die die Abrechnungsbelege aus betriebswirtschaftlicher Sicht klassifizieren.

Abbildung 4.19 zeigt eine Übersicht zur Konfiguration des Abrechnungsprozesses sowie die Beziehungen zwischen dessen Bestandteilen.

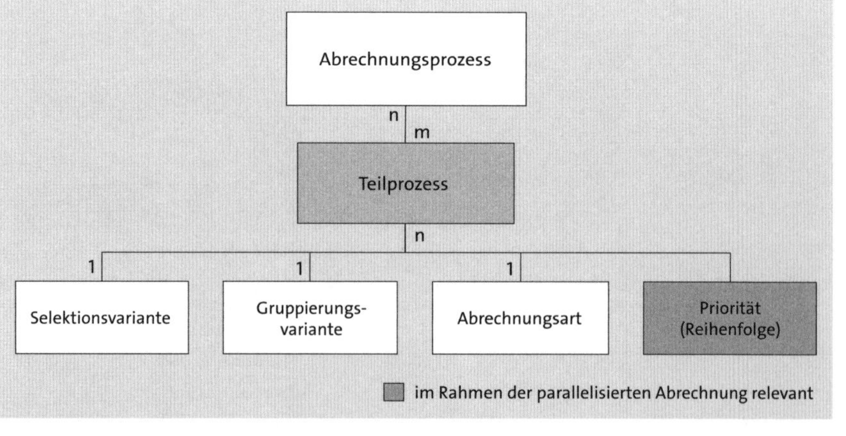

Abbildung 4.19 Abrechnungsprozess

Bei der Definition eines Abrechnungsprozesses wird zunächst festgelegt, welche abrechenbaren Positionen das System zur Abrechnung selektiert (siehe dazu den folgenden Abschnitt). Über die Selektion wird z. B. sichergestellt, dass der Abrechnungsprozess »Mobilfunk« nur abrechenbare Mobilfunkdaten verarbeitet. Mithilfe der Gruppierung zu Abrechnungseinheiten können Sie einstellen, dass die abrechenbaren Positionen vertragsweise zusammengefasst und die Abrechnungsbelege je Vertrag erzeugt werden (siehe dazu den Abschnitt »Gruppierungsvarianten« weiter unten in diesem Kapitel).

Um die Abrechnungsprozesse also entsprechend ausprägen zu können, ist eine vorherige Erstellung von Selektionsvarianten, Gruppierungsvarianten und Abrechnungsarten notwendig. Daher werden wir diese nachfolgend zunächst vorstellen, bevor wir auf die Definition von Abrechnungsprozessen zurückkommen.

Selektionsvarianten

Selektionsvarianten im Abrechnungsprozess

Über die Selektionsvariante wird die Auswahl der BITs für einen Abrechnungsprozess getroffen. Der Selektionsvariante können nun BIT-Klassen zugewiesen werden, die während der Selektion berücksichtigt werden. Über die Selektionsnummern können zur Klasse der abrechenbaren Positionen die Arten abrechenbarer Positionen gepflegt werden, die im späteren Abrechnungsprozess selektiert werden sollen (siehe Abbildung 4.20).

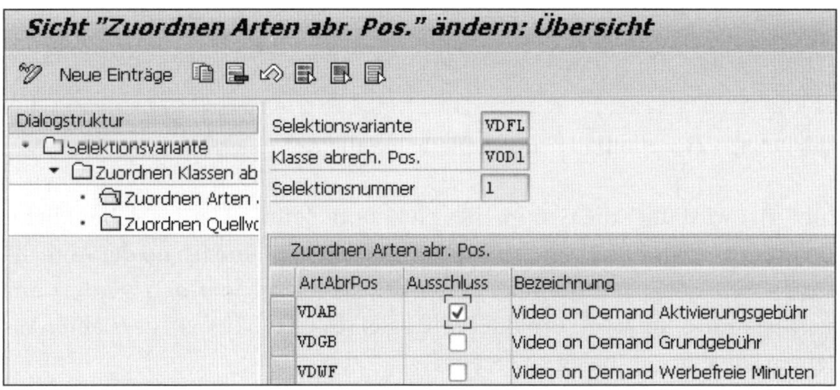

Abbildung 4.20 Definition der Selektionsvariante

Neben der Auswahl ist es auch möglich, Arten von abrechenbaren Positionen auszuschließen. Zudem können analog *Quellvorgangsarten* für die Selektion hinterlegt werden, die angeben, aus welcher Quelle die abrechenbaren Positionen entstanden sein sollen. Dies können beispielsweise externe Systeme sein (etwa SAP CC).

Sind zu einer Selektionsvariante und einer BIT-Klasse mehrere Selektionsnummern angelegt, so werden die zugehörigen Werte, die nach der obigen Logik geklammert sind, mit einem logischen UND verknüpft. Stimmt die Selektionsnummer überein, werden die Werte über ein logisches ODER kombiniert.

Jedem Teilprozess muss eine Selektionsvariante zugeordnet sein. Enthält diese keine Regeln, werden sämtliche zum Zeitpunkt der Abrechnung abrechenbare Positionen selektiert.

Gruppierungsvarianten

Gruppierungsvarianten im Abrechnungsprozess

Mithilfe der *Gruppierungsvarianten* wird zum einen gesteuert, wie die selektierten abrechenbaren Positionen zu Abrechnungseinheiten zusammengefasst werden und zum anderen, wie sie innerhalb einer Abrechnungseinheit aggregiert werden (siehe Abbildung 4.21).

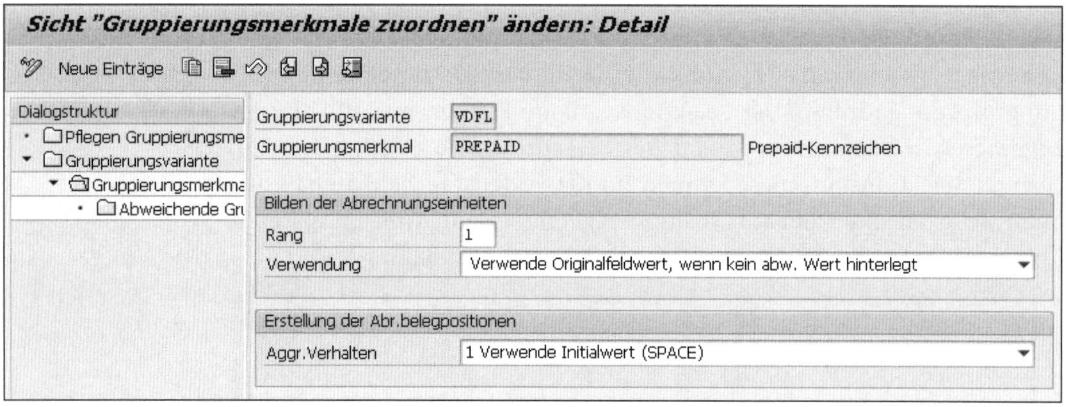

Abbildung 4.21 Definition der Gruppierungsvariante

Zunächst wird über die Gruppierungsvariante definiert, auf welcher Ebene die Abrechnungseinheiten gebildet werden. So kann innerhalb der Abrechnung eine weitere Unterteilung der Positionen vorgenommen werden, um beispielsweise für jeden Providervertrag eines Geschäftspartners einen eigenen Abrechnungsbeleg zu erzeugen.

Anwendungsbeispiel: Video-on-Demand

Mithilfe der Gruppierungsvariante ist es im Beispiel von Media4bpc möglich, einen separaten Abrechnungsbeleg für Prepaid-Modelle und minutengenaue Modelle zu erstellen. Das Gruppierungsmerkmal ist in diesem Fall das Prepaid-Kennzeichen.

Aggregation von abrechenbaren Positionen

Außerdem gibt es die Möglichkeit, Regeln zur *Aggregation abrechenbarer Positionen* zu definieren. Auf Basis des Merkmalwerts kann optional eine Aggregation vorgenommen werden, diese bestimmt die Erstellung von unterschiedlichen Abrechnungsbelegpositionen. Es kann dabei z. B. gesteuert werden, ob die Werte bei Betragsfeldern summiert werden.

Anwendungsbeispiel: Video-on-Demand

Mithilfe der Gruppe zur Aggregation abrechenbarer Positionen werden im Media4bpc-Beispiel alle Positionen aggregiert, die im Feld **Datum von** den gleichen Abrechnungstag enthalten. So ist eine Darstellung pro Verbrauchstag innerhalb des Abrechnungsbelegs möglich. Innerhalb des Abrechnungsbelegs kann per Drill-Down pro Zeile auf die Quellpositionen zugegriffen werden.

Jedem Teilprozess muss eine Gruppierungsvariante zur Bildung der Abrechnungseinheiten zugeordnet sein. Enthält diese keine Regeln, so werden standardmäßig alle abrechenbaren Positionen eines Vertragskontos zu einer Abrechnungseinheit zusammengefasst. Dies ist aber nicht immer zweckmäßig.

[«]

Strukturelle Übereinstimmung mit der Rechnung

Sinnvollerweise wird die Gruppierung zur Erstellung der Abrechnungseinheiten und der Aggregation so verwendet, dass die daraus resultierenden Belege und Belegzeilen von der Struktur her im Wesentlichen mit der Rechnung übereinstimmen, die der Kunde erhält. Damit wird sichergestellt, dass für die Formularerstellung möglichst wenig zusätzliche Logik implementiert werden muss.

Die Nutzung der Aggregation abrechenbarer Positionen innerhalb einer Abrechnungseinheit ist dagegen optional. Im Standard werden alle Positionen zusammengefasst, die in den wesentlichen Punkten, wie der Kontierung, sowie in der Klasse der abrechenbaren Positionen, Art der abrechenbaren Position und Teilprozess übereinstimmen.

Werden im Abrechnungsprozess hohe Mengen an abrechenbaren Positionen verarbeitet, kann dies zu großen Abrechnungsbelegen führen. Mithilfe der *Aggregation in der Abrechnung* kann dies verhindert werden. Dies ist zu empfehlen, wenn man auf einen hohen Detaillierungsgrad verzichten kann. Im Umkehrschluss kann dadurch eine Verbesserung der Laufzeit innerhalb der Faktura erzielt werden.

Abrechnungsarten

Im Gegensatz zu den bisher beschriebenen Selektions- und Gruppierungsvarianten ist die *Abrechnungsart* vor Verwendung des Abrechnungsprozesses zwingend zu pflegen. Mithilfe der Abrechnungsart wird die Abrechnungseinheit beschrieben und ein Merkmal zur Identifizierung der Abrechnungsbelege definiert. Im Rahmen des Abrechnungsprozesses kann mithilfe der Abrechnungsart auch gesteuert werden, ob Steuer- und Zahldatenpositionen aggregiert werden sollen (siehe Abbildung 4.22). Sind die Kennzeichen nicht gesetzt, werden für Steuer- und Zahldatenpositionen je Quellvorgang separate Abrechnungsbelegpositionen erzeugt.

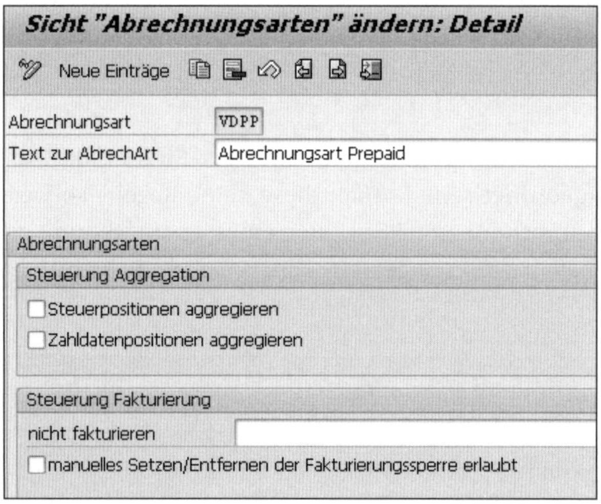

Abbildung 4.22 Definition einer Abrechnungsart

> **Steuerausweis**
>
> Auch bei Verwendung der Aggregation ist ein Steuerausweis je abrechenbarer Position im Zuge des Rechnungsdrucks möglich.

Neben diesen Eigenschaften kann die Abrechnungsart optional dazu verwendet werden, um u. a. eine Quellbelegart für den Abrechnungsbeleg zu definieren und zu ermitteln. Diese kann wiederum als Selektionsmerkmal für die Faktura verwendet werden.

Laufzeitoptimierung durch Parallelisierungskriterien

Parallelisierungskriterien im Abrechnungsteilprozess

Zusätzlich zur oben beschriebenen Aggregation können im Customizing je Teilprozess Parallelisierungskriterien hinterlegt werden. Dies dient der parallelen Bearbeitung von abrechenbaren Positionen eines Geschäftspartners.

Je Teilprozess können drei verschiedene *Parallelisierungskriterien* zugeordnet werden, die aus beliebigen Feldern der abrechenbaren Positionen zusammengestellt werden können. In Abbildung 4.23 werden für das Anwendungsbeispiel Media4bpc die Kriterien **GPART** »Geschäftspartner«, **VKONT** »Vertragskonto« und **VTREF** »Referenzangaben aus dem Vertrag« als Parallelisierungskriterien verwendet.

Abbildung 4.23 Parallelisierungskriterien von Teilprozessen

Definition des Abrechnungsprozesses

Abschließend kann der Abrechnungsprozess selbst definiert werden. Zunächst werden dazu ein Kürzel und ein Name vergeben (in Abbildung 4.24 sind dies **VOD1**, **Video on Demand Anwendungsbeispiel #1**). Anschließend können den einzelnen Teilprozessen Selektionsvariante, Gruppierungsvariante, Abrechnungsart und eine Priorität zugeordnet werden, um die Reihenfolge der Abarbeitung der Teilprozesse zu steuern.

Abbildung 4.24 Prioritäten der Teilprozesse

Diese Reihenfolge wird aber nur bei abrechenbaren Positionen eingehalten, die auf Basis der Parallelisierungskriterien dem gleichen Abrechnungspaket zugeordnet sind.

Einsatzmöglichkeiten des Fakturierungstyps

Mithilfe des Fakturierungstyps können im Abrechnungsprozess alternative Gruppierungsvarianten und Abrechnungsarten festgelegt werden (siehe Abbildung 4.25).

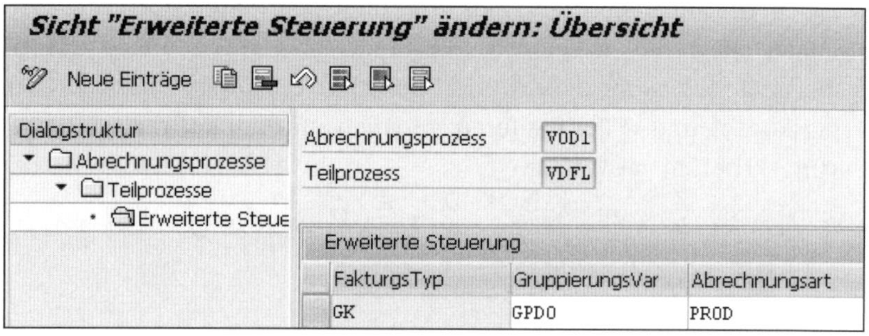

Abbildung 4.25 Erweiterte Steuerung des Abrechnungsprozesses

Anwendungsbeispiel: Video-on-Demand

Mit dem Fakturierungstyp für Privatkunden bestimmt Media4bpc, dass alle Positionen aggregiert werden und nur ein Monatsausweis über den Verbrauch stattfindet. Bei Geschäftskunden hinterlegen Sie dagegen eine abweichende Gruppierungsvariante, für die ein Tagesausweis über den Verbrauch stattfindet.

Tabelle 4.5 zeigt die wichtigsten Transaktionen und Datenbanktabellen für die Abrechnung im Vertragskontokorrent.

Transaktion	Beschreibung
FKKINVBILL_DISP	Abrechnungsbeleg anzeigen
FKKBIXBITB_MON	Abrechnungsvorrat anzeigen
FKKBILL_REV_MON	Stornierungsaufträge anzeigen
FKKBIX_S	Abrechnung durchführen Einzelerstellung
FKKINVBILL_REV_S	Stornieren Einzelerstellung

Tabelle 4.5 Transaktionen und Datenbanktabellen zur Abrechnung

Transaktion	Beschreibung
FKKBIX_M/MA	Abrechnung durchführen Massenerstellung/ parallelisiert
FKKINVBILL_REV_M	Stornieren Massenerstellung
Tabelle	**Beschreibung**
DFKKINVBILL_H	Abrechnungsbelegkopf
DFKKINVBILL_I	Positionen des Abrechnungsbelegs
DFKKINVBILL_A	Zusatzpositionen des Abrechnungsbelegs
DFKKINVBILL_R	Stornodaten zum Abrechnungsbeleg
DFKKINVBILL_S	Quellpositionen des Abrechnungsbelegs

Tabelle 4.5 Transaktionen und Datenbanktabellen zur Abrechnung (Forts.)

Fiori-Apps

Mit dem Umstieg auf SAP S/4HANA werden auch im Convergent-Invoicing-Umfeld SAP Fiori-Apps zur Verfügung gestellt. Mit der App *Analyze Unbilled Items* können abrechenbare Positionen betrachtet werden, die zwar das Abrechnungsdatum erreicht haben, aber bisher noch nicht abgerechnet wurden, und abrechenbare Positionen, die das Abrechnungsdatum noch nicht erreicht haben. Mit der App *Display Billing Documents* können Sie nach Abrechnungsbelegen suchen werden und diese anzeigen lassen.

Sofortabrechnung

Bei der Sofortabrechnung (auch integrierte Abrechnung) lassen sich zwei Fälle unterscheiden.

1. **Sofortabrechnung bei der Übernahme von abrechenbaren Positionen**
   Dazu muss die Sofortabrechnung für Klassen abrechenbarer Positionen in Verbindung mit Teilprozessen aktiviert werden. Diese Einstellung hinterlegen Sie im Customizing unter **Finanzwesen (neu) • Vertragskontokorrent • Convergent Invoicing • Grundfunktionen • Abrechenbare Positionen • Verwaltung abrechenbarer Positionen • Teilprozesse den Klassen zuordnen**. Während der Datenübernahme von abrechenbaren Positionen wird dann die Sofortabrechnung durchgeführt.
2. **Sofortabrechnung im Anschluss an ein Rating, das aus SAP CI angestoßen wurde**
   Dafür hinterlegen Sie zur Rating-Gruppe einen Abrechnungsprozess für die Sofortabrechnung. Dieser Abrechnungsprozess wird ausgeführt,

wenn die Verbrauchspositionen synchron bewertet werden. Da die Bewertung mithilfe von SAP CC asynchron erfolgt, kann in diesem Fall die Sofortabrechnung nicht angewendet werden.

Die Sofortabrechnung ist sinnvoll, wenn abrechenbaren Positionen separat von anderen unmittelbar abgerechnet werden sollen und alle nötigen Positionen zur Abrechnung direkt übergeben werden.

Anwendungsbeispiel: Video-on-Demand

Ein Kunde von Media4bpc leiht einen einzelnen Film für 24 Stunden aus, der nicht im Flatratemodell enthalten ist. Für solche Premium-Filme fallen pauschal 10 € Gebühr an, die separat auf der Rechnung aufgeführt und demnach einzeln abgerechnet werden sollen.

Zur bestehenden Klasse abrechenbarer Positionen VOD1 legt Media4bpc dazu einen neuen Teilprozess VDPR »Video on Demand Premium« an, bei dem die Sofortabrechnung aktiv ist. Der bestehende Abrechnungsprozess für die Flatrate wird um den neuen Teilprozess erweitert.

Der Verbrauchsdatensatz zum geliehenen Premium-Film geht zunächst in SAP CC ein und wird dort mit 10 € bewertet. Mit der Übernahme der abrechenbaren Position in SAP CI wird die Leihgebühr sofort abgerechnet. Im Rahmen der nächsten Fakturierung wird der Premium-Film zusammen mit der Flatrate-Gebühr in Rechnung gestellt, aber getrennt auf der Rechnung ausgewiesen.

Die Sofortabrechnung vereint die Prozesse der Übernahme und der Abrechnung abrechenbarer Positionen. Sie dient der Vereinfachung des Prozesses der Rechnungserstellung und der Optimierung der Laufzeit, da die Positionen direkt abgerechnet werden und der Prozess nicht separat durchgeführt werden muss.

Es werden nur die bei der Datenübernahme gleichzeitig übergebenen abrechenbaren Positionen verarbeitet, d. h. bereits existierende abrechenbare Positionen werden nicht berücksichtigt. Die Sofortabrechnung ist deshalb für die Erstellung periodischer Rechnungen, die abrechenbare Positionen einer Rechnungsperiode enthalten, nicht geeignet.

[»]

Sofortfakturierung

Nach der Erfassung und Abrechnung von Positionen kann eine sofortige Faktura stattfinden (siehe dazu den Abschnitt »Sofortfakturierung« weiter unten in diesem Kapitel). Dies kann auch getrennt von der Sofortabrechnung vorgenommen werden.

4.2.5 Fakturierung

Die Fakturierung in SAP CI ermöglicht durch Zusammenführung von Abrechnungsbelegen die Erstellung konvergenter Rechnungen. Anschließend werden die Rechnungsbeträge in der Regel in das Vertragskonto in SAP FI-CA gebucht.

Interne und externe Abrechnungsinformationen

Die Abrechnungsbelege im Vertragskontokorrent bzw. die entsprechenden Fakturierungsaufträge (siehe Abschnitt 4.2.4, »Abrechnung und Sofortabrechnung«) stellen die Grundlage für die Fakturierung dar.

Darüber hinaus können Abrechnungsbelege aus anderen Komponenten oder externen Systemen, z. B. aus der SAP-Komponente Vertrieb (SAP SD), direkt in die Fakturierung integriert werden (siehe dazu Abschnitt 4.3.6, »Übernahme externer Abrechnungsbelege«). Für die Anbindung externer Abrechnungssysteme stehen im SAP-Standard BAPI- und IDoc-Schnittstellen zur Verfügung.

Fakturierungsbeleg

In Abbildung 4.26 sehen Sie einen Fakturierungsbeleg, der über die Transaktion FKKINVDOC_DISP (Fakturierungsbeleg anzeigen) angezeigt werden kann. Fakturierungsbelege bestehen analog zum Abrechnungsbeleg aus einem Kopf und zugehörigen Positionen. Der Fakturierungsbelegkopf enthält Informationen zum Bearbeitungsstatus (etwa Stornobezüge oder Simulation), Kunden (Geschäftspartner- und Vertragskontonummer) und Rahmenparameter wie Buchungsdatum, Rechnungsbetrag, Fälligkeit und Belegdatum.

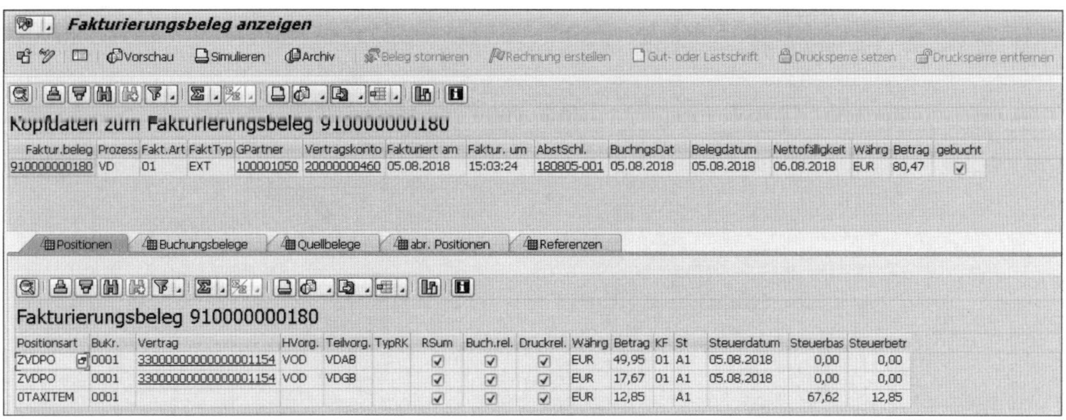

Abbildung 4.26 Fakturierungsbeleg

Die Positionen des Fakturierungsbelegs geben Auskunft u. a. über:

- die Positionsart
- Bezug zum Providervertrag

- Kontierungs- und Steuerinformationen
- Kennzeichen zur Rechnungssummen-, Buchungs- und Druckrelevanz
- Mengen und Beträge

Außerdem finden Sie über die weiteren Reiter des Fakturierungsbelegs – falls relevant – verknüpfte Belege und Positionen (**Buchungsbelege, Quellbelege** und **abr. Positionen**) sowie die **Referenzen** zu beteiligten Business-Objekten (etwa dem Providervertrag). So können Sie ausgehend vom Fakturierungsbeleg vorwärts (in den FI-CA-Buchungsbeleg) und rückwärts (in die Abrechnungsbelege und abrechenbaren Positionen) navigieren.

Belegfluss der Faktuierung in SAP CI

Bei der Fakturierung entsteht folgender Standard-Belegfluss (siehe Abbildung 4.27):

1. Übernahme von Abrechnungsbelegen aus externen Systemen ❶ und Speicherung der Abrechnungsbelege im SAP-System. Dieser Schritt ist optional. Sollten Sie keine externen Belege verwenden, werden keine Abrechnungsbelege aus externen Systemen übernommen, sondern lediglich Abrechnungsbelege, die in SAP CI erzeugt worden sind.
2. Verarbeitung der Abrechnungsbelege (interne sowie externe) auf Basis von Fakturierungsaufträgen ❷

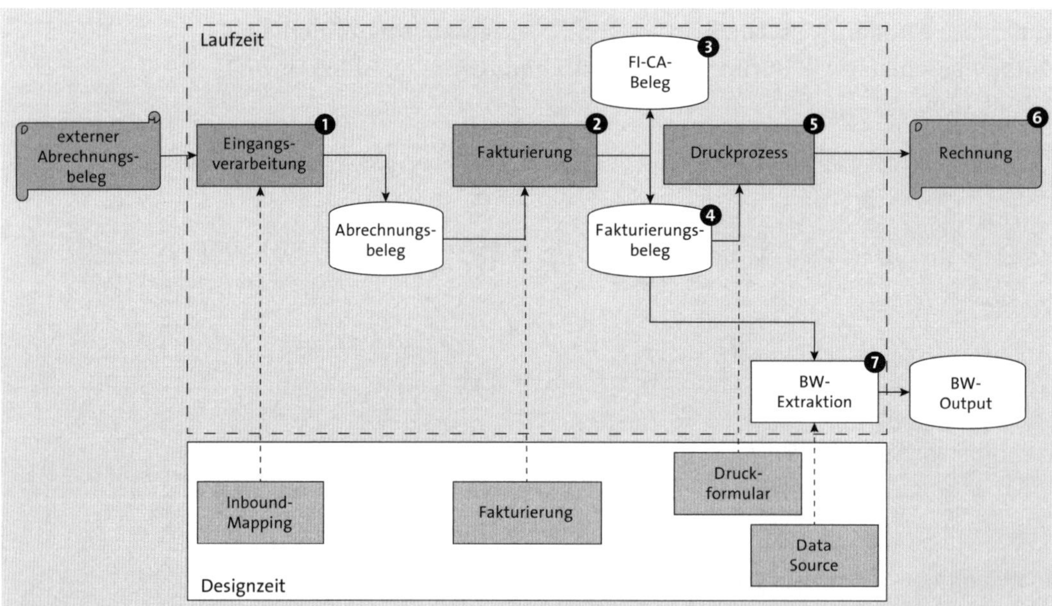

Abbildung 4.27 Belegfluss bei der Fakturierung

3. Erzeugung von Buchungen im Vertragskontokorrent ❸ und Aufbau von Fakturierungsbelegen ❹ als Grundlage für den Rechnungsdruck ❺ und ❻ sowie die Fortschreibung nach SAP Business Warehouse ❼. Dies geschieht aber nur, wenn die Klasse der abrechenbaren Positionen für die Verkaufsstatistik relevant ist (siehe dazu den Abschnitt 4.3.8, »Integration mit SAP BW«).

Steuerungsmöglichkeiten im Fakturierungsprozess

Der Fakturierungsablauf wird durch den Fakturierungsprozess, die Fakturierungsart und den Fakturierungstyp gesteuert, sodass sich die Fakturierung individuell an die jeweiligen Anforderungen anpassen lässt. Durch Fakturierungsfunktionen, die dem Fakturierungsprozess zugeordnet werden können, werden zusätzlich bestimmte Verarbeitungsschritte, wie z. B. die maschinelle Kontenpflege oder Gebühren und Rabatte, ausgeführt.

Über das Customizing kann der Fakturierungsprozess und damit die Zusammenstellung der Abrechnungsbelege zu Fakturierungsbelegen gesteuert werden. Dies beinhaltet die Selektion und Gruppierung von Abrechnungsbelegen sowie die Definition von Fakturierungsarten und auszuführenden Fakturierungsfunktionen. Die Einstellungen werden wir im Laufe dieses Kapitels beschreiben.

Die entsprechenden Customizingeinstellungen tätigen Sie im Bereich **Finanzwesen (neu) • Vertragskontokorrent • Convergent Invoicing • Fakturierung.**

Ausprägung des Fakturierungsprozesses

Der Fakturierungsprozess steuert die Fakturierung in SAP CI. Hierbei können verschiedenste Parameter definiert werden, damit Sie die Fakturierung auf Ihre Bedürfnisse zuschneiden können.

Abbildung 4.28 zeigt eine Übersicht über die Steuerungsmöglichkeiten des Fakturierungsprozesses. Dabei können auch Fakturierungsart ❶ (siehe dazu den Abschnitt »Fakturierungsart« weiter unten in diesem Abschnitt) und Fakturierungstyp ❷ aus dem Vertragskonto zur Feinsteuerung genutzt werden:

- Selektion der zu fakturierenden Quellbelege ❸
  Für jeden Fakturierungsprozess können Sie entscheiden, welche Quellbelege für die Fakturierung berücksichtigt werden und verarbeitet werden sollen (z. B. Abrechnungsbelege, SD-Fakturen und IS-U-Abrechnungsbelege).
- Zusammenfassen von Quellbelegen zu Fakturierungseinheiten ❺
  Für jeden Fakturierungsprozess können Sie eine individuelle Gruppierungsvariante ❹ hinterlegen, über die die maschinelle Zusammenfas-

sung der zuvor definierten Quellbelege im Detail gesteuert wird. Für jede Gruppe von Quellbelegen wird eine gemeinsame Rechnung erstellt.

- Auswahl von Fakturierungsfunktionen ❻
  Für jeden Fakturierungsprozess können Sie verschiedene Fakturierungsfunktionen hinterlegen, die unterschiedliche Vorgänge durchführen. Um Daten- und Programmkonsistenz zu gewährleisten, sind einige Fakturierungsfunktionen obligatorisch. Beispielsweise muss die Fakturierungsfunktion INV_BILL_DOC »Fakturierung Abrechnungsbelege« aktiviert sein, wenn Sie Abrechnungsbelege von SAP CI in der Selektion der zu fakturierenden Quellbelege berücksichtigen wollen. Andere Fakturierungsfunktionen sind optional und werden nur in Fakturierungsprozessen ausgeführt, für die sie aktiviert wurden. Dies kann beispielsweise die maschinelle Kontenpflege sein, die Positionen miteinander verrechnet. Eine Auswahl über mögliche Fakturierungsfunktionen wird im Laufe dieses Kapitels aufgeführt (siehe dazu weiter unten den Abschnitt »Fakturierungsfunktionen«).

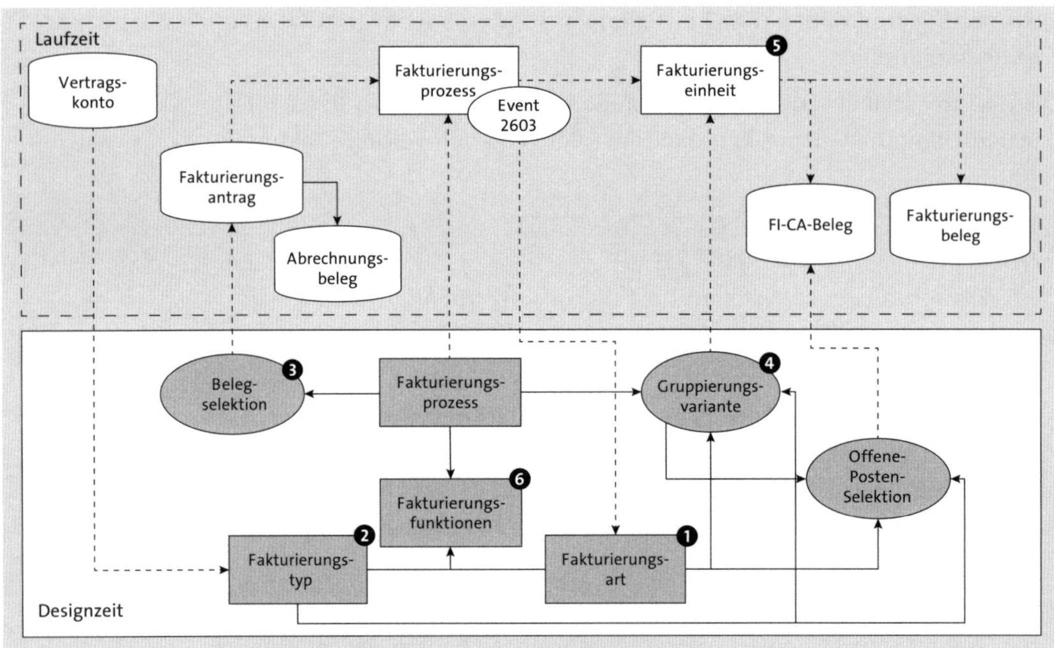

Abbildung 4.28 Fakturierungsprozess

- Feinsteuerung der Fakturierungsfunktionen
  Für viele der Fakturierungsfunktionen können Sie eigene Steuerungsmöglichkeiten definieren, die pro Fakturierungsprozess gepflegt werden

können. So können Sie beispielsweise für jeden Prozess bestimmen, welche Positionen im Rahmen der Kontenpflege miteinander verrechnet werden sollen.

Um den Fakturierungsprozess also entsprechend ausprägen zu können, ist ein Verständnis für die oben beschriebenen Steuerungsmöglichkeiten notwendig. Daher werden wir diese nachfolgend zunächst vorstellen, bevor wir auf die Definition von Fakturierungsprozessen zurückkommen.

Belegselektion mithilfe von Quellbelegtypen und Quellbelegarten

Die Selektionssteuerung im Fakturierungsprozess basiert auf Quellbelegtypen und in der Feinsteuerung (erweiterte Selektionssteuerung) auf Quellbelegarten. Der Quellbelegtyp klassifiziert dabei die Quellbelege, die in der Fakturierung verarbeitet werden können, und gibt Auskunft über seine Herkunft. Tabelle 4.6 zeigt eine Auswahl von Quellbelegtypen, die in der Fakturierung verarbeitet werden können.

Quellbelegtyp	Beschreibung
INVBI	Abrechnungsbeleg, erstellt durch die Abrechnung in SAP CI
INFBI	Abrechnungsbeleg informatorisch
SD	SD-Fakturabeleg (siehe Abschnitt 4.3.4, »Integration mit SAP SD«)
COLBI	Sammelrechnungsbeleg
ACTIT	zu aktivierende offene Buchungspositionen
INFIT	offene Buchungspositionen informatorisch
SUBIN	Einzelfakturierungsbeleg zur Fakturierungsliste
CYCLE	Fakturierungsauftrag zur Erstellung einer periodischen Fakturierung
ADHOC	Fakturierungsauftrag zur Erstellung einer Ad-hoc-Fakturierung
PRLIN	Fakturierungsauftrag zu einer vorläufigen Rechnung
TAXN	Fakturierungsauftrag für einen Steuernachweis

Tabelle 4.6 Zentrale Quellbelegtypen

Für die Verarbeitung der verschiedenen Quellbelegtypen ist jeweils eine spezifische Fakturierungsfunktion verantwortlich (siehe dazu den Abschnitt »Fakturierungsfunktionen« weiter unten in diesem Kapitel). Die Fakturierungsfunktion INV_BILL_DOC »Fakturierung Abrechnungsbelege« beispielsweise verarbeitet Belege des Quellbelegtyps INVBI.

Quellbelegarten

Des Weiteren können Sie Quellbelegarten definieren, die Sie im Customizing der Abrechnungsbelege zu Kombinationen aus Abrechnungsprozess und Abrechnungsart hinterlegen (Buchungsbereich 8110). Quellbelegarten dienen der weiteren Charakterisierung der Quellbelege.

[»]

Buchungsbereiche

Das Customizing zu SAP CI und SAP FI-CA wird teilweise auch über Buchungsbereiche (in Transaktion FQC0 »C FKK Kontenfindung (allgemein)«) verwaltet. Die entsprechenden Customizingeinstellungen finden Sie auch in der Transaktion SPRO (Customizing – Edit Project) wieder.

Fakturierungseinheiten mithilfe von Gruppierungsvarianten

Analog zu Gruppierungsvarianten in der Abrechnung (siehe dazu den Abschnitt »Gruppierungsvarianten« in Abschnitt 4.2.4) gruppiert die Gruppierungsvariante in der Fakturierung Quellbelege in der Faktura zu Fakturierungseinheiten. Ohne Gruppierungsvariante werden alle Quellbelege eines Geschäftspartners und Vertragskontos zusammengefasst.

Fakturierungsart

Analog zur Abrechnungsart wird mithilfe der Fakturierungsart die Fakturierungseinheit beschrieben und ein Merkmal zur Identifizierung der Fakturierungsbelege definiert.

Zu jedem Fakturierungsprozess können Sie eine oder mehrere Fakturierungsarten definieren (siehe Abbildung 4.29). Dabei kann nur eine Fakturierungsart als Standardwert hinterlegt werden. Weitere Fakturierungsarten lassen sich über Event 2603 (siehe FQEVENTS in Kapitel 3, »Vertragskontokorrent in SAP FI-CA«) aus der Fakturierungseinheit ableiten.

Auf Basis dieser Arten können Sie außerdem mithilfe des Fakturierungstyps (siehe dazu Abschnitt 4.1.3, »Vertragskonto«) Fakturierungsfunktionen des Fakturierungsprozesses steuern.

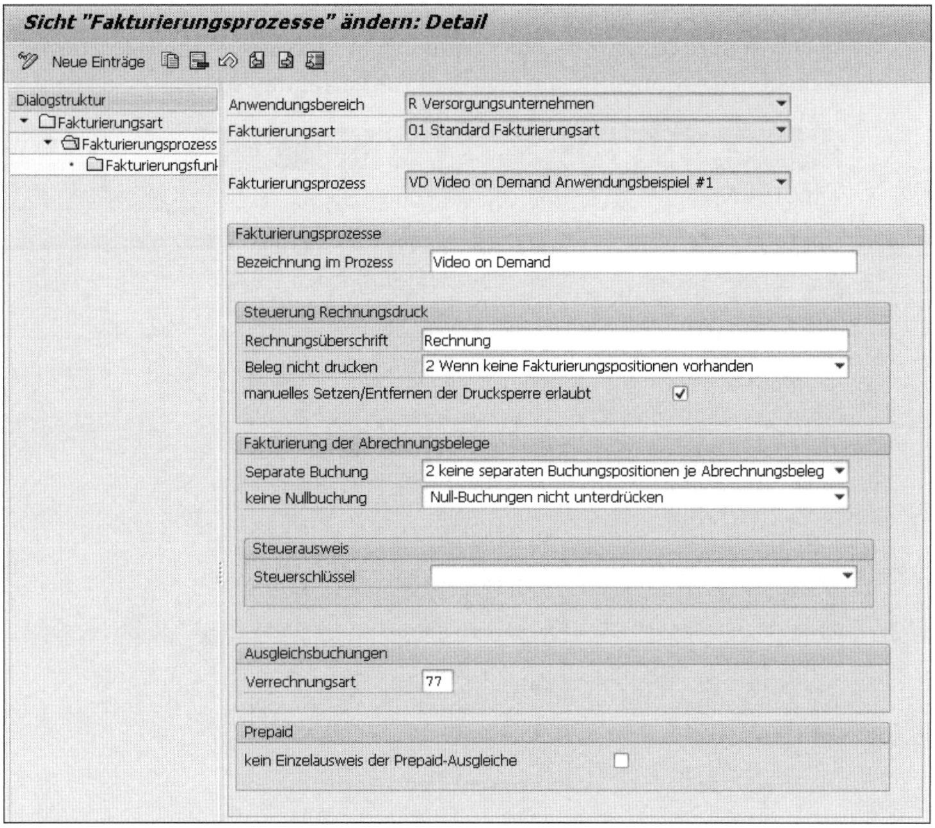

Abbildung 4.29 Definition der Fakturierungsart zum Fakturierungsprozess

Fakturierungsfunktionen

Fakturierungsfunktionen innerhalb der Faktura

Die Ablauflogik der Fakturierung wird über Fakturierungsfunktionen gesteuert. Diese lassen sich unterteilen, in Fakturierungsfunktionen, die Quellbelege verarbeiten, und solche, die echte Zusatzfunktionen darstellen.

Die Fakturierungsfunktion INV_BILL_DOC »Fakturierung Abrechnungsbelege« verarbeitet z. B. Belege des Quellbelegtyps INVBI. Diese Funktion ist obligatorisch, wenn Sie Abrechnungsbelege aus SAP CI fakturieren wollen.

Zusatzfunktionen

Bei der Fakturierungsfunktion ACCT_MAINT »Maschinelle Kontenpflege« handelt es sich hingegen um eine Zusatzfunktion, die optional genutzt werden kann, um Belegpositionen aus der Fakturierung mit offenen Posten des Vertragskontos zu verrechnen.

Zusatzfunktionen können Sie einsetzen, um verschiedene zusätzliche Prozesse im Rahmen der Fakturierung durchzuführen. So können Sie u. a. neben der maschinellen Kontenpflege Mahnvorschläge oder das Erstellen einer Fakturierungsliste vorsehen.

Neben den zuvor genannten Fakturierungsfunktionen stehen noch zahlreiche weitere Funktionen zur Verfügung. In Tabelle 4.7 finden Sie eine Auswahl der Funktionen, die im Standard zur Verfügung stehen.

Fakturierungsfunktion	Beschreibung	Quellbelegtyp
ACCT_MAINT	maschinelle Kontenpflege	–
ACTIVATE_OI	Aktivieren vor der Fakturierung gebuchter Belegpositionen	(ACTIT)
ACTIVATE_RDI	Einnahmenverteilung	(ACTIT)
ADD_DOC	Erstellen kundeneigener Belege	–
CHARGE_DISC	Gebühren und Rabatte	–
CHARGE_DISC2	individuelle Gebühren und Rabatte	–
DEBIT_STAT_I	Sollstellung statistischer Belege	–
DEF_REV_BY_E	ereignisbasierte verzögerte Erlöse	–
DEF_REVENUES	verzögerte Erlöse	–
DUNNING_PROP	Mahnen	–
HIST_ITEMS	untere Position	–
INTEREST_DEB	Verzinsen offener Posten	–
INV_BILL_DOC	Fakturierung Abrechnungsbelege	INVBI
INV_COLLBILL	Erstellen Sammelrechnungsdeckblatt	COLBI
INV_CYCLE	periodische Fakturierung:	CYCLE
INV_OFFSET	fakturierungsinterne Anrechnung	–
INV_SD_DOC	Fakturierung SD-Belege	SD
INV_VBRK_DOC	Fakturierung SD-Fakturen VBRK	VBRK
PAYM_METHOD	Zahlwegermittlung	–
PAYM_REF	Zahlungsreferenz	–
REV_STAT_IT	Stornieren statistischer Belegpositionen	–
REVERSAL	Fakturierungsstorno	–
SUBINV_LIST	Erstellen Fakturierungsliste	SUBIN

Tabelle 4.7 Auswahl von Fakturierungsfunktionen

Fakturierungsfunktion	Beschreibung	Quellbelegtyp
SUBINV_TRIG	Vormerken Fakturierungsbeleg für Fakturierungsliste	(SUBIN)
TAX_NOTIF	Erstellen Steuernachweis	TAXN
VALIDAT_INV	Plausibilitätsprüfungen Fakturierungsbeleg	–
VALIDAT_SRC	Plausibilitätsprüfungen Quellbeleg	–
W_INTEGR	Integration in die BI-Verkaufsstatistik	–
WRITEOFF	Ausbuchen	–

Tabelle 4.7 Auswahl von Fakturierungsfunktionen (Forts.)

In welcher Reihenfolge die Fakturierungsfunktionen im Rahmen der Faktura abgearbeitet werden, ist im Standard fest hinterlegt. Die aktiven Zusatzfunktionen pro Fakturierungsprozess werden in der Regel nach der Verarbeitung der Quellbelege durchgeführt.

Manche Zusatzfunktionen werden erst im Anschluss an andere Zusatzfunktionen durchgeführt. So wird die Kontenpflege beispielsweise erst nach dem Erstellen zusätzlicher Belege ausgeführt. Letztere können anschließend in der Kontenpflege berücksichtigt werden.

Die Fakturierungsfunktionen werden im Fakturierungsprozess aktiviert. Die Feinsteuerung der Funktionen erfolgt über die Fakturierungsart. Dabei ist es empfehlenswert, die Fakturierungsfunktion REVERSAL »Fakturierungsstorno« immer zu aktivieren, da sonst Fakturierungsbelege nicht storniert werden können.

Faktura-Zusatzfunktionen im Detail

Im Folgenden soll eine kleine Auswahl von einfacheren Fakturierungsfunktionen kurz beschrieben werden, damit Sie einen Eindruck davon erhalten, was Fakturierungsfunktionen leisten können:

- **ACCT_MAINT – maschinelle Kontenpflege**
  Mithilfe der maschinellen Kontenpflege können Sie innerhalb des Fakturierungsprozesses gebuchte Positionen mit offenen Positionen auf dem Vertragskonto verrechnen. Dazu müssen Sie zunächst die Auswahl an Posten konfigurieren, die in die Faktura zur Kontenpflege aufgenommen werden. Anschließend definieren Sie innerhalb der Verrechnungssteuerung, welche Posten mit welchen anderen Posten ausgeglichen werden sollen.

- **ACTIVATE_OI – Aktivieren offener Posten**
  Mit der »Aktivierung offener Posten« können Posten in die Faktura aufgenommen werden, für die es keinen Fakturierungsauftrag gibt und für die Ausgleichrestriktion 8, »Posten bis zur nächsten regulären Rechnung nicht bearbeitbar«, bei der Erfassung gesetzt wurde. Über den Buchungsbereich 2628 können Sie die entsprechende Postenauswahl hinterlegen.

  Im Buchungsbereich 2627 wiederum wird hinterlegt, welche Posten die Ausgleichrestriktion 8 erhalten sollen.
- **HIST_ITEMS – untere Positionen**
  Mithilfe der unteren Positionen können Sie bestimmte Posten, die bereits vor der Fakturierung auf dem Vertragskonto verbucht worden sind, für den Rechnungsdruck vorsehen und steuern, ob diese im Rechnungsendbetrag berücksichtigt werden. So können Sie ältere Gebühren, Guthaben und Forderungen auf dem Rechnungsformular darstellen.
- **INV_OFFSET – fakturierungsinterne Anrechnung**
  Die »fakturierungsinterne Anrechnung« erlaubt die Markierung von Belegen zur späteren Anrechnung in der nachfolgenden Fakturierung. Letztendlich arbeitet diese Fakturierungsfunktion also in zwei Schritten.

  Zunächst werden die BITs bzw. Quellbelege zur Anrechnung gekennzeichnet. Dazu muss in der BIT-Klasse die Schnittstelle aktiviert sein, um die Felder **Anrechnungsreferenzschlüssel**, **Typ der Anrechnung**, **Anrechnungsverfahren**, **Aktionscode bei Anrechnung** und **Gruppierung der Anrechnungspositionen** im BIT zur Verfügung zu haben. Dabei steuert der zuvor definierte Typ der Anrechnung über das Anrechnungsverfahren die Logik der Anrechnung. Der Aktionscode gibt wiederum an, ob die Position angerechnet oder nur zu Anrechnung vorgemerkt wird.

  In der nachfolgenden Faktura werden die so markierten Belege auf die Rechnungsforderung des Vertragskontos angerechnet. Dazu hinterlegen Sie im Customizing Umbuchungsvorgänge, falls aus der Anrechnung eine Gutschrift entsteht.
- **SUBINV_TRIG und SUBINV_LIST für die Fakturierungsliste**
  Die Fakturierungsliste fasst Einzelfakturierungsbelege in einem Fakturierungsbeleg zusammen. Mit der Fakturierungsliste können periodisch mehrere bereits vorhandene Einzelfakturierungsbelege in einem neuen Fakturierungsbeleg aufgelistet und als eine Übersichtsrechnung wahlweise an den Rechnungsempfänger der Einzelfakturierungen oder einen abweichenden Rechnungsempfänger versendet werden.

  Die Erstellung einer Fakturierungsliste erfolgt in zwei Prozessschritten: Mit der Funktion SUBINV_TRIG »Vormerken Fakturierungsbeleg für Fakturierungsliste« wird zunächst für einen Einzelfakturierungsbeleg ein Fakturierungsauftrag (Quellbelegtyp SUBIN) zur Erfassung dieses Fakturierungsbelegs in einer Fakturierungsliste erstellt. Diese Fakturierungsaufträge bilden die Grundlage für die Erstellung der Fakturierungsliste in der Fakturierungsfunktion SUBINV_LIST »Erstellung der Fakturierungsliste«, die im zweiten Schritt erfolgt.

- **VALIDAT_INV – Plausibilitätsprüfungen für den Fakturierungsbeleg**
  Mithilfe der Plausibilitätsprüfungen für den Fakturierungsbeleg haben Sie die Möglichkeit, Fakturierungsbelege vor der Fortschreibung der Daten zu prüfen. Dabei kann ein Klärungsfall angelegt werden, wenn der Fakturierungsbeleg im Rahmen von Prüfungen als unplausibel gewertet wird. Hierbei haben Sie die Möglichkeiten, kundeneigene Prüfungen zu entwickeln, die die verschiedenen Informationen des Fakturierungsbelegs prüfen und ggf. aussteuern. Ein Beispiel hierfür wäre die Prüfung von Grenzbeträgen, wenn der Verbrauch eines Privatkunden unverhältnismäßig hoch ist.

> **Anwendung von Fakturierungsfunktionen**
>
> Ausführlichere Beispiele zur Anwendung von Fakturierungsfunktionen finden Sie in Kapitel 7.

Definition des Fakturierungsprozesses

Abschließend können Sie nun den Fakturierungsprozess selbst definieren. Zunächst vergeben Sie dazu ein Kürzel und einen Namen (in Abbildung 4.30 sind dies **VD** und **Video on Demand Anwendungsbeispiel #1**).

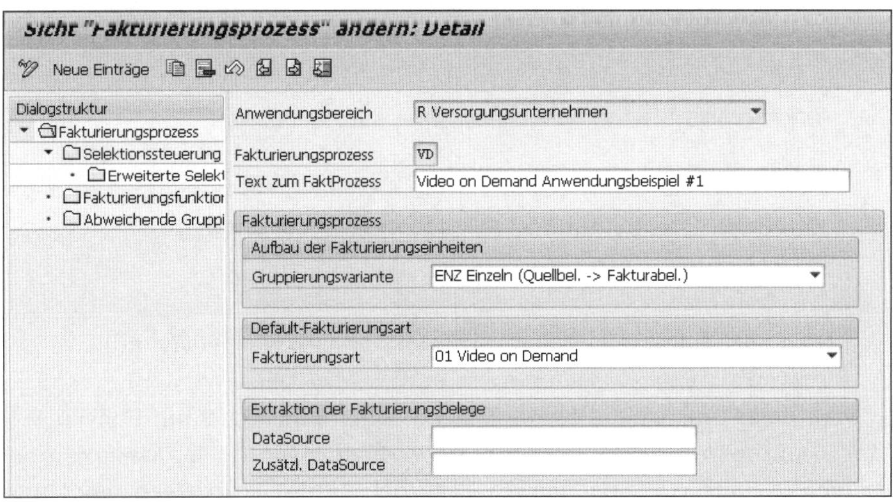

Abbildung 4.30 Definition des Abrechnungsprozesses

Anschließend können Sie die Gruppierungsvariante, die Standard-Fakturierungsart sowie die Selektionssteuerung festlegen.

Danach legen Sie fest, welche Fakturierungsfunktionen aktiv und bei Bedarf schaltbar sind. Funktionen, die nicht als schaltbar markiert wurden, werden während der Fakturierung immer ausgeführt. Schaltbare Funktionen hingegen können über die Fakturierungsart oder die Dialogverarbeitung weiter gesteuert werden.

Einsatzmöglichkeiten des Fakturierungstyps

Zusätzlich können Sie mithilfe des Fakturierungstyps abweichend von der zuvor hinterlegten Gruppierungsvariante alternative Gruppierungsvarianten hinterlegen. Tabelle 4.8 zeigt die wichtigsten Transaktionen und Datenbanktabellen zur Fakturierung im Vertragskontokorrent.

Transaktion	Beschreibung
FKKINVDOC_DISP	Fakturierungsbeleg anzeigen
FKKINV_MON	Fakturierungsvorrat anzeigen
FKKINV_S	Fakturierung durchführen Einzelerstellung
FKKINV_M/MA	Fakturierung durchführen Massenerstellung/parallelisiert
FKKINV_CYC_MA	periodische Fakturierungsaufträge erstellen
FKKINV_REV_MON	Stornierungsaufträge anzeigen
FKKINV_REV_S	Stornieren Einzelerstellung
FKKINV_REV_M/MA	Stornieren Massenerstellung/parallelisiert
Tabelle	**Beschreibung**
DFKKINVDOC_H	Fakturierungsbelegkopf
DFKKINVDOC_I	Positionen des Fakturierungsbelegs
DFKKINVDOC_C	Zu- und Abschläge
DFKKINVDOC_R	Stornodaten zum Fakturierungsbeleg
DFKKINVDOC_S	Fakturierungs-/Stornierungshistorie

Tabelle 4.8 Transaktionen und Datenbanktabellen zur Fakturierung

Fiori-Apps

Mit dem Umstieg auf SAP S/4HANA stehen Ihnen auch im Convergent-Invoicing-Umfeld SAP-Fiori-Apps zur Verfügung. Mit der App *Display Invoicing Documents* können Sie sich Fakturierungsbelege anzeigen lassen und ändern wie beispielsweise eine Drucksperre setzen. Mit der App *Display*

Invoicing Requests können Fakturierungsaufträge gesucht und angezeigt werden, um beispielsweise Plausibilitätsprüfungen durchzuführen. Mit der App *Invoicing Overview for Contract* Accounts können Sie für Convergent Invoicing relevante Dokumente suchen und anzeigen lassen. So können Sie zu Vertragskonten beispielsweise die Abrechnungs- und Fakturierungsbelege sowie Klärungsfälle und weitergehende Informationen wie abrechenbare Positionen anzeigen lassen.

Druck

Basierend auf den Fakturierungsbelegen, die bei der Fakturierung im Vertragskontokorrent erzeugt wurden, können Rechnungen erstellt und gedruckt werden. Zu jedem Fakturierungsbeleg erzeugt die Fakturierung einen eigenen *Korrespondenzcontainereintrag*, sofern der Beleg nicht mit einer Drucksperre versehen ist. Dabei wird auch das entsprechende Anwendungsformular ermittelt und in den Korrespondenzcontainereintrag fortgeschrieben.

Für Storno-Fakturierungsbelege (siehe Abschnitt 4.2.6, »Storno«) wird nur dann ein Korrespondenzcontainereintrag erzeugt, wenn der Druck zum Storno im Customizing aktiviert und der stornierte Beleg bereits gedruckt wurde. Ansonsten löscht das System beim Storno den Korrespondenzcontainereintrag des stornierten Belegs.

Die Fakturierung in SAP CI nutzt die Korrespondenzart 0042 (Fakturierung ins Vertragskontokorrent). Ebenso wie bei den anderen Druckprozessen im Vertragskontokorrent erfolgt der Druck der Fakturierungsbelege über die Transaktion FPCOPARA (Korrespondenzdruck) mit der Druck-Workbench.

Korrespondenzdruck

Beim *Korrespondenzdruck* wird pro Korrespondenzcontainereintrag ein Anwendungsformular aufgerufen und mit diesem je ein Druckdokument erzeugt. Dabei kann ein Druckdokument auch dafür stehen, dass die Rechnung per Mail oder etwa als Bereitstellung in einem Portal dem Kunden zugestellt wurde.

Ausführvarianten des Korrespondenzdrucks

Für den Druck stehen Ihnen drei verschiedene Varianten zur Verfügung.

- Der Probedruck wird als Testlauf verwendet, um den Druck des Formulars zu testen.
- Der Echtdruck wird verwendet, um den Druck als Echtlauf zu kennzeichnen.
- Der Wiederholungsdruck wird verwendet, um einen Echtlauf eines Drucks zu wiederholen. Das resultierende Formular wird als Duplikat behandelt.

War der Echtdruck erfolgreich, so wird im Korrespondenzcontainer und im Kopf des Fakturierungsbelegs das Druckdatum hinterlegt. Dadurch wird verhindert, dass das Formular erneut im Echtdruck ausgedruckt wird.

Rechnungsvorschau

Über den Fakturierungsbeleg kann eine Simulation des *Rechnungsdrucks* und die *Rechnungsvorschau* angezeigt werden. Dies hat keinen Einfluss auf das Druckdatum. Abbildung 4.31 zeigt den Ablauf des Rechnungsdrucks noch einmal in schematischer Form.

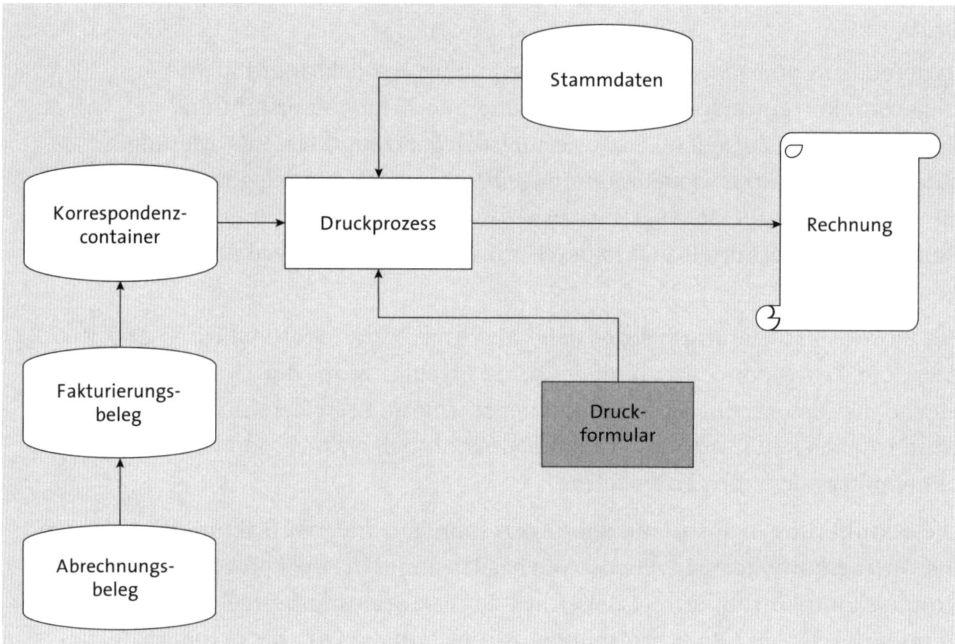

Abbildung 4.31 Abläufe beim Rechnungsdruck

Tabelle 4.9 zeigt die wichtigste Transaktion und Formularklasse für den Rechnungsdruck.

Transaktion	Beschreibung
FPCOPARA	Korrespondenzdruck
Formularklasse	**Beschreibung**
FICA_INVOICE	Fakturierung ins Vertragskontokorrent: Rechnung

Tabelle 4.9 Transaktion und Formularklasse für den Druck

Sofortfakturierung

Nach der Abrechnung ist es möglich, sofort eine Fakturierung anzuschließen. Dazu können Sie pro Abrechnungsteilprozess einen eigenen Fakturierungsprozess hinterlegen, der direkt im Anschluss an die Abrechnung durchgeführt wird. Ziel ist es, damit die Prozesse der Abrechnung und Fakturierung, ähnlich wie in der Sofortabrechnung, zu verbinden und so die Durchlaufzeit des Prozesses zu verkürzen.

Dabei sind jedoch einige Einschränkungen zu beachten. So können Sie etwa nur solche Abrechnungsbelege direkt fakturieren, die im aktuellen Abrechnungsprozess angelegt worden sind.

Sammelfakturierung

Neben Rechnungen für Einzelkunden können in der Fakturierung auch Sammelrechnungen erzeugt werden. Das heißt, es werden Rechnungen mehrerer Einzelkunden zu einer gemeinsamen Sammelrechnung zusammengefasst und über ein gemeinsames Sammelrechnungskonto reguliert. Dazu wird ein Vertragskonto vom Vertragskontotyp *Sammelrechnungskonto* benötigt, das in den gemeinsam abzurechnenden Vertragskonten als abweichendes Vertragskonto für Sammelrechnungen hinterlegt ist.

Die Fakturierung der Einzelkonten erstellt neben den Einzelrechnungen die Fakturierungsaufträge vom Quellbelegtyp Sammelrechnungsbeleg (COLBI; siehe auch Fakturierungsfunktion INV_COLLBILL »Erstellen Sammelrechnungsdeckblatt«).

Die *Sammelfakturierung* verarbeitet diese Fakturierungsaufträge und fasst die Ergebnisse der zugehörigen Einzelrechnungen zu einem Sammelfakturierungsbeleg zusammen. Die Sammelfakturierung basiert auf den Funktionen zur Bearbeitung von Sammelrechnungen im Vertragskontokorrent. Beim Buchen eines Einzelbelegs wird dieser automatisch zur Sammelrechnung vorgesehen. Die anschließende Sammelrechnung vertritt in den nachfolgenden Geschäftsvorfällen, wie z. B. Zahlung und Mahnung, den Einzelbeleg. Mehrere Einzelbelege können auf eine gemeinsame Sammelrechnung referenzieren. Der Betrag der Sammelrechnung ergibt sich aus der Summe der Beträge der beteiligten Einzelbelege.

Abbildung 4.32 zeigt den Prozess der Sammelfakturierung in schematischer Form.

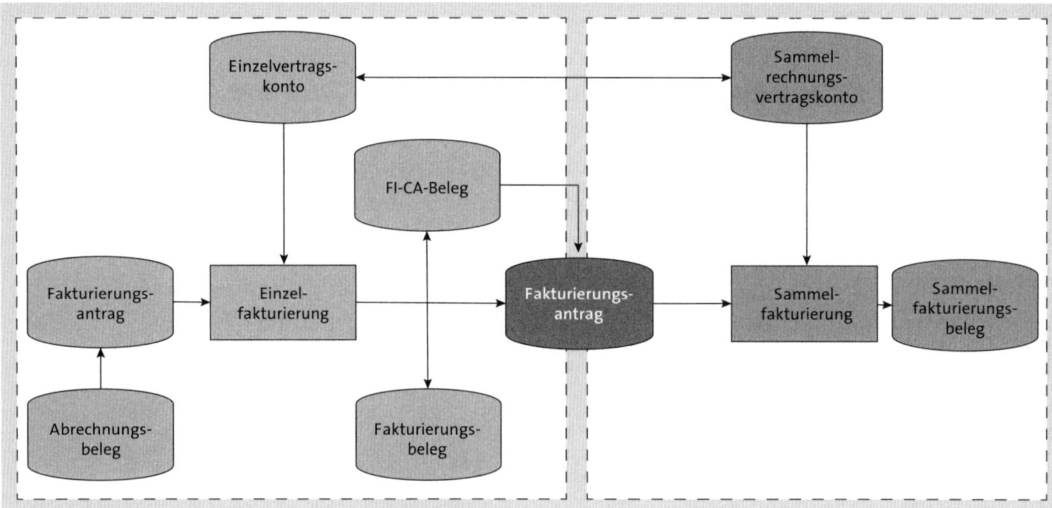

Abbildung 4.32 Sammelfakturierung

4.2.6 Storno

Storno im Umfeld von SAP CI

In SAP CI können an verschiedenen Stellen der Prozesskette Stornierungen vorgenommen werden. Für Verbrauchspositionen, abrechenbare Positionen, Abrechnungsbelege und Fakturierungsbelege werden wir dies nachfolgend beschreiben.

Verbrauchspositionen

Auf der Ebene der Verbrauchspositionen haben Sie die Wahl zwischen einer Ausnahme und einer Stornierung entsprechender Positionen. Im Standard spielt der Status der Verbrauchsposition dabei keine Rolle. Ihnen stehen beide Möglichkeiten (Ausnahme/Stornierung) sowohl im Status *roh* als auch im Status *unbewertet* zur Verfügung. Sofern eine Verbrauchsposition bereits bewertet wurde, werden alle weiteren Einstellungen in Bezug auf die Ausnahme/Stornierung auf Ebene der abrechenbaren Positionen vollzogen (dazu mehr im nächsten Abschnitt).

Im Gegensatz zur Stornierung einer Verbrauchsposition, bei der eine Position endgültig von der weiteren Verarbeitung ausgeschlossen wird und eine Wiederaufnahme ausgeschlossen ist, erfolgt bei der Ausnahme nur ein vorübergehender Ausschluss. Dies ist vor allem dann sinnvoll, wenn vor dem eigentlichen Rating noch Unstimmigkeiten vorherrschen und diese zunächst geklärt werden müssen. Nach erfolgreicher Klärung kann die ausgenommene Verbrauchsposition dann mittels **Wiederaufnehmen** wiederaufgenommen werden. Im Anschluss kann dann wie gewohnt das eigentliche Rating erfolgen.

Abrechenbare Positionen

Storno von abrechenbaren Positionen

Wie bereits erwähnt, besteht die Möglichkeit, abrechenbare Positionen auszunehmen oder zu stornieren. Von der Abrechnung ausgenommene Positionen können wiederaufgenommen werden, um sie in der Abrechnung zu berücksichtigen. Von der Abrechnung lediglich ausgenommene Positionen können z. B. durch einen Sachbearbeiter manuell korrigiert und anschließend wieder aufgenommen werden. Wurde eine abrechenbare Position hingegen storniert, ist eine Wiederaufnahme ausgeschlossen.

Stornovarianten

Abrechenbare Positionen können entweder manuell oder über Stornierungsaufträge storniert werden. Im Falle von Stornierungsaufträgen müssen diese zunächst angelegt und gesondert verarbeitet werden. Stornierungsaufträge werden beispielsweise durch eine Stornoanfrage erzeugt, die von einem externen System gestellt werden, welches die abrechenbaren Positionen ursprünglich gesendet hat. Durch die Verarbeitung der Stornierungsaufträge wird der Storno der abrechenbaren Positionen durchgeführt. Im Rahmen der manuellen Stornierung können diese Stornierungsaufträge über die Selektion von Stammdaten (z. B. der Geschäftspartnernummer) verarbeitet werden.

Bei der Stornierung abrechenbarer Positionen gibt es verschiedene Fälle, die zu betrachten sind:

- Noch nicht abgerechnete Positionen werden als storniert gekennzeichnet, d. h. in den Status *roh ausgenommen* oder *abrechenbar ausgenommen* versetzt und von der Abrechnung ausgeschlossen.
- Bereits abgerechnete, aber noch nicht fakturierte Positionen werden ebenfalls storniert und in den Status *abrechenbar ausgenommen* überführt. Der dazugehörige Abrechnungsbeleg wird ebenfalls automatisch storniert.
- Für bereits fakturierte Positionen werden keine Belege storniert, sondern vom System Gegenpositionen mit umgekehrten Vorzeichen erzeugt. Diese müssen anschließend wieder abgerechnet, fakturiert und mit den Originalposten verrechnet werden.
  In diesem Fall gibt es also nach dem Storno insgesamt zwei abrechenbare Positionen:
  - die Ursprungsposition (gekennzeichnet als *storniert*), zu der der originale Fakturierungsbeleg nicht storniert wurde

- die Gegenposition im Status *abrechenbar*, die noch abgerechnet und fakturiert werden muss, um die Korrektur zur Ursprungsposition abzuschließen

Welche der oben genannten Fälle erlaubt sind, kann im Customizing je Teilprozess bzw. Ausnahmegrund festgelegt werden. Zusätzlich können Sie im Stornofall bestimmen, wie mit den zugehörigen Verbrauchspositionen verfahren werden soll.

Tabelle 4.10 zeigt die wichtigsten Transaktionen im Falle eines Stornos.

Transaktion	Beschreibung
FKKBIXBIT_REV_S	abrechenbare Positionen stornieren (Einzelverarbeitung)
FKKBIXBIT_REV_M	abrechenbare Positionen
FKKBIXBIT_REV_MON	Stornierungsaufträge abrechenbarer Positionen

Tabelle 4.10 Transaktionen zum Storno von abrechenbaren Positionen

Abrechnungsbelege

Storno von Abrechnungsbelegen

Bei Abrechnungsbelegen unterscheidet das System im Rahmen des Stornos zwischen bereits fakturierten und verbuchten Abrechnungsbelegen sowie nicht fakturierten Abrechnungsbelegen.

Im Falle von bereits fakturierten und verbuchten Abrechnungsbelegen wird der Abrechnungsbeleg storniert und ein Stornoabrechnungsbeleg (inkl. Fakturierungsauftrag) erzeugt. Dieser Stornobeleg enthält in diesem Fall die Gegenpositionen zu den ursprünglichen Posten mit umgekehrten Vorzeichen. Sie müssen erneut fakturiert werden, damit die ursprüngliche Fakturierung einen entsprechenden Gegenbeleg erhält.

Im Falle eines nicht fakturierten Abrechnungsbelegs wird der Abrechnungsbeleg storniert und ein Stornoabrechnungsbeleg ohne Fakturierungsauftrag erzeugt. Im gleichen Zuge wird auch der Fakturierungsauftrag für den stornierten Abrechnungsbeleg gelöscht, damit der Abrechnungsbeleg nicht mehr fakturiert werden kann.

Welche der oben genannten Fälle erlaubt sind, kann im Customizing (unter **Finanzwesen (neu) • Vertragskontokorrent • Convergent Invoicing • Abrechnung • Abrechnungsbelege • Stornierung von Abrechnungsbelegen**) je Abrechnungsprozess festgelegt werden (siehe Abbildung 4.33).

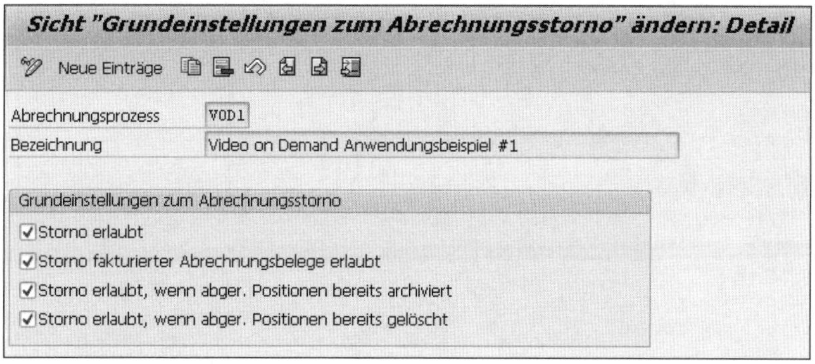

Abbildung 4.33 Grundeinstellungen zum Abrechnungsstorno

Zusätzlich können Sie im Stornofall je Stornogrund bestimmen, wie mit den zugehörigen abrechenbaren Positionen verfahren werden soll.

Fakturierungsbelege

Storno von Fakturierungsbelegen

Während des Stornos von Fakturierungsbelegen kennzeichnet das System zunächst den zu stornierenden Fakturierungsbeleg als *storniert*. Die SAP-FI-CA-Belege, die durch die Fakturierung im Vertragskontokorrent gebucht worden sind, werden dann durch das System storniert. Sollte die Forderung oder das Guthaben bereits ausgeglichen worden sein, nimmt das System eine automatische Ausgleichsrücknahme bei den entsprechenden Ausgleichen vor. Die Quellbelege, welche die Grundlage für den Fakturierungsbeleg gestellt haben, erhalten neue Fakturierungsaufträge, damit diese erneut fakturiert werden können, nachdem die Ursache für den Storno behoben wurde. Zuletzt wird ein Stornofakturierungsbeleg erzeugt, der innerhalb des Korrespondenzdrucks verwendet werden kann, um eine Korrespondenz an den betroffenen Kunden zu versenden und diesen über die Stornierung zu informieren.

Der oben beschriebene Prozess wird durch das Customizing (unter **Finanzwesen (neu) • Vertragskontokorrent • Convergent Invoicing • Fakturierung • Belege • Fakturierungsbelege • Fakturierungsstorno**) für jeden Fakturierungsprozess festgelegt (siehe Abbildung 4.34). Sie haben die Möglichkeit, pro Fakturierungsprozess flexibel zu steuern, ob ein Stornofakturierungsbeleg erwünscht ist und wie mit bestehenden Ausgleichen des Fakturierungsbelegs sowie archivierten Belegen (Fakturierungs-, Quell- und Buchungsbeleg) umgegangen wird. Darüber hinaus können Sie steuern, wie mit Einzelbelegen umgegangen werden soll, die Teil einer Sammelrechnung sind und die das Buchungsdatum sowie den Druck des Stornos beeinflussen.

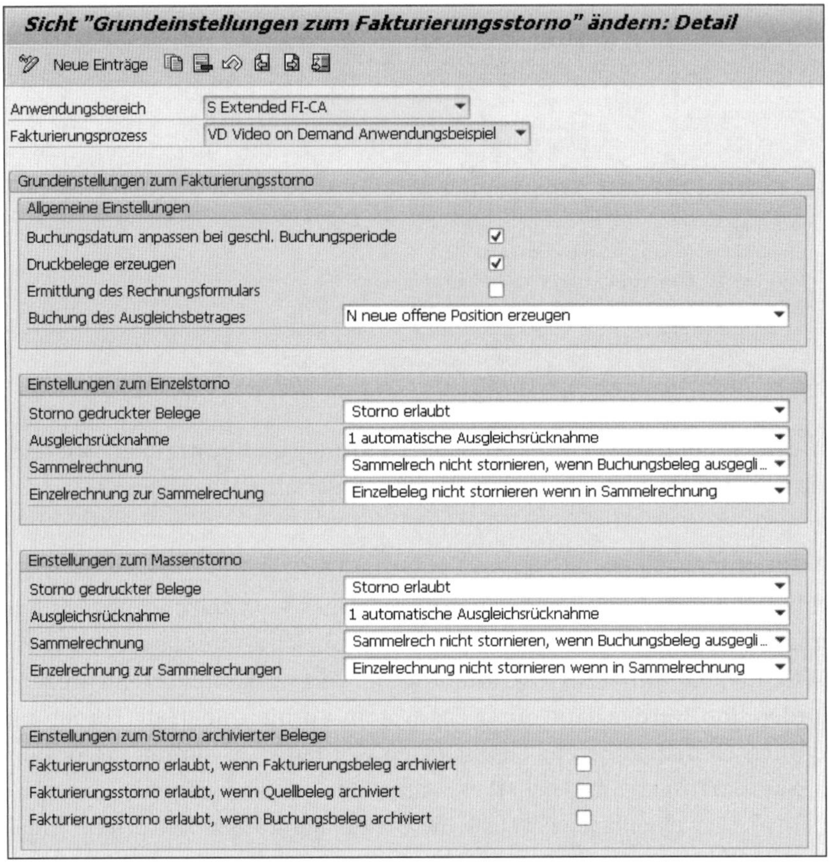

Abbildung 4.34 Grundeinstellungen zum Fakturierungsstorno

Tabelle 4.11 zeigt die wichtigsten Transaktionen im Zusammenhang mit der Stornierung von Fakturierungsbelegen.

Transaktion	Beschreibung
FKKINV_REV_S	Fakturierungsbeleg stornieren (Einzelstorno)
FKKINV_REV_M	Fakturierungsbeleg stornieren (Massenstorno)
FKKINV_REV_MA	Storno von Belegen (parallelisiert)

Tabelle 4.11 Transaktionen zum Storno von Fakturierungsbelegen

4.2.7 Korrektur durch Abrechnungsaufträge

Wie bereits erwähnt, unterscheiden sich Abrechnungsaufträge von den bisher beschriebenen Stornierungsmaßnahmen (siehe dazu Abschnitt 4.2.6).

Abrechnungsaufträge werden verwendet, wenn Fakturierungsbelege nicht storniert, sondern lediglich korrigiert werden sollen.

Diese Korrektur erzeugt eine Gutschrift oder Rechnung und kann sich dabei auf den gesamten Fakturierungsbeleg, einzelne Positionen eines Fakturierungsbelegs oder auf einzelne abgerechnete Positionen, die im Fakturierungsbeleg berücksichtigt wurden, beziehen. Dabei wird im Zuge der Bearbeitung ausgewählt, welche Art der Bearbeitung erfolgen soll. Außerdem wird ein Grund zugeordnet, der beschreibt, ob es sich um eine Gutschrift oder Rechnung handelt. Wird der Abrechnungsauftrag freigegeben, wird für die Positionen des Abrechnungsauftrags jeweils eine neue abrechenbare Position erzeugt. Nach Abrechnung und Fakturierung dieser Positionen wird eine entsprechende Korrekturrechnung erzeugt.

Das zugehörige Customizing finden Sie unter **Finanzwesen (neu) • Vertragskontokorrent • Convergent Invoicing • Erweiterte Funktionen • Abrechnungsaufträge für Korrekturen**. Tabelle 4.12 zeigt die wichtigsten Transaktionen und Datenbanktabellen zum Storno in SAP CI.

Transaktion	Beschreibung
FKKINV_REVTASK	Stornomaßnahme bearbeiten
FKKINV_REVTASK_MON	Stornomaßnahme anzeigen
FKKBIX_BILLREQ	Abrechnungsauftrag für Korrekturen bearbeiten
FKKBIX_BILLREQ_MON	Abrechnungsaufträge für Korrekturen anzeigen
Tabelle	**Beschreibung**
DFKKBIX_REQ_H	Abrechnungsauftrag
DFKKBIX_REQ_I	Positionen des Abrechnungsauftrags

Tabelle 4.12 Transaktionen und Datenbanktabellen zu Abrechnungsaufträgen

4.2.8 Partnerabrechnung

Abbildung von Partnerbeteiligungsmodellen

Die Partnerabrechnung in SAP CI ermöglicht es Ihnen, Partner des Unternehmens am Erlös zu beteiligen, den Sie durch den Verkauf von Leistungen an den Endkunden generieren. Dies ist sinnvoll, wenn der Endkunde beispielsweise Dienstleistungen in Anspruch nimmt, die Sie dem Endkunden in Rechnung stellen, welche aber durch Ihren Partner ausgeführt werden. Im Prozess greifen Sie dabei auf die Standardfunktionalitäten von SAP CI zurück, und es kann ein gleichermaßen flexibler Prozess wie bei der Abrechnung und Faktura von Endkunden definiert werden.

Anwendungsbeispiel: Video-on-Demand

Media4bpc stellt in der Filmbibliothek verschiedene Dokumentarfilme für den Endkunden zur Verfügung. Dabei müssen an den jeweiligen Produzenten der Filme Gebühren abgeführt werden. Auf Basis der Abrechnung und Faktura an die Endkunden werden Guthaben verbucht, die dann an den Rechteinhaber ausgezahlt werden.

Verbrauchspositionen für die Partnerabrechnung

Die Verbrauchspositionen für die Partnerabrechnung entstehen beim Anlegen der abrechenbaren Positionen für die Endkunden. Dabei werden die Positionen, für die eine Partnerabrechnung durchgeführt werden soll, mithilfe einer Kategorie kategorisiert. Diesen Kategorien können Sie verschiedene Gründe hinzufügen, die beschreiben, aus welcher Ursache eine Partnerabrechnung durchgeführt werden soll. Zudem hinterlegen Sie für jeden Grund einen individuellen Prüfbaustein, mit dem Sie die abrechenbare Position prüfen und die Verbrauchsposition für den Partner erzeugen können. Hier können Sie beispielsweise das Vertragskonto des Partners und die Höhe des Verbrauchs der Verbrauchsposition bestimmen.

Anwendungsbeispiel: Video-on-Demand

Für die Dokumentarfilme legt Media4bpc die Kategorie DOCU für Dokumentationen an. Der Kategorie wird der Grund LGEB für Lizenzgebühren zugeordnet. Im Rahmen des Prüfbausteins prüft Media4bpc, ob die Dokumentation zu dem im vorangegangenen Beispiel beschriebenen Produzenten gehört. In diesem Fall werden Verbrauchspositionen erzeugt, um die Gebühren an den Produzenten zu entrichten. Im Rahmen des Ratings können diese Verbrauchspositionen beispielsweise mit einem gesonderten Tarifierungsschema für Produzentengebühren in SAP CC verarbeitet werden.

Das entsprechende Customizing finden Sie unter **Finanzwesen (neu) • Vertragskontokorrent • Convergent Invoicing • Partnerabrechnung**. Tabelle 4.13 zeigt die wichtigsten Transaktionen zur Partnerabrechnung im Vertragskontokorrent.

Transaktion	Beschreibung
FPPARTREL_MA	Partnerpositionen zur Abrechnung freigeben
FPPARTADJ_MA	Anpassungen für Partnerabrechnungen erzeugen

Tabelle 4.13 Zentrale Transaktionen bei der Partnerabrechnung

4.2.9 Abrechnungspläne

Abrechnungspläne können innerhalb von SAP CI eingesetzt werden, um fest definierte Beträge zu vorgegebenen Terminen abzurechnen. Zu diesem Zweck werden zu den zuvor festgelegten Terminen abrechenbare Positionen erzeugt. Um diese Termine anzulegen, können entweder feste Termine im Customizing für die Abrechnungsplanpositionen hinterlegt werden oder ein Zyklus verwendet werden, welcher in definierten Abständen wiederkehrende Positionen erzeugt. In Abhängigkeit dazu ist es zudem möglich, die Laufzeit des Abrechnungsplans über einen begrenzten oder unbegrenzten Zeitraum zu definieren.

Anwendungsbeispiel: Video-on-Demand (Alternative)

Die Grundgebühren für Endkunden im Flatrate-Tarif könnten alternativ in einem Abrechnungsplan abgebildet werden. Dieser würde beispielsweise pro Jahr angelegt werden und die monatliche Grundgebühr als BIT erzeugen.

Inhalt von Abrechnungsplänen

Wie Sie in Abbildung 4.35 sehen können, setzt sich ein Abrechnungsplan aus den *Planpositionen* zusammen (Transaktion FKKBIX_BILLPLAN).

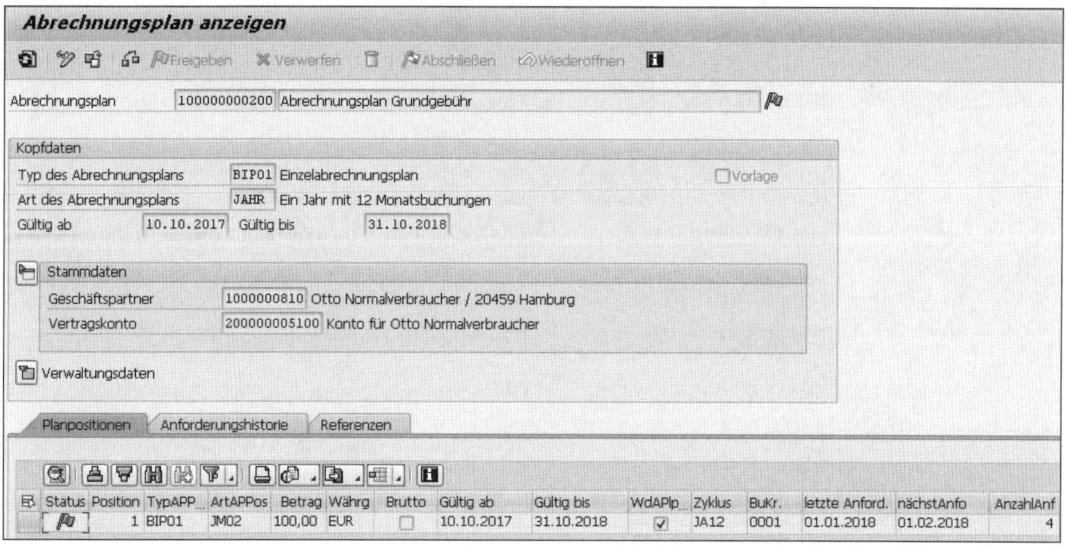

Abbildung 4.35 Abrechnungsplan

Die Planpositionen enthalten Informationen wie den zu zahlenden Betrag, den Zyklus der Abrechnung sowie die Laufzeit des Abrechnungsplans. Auf

Basis dieser Informationen erzeugt ein periodischer Anforderungslauf maschinell die abrechenbaren Positionen, die anschließend abgerechnet und fakturiert werden können.

Ein ähnliches Modell kann auch in SAP CC über eine sogenannte Recurring-Rate abgebildet werden (siehe dazu Abschnitt 5.4.2).

Sollte kein SAP CC eingesetzt werden, bilden Abrechnungspläne eine schnelle und einfache Alternative, um wiederkehrende Gebühren/Gutschriften in Form von abrechenbaren Positionen zu erzeugen.

Die wichtigsten Transaktionen und Datenbanktabellen zu Abrechnungsplänen zeigt Tabelle 4.14.

Transaktion	Beschreibung
FKKBIX_BILLPLAN	Abrechnungsplan bearbeiten
FKKBIX_BILLPLAN_MON	Abrechnungsplan anzeigen
FKKBIXBIP_S	Abrechnungsplanpositionen anfordern
FKKBIXBIP_REV_S	Abrechnungsplanpositionen stornieren
FBIXBIP_M/MA	Abrechnungsplanpositionen anfordern/ parallelisiert
FPPARTADJ_MA	Anpassungen für Partnerabrechnungen erzeugen
RFKKBIXBIPSAMPLE	Programm zum Erstellen von Abrechnungsplänen zu Testzwecken
Tabelle	**Beschreibung**
DFKKBIX_BIP_CH	Änderungshistorie zu Abrechnungsplänen
DFKKBIX_BIP_H	Abrechnungsplankopf
DFKKBIX_BIP_I	Positionen des Abrechnungsplans
DFKKBIX_BIP_X	Objektverknüpfungen zum Abrechnungsplan
DFKKBIXBIT_BIP	abrechenbare Positionen zum Abrechnungsplan

Tabelle 4.14 Zentrale Transaktionen und Datenbanktabellen zu Abrechnungsplänen

Fiori-Apps Mit der Fiori-App *Manage Billing Plans* können Sie Abrechnungspläne erstellen, ändern und anzeigen lassen. Somit können Sie auch Planpositionen erfassen und anpassen.

4.3 Integration

SAP CI bietet eine Vielfalt an Integrationsmöglichkeiten. Dies gilt für Stamm- und Bewegungsdaten. In diesem Kapitel sollen verschiedene Integrationsszenarien für die Bewegungsdaten vorgestellt werden (weitere Details zur Integration der Stammdaten finden Sie in Abschnitt 4.1.1, »Stammdatenpflege und integrierte Verteilung in SAP BRIM«). So können zum einem Abrechnungsinformationen von externen SAP- und Fremdsystemen in SAP CI integriert werden. Zum anderen können Abrechnungsbelege und Informationen aus SAP CI in anderen SAP-Modulen und Fremdsystemen verwendet werden.

4.3.1 Integration in SAP FI-CA

Integration von SAP CI ins Vertragskontokorrent

Wie Sie bereits in Kapitel 3, »Vertragskontokorrent in SAP FI-CA«, erfahren haben, besteht SAP CI aus den Komponenten Abrechnung und Fakturierung im Vertragskontokorrent. SAP CI ist somit eine Komponente des Vertragskontokorrents und vollständig darin integriert (siehe Abbildung 4.36).

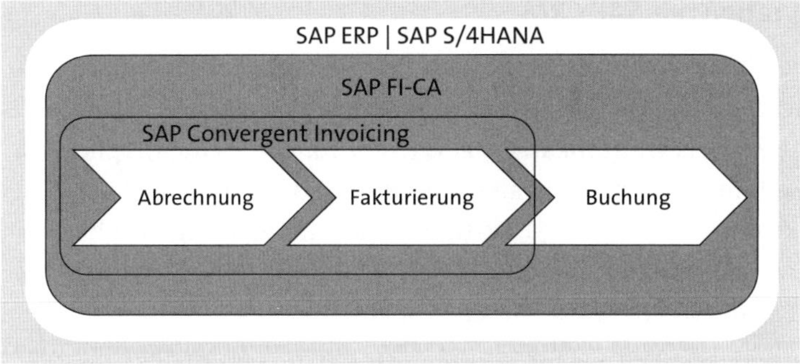

Abbildung 4.36 SAP CI als Teil des Vertragskontokorrents

4.3.2 Integration mit SAP CC

Integration von SAP CC in die SAP-CI-Abrechnung

Die Komponente SAP CC kann als Rating-Engine das Rating, d. h. die Bepreisung von Verbrauchspositionen, sowie das Charging, d. h. die Ermittlung des Empfängers der Rechnung, für die angebotenen Serviceleistungen übernehmen.

SAP CI kann SAP CC Verbrauchspositionen für das Rating übergeben. Aus diesem Prozess entstehen abrechenbare Positionen, welche in die Abrechnung von SAP CI übernommen werden können. Damit Positionen entsprechend ausgetauscht werden können, müssen Sie in SAP CI Customizing-Einstellungen vornehmen. Dazu muss u. a. in der entsprechenden Klasse die Schnittstellenkomponente *SAP Convergent Charging* aktiviert werden (siehe Abbildung 4.37).

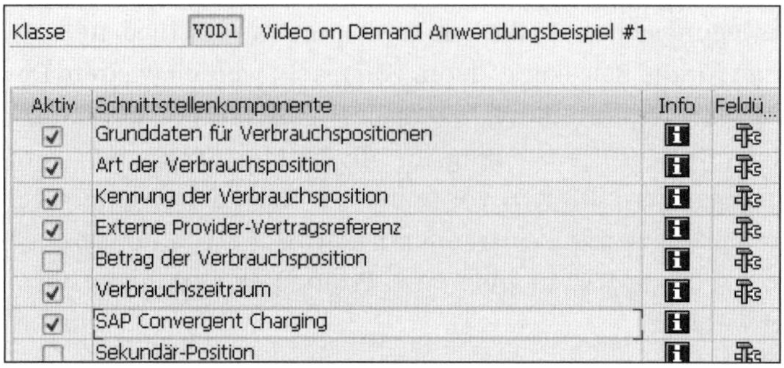

Abbildung 4.37 Schnittstellenkomponente SAP Convergent Charging in einer Klasse für Verbrauchspositionen

In Abschnitt 5.5.1, »Integration in SAP CI«, wird das Zusammenspiel von SAP CI und SAP CC noch einmal detaillierter beschrieben.

4.3.3 Integration mit SAP CRM

Integration von SAP CRM in die SAP-CI-Abrechnung

Während die Übernahme abrechenbarer Positionen aus SAP CC in erster Linie für verbrauchsbasierte Daten und Serviceleistungen, wie Telefonate im Bereich der Telekommunikation, genutzt wird, gibt es die Möglichkeit, einmalige Gebühren wie z. B. Installationsgebühren als abrechenbare Positionen direkt aus dem SAP-CRM-System in die Abrechnung zu übernehmen. Die Erzeugung einer abrechenbaren Position in SAP CI wird dabei durch einen Kundenauftrag im SAP CRM angestoßen.

Einen genaueren Einblick zur Integration mit SAP CRM finden Sie in Kapitel 2, »Kundenmanagement mit SAP CRM«.

4.3.4 Integration mit SAP SD

Integration von SAP SD in die SAP-CI-Fakturierung

Neben den bisher beschriebenen Modulen können auch SAP-SD-Fakturen in die Fakturierung mit SAP CI integriert werden. Dadurch werden die Fakturen nicht in der Debitorenbuchhaltung, sondern im Vertragskontokorrent gebucht. Dies ist zum Beispiel relevant, wenn SAP-SD-Fakturen gemeinsam mit anderen Fakturen verarbeitet, gebucht oder auf eine Rechnung gedruckt werden sollen.

Bevor SAP-SD-Fakturen in der Fakturierung verarbeitet werden können, muss zunächst die Faktura in das Vertragskontokorrent übergeleitet werden. Dies wird über die Kontengruppe gesteuert, über die angegeben wird, ob die Debitoren bei der SAP-SD-Fakturierung in die Debitorenbuchhaltung oder das Vertragskontokorrent übergeleitet werden.

Überleitung von SAP-SD-Fakturen mit und ohne Musterbelege

Die Einstellungen zur Überleitung von SAP-SD-Fakturen in das Vertragskontokorrent werden über das Customizing vorgenommen. Für SAP-SD-Fakturen kann entweder eine direkte Buchung im Vertragskontokorrent erzeugt werden oder die Fakturierung im Vertragskontokorrent kann die Buchung bearbeiten. Sie können dabei zwischen zwei Integrationsszenarien wählen: Zum einen kann die Überleitung einer SAP-SD-Faktura in die Fakturierung über Musterbelege erfolgen. Dafür nehmen Sie die Einstellung im Customizing unter **Vertrieb • Fakturierung • Fakturen • Fakturaarten definieren** vor (siehe Abbildung 4.38).

Abbildung 4.38 Überleitung einer SAP-SD-Faktura über Musterbelege

Zum anderen ist die direkte Überleitung in die Fakturierung ohne Musterbelege möglich. Hier pflegen Sie das Customizing unter **Vertrieb • Fakturierung • Fakturen • Integration mit dem Vertragskontokorrent (FI-CA) • Vorgaben für die Überleitung in die Fakturierung hinterlegen** (siehe Abbildung 4.39).

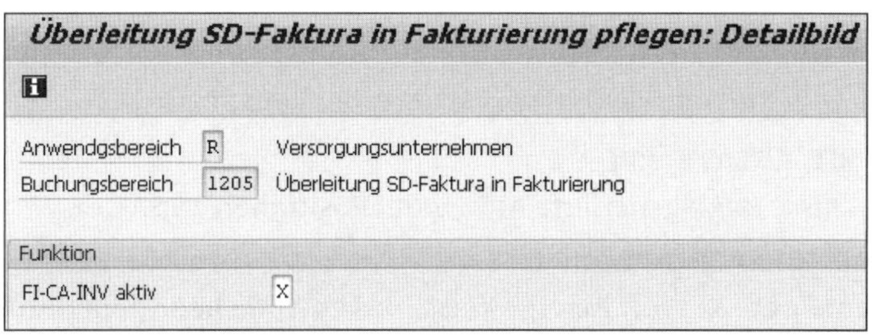

Abbildung 4.39 Direkte Überleitung einer SAP-SD-Faktura ohne Musterbelege

Über das Customizing wird u. a. die Ableitung von Haupt- und Teilvorgängen der SAP-SD-Fakturen vorgenommen. Dazu hinterlegen Sie die Ableitung im Customizing unter **Finanzwesen (neu) • Vertragskontokorrent • Convergent Invoicing • Integration • Haupt-/Teilvorgang anhand von SD-Informationen ableiten**. Die Steuerermittlung und Steuerberechnung werden von der SAP-SD-Faktura übernommen und weitergereicht.

Die Kommunikation zwischen Vertrieb und Vertragskontokorrent erfolgt dabei über die Schnittstelle des Rechnungswesens (RWIN). Weitere Integrationsszenarien mit SAP SD finden Sie weiter unten in diesem Kapitel in Abschnitt 4.3.7, »Externe Faktura«.

4.3.5 Übernahme externer Verbrauchspositionen und abrechenbarer Positionen

Integration fremder Systeme

In SAP CI können Verbrauchspositionen und abrechenbare Positionen beliebiger weiterer Systeme übernommen und verarbeitet werden. Dazu werden für die entsprechenden Klassen generische Schnittstellen, sogenannte *Application Programming Interfaces* (APIs), als RFC-Funktionsbausteine im SAP-Standard bereitgestellt. Diese können von beliebigen Systemen genutzt werden, um Verbrauchspositionen und abrechenbare Positionen für SAP CI zu erzeugen.

Der folgenden Liste können Sie die wichtigsten APIs für Verbrauchspositionen entnehmen.

- /1FC/*xxxx*_CIT_CREATE_API
  Das für die Klasse xxxx generierte API sendet Positionen an SAP CI.
- FKK_BIX_CIT_CREATE_API
  Dieses allgemeinere API ruft für eine Klasse das entsprechend generierte API auf.
- FKK_BIX_CITCAT_STRUC_GET_API
  Dieses API liefert zu einer Klasse von Verbrauchspositionen die technische Definition, wie die Feldnamen in der Schnittstelle für die Klasse.

Die folgenden APIs sind die wichtigsten für abrechenbare Positionen:

- /1FE/*xxxx*_BIT_CREATE_API
  Das für die Klasse xxxx generierte API sendet Positionen an SAP CI.
- FKK_BIX_BIT_CREATE_API
  Dieses allgemeinere API ruft für eine Klasse das entsprechend generierte API auf.
- FKK_BIX_BITCAT_STRUC_GET_API
  Dieses API liefert zu einer Klasse abrechenbarer Positionen die technische Definition, wie beispielsweise die Feldnamen in der Schnittstelle für die Klasse.

4.3.6 Übernahme externer Abrechnungsbelege

Ebenso wie abrechenbare Positionen aus beliebigen externen Systemen übernommen werden können, so besteht ebenfalls die Möglichkeit, Abrechnungsbelege aus beliebigen externen Abrechnungssystemen zu übernehmen und in die Fakturierung zu integrieren. Dies geschieht über generische BAPI-Schnittstellen. Zwei wichtige BAPIs sind:

- **BAPI_BILLDOC_CREATEMULTIPLE**
  allgemeines API zur Übermittlung externer Abrechnungsbelege an SAP CI
- **BAPI_ISTBILLDOC_CREATEMULTIPLE**
  spezielles API für die Erzeugung von Abrechnungsbelegen im Telekommunikationsbereich

Mapping der Abrechnungsinformationen

Im Rahmen der Übernahme dieser Abrechnungsbelege wird ein Mapping der externen Abrechnungsinformationen vorgenommen, um diese auf die SAP-internen Abrechnungsinformationen anzupassen. Innerhalb des Customizings können Sie flexibel steuern, welche externe Belegart von welchen externen Systemen übergeben und auf welche Belegart und Quellbelegtypen diese gemappt werden soll.

Im Anschluss an die Übernahme speichert das SAP-System das Ergebnis des Mappings und erstellt einen Fakturierungsauftrag (siehe Abbildung 4.40).

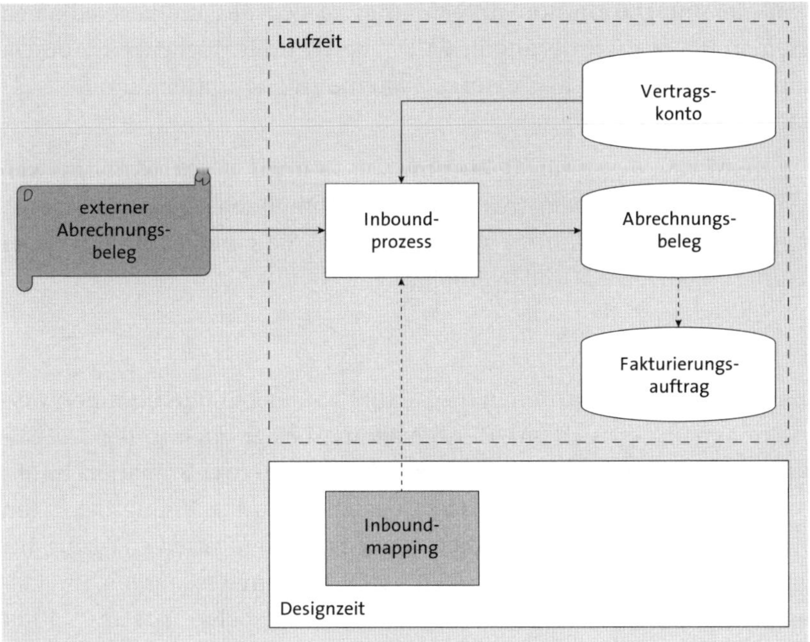

Abbildung 4.40 Übernahme von Abrechnungsbelegen

Anpassungsabrechnungsbeleg

Anpassung eines Abrechnungsbelegs

Im Falle eines Abrechnungsbelegs, bei dem nur einzelne Positionen nicht korrekt sind, kann ein Anpassungsabrechnungsbeleg verwendet werden. Somit müssen Sie keinen Storno des Abrechnungsbelegs durchführen.

Ähnlich wie beim Storno eines Abrechnungsbelegs wird beim Anpassungsabrechnungsbeleg unterschieden, ob der Abrechnungsbeleg bereits fakturiert worden ist oder nicht. Ist der Abrechnungsbeleg noch nicht fakturiert, wird ein Anpassungsabrechnungsbeleg erzeugt, der die Positionen des ursprünglichen Belegs ersetzt. Im Anschluss daran wird der Fakturierungsauftrag für den ursprünglichen Beleg gelöscht und für den Anpassungsabrechnungsbeleg erzeugt.

Wenn der Abrechnungsbeleg bereits fakturiert worden ist, enthält der Anpassungsabrechnungsbeleg Gegenpositionen zu den Positionen des ursprünglichen Belegs sowie die neuen Positionen. Diese sollten Sie im Rahmen des Fakturierungsprozesses so verrechnen, dass der neue Fakturierungsbeleg nur das Delta ausweist.

In beiden Fällen werden der Anpassungsabrechnungsbeleg und der ursprüngliche Abrechnungsbeleg miteinander verknüpft.

4.3.7 Externe Faktura

Neben der Integration von Abrechnungsbelegen aus unterschiedlichen Systemen in die Fakturierung in SAP CI besteht die Möglichkeit, Abrechnungsbelege aus SAP CI an externe Systeme zu übermitteln, um dort die Fakturierung durchzuführen.

Dazu werden im Customizing Zielprozesse definiert, die beschreiben, welches externe System oder welche externe Komponente für die Fakturierung verantwortlich ist. Im Folgenden finden Sie eine Beschreibung der Fakturierung in SAP SD und in SAP IS-U.

Faktura in SAP SD

Externe Fakturierung in SAP SD

Ebenso wie SAP-SD-Fakturen in die Faktura von SAP CI übernommen werden können, lassen sich SAP-CI-Abrechnungsbelege auch in die SAP-SD-Faktura übernehmen. Dabei muss der Prozess in zwei Szenarien unterschieden werden: der *interne Prozess*, bei dem die Abrechnungsbelege im gleichen SAP-System übernommen werden, und der *verteilte Prozess*, bei dem die Belege in ein anderes SAP-System übernommen werden. Im Rahmen dieser Übernahmen werden die Abrechnungsbelege aus SAP CI mit weiteren Daten angereichert.

In beiden Fällen werden aus SAP CI alle Fakturierungsaufträge selektiert, für die noch keine Faktura durchgeführt worden sind. Die Informationen aus diesen Aufträgen werden auf die Struktur der SD-Fakturierungsschnittstelle für externe Daten umgewandelt. Enthält der Abrechnungsbeleg aus SAP CI zudem mehrere Positionen, wird in SAP SD eine Hauptposition mit Unterpositionen angelegt.

Nachdem die Übernahme abgeschlossen worden ist, können auf Basis dieser Informationen unmittelbar Rechnungen erzeugt werden.

In der Integration mit *SAP Flexible Solution Billing* sind noch weitere Schritte vor dem Erstellen der Rechnung möglich, die wir im Folgenden betrachten.

Faktura in SAP Flexible Solution Billing

SAP Flexible Solution Billing ist Teil von SAP SD und erweitert den Prozess der SAP-SD-Faktura um einen Zwischenschritt vor der endgültigen Rechnungserstellung. Innerhalb dieses Zwischenschritts wird Ihnen eine vorerfasste Rechnung, die noch nicht in der Debitorenbuchhaltung verbucht worden ist, zur Verfügung gestellt, und Sie können verschiedene Prozesse anstoßen. Beispielsweise haben Sie die Möglichkeit, Genehmigungen durchzuführen, Anpassungen an den Rechnungsdaten vorzunehmen und weitere vorerfasste Rechnungen miteinander zu verdichten. Wie bei der Integration mit SAP SD werden die Abrechnungsbelege von SAP CI auf Basis der Fakturierungsaufträge in das SAP Flexible Solution Billing überführt, auf die Struktur der SD-Fakturierungsschnittstelle für externe Daten umgewandelt und mit weiteren externen Abrechnungsdaten verdichtet. Bevor Sie die Lösung verwenden können, müssen Sie über das Customizing festlegen, ob die überführten Abrechnungsbelege in SAP SD oder in SAP Flexible Solution Billing Lösung verarbeitet werden sollen.

Zusammengefasst kann ein höchst flexibler Prozess aus der Kombination von SAP CI und SAP Flexible Solution Billing entwickelt werden. Abbildung 4.41 zeigt die Unterschiede zwischen der Faktura in SAP CI, in SAP SD und in SAP Flexible Solution Billing auf. So ist zu erkennen, dass im Falle der SD-Faktura sowie der CI-Faktura die Daten für die Rechnungserstellung innerhalb der Faktura sofort in eine Rechnung überführt werden. Nur beim Einsatz von SAP Flexible Solution Billing haben Sie die Möglichkeit, noch weitere Schritte durchzuführen, bevor die Rechnung gebucht wird.

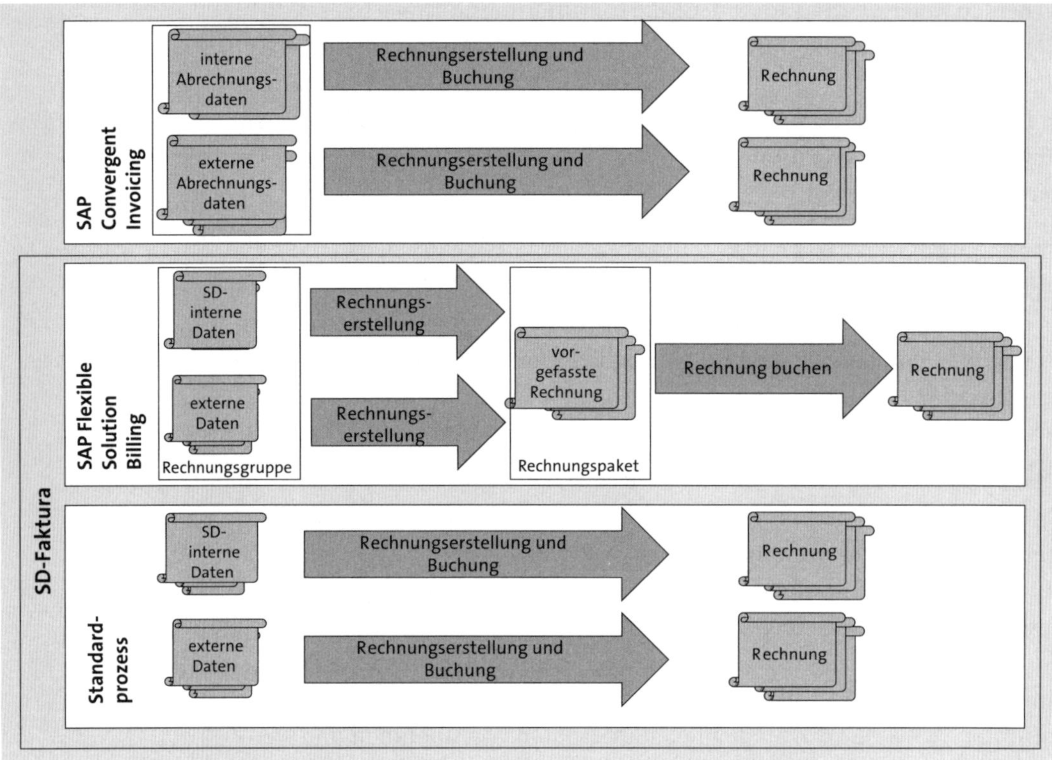

Abbildung 4.41 Unterschiede der Fakturierungsprozesse in SAP CI und SAP SD

Faktura in SAP IS-U

Integration der Faktura in SAP IS-U

Die Möglichkeit der externen Fakturierung soll hier anhand der Branchenkomponente SAP for Utilities (SAP IS-U) genauer erläutert werden.

Bezieht ein Geschäftspartner neben den klassischen SAP-IS-U-Produkten Strom, Wasser oder Gas weitere energienahe Leistungen oder Non-Commodity-Produkte, die über SAP CI verarbeitet und abgerechnet werden, so können diese Produkte gemeinsam im SAP IS-U fakturiert und auf der IS-U-Verbrauchsabrechnung ausgegeben werden. Statt der Fakturierung in SAP CI verarbeitet dann die Fakturierung in SAP IS-U die Abrechnungsbelege.

Voraussetzungen für die Faktura in SAP IS-U

Zunächst muss für den Quellbeleg aus der SAP-CI-Abrechnung die externe Fakturierung in SAP IS-U definiert werden. Erst danach kann der Beleg in der Fakturierung von SAP IS-U verarbeitet werden. Dazu definieren und aktivieren Sie zunächst im Customizing von SAP CI den *Zielprozess IS-U*. Die Aktivierung können Sie im Customizing unter **Finanzwesen (neu) • Vertragskontokorrent • Convergent Invoicing • Integration • Externe Fakturierung • Zielprozesse aktivieren** vornehmen (siehe Abbildung 4.42).

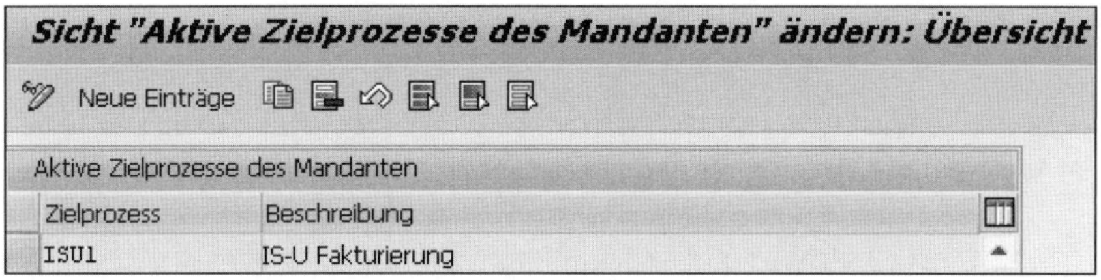

Abbildung 4.42 Zielprozess IS-U aktivieren

Außerdem ordnen Sie diesen Zielprozess der Klasse abrechenbarer Positionen zu. Die Zuordnung nehmen Sie im Customizing unter **Finanzwesen (neu) • Vertragskontokorrent • Convergent Invoicing • Integration • Externe Fakturierung • Zielprozesse und Programmerweiterungen hinterlegen** vor (siehe Abbildung 4.43). Die aus dieser Klasse erzeugten Abrechnungsbelege werden damit für die Faktura mit SAP IS-U vorgemerkt.

Abbildung 4.43 Zuordnung zum SAP-IS-U-Zielprozess

Sollen Abrechnungsbelege, die aus anderen Systemen integriert wurden, in der SAP-IS-U-Fakturierung verarbeitet werden, so muss dem entsprechenden Quellbelegtyp der Zielprozess *SAP-IS-U-Fakturierung* zugeordnet werden. Diese Zuordnung erfolgt über den Buchungsbereich 2647. Über diesen Weg besteht die Möglichkeit, SAP-SD-Belege in der IS-U-Fakturierung zu verarbeiten.

Damit die Quellbelege in der SAP IS-U-Fakturierung verarbeitet werden können, muss im Customizing einem Erstellungsgrund der SAP-IS-U-Fakturierung ein Fakturierungsprozess aus SAP CI zugeordnet werden. Außerdem kann im Customizing ein Mapping von SAP-CI-Belegzeilenarten auf Belegzeilenarten von IS-U erfolgen.

Die Weiterverarbeitung der in SAP IS-U fakturierten Belege erfolgt allein durch die in SAP IS-U verfügbaren Prozesse. Das heißt, sämtliche Prozesse, wie Rechnungsdruck und Rechnungsstorno, werden durch SAP IS-U durchgeführt und sind nicht aus SAP CI heraus möglich. Der Gesamtprozess kann der Abbildung 4.44 entnommen werden.

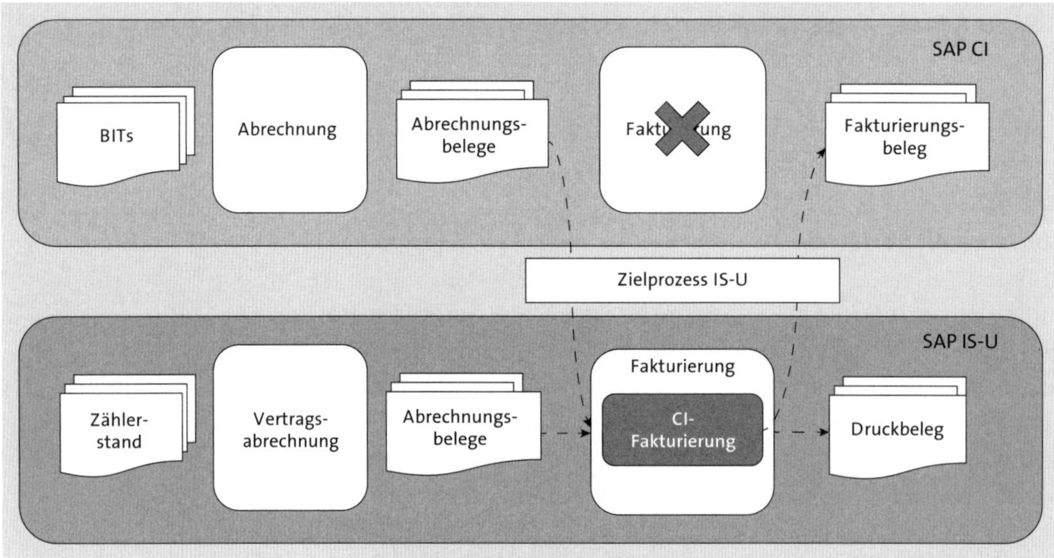

Abbildung 4.44 Integration Fakturierung SAP IS-U

4.3.8 Integration mit SAP BW

Im Rahmen der Fortschreibung von Informationen aus SAP CI in *SAP BW* können fakturierte, abrechenbare Positionen fortgeschrieben werden. Dazu wird im Customizing definiert, dass eine Klasse abrechenbarer Positionen für die Verkaufsstatistik relevant ist. Die Einstellung nehmen Sie im Customizing unter **Finanzwesen (neu) • Vertragskontokorrent • Convergent Invoicing • Grundfunktionen • Abrechenbare Positionen • Verwaltung abrechenbarer Positionen • Verarbeitungsregeln und Programmerweiterungen hinterlegen** vor (siehe Abbildung 4.45).

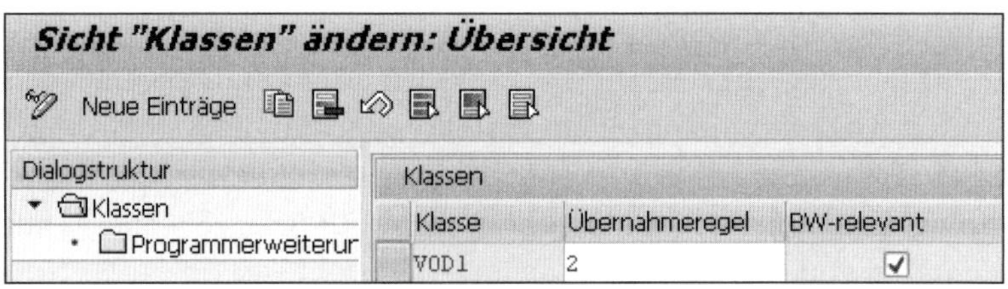

Abbildung 4.45 Klasse abrechenbarer Positionen

Im Fakturierungsprozess kann anschließend eine *Data-Source* für die Extraktion in SAP BW hinterlegt werden. SAP CI bietet hierfür die Standard-Data-Sources 0FC_INVDOC_00 bis 0FC_INVDOC_30 an, die den Extraktstrukturen FKKINV_BW_EXTRACT00 bis FKKINV_BW_EXTRACT30 zugeordnet sind.

Für eine Extraktion in ein weiteres externes Zielsystem kann im Fakturierungsprozess eine alternative Data-Source hinterlegt werden.

Nach dem Hinterlegen der Data-Source im Fakturierungsprozess reichert das System die Extraktionsdaten des Fakturierungsbelegs zum Extraktionszeitpunkt mit den Detailinformationen der zugehörigen abrechenbaren Positionen an. Die Extraktionsdaten können über den Zeitpunkt 2710 beeinflusst werden. Sollen beispielsweise zusätzliche Daten an die Extraktstruktur übergeben werden, so kann dies über eine Erweiterung der Extraktstruktur und eine eigene Ausprägung des Zeitpunkts 2710 durchgeführt werden.

Die Extraktion erfolgt hierbei im Delta-Modus, in dem nur nicht-übertragene Daten nach SAP BW fortgeschrieben werden. Tabelle 4.15 enthält die wichtigsten Transaktionen für die Extraktion von Daten nach SAP BW.

Transaktionen	Beschreibung
FKKINV_BW_MON	BW-Extraktionsvorrat anzeigen
FKKINV_BW_MA	BW-Extraktion Fakturierungsbelege

Tabelle 4.15 Zentrale Transaktionen für die Extraktion von Daten nach SAP BW

4.4 Zusammenfassung

Mithilfe von SAP CI können Sie Abrechnungs- und Fakturierungsprozesse aufbauen, die vollständig auf die Bedürfnisse des Anwenders zugeschnitten sind. Die Abbildung von Produkten und Services ist dabei nicht auf einzelne Branchen oder Sparten begrenzt.

Im Systemverbund der SAP-BRIM-Lösung ist SAP CI standardmäßig integriert in das Vertragskontokorrent (SAP FI-CA) von SAP ERP bzw. SAP S/4HANA, in SAP CC und SAP CRM. Darüber hinaus besteht die Möglichkeit, beliebige Systeme anzubinden, die ihre Daten entweder als abrechenbare Positionen oder als Abrechnungsbelege zur Verfügung stellen. Auch die Faktura selbst muss nicht in SAP CI stattfinden, sondern kann in anderen SAP-Komponenten, anderen SAP-Systemen oder SAP-fremden Systemen geschehen.

Sie können selbst entscheiden, wie spezifisch oder generalisiert die Daten innerhalb des Prozesses dargestellt werden, da an vielen Stellen die Möglichkeit besteht, Daten zu gruppieren und zu aggregieren.

Somit kann durch SAP CI eine beliebige, flexible Systemlandschaft aus SAP- und SAP-fremden Systemen aufgebaut werden. SAP Convergent Invoicing bildet den Knotenpunkt, d. h. gewissermaßen den gemeinsamen Nenner dieser verschiedenen Systeme.

Mit SAP CI erhalten Sie ein Werkzeug, das sich perfekt für die heutigen Anforderungen und die aktuelle Schnelllebigkeit eignet, indem es Ihre bestehenden Systeme zusammenführt und erweitert. Es unterstützt Sie darin, sich bei der Gestaltung und Entwicklung neuer Services und Produkte nicht von den Abrechnungssystemen beschränken zu lassen. Dabei lässt es sich nahtlos in Ihre bestehende Systemlandschaft einbinden und kann flexibel auch an neue Funktionen angeschlossen werden.

Kapitel 5
Rating in SAP Convergent Charging

In diesem Kapitel stellen wir Ihnen die technischen Grundlagen von SAP Convergent Charging (SAP CC) vor und gehen auf die wichtigsten Funktionen und Prozesse ein. Zudem beschreiben wir die Integration in die Systemlandschaft.

Rolle des SAP-CC-Systems

Innerhalb von SAP BRIM übernimmt SAP CC die Rolle des *Verrechnungs- und Bewertungssystems* (Charging/Rating). Dabei ist es auf Prozesse mit einem hohen Einzelverbrauchsaufkommen ausgelegt, wie sie z. B. in der Telekommunikationsindustrie vorzufinden sind. SAP CC ist besonders für komplexe Tarifierungsszenarien geeignet. Dank seiner benutzerfreundlichen Oberfläche mit Baukastenprinzip lassen sich diese Szenarien unkompliziert erstellen. Die angebotenen Funktionen können in einem Online- und einem Offlinemodus aufgerufen werden.

Historie von SAP CC innerhalb des Portfolios

Das System wurde von Highdeal, einer Ausgründung der France Télécom, entwickelt und war dort unter dem Namen Highdeal Transactive bekannt. Im Jahr 2009 wurde der französische Softwarehersteller von SAP übernommen, das System in SAP Convergent Charging umbenannt und in die Software-Suite SAP Billing and Revenue Innovation Management (SAP BRIM) eingegliedert. Diese wurde im Jahr 2015 in die bekannte Produktgruppe SAP Hybris Billing umbenannt. Im Zuge einer erneuten Namensänderung des Hybris-Portfolios zu SAP C/4HANA im Juni 2018 ist man schließlich wieder zu dem Originalnamen SAP BRIM zurückgekehrt.

Aus diesen historischen Gründen lässt sich SAP CC als externes und auf Java basierendes System nur über Webservice-Schnittstellen in die SAP-Systemlandschaft einbetten und unterscheidet sich auch optisch von der bekannten SAP-Oberfläche (siehe Abbildung 5.1).

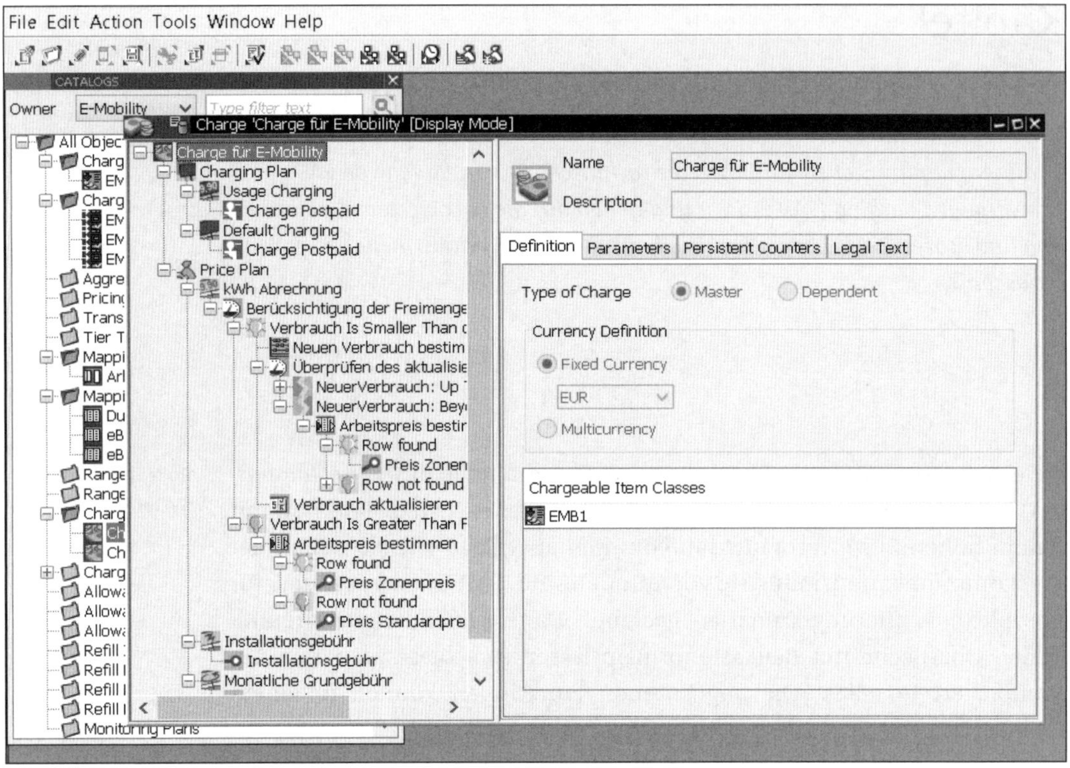

Abbildung 5.1 Benutzeroberfläche der Hauptanwendung von SAP CC, des sogenannten Core-Tools

5.1 Architektur und Tools

Sizing der Architektur

Die Architektur von SAP CC ist auf mehrere Serverinstanzen aufgeteilt. Die Anzahl und Konfiguration dieser Instanzen beruhen auf dem *Sizing*, das Sie bei der Systeminstallation in einem ersten Schritt festlegen müssen. Die Koordinaten für das Sizing werden grundlegend über die Anzahl der zu verwaltenden Stammdaten und der Ratingvorgänge für eine Zeitspanne gebildet. Hieraus leiten Sie die Systemkonfiguration ab, die zurzeit in drei Ausprägungen (Tiny, Small und Large) angeboten wird. Die Ausprägungen Tiny und Small sind feste Systemkonfigurationen. Die Ausprägung Large ist ein frei konfigurierbares Modell für Szenarien mit einem sehr hohen Stammdaten- und Verbrauchsdatenaufkommen.

[«]

Szenarien für die Konfigurationsstufen Tiny und Small

Wenn Sie weniger als 50.000 Verträge verwalten müssen und schätzungsweise ein Bewegungsdatenaufkommen von weniger als 500 Transaktionen pro Sekunde haben, ist die kleinste Konfigurationsstufe (Tiny) ausreichend. Die nächstgrößere Konfigurationsstufe (Small) bietet bereits ein System, mit dem sich 100.000 Verträge verwalten lassen und das einen Datendurchsatz von 1.000 Transaktionen pro Sekunde anbietet.

Weiterführende Informationen hierzu bietet die aktuelle *SAP Convergent Charging Sizing Guideline*. Diese kann im SAP-CC-Hilfeportal unter *http://s-prs.de/v590603* heruntergeladen werden.

5.1.1 Systemkomponenten

Aufgaben von SAP CC

Die grundlegenden Aufgaben von SAP CC lassen sich grob in den folgenden Punkten zusammenfassen:

- Stammdatenübernahme aus Vorsystemen
- Zuordnen und Bewerten von Verbrauchsdaten in Echtzeit
- Zuordnen und Bewerten von Verbrauchsdaten im Batchmodus
- Erstellen von periodischen und einmaligen Positionen
- Hochladen von bewerteten Daten in Folgesysteme (z. B. SAP CI)

Um diese Aufgaben effizient erfüllen zu können, ist das System in verschiedene Komponenten aufgeteilt. Diese erfüllen jeweils eine ihnen zugewiesene Aufgabe. Die großen Komponenten sind hierbei der *Core-Server*, der *BART-Server* und der *Diameter-Server*. Der *Import-Export-Connector* (IEC) ist eine optionale Komponente des SAP-CC-Systems.

Abbildung 5.2 zeigt Ihnen den Aufbau von SAP CC und seiner Komponenten.

Core-Server

Der Core-Server ist die Hauptkomponente des SAP-CC-Systems. In seinen Aufgabenbereich fallen die Stammdatenverwaltung, die Pflege von Preisen und Produkten sowie das Rating und Fortschreiben bewerteter Daten in Folgesysteme.

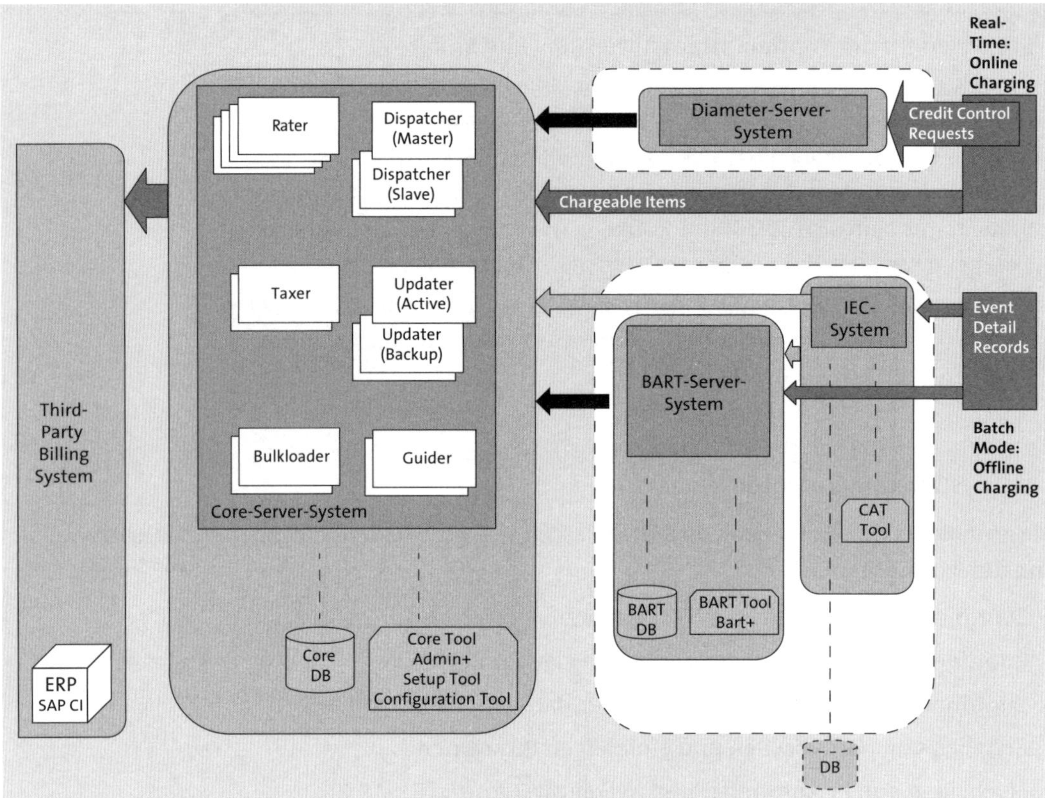

Abbildung 5.2 Architektur von SAP CC (Quelle: SAP)

Der Core-Server als zentrale Komponente

Der Core-Server bündelt eine Untergruppe weiterer Serverinstanzen, die durch Parameter konfiguriert werden können und die spezifische Aufgaben übernehmen. Dabei handelt es sich um folgende Instanzen:

- Die *Dispatcher* empfangen eingehende Transaktionen und verteilen diese im Core-Server-System. Bei paralleler Datenverarbeitung wird eine gleichmäßige Verteilung auf Instanzen des gleichen Typs gewährleistet.
- Die *Updater* empfangen eingehende Stammdatenaktualisierungen und verteilen diese im Core-Server-System. Dazu zählen beispielsweise Verträge oder auch Produktdaten in einer Preistabelle. Updater beinhalten außerdem den *Scheduler-Prozess*, der die Buchung wiederkehrender Positionen (z. B. Grundgebühren) steuert. Generell werden die anderen Instanzen des Core-Server-Systems mit aktuellen Informationen durch Updater versorgt.

Das Rating ist die Hauptaufgabe der Tarifierung

- Über die *Rater* wird die Berechnung von Preisen und damit die Erzeugung der Daten einer abrechenbaren Position realisiert. Die Rater-Instanzen bedienen sich dabei aller aktuellen preisrelevanten Daten, die im System vorgehalten werden, um beispielsweise mit den Daten einer Verbrauchsposition (*Chargeable Item* in SAP CC) eine abrechenbare Position (*Charged Item* in SAP CC) zu generieren. Die erzeugten Positionen werden allerdings nicht durch den Rater in Folgesysteme (z. B. SAP CI) fortgeschrieben, sondern vorerst im SAP-CC-Serversystem als Datei abgelegt. Außerdem werden Verrechnungen von Prepaid-Konten über Rater durchgeführt (*Refilling*).

- Die sogenannten *Bulkloader* übergeben die abrechenbaren Positionen an SAP CI. Hierbei sind verschiedene Periodizitäten einstellbar. In der Standardeinstellung überträgt ein Bulkloader alle 60 Minuten sämtliche bepreisten Positionen an SAP CI.
- Ein *Guider* wird genutzt, um eingehende Transaktionen spezifischen Kundendaten zuordnen zu können (das sogenannte *Charging*). Die Zugangspunkte zu Kundendaten (siehe Abschnitt 5.3.1, »Kundenfindung«) werden im Guider aktuell vorgehalten.
- *Taxer* sind Instanzen, die eine Steuerberechnung für Positionen der US-Telekommunikationsindustrie in Echtzeit in SAP CC umsetzen können. Da dieses Szenario aber äußerst speziell ist, werden die Taxer in den seltensten Fällen aktiv genutzt.

Wie viele Instanzen eines bestimmten Typs Ihr SAP-CC-System hat, hängt von Ihrem gewählten Sizing ab. In der kleinsten Konfiguration gibt es jede Instanz genau einmal. In Abbildung 5.3 können Sie den Aufbau und die Schnittstellen der einzelnen Instanzen im Core-Server erkennen.

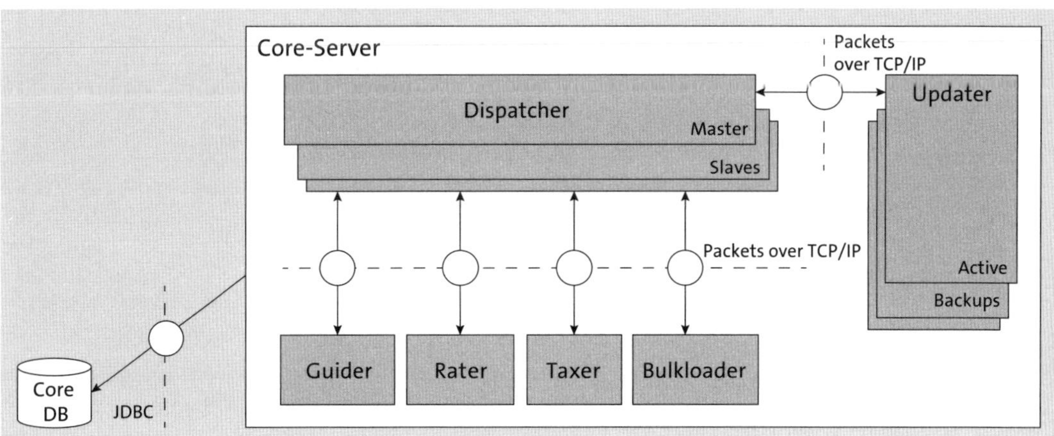

Abbildung 5.3 Core-Server-Architektur (Quelle: SAP)

Zur Installation, Konfiguration und Bedienung des Core-Servers werden Ihnen Tools bereitgestellt, die wir in Abschnitt 5.1.2, »Tools« näher erläutern.

BART-Server

Der BART-Server ist eine weitere Komponente von SAP CC, die die Stapelverarbeitung eingehender Positionen in einem Offline-Szenario übernimmt. Man spricht hierbei auch vom sogenannten *Batch-Rating*.

Stapelverarbeitung mit dem BART-Server

In diesem Szenario werden zuerst Verbrauchsdaten durch den BART-Server in eine SAP-CC-Datenbank geladen. In diesem Schritt können Sie kleine Prüfungen und Datenanreicherungen vornehmen. Für Datenanreicherungen kann der BART-Server auf aktuelle Informationen aus dem Core-Server zugreifen. Die zugehörigen Schnittstellen sind in Abbildung 5.4 illustriert. Beispielsweise kann in diesem Schritt bereits der Vertrag des Kunden zur Verbrauchsposition und dessen Gültigkeit ermittelt werden.

In der Stapelverarbeitung liest der BART-Server die im ersten Schritt geladenen Verbrauchsdaten Zeile für Zeile aus und übergibt sie zur weiteren Verarbeitung an die Rater- und Guider-Komponenten des Core-Servers. Ein erneutes Rating von bereits prozessierten Verbrauchsdaten lässt sich ebenfalls über den BART-Server anstoßen.

Diese Prozessschritte können Sie über eine Steuerungskomponente nach Ihren Wünschen automatisieren. Hilfreich hierfür sind verschiedene Tools, die Ihnen spezifisch für den BART-Server bereitgestellt werden. Diese Tools werden wir in Abschnitt 5.1.2, »Tools« ausführlicher beschreiben.

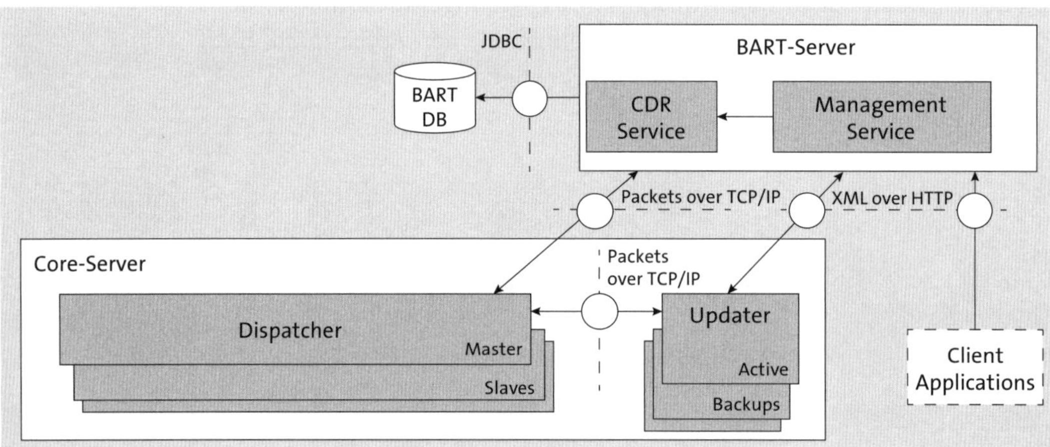

Abbildung 5.4 BART-Server (Quelle: SAP)

Diameter-Server

Echtzeitverarbeitung mit dem Diameter-Protokoll

Den Diameter-Server können Sie nutzen, um Verbrauchsdaten in einem *Echtzeitszenario* zu verarbeiten. Hierbei kommt das *Diameter-Protokoll* zum Einsatz, um Verbrauchsdaten für das Core-Tool aufzubereiten und in

Echtzeit Informationen an die Vorsysteme zurückzumelden, die durch das Rating entstanden sind.

Diese Echtzeitverarbeitung findet beispielsweise in Prepaid-Szenarien Anwendung. Der Diameter-Server bildet die technische Grundlage, um Prepaid-Telefonate augenblicklich abzubrechen, sobald kein Guthaben mehr vorhanden ist. Für Video-on-Demand-Anbieter ist ein Prepaid-Szenario denkbar, bei dem Werbung geschaltet wird, sobald ein bestimmtes Guthaben von Freiminuten aufgebraucht ist. Mehr dazu lesen Sie in Abschnitt 5.4.3, »Echtzeitverarbeitung«.

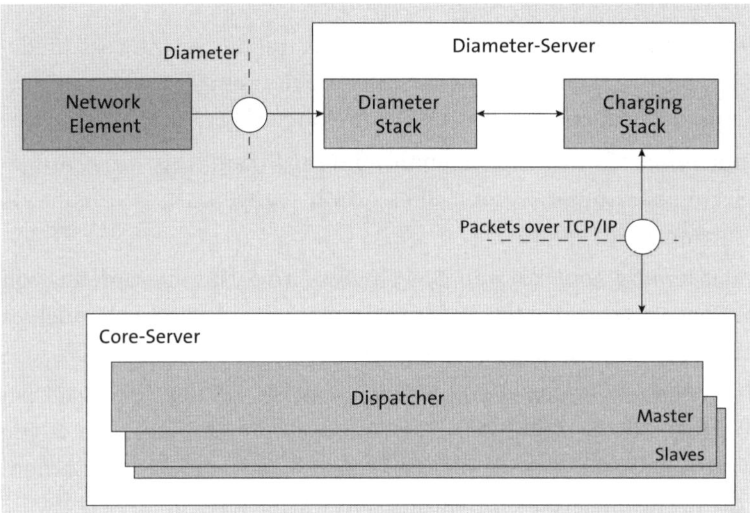

Abbildung 5.5 Diameter-Server (Quelle: SAP)

Import-Export-Connector

IEC-Zugriff auf Dateien und Datenbanken

Der Import-Export-Connector (IEC) bietet Ihnen die Möglichkeit, über konfigurierbare Szenarien unterschiedliche Datenquellen an den Core-Server anzubinden. Dies können beispielsweise *csv-Dateien* in einem Serverlaufwerk sein, aber auch Datenbanken fremder Systeme.

5.1.2 Tools

Unterschiedliche Tools für verschiedene Aufgaben

Zur Bedienung des SAP-CC-Systems können Sie auf verschiedene Tools zugreifen, die sich je nach Anwendungsgebiet auch optisch unterscheiden. Für die Installation, Konfiguration und Administration werden konsolenbasierte Tools bereitgestellt. Der Großteil der Aufgaben lässt sich jedoch über eine benutzerfreundlichere Desktop- oder Weboberfläche erledigen.

Für den Core-Server werden die folgenden Tools angeboten:

- Das *Core-Tool* ist die Hauptanwendung für Ihre Arbeit mit SAP CC. Es handelt sich um eine Desktopanwendung, die in Java ausprogrammiert wurde. Mit entsprechender Berechtigung haben Sie mithilfe des Tools vollständigen Zugriff auf alle im SAP-CC-System hinterlegten Stammdaten, Produkte und Preise. Die zu konfigurierenden Abrechnungsszenarien werden über das Core-Tool erstellt. Außerdem können Sie sämtliche Systemeinträge und Logs über die Oberfläche selektieren und auslesen. Als fachlicher Anwender werden Sie in Ihrem Umgang mit SAP CC nahezu 100 % Ihrer Arbeit im Core-Tool erledigen.

Konsolen und Java-GUIs

- Das *Setup-Tool* ist eine Konsolenanwendung, mit der Sie die verschiedenen Core-Serverinstanzen erstellen. Sicherheits- und Lizenzeinstellungen nehmen Sie ebenfalls über das Setup-Tool vor.
- Das Tool *Admin+* ist eine Konsolenanwendung für administrative Aufgaben. Systemparameter werden über Admin+ angepasst und laufende Serverinstanzen überwacht.
- Über das *Config-Tool* können Sie eingestellte Systemparameter von einem Core-Server auf einen anderen transportieren. Hierbei handelt es sich ebenfalls um eine Konsolenanwendung.
- Das *CC-Cockpit* ist eine neu eingeführte Webanwendung für SAP CC (ab Version 5.0), die die Administration von Systemparametern über eine benutzerfreundliche *SAP-Fiori-Oberfläche* erleichtern soll. Außerdem kann die Positionsdatenverarbeitung überwacht werden.

Für den BART-Server werden folgende Tools angeboten:

- Das *BART-Tool* ist eine Desktopanwendung zur Überwachung der Prozesse des BART-Servers. Über das Tool können Sie Verbrauchsdaten manuell laden und überwachen. Außerdem lassen sich automatische Jobs erstellen und konfigurieren.
- Ebenso wie der Core-Server besitzt auch der BART-Server ein Setup- und ein Admin-Tool (*BART-Setup-Tool* und *BART+*), die analoge Funktionen zum Setup-Tool und zu Admin+ bieten.

CAT für IEC-Kontrolle

Für den IEC wird das *Connector-Administration-Tool* (CAT-Tool) bereitgestellt, das ebenfalls über eine Desktopoberfläche die Konfiguration von Szenarien erlaubt.

5.1.3 Webservices

SAP CC wird primär über Webservice-Schnittstellen an umliegende Systeme angebunden (siehe Abbildung 5.6).

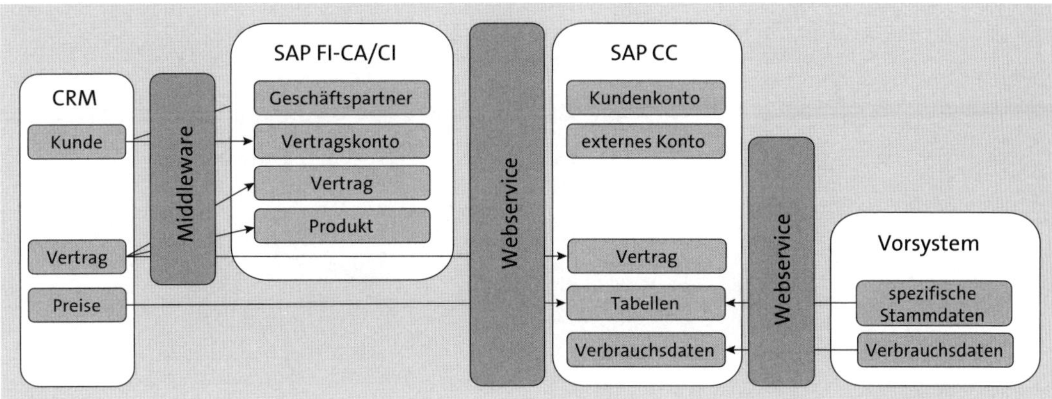

Abbildung 5.6 Schnittstellen von SAP CC

Schnittstellen für Updater und Dispatcher

Das System bietet dazu Schnittstellen an, die je nach Aufgabenkategorie einen Prozess am Updater oder Dispatcher steuern. Im Standard-Integrationsszenario mit SAP CI und SAP CRM sind vorkonfigurierte Endpunkte bereits vorhanden, die bei Installation mit dem SAP-CC-System verknüpft werden müssen. Mehr dazu lesen Sie in Abschnitt 5.5, »Integration in SAP BRIM«.

Wenn Sie kein SAP S/4HANA nutzen, erhält SAP CC die notwendigen Kundendaten über die sogenannte *Common Object Layer*. Dabei handelt es sich um eine separate Verteilschicht aus FI-CA, die beispielsweise über SAP CRM mit Daten beliefert wird. Für eine erfolgreiche Stammdatenintegration sind in diesem Fall Ports vorkonfiguriert, die mit dem SAP-CC-System verbunden werden müssen.

5.2 Kundenstammdaten

Minimale Stammdatenhaltung

Generell wird die Datenhaltung in SAP CC auf ein Minimum beschränkt. Es ist allerdings notwendig, die Stammdatenstruktur aus SAP CI (siehe Abschnitt 4.1, »Stammdaten in SAP CI«) sowie preisrelevante Stammdaten auch in SAP CC vorzuhalten. Hierzu werden im Sprachgebrauch von SAP CC leicht angepasste Begriffe genutzt, wie Abbildung 5.7 zeigt.

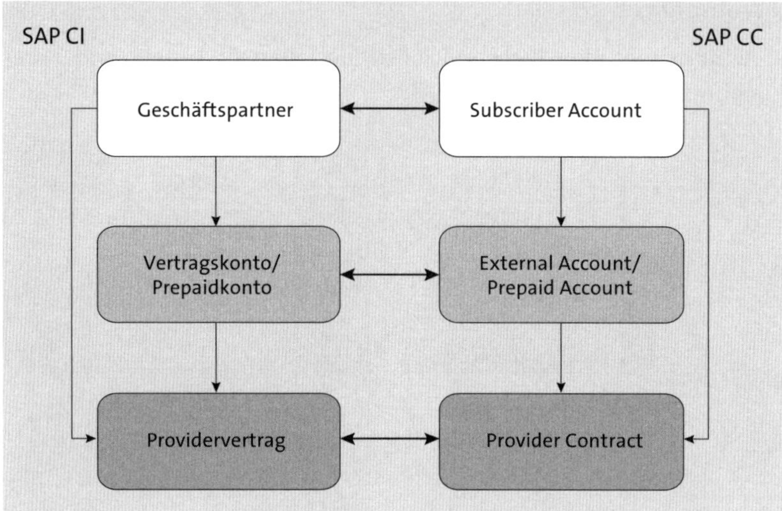

Abbildung 5.7 Kundenstammdaten in SAP CI und SAP CC

Alle Stammdatenobjekte lassen sich über den Menü-Pfad **File • Open** auswählen und anzeigen (siehe Abbildung 5.8).

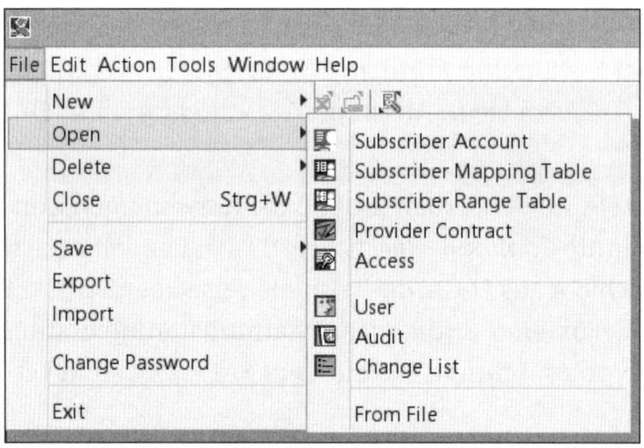

Abbildung 5.8 Stammdaten-Menü im Core-Tool (Ausschnitt)

5.2.1 Subscriber Account

Der Geschäftspartner wird in SAP CC als *Subscriber Account* geführt. Die Systemeinstellungen erlauben einen Anschluss mehrerer ERP- und CRM-Systeme an ein SAP-CC-System. Um Dateninkonsistenzen zu vermeiden, wird dem Subscriber Account daher eine Datenherkunft zugeordnet. Dies ist die sogenannte *Customer Management Area* (CMA).

Subscriber Account als Objektcontainer

Auf der Ebene des Subscriber Accounts werden weitere Kundendaten gebündelt. Bei diesen Daten handelt es sich um *External Accounts* und *Pre-*

paidkonten, die in SAP CC nicht als separates Objekt geführt werden, sondern direkt innerhalb des Subscriber Accounts in einer Liste angelegt werden. Außerdem sind die IDs der zugeordneten Providerverträge sowie preisrelevante Daten, etwa kundenspezifische Preistabellen (Subscriber Mapping Table) und Steuerinformationen, am Subscriber Account hinterlegt.

In Abbildung 5.9 sehen Sie einen Subscriber Account mit einer Liste von **Prepaid Accounts** und **External Accounts**, die ihm zugeordnet sind. Die **Customer Management Area** gibt an, auf welchem SAP CI-Mandanten der Stammdatensatz ebenfalls zu finden ist. In der Registerkarte **Contracts** können Sie auf alle Providerverträge des Kunden zugreifen. In der Registerkarte **Mapping Tables** sind bei Bedarf kundenspezifische Preistabellen hinterlegt, die allgemeine Preise eines zugeordneten Produkts überschreiben können.

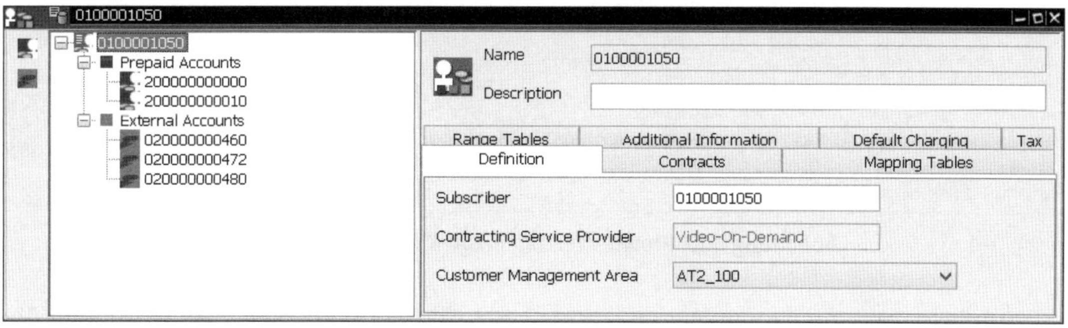

Abbildung 5.9 Subscriber Account

5.2.2 External Account

Vertragskonten aus SAP CI werden in SAP CC unter dem Begriff *External Accounts* geführt. Diese sind dem Subscriber Account zugeordnet (siehe Abbildung 5.9). Es findet lediglich eine minimale Datenhaltung in SAP CC statt. Als Steuerungsparameter können Sie im External Account optional angeben, ob dieser nur debitorische oder kreditorische Buchungen erlaubt und ob Buchungen nur in einer Währungseinheit erfolgen dürfen. Außerhalb dieser Konfigurationen ist für das SAP-CC-System nur die ID des External Accounts relevant. Diese müssen Sie im zugewiesenen Produkt verknüpfen, wenn das Produkt ein *Postpaid-Szenario* abbildet.

Vertragskonto in SAP CC

Der Begriff External Account ist nicht gleichzusetzen mit dem Vertragskonto in SAP CI, da Sie auch beliebige Konten anderer externer Systeme hierunter bündeln können. Für das Standardintegrationsszenario mit SAP CI ist dies aber unerheblich.

5.2.3 Providervertrag

Die zentrale Rolle der Providerverträge

Der Providervertrag (Provider Contract in SAP CC) bildet die wesentliche Schnittstelle zwischen SAP CI und SAP CC und ist auf der Ebene des Subscriber Accounts in SAP CC hinterlegt. Ein Providervertrag ist im Gegensatz zum External Account oder Prepaidkonto ein eigenständiges SAP-CC-Objekt. Einem Subscriber Account können Sie mehrere Providerverträge zuordnen.

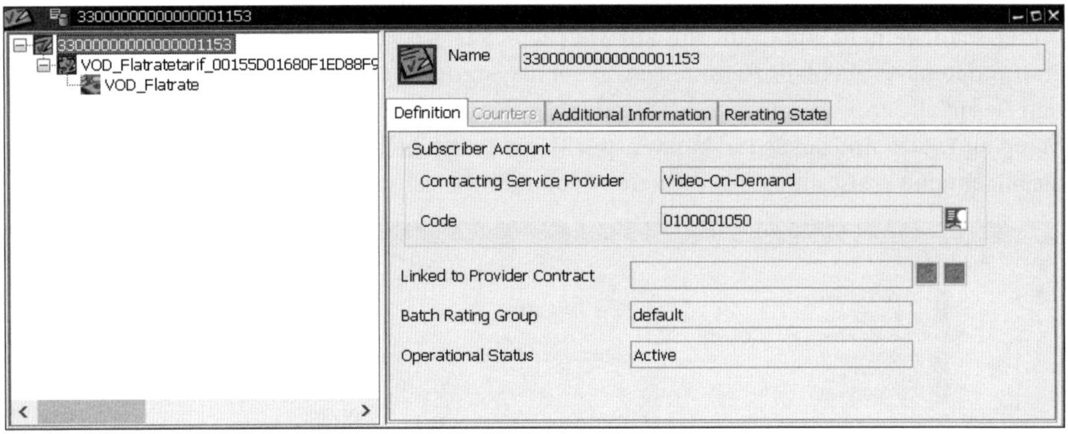

Abbildung 5.10 Providervertrag in SAP CC

Zuweisung von Tarifen und Produkten

An diesem Stammdatum können Sie dem Kunden die konfigurierten Abrechnungsszenarien bzw. Produkte (Charge-Plan, siehe Abschnitt 5.3, »Stammdaten des Serviceanbieters«) zuordnen. Dadurch ist das System in der Lage, die eingehenden Verbräuche eindeutig über eine *Kennung* (siehe Abschnitt 5.3.1, »Kundenfindung«) dem Kunden zuzuordnen. Üblicherweise erfolgt die Zuordnung der Produkte in SAP CRM und wird in SAP CC repliziert. Einem Providervertrag können Sie mehrere (auch gleichartige) Produkte zuordnen, die sich dann allerdings in einem technischen Schlüssel unterscheiden müssen.

Ein Beispiel des Anwendungsszenarios Video-on-Demand sehen Sie in Abbildung 5.10. Hier wurde dem Providervertrag das Produkt **VOD_Flatrate** zugeordnet. Anhand des **Operational Status** ist erkennbar, dass sich der Vertrag in einem aktiven Zustand befindet. Innerhalb der Registerkarte **Counter** lassen sich alle globalen Zähler des Vertrags einsehen. Diese Registerkarte ist in diesem Fall ausgegraut, weil das zugeordnete Produkt keinen Zähler besitzt.

Je Produkt, das einem Providervertrag zugeordnet ist, erfolgt auch die Zuordnung eines oder mehrerer Vertragskonten (bzw. External Accounts).

Über die Ermittlungslogik im Produkt (Charging-Plan) können Sie festlegen, zu welchem Konto die zu erstellende Position hinterlegt werden soll.

Parameter

Übersteuerung von Produkteigenschaften mit Parametern

Auf der Ebene des Providervertrags können Sie den Produkten kundenspezifische *Parameter* zuordnen. Diese Parameter sind im Vorfeld im Produkt zu definieren und für ein Überschreiben im Providervertrag freizuschalten. Damit haben Sie die Möglichkeit, eine Ausprägung eines Produkts für unterschiedliche Kunden feinzusteuern. Parameter können Sie als Zahlen, Textbausteine oder Datumsfelder anlegen.

Ein Standardparameter, der in jedem Vertrag systemseitig angelegt wird, ist der Parameter SAP_BILL_CYCLE_DATE. Diesen können Sie für die Umsetzung wiederkehrender Gebühren nutzen. Sein Wert entspricht immer dem Anfang der nächsten Rechnungsperiode des zugehörigen Vertrags in SAP CI.

Zähler

Zählerdefinition auf verschiedenen Ebenen

Ebenso wie Parameter können Sie *Zähler* am Providervertrag einem oder mehreren Produkten zuordnen. Es besteht jederzeit auch die Möglichkeit, den Zähler auf Ebene des Produkts oder der Abrechnungslogik zu definieren. Zähler auf der Ebene des Providervertrags bieten den Vorteil, dass sie auch produktübergreifend abgebildet werden können.

[zB]

Telekommunikation

In einem Mobilfunkvertrag gibt es eine gemeinsame Freimenge von 500 Einheiten in Gesprächsminuten oder SMS. Sie definieren Telefonie und SMS-Versand als separate Produkte und erstellen zum Abbilden der Freimenge einen Zähler auf Providervertragsebene, den Sie den beiden Produkten zuordnen. Innerhalb der Produkte greift die Berechnungslogik auf den Zähler zu und verringert diesen bzw. setzt ihn zu Monatsende auf den Wert 500 zurück.

5.2.4 Prepaidkonten

Parallele Nutzung von Prepaid- und Postpaidkonten

Ebenso wie External Accounts (Vertragskonten) werden *Prepaidkonten* auf Ebene des Subscriber Accounts in SAP CC angelegt. Sie haben im Standardintegrationsszenario ein analoges Objekt in SAP CI und können aus SAP CRM heraus repliziert werden.

In Abbildung 5.11 sehen Sie die Hauptansicht eines Prepaidkontos in SAP CC. Zu dieser Ansicht gelangen Sie, wenn Sie das entsprechende Prepaidkonto im Subscriber Account auswählen. Anhand der **Balance** ist ersichtlich, welcher Guthabenbetrag aktuell auf dem Konto vorhanden ist.

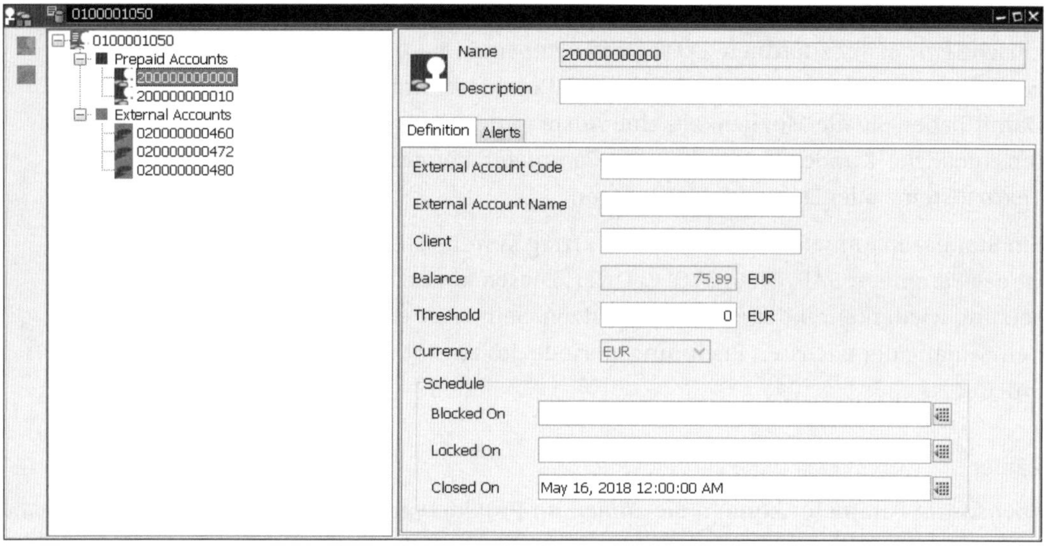

Abbildung 5.11 Prepaidkonto

Sie legen Prepaidkonten mit einem Grundbetrag (in €) und einem Schwellenwert für den minimalen Saldo an. Ab diesem Schwellenwert ist eine Nutzung der Produkte, die mit diesem Prepaidkonto verbunden sind, nicht mehr möglich. Erst wenn das Konto ausreichend aufgeladen ist, lässt es sich wieder nutzen. Zu diesen Ereignissen können Sie auch Meldungen definieren, die über das Nachrichtensystem in SAP CC ausgegeben werden (siehe Abbildung 5.12).

Zeitpunkte und Meldungssystem

Weitere Daten, die am Prepaidkonto festgehalten werden, sind die Zeitpunkte einer möglichen Blockierung bzw. Sperrung des Kontos sowie das Datum der Schließung im Falle einer Vertragskündigung. In Abbildung 5.11 sehen Sie, dass das Konto im Feld **Closed On** ein Enddatum hinterlegt hat. Das Prepaidkonto kann damit die Status *Aktiv, Blockiert, Gesperrt* und *Geschlossen* besitzen, die über das Nachrichtensystem ausgewertet werden können.

Durch das Nachrichtensystem am Prepaidkonto können Sie weitere Zeitpunkte festlegen, zu denen Meldungen ausgegeben werden. Das System unterscheidet dabei zwischen *Amount Alerts*, die die Höhe des Prepaidguthabens betreffen, und *Expiration Alerts*, die ausgegeben werden, wenn sich der Status des Kontos ändert.

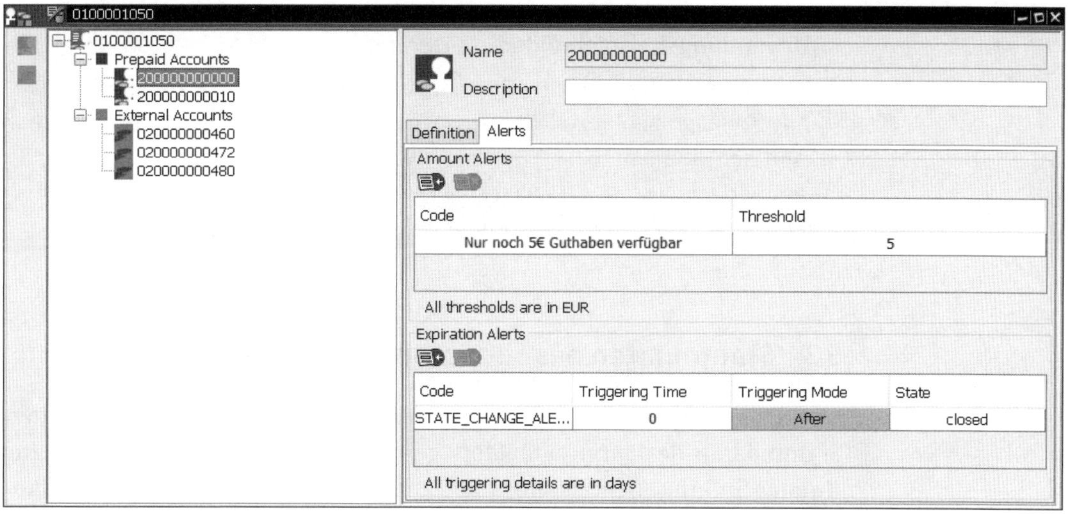

Abbildung 5.12 Nachrichtensystem am Prepaidkonto

Telekommunikation

Sie erstellen ein Prepaidkonto mit einem Startguthaben von 25 €, das bei einem Stand von 0 € eine weitere Nutzung der verknüpften Produkte nicht erlaubt. Bei einem Schwellenwert von 5 € geben Sie eine Warnung an den Kunden aus, dass sein Volumen annähernd verbraucht ist. Diese Warnung können Sie als **Amount Alert** umsetzen (siehe Abbildung 5.12).

Ist der Stand von 0 € trotz Warnung erreicht, wird das Konto blockiert und gleichzeitig eine Nachricht an den Kunden versendet. Diese Nachricht können Sie als **Expiration Alert** definieren, die mit der Blockierung des Kontos verknüpft ist.

5.2.5 Allowance

Einschränkungen und Vergütungen für Tarife

Unter *Allowance* (Restriktion/Erlaubnis) versteht man ein Datenobjekt, das auf Providervertragsebene am Kunden hinterlegt werden kann. Durch die Verwendung von Allowance lassen sich spezielle Abrechnungsszenarien umsetzen, die eine zeitliche oder mengenbasierte Einschränkung (oder auch Vergütung) der Produktnutzung beinhalten.

Dazu wird auf Tarifebene ein Allowance-Eintrag erstellt, in dem zur Laufzeit die Eintragung des Allowance-Objekts am Kunden überprüft wird. Hierzu können auch spezielle Prüfparameter verwendet werden. Weitere Informationen finden Sie in Abschnitt 5.4.4, »Allowance-Management«.

Anwendungsbeispiel: Video-on-Demand

Ein Kunde erhält durch eine Gutscheinaktion einen Monatszugang für das Video-on-Demand-Portal über ein Volumen von 100 GB. In diesem Fall kann dem Kunden in SAP CC das übliche Video-on-Demand-Produkt zusammen mit einem Allowance-Objekt zugeordnet werden, welches die zeitliche und verbrauchsspezifische Abgrenzung vornimmt.

5.3 Stammdaten des Serviceanbieters

Sämtliche Elemente zur Definition eines Produkts sind in SAP CC unter den Stammdaten des Serviceanbieters gebündelt. Dazu zählen Elemente zur Kundenfindung, Bepreisung und Tarifierung, die in den folgenden Abschnitten beschrieben werden.

Kataloge als Container für Tarifobjekte

Die Elemente können Sie hierbei sogenannten *Katalogen* zuordnen, um unterschiedliche Produkte thematisch voneinander zu trennen. Den Katalogen können Sie den Begriff eines *Rating-Bereichs* in SAP CI zuweisen, um auch hier eine Ausdifferenzierung vornehmen zu können. Die Ansteuerung der verschiedenen Kataloge können Sie mittels der Rating-Bereiche und verschiedener Zugriffsbenutzer gestalten.

Charge-Plan

Die obersten Objekte der Produktdefinition sind die *Charge-Pläne*. Sie bündeln verschiedene Abrechnungsszenarien zu einem Produkt und können direkt auf Providervertragsebene mit dem Kunden verknüpft werden. Charge-Pläne können sowohl Prepaid- als auch Postpaidkonten belasten.

Refill-Plan

Für das Aufladen eines Prepaidkontos wird Ihnen der *Refill-Plan* zur Verfügung gestellt. In diesem Objekt können Sie ebenfalls verschiedene Refill-Szenarien bündeln und am Prepaidkonto des Kunden hinterlegen.

Allowance-Plan

Als letztes übergeordnetes Stammdatenobjekt gibt es den *Allowance-Plan*, über den Sie eine Restriktion von Produkten am Kunden vornehmen können. Allowance-Pläne werden in anderen Abrechnungsszenarien abgefragt und zur Laufzeit am Kunden geprüft. Anschließend erfolgt eine Restriktion oder Erlaubnis zur Nutzung des entsprechenden Produkts.

5.3.1 Kundenfindung

Verbrauchs-abhängige Tarifierung

Unter der *Kundenfindung* versteht sich die Zuordnung eines Verbrauchs aus einem Vorsystem oder einer anderen externen Datenquelle zum entsprechenden SAP-Kundenobjekt mittels abstrakter Begriffe. Die Zuordnung erfolgt dabei über *Accesses*, die zur Laufzeit des Systems aktualisiert werden.

Access

Automatische Erstellung von Zugriffspunkten

Accesses werden automatisch nach Operationen in der Providervertragspflege erstellt oder beendet. Sie sind eine Kombination aus *Kunden-* und *Servicekennung* sowie einer Vertragslaufzeit. Über Accesses wird einer Verbrauchsposition der zugehörige Kunde zugeordnet. Dabei ist es erforderlich, dass die zugehörigen Daten (Kunden- und Servicekennung) am Verbrauch vorhanden sind.

[zB]

Telekommunikation

Ein Kunde erhält einen neuen Mobilfunkvertrag und bestellt die separaten Produkte Telefonie, SMS-Versand und Internetflatrate. Diese Produkte werden dem Providervertrag zugeordnet, und der Kunde wird eindeutig über seine Mobilfunknummer identifiziert. Das System erstellt anschließend drei Accesses, die aus einer Kombination der Produktkennungen (beispielsweise TEL, SMS, INT) und der Mobilfunknummer bestehen. Zusätzlich wird den Accesses die jeweilige Vertragslaufzeit zugeordnet.

Sollte nun ein Verbrauch mit der Produktkennung »SMS« und der Mobilfunknummer des Kunden vom System verarbeitet werden, der zur Laufzeit des Kundenvertrags angefallen ist, so wird dieser Verbrauch dem Kunden entsprechend zugeordnet.

So ist sichergestellt, dass zu keinem Zeitpunkt eine Kombination aus Kunden- und Servicekennung doppelt im System hinterlegt werden kann.

5.3.2 Tarifierung

Unterschiedliche Tarifierungsobjekte

Unter der *Tarifierung* werden alle Objekte in SAP CC zusammengefasst, die einen Prozessschritt in der Preisbestimmung einnehmen. Dazu zählen u. a. alle Schritte von der Übergabe des Verbrauchs an SAP CC bis hin zum Export der abrechenbaren Position inklusive ermitteltem Entgelt an SAP CI. Aber auch die einmalige und periodische Erzeugung von abrechenbaren Positionen in SAP CI wird in der Tarifierung konfiguriert.

Alle Tarifierungsobjekte speichern Sie in Katalogen ab. Im Core-Tool sind Kataloge das höchste Strukturelement, das eine Trennung unterschiedlicher Abrechnungsszenarien ermöglicht. Alle Tarifierungsobjekte werden im Core-Tool angelegt, verwaltet und überwacht.

Die Charge als Kern der Preisberechnung

Der zentrale Punkt jeder Tarifierung ist die *Charge*. Diese bildet das Produkt- und Berechnungsszenario ab. Dazu stehen verschiedene Funktionen als Bausteine zur Verfügung. Mehr Informationen zur Charge finden Sie im unter der gleichnamigen Überschrift in diesem Abschnitt.

Im Folgenden erhalten Sie einen Überblick über eine große Auswahl von Tarifierungsobjekten. Die Basiselemente werden jeweils zuerst genannt und anschließend weiter abstrahiert.

Chargeable Item Class

Die *Chargeable Item Class* ist das Äquivalent in SAP CC zur Klasse der Verbrauchsposition (CIT) in SAP CI. Sie beinhaltet im Regelfall alle Felder der CIT-Klasse. Hierbei sind die Datenelemente der Chargeable Item Class auf die drei Basiselemente Number, Date und String reduziert. Die Chargeable Item Class dient in den verbrauchsabhängigen Preisszenarien als Eingabestruktur und muss somit alle preisrelevanten Informationen enthalten, die nicht über Produkt oder Vertrag in der Preisberechnung herangezogen werden können.

Replikation der CIT-Klasse aus SAP CI

Das Core-Tool bietet Ihnen die Möglichkeit, eine Chargeable Item Class manuell selbst zu erstellen. Der deutlich komfortablere Weg aber ist, eine direkte Replikation einer CIT-Klasse vorzunehmen, die zuvor in SAP CI konfiguriert wurde. Hierzu wählen Sie den Menüeintrag **File • New • Consumption Item Mapping**. Der aufgerufene Assistent gibt Ihnen die Möglichkeit, alle vorkonfigurierten CIT-Klassen aus SAP CI, die erfolgreich generiert und aktiviert wurden, in SAP CC zu übernehmen. Es kann nur ein Mapping pro CIT-Klasse angelegt werden. Die Chargeable Item Class in SAP CC sollte anschließend denselben Namen tragen.

Nach einer Änderung der CIT-Klasse in SAP CI (z. B. nachdem Sie zusätzliche Felder hinzugefügt haben) müssen Sie eine Anpassung des Mappings ebenfalls in SAP CC vornehmen. Dazu öffnen Sie das dazugehörige Consumption Item Mapping (**File • Open • Consumption Item Mapping**) und aktualisieren es über den Button **Refresh Consumption Item Class**, der sich in der rechten oberen Ecke des Fensters befindet (siehe Abbildung 5.13).

Anwendungsbeispiel: Video-on-Demand

Die Verbrauchsposition für den Prepaidvertrag des Video-on-Demand-Szenarios kann nach Anlage und Aktivierung in SAP CI direkt in SAP CC repliziert werden. Die Feldtypen werden übernommen und an die Standardfeldtypen in SAP CC angepasst (siehe Abbildung 5.13).

Dem Mappingobjekt ist ein Funktionsbaustein zugewiesen, der anschließend automatisch zur Anlage der Verbrauchspositionen in SAP CI genutzt wird.

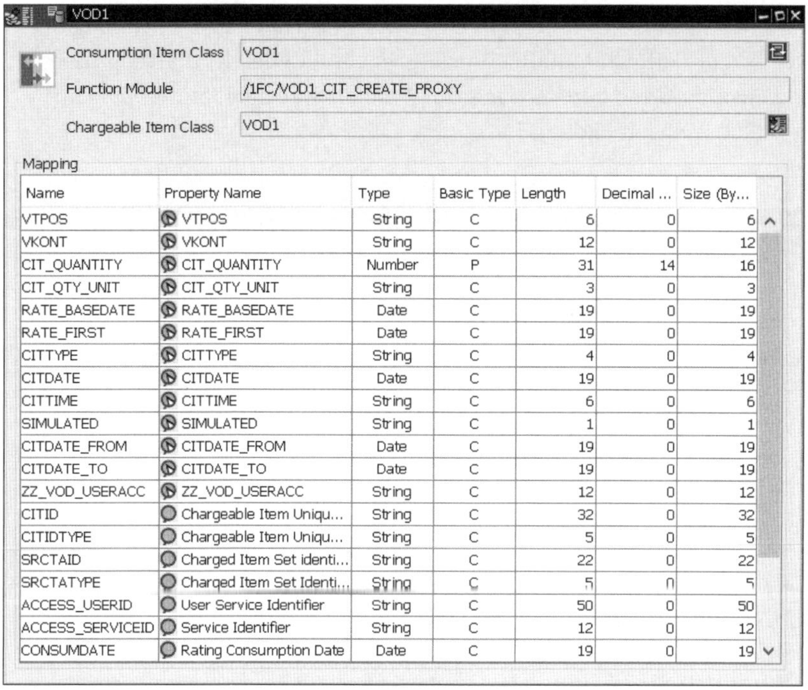

Name	Property Name	Type	Basic Type	Length	Decimal ...	Size (By...
VTPOS	VTPOS	String	C	6	0	6
VKONT	VKONT	String	C	12	0	12
CIT_QUANTITY	CIT_QUANTITY	Number	P	31	14	16
CIT_QTY_UNIT	CIT_QTY_UNIT	String	C	3	0	3
RATE_BASEDATE	RATE_BASEDATE	Date	C	19	0	19
RATE_FIRST	RATE_FIRST	Date	C	19	0	19
CITTYPE	CITTYPE	String	C	4	0	4
CITDATE	CITDATE	Date	C	19	0	19
CITTIME	CITTIME	String	C	6	0	6
SIMULATED	SIMULATED	String	C	1	0	1
CITDATE_FROM	CITDATE_FROM	Date	C	19	0	19
CITDATE_TO	CITDATE_TO	Date	C	19	0	19
ZZ_VOD_USERACC	ZZ_VOD_USERACC	String	C	12	0	12
CITID	Chargeable Item Uniqu...	String	C	32	0	32
CITIDTYPE	Chargeable Item Uniqu...	String	C	5	0	5
SRCTAID	Charged Item Set identi...	String	C	22	0	22
SRCTATYPE	Charged Item Set Identi...	String	C	5	0	5
ACCESS_USERID	User Service Identifier	String	C	50	0	50
ACCESS_SERVICEID	Service Identifier	String	C	12	0	12
CONSUMDATE	Rating Consumption Date	Date	C	19	0	19

Abbildung 5.13 Consumption Item Mapping

Charged Item Class

Output der Preisberechnung

Die *Charged Item Class* ist das Äquivalent in SAP CC zur Klasse der abrechenbaren Position (BIT) in SAP CI. Sie beinhaltet im Regelfall alle Felder der BIT-Klasse. Die Charged Item Class ist das Ausgabeelement der Preisberechnung. Sie enthält das ermittelte Entgelt und möglicherweise zusätzliche Werte, die aus der Berechnung an SAP CI übergeben werden sollen.

Replikation der BIT-Klasse aus SAP CI

Analog zur Chargeable Item Class können Sie auch ein Mapping zur Charged Item Class aus der BIT-Klasse replizieren. Hierzu müssen Sie zuvor die BIT-Klasse in SAP CI generieren und aktivieren. Den entsprechenden Assistenten starten Sie über das Menü **File • New • Billable Item Mapping** im Core-Tool. Während der Erstellung des Mappings haben Sie die Möglichkeit anzugeben, ob die Chargeable Item Class für Prepaid- und/oder Postpaid-Szenarien verwendet werden darf.

Im Gegensatz zur Chargeable Item Class darf es mehrere Objekte einer Charged Item Class pro BIT-Klasse geben. Zur Aktualisierung der Mappingstruktur gibt es auch für die Charged Item Class einen entsprechenden Button, **Refresh Billable Item Class**.

Anwendungsbeispiel: Video-on-Demand

Die abrechenbare Position für den Flatrate-Tarif wird nach Aktivierung aus SAP CI repliziert. Sind im Customizing von SAP CI bereits die Teilprozesse und Positionsarten gepflegt, so erfolgt ein entsprechendes Mapping auch in SAP CC (siehe Abbildung 5.14).

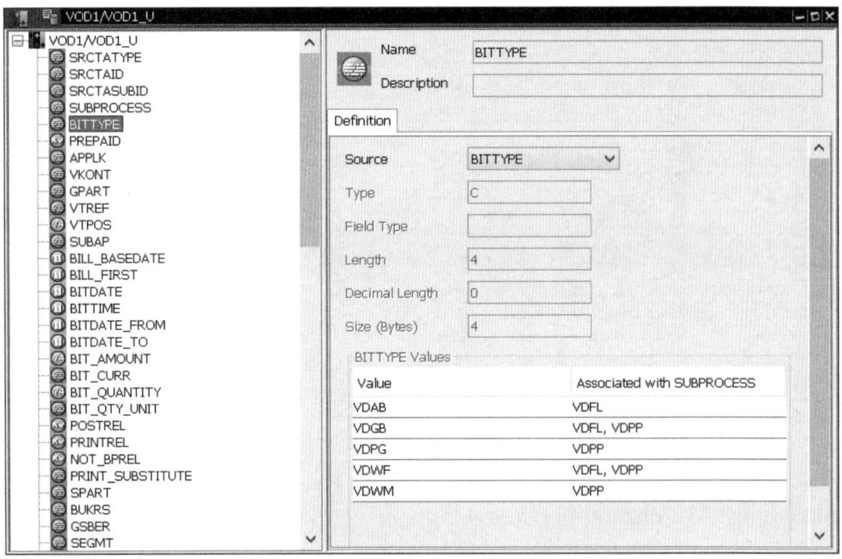

Abbildung 5.14 Billable-Item-Mapping in SAP CC

Mapping Table

Zentrale Pflege von Preisen

Preise zu Produkten oder Produktbestandteilen werden in SAP CC in *Mapping-Tabellen* gepflegt. Diese Tabellen können bis zu vier Schlüsselspalten und maximal 15 Ausgabespalten enthalten.

Um jede Zeile der Tabelle einer Abrechnungsperiode zuordnen zu können, sind als feste Schlüssel der Mapping-Tabelle grundsätzlich der Gültigkeitsbeginn und das Gültigkeitsende vorgesehen.

Mapping-Tabellen werden im Core-Tool als *Mapping Table Class* vordefiniert. In diesem ersten Schritt haben Sie die Möglichkeit, eine Spaltenstruktur (mit Schlüssel- und Ausgabespalten) für die Tabelle festzulegen.

Anschließend können Sie aus der Mapping Table Class eine Tabelle erzeugen, in die Zeilenwerte eingetragen werden. Die Eingabe der Zeilen kann entweder manuell oder über einen csv-Upload erfolgen. Zur automatisierten Pflege der Tabelle steht weiterhin ein generischer Webservice zur Verfügung.

Pflege über SAP CRM

In der Standardintegration können Sie Mapping-Tabellen auch direkt in SAP CRM bearbeiten und für spezifische Kunden überschreiben (Subscriber Mapping Table). Seit SAP CC 5.0 wurde eine erweiterte Oberfläche zur Bearbeitung der Mapping-Tabelle bereitgestellt. Diese beinhaltet Möglichkeiten zur Filterung und Sortierung von Daten. Außerdem gibt es die Option, Mapping-Tabellen als csv-Datei zu exportieren.

Anwendungsbeispiel: Video-on-Demand

Die Grundgebühren für Endkunden im Flatrate-Tarif werden in einer Mapping-Tabelle gepflegt. Eingetragen sind die Gebühren für das Jahr 2018 und bis zu vier mögliche Endgeräte.

Zugrunde liegt die Mapping-Table-Class VOD_MTC_Flatrate_Grundgebühr, die in einem vorherigen Schritt definiert worden ist. Sie legt den Aufbau der Tabelle mit der Eingabespalte **Geraete** und der Ausgabespalte **Grundgebuehr** fest. Der zugehörige Identifier ist frei wählbar und wurde in diesem Szenario mit einem fachlichen Schlüssel versehen (siehe Abbildung 5.15).

Die Tabellenklasse wird außerdem für eine Redefinition der Tabelle auf Kundenebene genutzt.

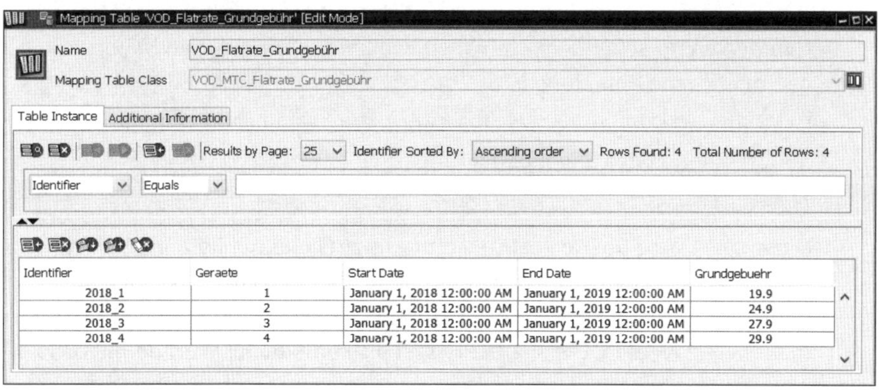

Abbildung 5.15 Mapping-Tabelle für Grundgebühren

Range Table

Staffel- und Zonenpreise

In manchen Tarifszenarien werden Staffelpreise oder zonenabhängige Preise verwendet, bei denen ein Preis je Mengeneinheit abhängig ist von der bisher verbrauchten Menge. Diese Preislogik können Sie in einer *Range-Tabelle* abbilden.

Dazu definieren Sie, wie bei der Mapping-Tabelle, zuerst eine grundlegende *Range Table Class* für die gewünschte Preistabelle. Diese legt den Grundaufbau der Tabelle fest.

Ein Schlüsselwert der Tabelle ist hierbei stets ein Nummernintervall. Für dieses Nummernintervall lässt sich in der Range Table Class festlegen, ob die oberen (bzw. unteren) Grenzen zum Intervall hinzuzählen oder nicht.

Zusätzlichen lassen sich (seit SAP CC 5.0) auch weitere Eingabespalten definieren. Zu jedem Eingabewert kann in der Tabellendefinition eine eigene Ausprägung der Nummernintervalle erstellt werden.

Den Ausgabespalten einer Range-Tabelle können Sie Zahlen- oder Textwerte hinzufügen. Die numerischen Werte können Sie auch als kumulative Werte definieren. Dies ist sinnvoll, wenn sich beispielsweise der Gesamtpreis einer Menge X aus mehreren verschiedenen Staffelpreiskomponenten zusammensetzt.

Abhängige Funktionen in der Charge

Es gibt spezielle Selektionsfunktionen für Range-Tabellen, die Sie während der Preisberechnung nutzen können. Diese Funktionen geben neben den definierten Ausgabewerten auch zusätzliche Informationen aus, wie z. B. die untere bzw. obere Grenze des Selektionsintervalls, den Prozentanteil des Selektionswerts am Intervall oder die kumulierten Werte.

Anwendungsbeispiel: Video-on-Demand

Die Minutenpreise für Endkunden im Prepaidtarif werden in einer Range-Tabelle gepflegt. Die Preise für das Aufladen von werbefreien Minuten sind den entsprechenden Intervallen von bereits erworbenen Minuten zugeordnet (siehe Abbildung 5.16).

Der Kauf eines Volumens von 250 Minuten bei einem Zählerstand von 100 Minuten ergibt also folgenden Betrag:

150 x 0,01 € + 100 x 0,005 € = 2,00 €

Diese Logik wird über ein *Makro* umgesetzt (siehe Abbildung 5.17), das in der Prepaid-Charge genutzt werden kann. Die Berechnungslogik bedient sich hierbei der zusätzlichen Werte, die bei Selektion einer Range-Tabelle mitgeliefert werden. Die Spalte **Preis** ist als kumulativer Wert definiert, sodass zur eigentlichen Preisberechnung eine simple Ausgabefunktion ausreicht.

Die Eingabespalten sind für diese Range-Tabelle noch nicht definiert. Denkbar wäre eine Eingabespalte zur Abgrenzung von verschiedenen Vertragsspezifikationen, um die Pflege für unterschiedliche Verträge in einer Tabelle zu halten.

Ein Zeitintervall zur Angabe der Gültigkeit einer Zeile, wie in der Mapping-Tabelle, ist in den einzelnen Zeilen nicht vorgesehen. Stattdessen ist die gesamte Range-Tabelle mit einer Versionisierung versehen.

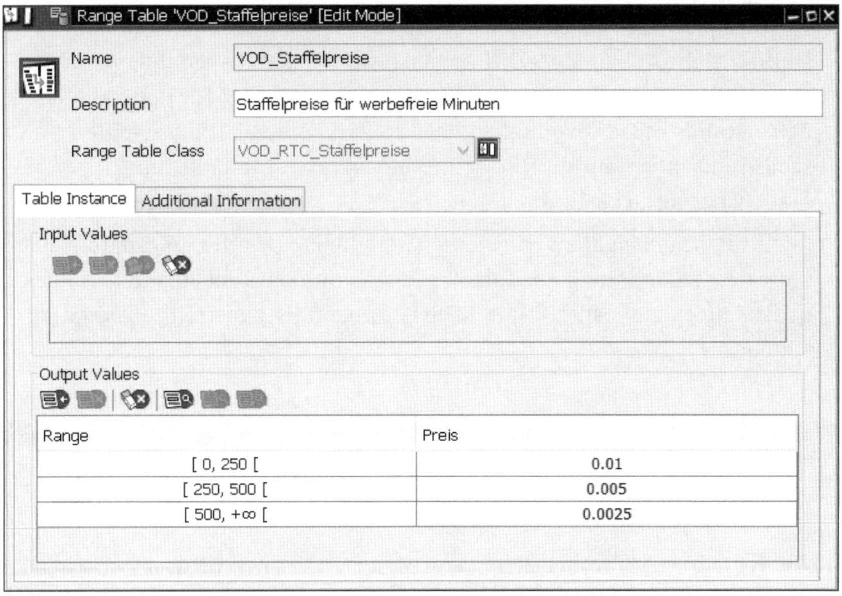

Abbildung 5.16 Range-Tabelle für Minutenpreise

Makros

Modularisierung in SAP CC

Makros sind ein mächtiges Werkzeug im Umgang mit der Preisberechnungslogik in SAP CC. Sie bündeln in sich abgeschlossene Berechnungslogiken, die an anderen Stellen wiederverwendet werden können. Sie können erstellte Makros innerhalb von Charges aufrufen oder auch in weiteren Makros.

Der Standardfall für die Verwendung eines Makros ist die Vermeidung von redundanten Berechnungslogiken. Wird eine Berechnung innerhalb einer Charge mehrfach ausgeführt, so empfiehlt es sich hierzu ein Makro anzulegen und dieses in der Logik mehrfach zu verwenden.

Festes Eingabe- und Ausgabeinterface

Die Schnittstelle (mit Eingabe- und Ausgabewerten) eines Makros wird bei dessen Erstellung festgelegt und kann im weiteren Verlauf nicht mehr geändert werden. Ein Makro verfügt immer über einen Standardausgabewert im Nummernformat, der über die abschließende Funktion ausgegeben wird (mehr zu den Pricing-Funktionen erfahren Sie im folgenden Abschnitt, »Charge«). Darüber hinaus können Sie noch weitere Ausgabewerte definieren.

Anwendungsbeispiel: Video-on-Demand

Zur generischen Berechnung der Minutenpreise mit der in Abbildung 5.16 gezeigten Staffelpreistabelle wird ein Makro verwendet, das den Staffelbetrag komplett vom Nullzählerstand bis zu einem Eingabewert **Minuten** bestimmt (siehe Abbildung 5.17). Das Makro wird in der Berechnungslogik der Charge zweimal aufgerufen und erzeugt einen Betrag für den aktuellen Zählerstand und die verbrauchten Minuten. Diese Beträge werden anschließend innerhalb der Charge voneinander subtrahiert, um den Verbrauchsbetrag zu bestimmen.

Als zusätzliche Eingabewerte werden dem Makro das **Nutzungsdatum** zur korrekten Bestimmung der Tabellenversion und ein Tabellenname mitgegeben, um kundenspezifische Tabellen ebenfalls generisch auslesen zu können.

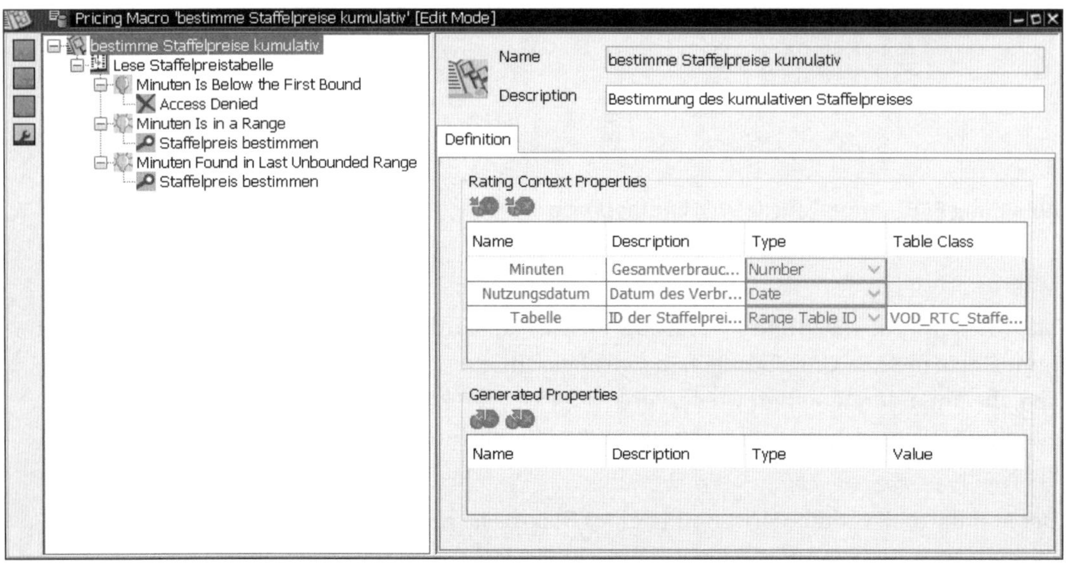

Abbildung 5.17 Makro zur Berechnung von Staffelpreisen

Charge

Unterscheidung von Pricing und Charging

In einer *Charge* werden die Selektion des Kundenkontos (Prepaid- oder Postpaidkonto) und die Berechnung des Preises ausgeprägt. Die Charge ist hierzu in zwei getrennte Bereiche aufgeteilt. Die Selektion des Kundenkontos erfolgt über den *Charging-Plan* und die Preisberechnung im *Price-Plan*. Diese Teilbereiche der Charge werden im Folgenden genauer beschrieben.

Der Charge-Plan als Klammer

Die Funktionalität von einer oder mehreren Charges wird in einem *Charge-Plan* (siehe dazu den gleichnamigen Abschnitt weiter unten in diesem Kapitel) zu einem Produkt gebündelt. Die Charges werden im Charge-Plan durch eine Servicekennung gekennzeichnet, die zusammen mit dem erforderlichen technischen Identifikator (der Kundenkennung) und einem Verbrauchsdatum die eindeutige Zuordnung einer Verbrauchsposition ermöglicht (siehe dazu den Abschnitt 5.3.1, »Kundenfindung«).

Eine Charge kann in zwei verschiedenen Typen definiert werden:

- *Master-Charge*: eigenständige Berechnungslogik ohne Abhängigkeit zu anderen Prozessen
- *Dependent-Charge*: Berechnungslogik, die im Zusammenhang mit einer Master-Charge durchlaufen wird

Interne und externe Parameter und Zähler

Als weitere globale Variablen können Sie der Charge verschiedene *Parameter* und *Zähler* zuordnen. Diese können Sie als interne Variablen erstellen, die nur innerhalb der Charge verwendet werden und die keine Anpassung von außerhalb der Charge erfahren dürfen. Sie können aber auch eine externe Konfiguration des Parameters oder Zählers wählen. Hiermit lässt sich die Variable im übergeordneten Strukturobjekt (im Charge-Plan) neu definieren. Auf diese Weise können Sie auch Zählerstände eines Produkts über mehrere Verträge hinaus verwalten.

Charging-Plan

Ermittlung des Kundenkontos

Der Charging-Plan dient der Selektion des Vertrags- oder Prepaidkontos, auf das der errechnete Preis gebucht werden soll. Hierzu werden im Charging-Plan lediglich Referenzen auf abstrakte Konten gebildet und verwaltet. Der reale Bezug auf das Kundenkonto erfolgt über die Verknüpfung der Referenz mit der Kontennummer mithilfe des Charge-Plans im Providervertrag. Im Charging-Plan werden also generell nur die möglichen buchbaren Kundenkonten als Referenzen in einem *Kontenverzeichnis* abgebildet.

[«]

Charge-Plan und Charging-Plan

Bei den beiden Begriffen Charging-Plan und Charge-Plan handelt es sich trotz ähnlicher Namensgebung um unterschiedliche Objekte in SAP CC.

Der Charging-Plan ist, wie hier beschrieben, ein Teil einer einzelnen Logikkomponente zur Selektion eines Kundenkontos. Der Charge-Plan bündelt mehrere solche Logikkomponenten zu einem Produkt und ist damit ein Objekt in einer höheren Hierarchieebene.

Mithilfe vorgegebener elementarer Funktionen können Sie eine Ableitungslogik definieren und so das richtige Kundenkonto für den Vorgang bestimmen. Zu diesen elementaren Funktionen zählen beispielsweise Konditionsabfragen für Zahlen, Texte und Termine. Aber auch Datenverarbeitungsoperatoren, wie mathematische Funktionen oder Verkettungsoperatoren, können Sie zur Definition der Charging-Logik nutzen.

Teilbereiche der Tarifierung

Der Charging-Plan teilt sich hierfür in vier verschiedene Teilbereiche für unterschiedliche Prozesse auf.

- Das *Usage-Charging* wird im Zusammenhang mit verbrauchsrelevanten Tarifierungsszenarien aufgerufen.
- Das *Recurring-Charging* wird bei periodisch erzeugten Datensätzen durchlaufen.
- Das *One-Shot-Charging* wird ausgeführt, wenn Datensätze durch ein einmaliges Ereignis erzeugt werden.
- Das *Default-Charging* dient als Backup und wird zur Selektion des Kundenkontos aufgerufen, wenn kein geeignetes anderes Charging-Szenario vorhanden ist.

Sollte das Tarifszenario so einfach gehalten sein, dass der Kunde nur ein Kundenkonto besitzt, das für den Tarif von Relevanz ist, so reicht eine einfache Charging-Logik mit Angabe eines Standard-Kontos aus.

Anwendungsbeispiel: Video-on-Demand

Der Prepaidvertrag beinhaltet die Verwaltung von zwei möglichen Prepaidkonten. Diese werden über einen Identifier (**ZZ_VOD_USERACC**), der mit der Verbrauchsposition geliefert wird, und mithilfe des Charging-Plans identifiziert. Die zugehörige Charging-Plan-Logik sehen Sie in Abbildung 5.18 im oberen Bereich der Charge, die sich, wie beschrieben, aus **Charging-Plan** und **Price-Plan** zusammensetzt. Im rechten Bereich der Abbildung sehen Sie das **Internal Reference Dictionary** der Charge, in dem die Referenzen auf die zugehörigen Prepaidkonten definiert werden.

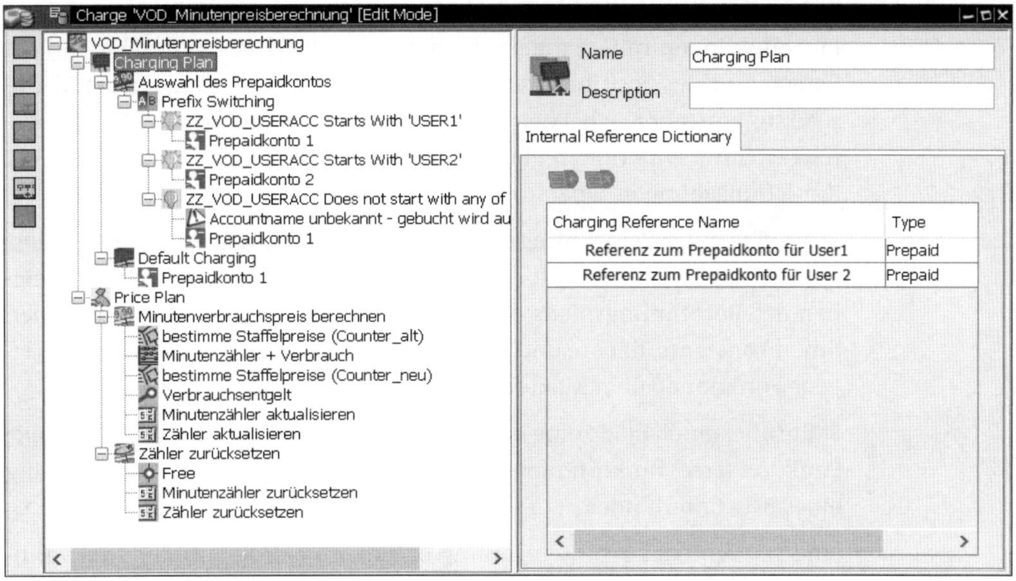

Abbildung 5.18 Charge für minutenabhängige Berechnung

Price-Plan

Berechnung des Preises

Im Price-Plan hinterlegen Sie die Berechnungslogik für die Preisbestimmung. Analog zum Charging-Plan können Sie drei verschiedene prozessabhängige Berechnungsvarianten erstellen. In allen Varianten sind die definierten Parameter und Zähler verfügbar.

- Die *Usage-Rate* ermöglicht ein verbrauchsabhängiges Bepreisen auf Basis einer Verbrauchsposition (CIT). Im Standardprozess ist diese Verbrauchsposition bereits zuvor in SAP CI angelegt worden; sie wird im Anschluss über den Rating-Prozess an SAP CC übermittelt. Alternativ ist auch eine direkte Übermittlung über einen Webservice an SAP CC möglich. Zusätzlich zu Parametern und Zählern stehen Ihnen selbstverständlich alle Informationen der Verbrauchsposition für die Preisfindung zur Verfügung.
- Die *Recurring-Rate* wird für periodische Vorgänge genutzt. Innerhalb der Recurring-Rate definieren Sie das Referenzdatum (z. B. der letzte Tag des Monats) und die Periodenlänge. Eine anteilige Berechnung bei einem Vertragsbeginn innerhalb dieser Periode und eine zugehörige Rundungslogik können Sie ebenfalls hinterlegen.
- Bei einer Bepreisung einmaliger Events wird die *One-Shot-Rate* durchlaufen. Dies kann z. B. eine Gebühr für die Vertragsaktivierung sein. Weitere hinterlegbare Events für einmalige Gebühren oder Gutschriften sind die Vertragssperre und die Vertragswiederaufnahme.

Der Einsatz vordefinierter Funktionen

Auf Basis einer der drei Rating-Varianten können Sie nun verschiedenste Preisfunktionen miteinander zu einer Baumstruktur verknüpfen, um die Berechnung des Positionspreises zu ermöglichen. Neue Pfade in der Baumstruktur entstehen dabei beispielsweise durch Konditionsabfragen. Die bereitgestellten Funktionen gliedern sich in vier Gruppen: Schlussfunktion, Konditionsabfragen, Operatoren und Splitter.

Jeder Pfad einer Berechnung muss durch eine *Schlussfunktion* abgeschlossen werden. Diese ermittelt abschließend aus allen relevanten Informationen des Berechnungspfads den zugehörigen Betrag. Zur Auswahl stehen Ihnen konstante, lineare und Polynomfunktionen. Sie können ebenfalls eigene Funktionen über Makros definieren.

Sollte über einen Pfad keine Betragsausgabe erfolgen, so steht eine spezielle Funktion (*Free*) für kostenlose Vorgänge zur Verfügung, die die Erzeugung eines BITs unterbindet.

Sind während der Preisberechnung in einem Pfad ungültige Daten verifiziert worden, steht Ihnen zur Ausgabe einer Fehlermeldung die *No-Access*-Funktion zur Verfügung. Sie kommt beispielsweise zum Einsatz, wenn während des Selektionsvorgangs in einer Mapping-Tabelle die entsprechende Zeile nicht gefunden werden konnte.

Anwendungsbeispiel: Video-on-Demand

In Abbildung 5.19 sehen Sie eine lineare Schlussfunktion innerhalb des Makros zur Ermittlung von Staffelpreisen. Diese erhält drei verschiedene Werte als Eingabe (**Property Name**, **Scaled Amount** und **Fixed Amount**) und berechnet die Ausgabe nach linearem Schema (a*x+b). Außerdem ist innerhalb der Abbildung erkennbar, dass im Falle eines irregulären Wertes (Menge ist nicht in der Staffelpreistabelle enthalten) die Schlussfunktion **Access Denied** aufgerufen wird, die eine Fehlermeldung erzeugt.

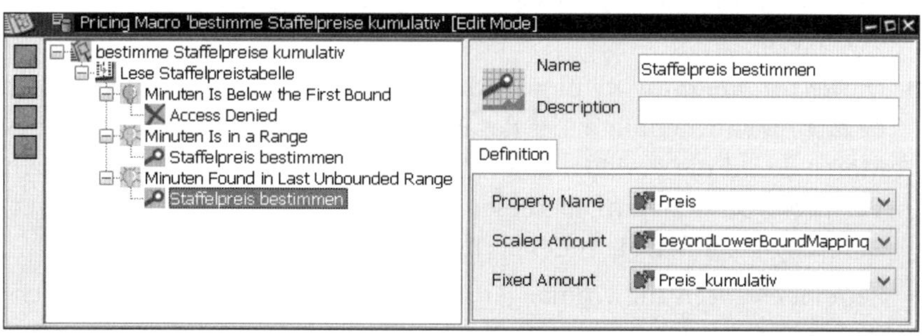

Abbildung 5.19 Lineare Schlussfunktion

Vergleiche und Datenabfragen

In den bereitgestellten *Konditionsabfragen* können Zahlen-, Text- und Datumswerte jeweils untereinander verglichen werden. Eine weitere Konditionsabfrage kommt beim Auslesen von Zeilen aus Mapping- oder Range-Tabellen zum Einsatz, die die Fälle »Zeile gefunden« oder »Zeile nicht gefunden« weiterführt.

Aus Konditionsabfragen entstehen in der Regel zwei neue Pfade im Price-Plan. Eine Ausnahme hiervon bildet die *Switching*-Abfrage, die Teile eines Texts mit festzulegenden Zeichenketten vergleicht. Es gibt auch eine Switching-Abfrage für Zahlen, die die Intervallzugehörigkeit einer Zahl prüft. Je nach Anzahl der Intervalle oder Zeichenketten wird auch eine neue entsprechende Anzahl an Berechnungspfaden eröffnet.

Eine weitere Besonderheit bildet die Feiertagsprüfung, die ein Datum mit einem Feiertagskalender abgleicht. Hierzu muss zuvor über den Menüpunkt **Tools • Public Holidays • Import** ein entsprechender Kalender für die Region in das System eingepflegt werden.

Anwendungsbeispiel: Video-on-Demand

In Abbildung 5.20 sehen Sie eine Konditionsabfrage innerhalb des Charging-Plans der Prepaid-Charge. Verglichen wird der Identifikator des Benutzerkontos (**ZZ_VOD_USERACC**) mit Festwerten (**USER1**, **USER2**). Davon abhängig werden unterschiedliche Konten selektiert. Der dritte Pfad des Konditionsbaums fängt den Fall ab, der eintritt, wenn der Identifikator keinem dieser Festwerte entspricht. In diesem Fall wird das Hauptkonto selektiert und eine Meldung ausgegeben.

Die Teilpfade der Charging-Logik enden nicht in einer Schlussfunktion, sondern in der Selektion eines Kontos aus dem Reference-Dictionary (siehe Abbildung 5.18).

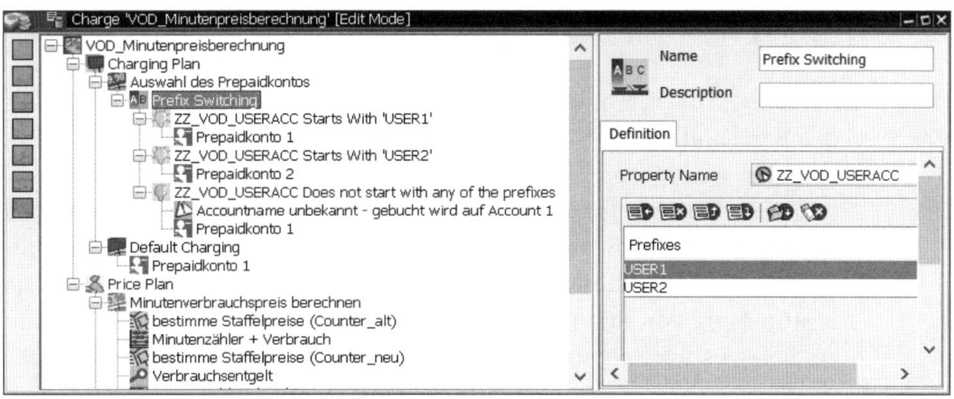

Abbildung 5.20 Konditionsabfrage für Zeichenketten

Elementare und mehrwertige Operatoren

Zur Zwischenverarbeitung von Daten stehen Ihnen verschiedene *Operatoren* zur Verfügung. Dazu zählen die klassischen mathematischen Operatoren (+, -, *, /) sowie eine Zeichenkettenverarbeitung (*Concatenate*). Darüber hinaus gibt es Operatoren zur Verarbeitung von Datumswerten, wie beispielsweise zur Verschiebung/Konvertierung eines Zeitstempels (*Date Shift, Duration Adapter*) oder auch zur Bestimmung einer Dauer zwischen zwei definierten Zeitpunkten (*Duration*).

Für die Implementierung von Restriktionen (Allowance) stehen Ihnen ebenfalls Operatoren zur Verfügung, mit denen sich eine Restriktionsabfrage im Price-Plan umsetzen lassen. Außerdem können Restriktionen an den Providervertrag übergeben werden, die für ein späteres Rating genutzt werden können (z. B. für das Auslaufen eines Guthabens in einem Prepaidszenario).

Zur Verarbeitung von Tabellen existieren Operatoren, die Sie zur Sortierung oder auch zum Filtern von Werten nutzen können (Multi-Valued-Operators). Über diese Operatoren ist es ebenfalls möglich, alle Werte einer definierten Tabellenspalte zu summieren oder auch ein Minimum, Maximum oder den Durchschnittswert zu bilden.

Update von Zählerständen

Sollte es nötig sein, während der Berechnung die vorhandenen Zählerstände eines Vertrags anzupassen, so sind entsprechende Operatoren hierfür vorhanden. Ein gängiges Szenario ist das Hochsetzen des Zählerstands über die Usage-Rate und ein Zurücksetzen des Zählerstands über die Recurring-Rate.

Anwendungsbeispiel: Video-on-Demand

In Abbildung 5.21 sehen Sie die Verwendung eines Zähleroperators, um den Zählerstand des Prepaidvertrags anzupassen. Die Menge **CIT_QUANTITY** aus der Verbrauchsposition wird dem Zähler **Zähler_gesamt** hinzugefügt.

Aufteilung von Intervallen

Eine Möglichkeit, Konditionsabfragen zusammen mit einer übergreifenden Berechnung durchzuführen, bieten Ihnen die *Splitter*. Diese Operatoren teilen eine Menge oder einen Zeitbereich in verschiedene Intervalle auf, um diese anschließend in einzelnen Pfaden getrennt voneinander zu bepreisen. Anschließend erfolgt eine Zusammenfassung der einzeln ermittelten Werte. Auf diese Weise kann in einem vordefinierten Modul die Bestimmung von Staffel- oder Zonenpreisen stattfinden. Ein Split eines Zeitbereichs über einen Feiertags- und Wochenendkalender ist ebenfalls möglich.

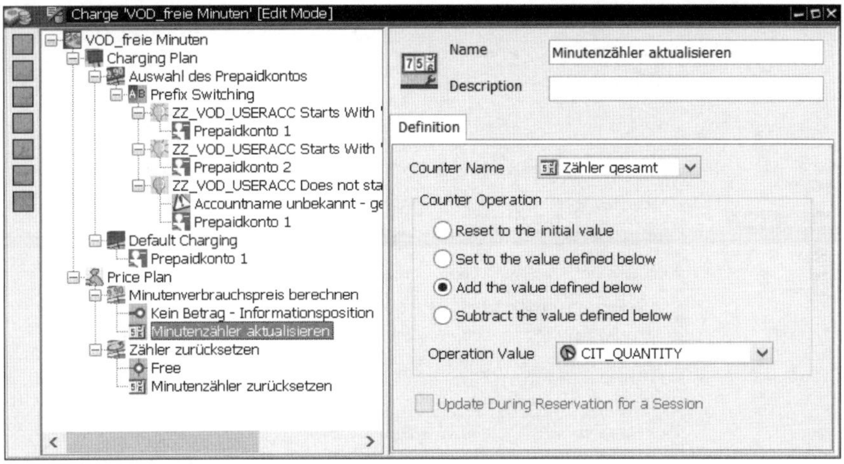

Abbildung 5.21 Operator zu Bearbeitung eines Zählers

Testläufe und Debugging

Nach der Definition der Berechnungslogik gibt es die Möglichkeit, über den Price-Plan einen *Testlauf* durchzuführen, für den Sie jeden einzelnen preisrelevanten Eingabeparameter ihrer Berechnungslogik anpassen können. Der Testlauf kann im Bearbeitungsmodus mit einem Rechtsklick auf den Namen der Charge und der Auswahl des Kontextpunktes **Trial Run Price Plan** gestartet werden. Dieser Testlauf kann Schritt für Schritt durchlaufen werden, um Fehlerquellen in der Logik genau zu identifizieren.

Anwendungsbeispiel: Video-on-Demand

Die Charge für den Flatrate-Tarif besteht aus einem einfachen Default-Charging, da der Kunde nur ein Kundenkonto (**Vertragskonto**) pro Vertrag besitzt. Der Price-Plan ist in eine Recurring-Rate (**monatliche Grundgebühr**) und eine One-Shot-Rate (**Aktivierungsgebühr**) aufgeteilt.

Während der Berechnung der monatlichen Grundgebühr wird auf einen Parameter **Grundgebühren** zugegriffen, der in seiner initialen Ausprägung eine Referenz auf die Grundgebühren-Tabelle beinhaltet. Dieser Parameter kann allerdings über den Kundenvertrag mit einer Kundentabelle (Subscriber-Tabelle) übersteuert werden, um Businesskunden abzubilden.

In Abbildung 5.22 sehen Sie das Auslesen einer Zeile aus dieser Tabelle mit dem Schlüssel **#Geräte**, der ebenfalls über den Vertrag mit einem Wert versorgt wird. Ausgabewert aus der Tabelle ist die **Grundgebühr**, die bei erfolgreichem Auslesen über eine Flat-Funktion ausgegeben wird. Bei einem fehlerhaften Lesevorgang wird eine Fehlermeldung erzeugt.

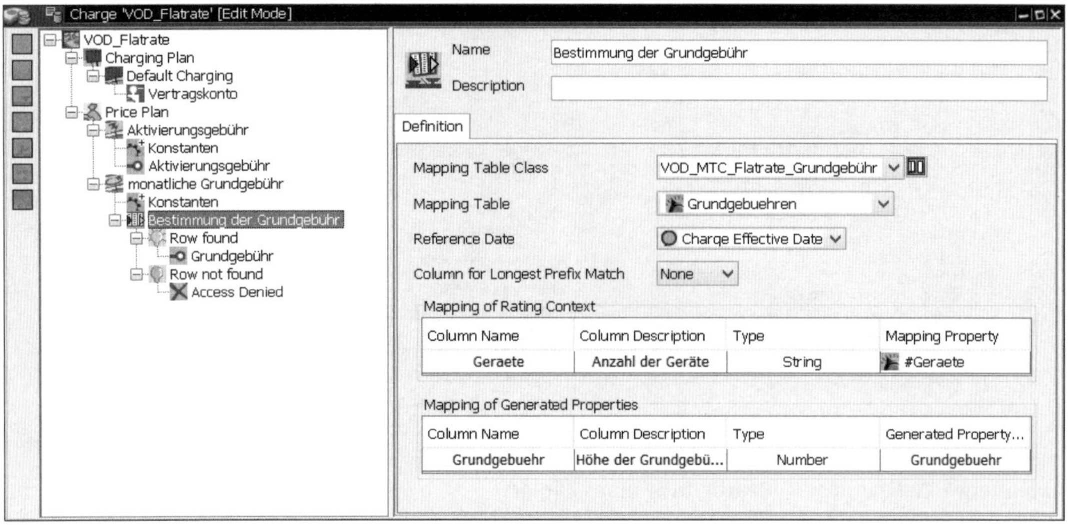

Abbildung 5.22 Berechnungslogik in einer Charge

Aggregation Policy

Datenkomprimierung in SAP CC

Während der Echtzeitverarbeitung von Verbrauchsdatensätzen im *Session-Modus* wird eine Vielzahl von Verbräuchen simultan an SAP CC übergeben. Diese Verbrauchsdatensätze können Vorgänge desselben Kundenvertrags betreffen. Zum Beispiel werden für Prepaid-Gespräche fortlaufend Positionen erzeugt, die eine Abfrage auf Gültigkeit des Prepaid-Volumens ermöglichen.

Um die entstandenen Positionen anschließend für das Folgesystem (z. B. SAP CI) zusammenzufassen, können Sie eine *Aggregation Policy* nutzen. Diese fasst Positionen einer Session unter definierten Regeln zusammen. Eine Aggregation ist daher auch nur während der Echtzeitverarbeitung möglich.

Typenabhängige Regeln

Die Aggregationsregeln definieren Sie hierbei feldweise für eine spezifische Charged Item Class. Jeder Feldtyp hat dazu eigene typenabhängige Aggregationsregeln.

Sie können für Textfelder die Aggregationsregeln *First*, *Last* und *Constant* wählen. Die Wahl von Constant setzt voraus, dass alle Werte der zu aggregierenden Verbräuche in diesem Feld gleich sind. Die Wahl von First oder Last führt dazu, dass der Wert des erstellten zusammengefassten Verbrauchs im Ergebnis auf den alphabetisch ersten oder letzten Wert aller aggregierten Verbrauchspositionen gesetzt wird.

Für Zahlenfelder können sie weiterhin die Funktionen *Lowest*, *Greatest* und *Sum* nutzen. Für Datumsfelder stehen die Funktionen Lowest und Greatest ebenfalls zur Verfügung.

Anwendungsbeispiel: Video-on-Demand

Der VOD-Prepaidvertrag erlaubt die parallele Nutzung mehrerer Geräte. Während der Nutzer über diese Geräte seine Freiminuten in Anspruch nimmt, werden fortlaufend Verbrauchsdaten erzeugt und geprüft, ob das Freiminutenguthaben noch ausreicht.

Beispielsweise wird alle zwei Minuten geprüft, ob die Streaming-Session noch andauert und eine neue Verbrauchsposition erzeugt, die im Mengenfeld den Wert »2« enthält, wenn dies der Fall ist. Dieser Verbrauch wird entsprechend des aktuellen Staffelpreises bepreist.

Zum Abschluss des Streamings werden diese Daten gesammelt und zu einer Position zusammengefasst. Hierbei wird der entstandene Betrag und die Streaming-Dauer mit der Funktion *Sum* summiert. Das Anfangsdatum wird auf den geringsten Wert aller Positionen gesetzt (*Lowest*). Analog wird das Enddatum auf den höchsten Wert aller Positionen gesetzt (*Greatest*), um die genaue Streaming-Zeitscheibe abzubilden.

Charge-Plan

Erstellung des Tarifbündels

Nachdem in den Charges die spezifische Berechnungslogik und die Kundenkontofindung definiert sind, werden diese in einem *Charge-Plan* zu einem Tarif zusammengefasst.

Der Charge-Plan wird anschließend auf Provider- oder Prepaidvertragsebene am Kunden hinterlegt. Hier werden auch die kundenspezifischen Parameter, Zähler und Konten übergeben.

Ein Charge-Plan stellt somit die Regeln zur Nutzung eines Produkts dar und dient als Schnittstelle zwischen Providervertrag, verschiedenen Charges und den Accesses, die während verbrauchsabhängigen Berechnungen zur Kontenfindung genutzt werden müssen.

Interface für Parameter, Zähler und Kennungen

In einem Charge-Plan werden globale Parameter, Zähler und Service-Kennungen für Accesses definiert und anschließend den Charges zugewiesen, die im Charge-Plan eingebettet sind (siehe Abbildung 5.23).

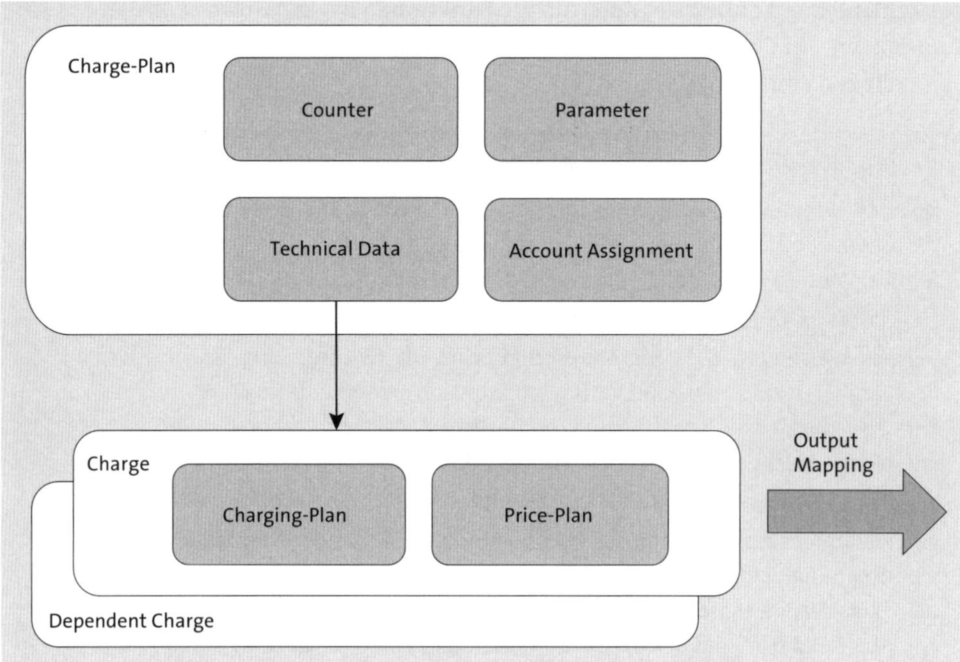

Abbildung 5.23 Charge-Plan-Struktur und Integration der Charge

Releasestand des Tarifs

Der Charge-Plan wird in drei verschiedenen Stufen erstellt. Im Status *Open* sind Änderungen ohne Einschränkungen möglich, aber es kann keine Zuweisung an Verträge durchgeführt werden. Im Status *Released* sind Änderungen nur noch eingeschränkt und mit der Angabe einer neuen Gültigkeit möglich. Es kann allerdings eine Zuweisung an Verträge und eine Abrechnung durchgeführt werden. Im Status *Obsolete* ist der Charge-Plan nicht mehr zur Abrechnung freigegeben.

In den globalen Einstellungen des Charge-Plans können Sie folgende Werte definieren:

- *Zähler* werden mit einer internen oder externen Sichtbarkeit am Charge-Plan hinterlegt. Externe Zähler sind auf Kundenebene sichtbar und können somit vertragsübergreifend geteilt werden. Interne Zähler sind nur innerhalb der SAP-CC-Verarbeitungslogik sichtbar.

Globale Parameterdefinition

- *Parameter* werden ebenfalls mit einer internen oder externen Sichtbarkeit angelegt. Externe Parameter können Sie mit kundenspezifischen Werten am Vertrag überschreiben. Außerdem können externe Parameter auch als optionale Werte gekennzeichnet werden.

Der Parameter SAP_BILL_CYCLE_DATE ist grundsätzlich immer am Charge-Plan vorhanden. Über diesen Parameter wird bei einer Integration mit SAP CI der Abrechnungszyklus synchronisiert. Er enthält das Startdatum des nächsten Abrechnungszyklus des Vertrags in SAP CI und kann somit in Recurring-Charges als Referenzdatum verwendet werden.

- Für eine Identifizierung über Suchbegriffe können *Zusätzliche Informationen* am Charge-Plan angelegt werden.
- Über die *Kontenzuweisung* wird ein Verzeichnis von Vertrags- oder Prepaidkonten erstellt. Diese Konten werden über den Vertrag mit Konten-IDs versorgt und im Charge-Plan an die Referenzwerte der Charges weitergereicht. Hier wird über den Charging-Plan das für den Abrechnungsvorgang korrekte Konto aus der Liste ermittelt.
- Als *technische Daten* werden Typen von Kundenkennungen am Charge-Plan hinterlegt, die in Zusammenspiel mit der Service-Kennung der Charge einen Access für die Verbrauchsabrechnung in SAP CC bilden. Kundenkennungen sollten stammdatenunabhängige Werte bilden. Das eingängigste Beispiel hierfür ist die Mobilfunknummer in der Telekommunikationsabrechnung, die als eindeutige Kennung für einen Kunden sogar unter verschiedenen Verträgen und Dienstleistern weitergereicht werden kann.

Grundkonfiguration der Accesses

- Unter den *Abhängigkeiten* werden Master-Charges mit zugehörigen Dependent-Charges verknüpft. Bei Aufruf einer Master-Charge wird somit die zugehörige Dependent-Charge zusätzlich mit aufgerufen.

Übergabe der Parameter an Unterobjekte

Nach Definition der globalen Werte können Sie beliebig viele einzelne Charges dem Charge-Plan hinzufügen und deren spezifische Parameter, Zähler und Kontenlisten entweder erneut definieren oder mit den globalen Werten des Charge-Plans verknüpfen.

Definition der Datenausgabe

Außerdem wird an dieser Stelle je hinterlegter Charge die Ausgabestruktur des Charged-Items (BIT) definiert. Sie können beispielsweise Werte, die während der Preisberechnung erstellt wurden, an Felder des Charged-Items weitergeben.

Jeder Charge, die eine verbrauchsabhängige Berechnung (Usage-Rate) durchführt, muss eine Servicekennung zugeordnet werden, die mit der technischen Kennung (Kundenkennung) des Charge-Plans verknüpft wird. Über diese Zuordnung wird der Access zum Kunden erstellt. Abhängige Charges (Dependent Charge) benötigen keine Service-Kennung, da sie immer im Zusammenspiel mit ihrer Master-Charge aufgerufen werden.

Anwendungsbeispiel: Video-on-Demand

In Abbildung 5.24 sehen Sie einen Ausschnitt des Charge-Plans zum Flatrate-Tarif. Dieser enthält eine Charge, die eine Logik für die Erstellung der monatlichen Grundgebühren und der Aktivierungsgebühren beinhaltet.

Über die globalen Einstellungen sind verschiedene Parameter definiert, die eine Anpassung des Tarifs an verschiedene Kunden ermöglichen. Darunter fällt der Tabellenparameter **Grundgebühren**. Eine kundenspezifische Einstellung der Geräteanzahl und der Aktivierungsgebühr ist aber ebenso über diese Konfiguration möglich. Der Parameter **SAP_BILL_CYCLE_DATE** kann über eine Zuweisung der monatlichen Grundgebühr in der Charge zugeordnet werden.

Der Charge-Plan zum Prepaid-Tarif enthält zwei Charges, die durch die Service-Kennungen MIN_WFREI und MIN_WERB voneinander unterschieden werden (siehe Abbildung 5.25). Über die Charge **VOD_Minutenpreisberechnung** werden die anfallenden werbefreien Minutenbeträge berechnet und vom Prepaidkonto abgezogen. Zusätzlich zu diesen Verbräuchen werden durch das VOD-Portal Positionen erzeugt, die das Streaming mit Werbung abdecken. Diese sind kostenlos, werden über die Charge **VOD_freie Minuten** geleitet und als Informationspositionen an das CI weitergegeben.

Bei der Kundennummer handelt es sich um die definierte Nutzerkennung zur Zuordnung von Verbräuchen. Die Kundennummer und die Servicekennungen generieren pro Charge-Plan anschließend zwei Accesses zum Vertrag.

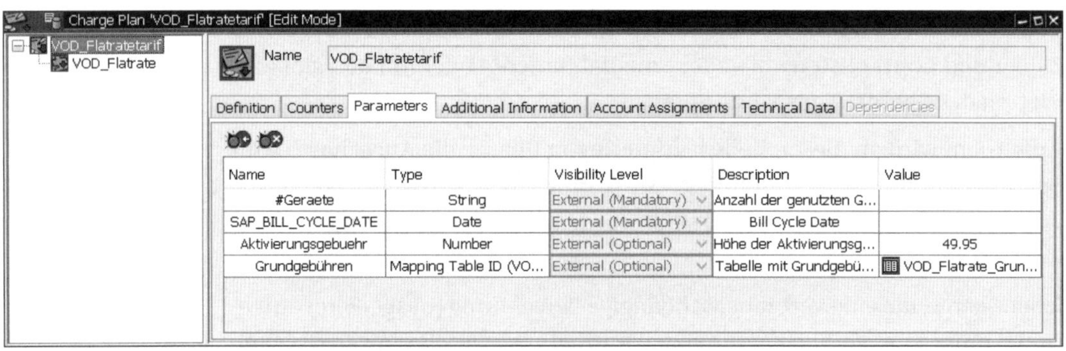

Abbildung 5.24 Charge-Plan mit Parameterdefinition

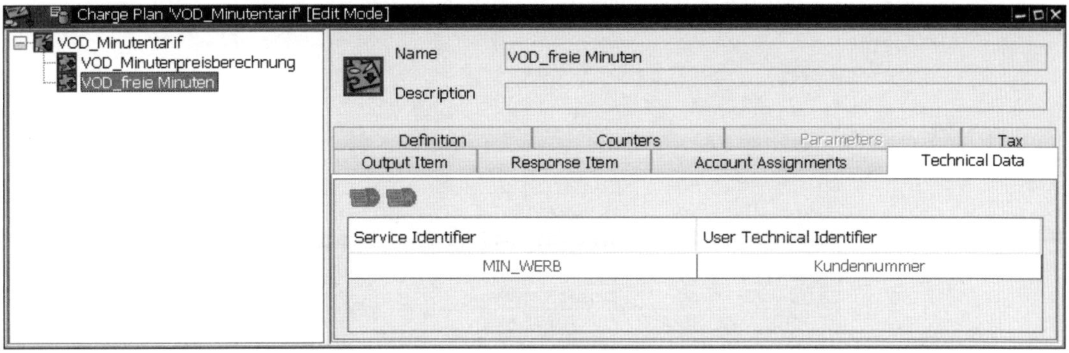

Abbildung 5.25 Definition der Nutzerkennung im Charge-Plan

Refill Item

Aufladung von Prepaidkonten

Im *Refilling*-Prozess wird das Aufladen von Prepaidverträgen mit Guthaben auf Basis von *Refill-Items* vorgenommen. Ähnlich wie die Chargeable-Items im verbrauchsabhängigen Rating müssen die Refill-Items sämtliche berechnungsrelevante Daten enthalten, die nicht über die Verträge herangezogen werden können. Für ein periodisches Refilling oder einmalige Refilling-Prozesse werden keine Refill-Items benötigt.

Refill-Item-Strukturen

Dem Refill-Item liegt eine *Refill-Item-Class* zugrunde, die die Struktur der Position bestimmt. Ein Feld für die Kundenidentifikation ist am Refill-Item nicht zwingend erforderlich. Der Prepaidvertrag, der durch das Refill-Item aufgeladen werden soll, wird in den Standardschnittstellen außerhalb der Refill-Item-Struktur bestimmt. Anders als im Rating wird für den Refilling-Prozess deshalb kein Access gebildet. Die Felder **Leistungsdatum**, **Betrag** und **Währung** sind allerdings immer Bestandteil des Refill-Items. Refill-Items erstellen Sie in SAP CC. Anders als Chargeable-Items können Sie diese nicht aus SAP CI heraus replizieren.

Anwendungsbeispiel: Video-on-Demand

Für die Prepaidverträge im Video-on-Demand-Szenario erstellen wir einen einfachen Refill-Prozess, der das gewünschte Guthaben direkt auf die Prepaidkonten bucht.

Als zusätzliche Felder des Refill-Items sind eine Kundenkennung (**User_ID**) und eine Account-Kennung (**ZZ_VOD_USERACC**) hinterlegt (siehe Abbildung 5.26).

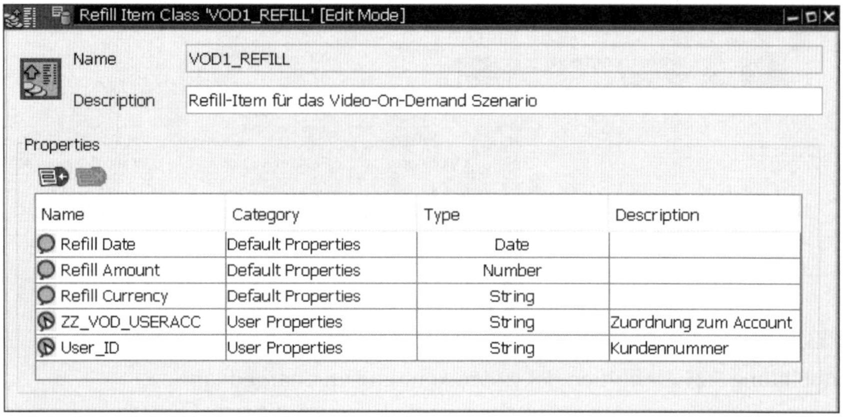

Abbildung 5.26 Refill-Item-Class

Refill-Record

Der *Refill-Record* ist die Ausgabeposition des Refilling-Prozesses. Die Feldstruktur des Refill-Records definieren Sie über die Refill-Record-Class. Soll eine Übergabe des Refill-Records nach SAP CI stattfinden, so ist hierzu die Erstellung eines Billable-Item-Mappings erforderlich.

Replikation der BIT-Klasse aus SAP CI

Das Billable-Item-Mapping wird ebenfalls zur Übergabe und Anlage von Charged-Items verwendet (siehe Abschnitt 5.3.2, »Tarifierung«). Soll das Mapping eines Refill-Items hierüber stattfinden, so ist in der Konfiguration die Auswahloption **Refilling of Prepaid Account** zu wählen. Die restlichen Anlageschritte verlaufen ähnlich zur Erstellung eines Charged-Items. Stellen Sie sicher, dass die gewünschten Prepaid-Schnittstellenfunktionen am BIT in SAP CI aktiviert sind. Die Weiterverarbeitung des Refill-BITs in SAP CI ermöglicht eine anschließende Verbuchung.

Anwendungsbeispiel: Video-on-Demand

Der Refill-Record für Media4bpc wird analog zum Charged-Item ebenfalls aus der BIT-Klasse VOD1 gemappt. Die Unterscheidung einer Refill-Position zur Verbrauchsposition erfolgt über vorgangsspezifische Teilprozesse in SAP CI. Auch die Buchungslogiken in SAP FI-CA unterscheiden sich für die beiden Vorgänge. In Abbildung 5.27 sind die Felder **PPREFILL**, **PPACC** im Refill-Record sichtbar, die diese Prozesse innerhalb des SAP FI-CA beeinflussen können.

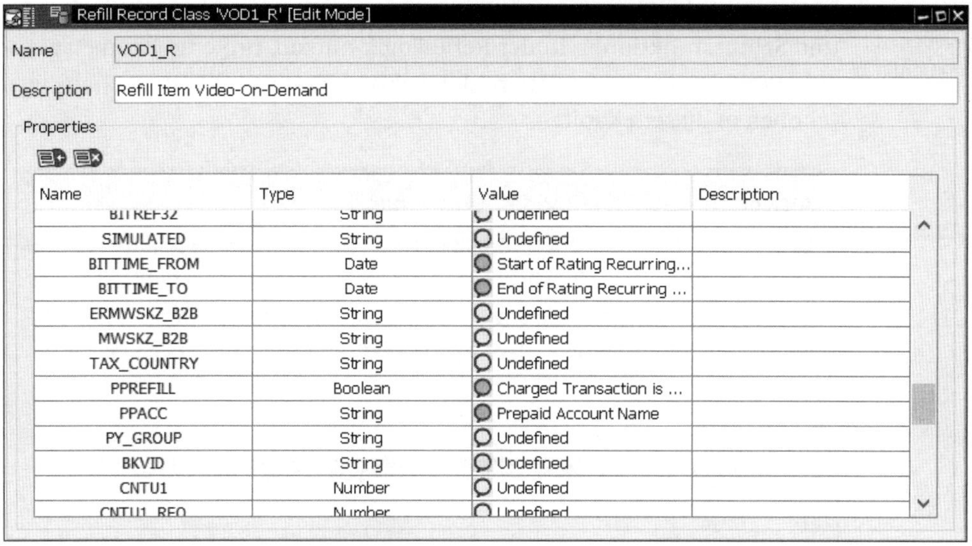

Abbildung 5.27 Refill-Record

Refill-Logik

Berechnungen für Aufladeprozesse

Die *Refill-Logik* ist das Pendant zur Charge (siehe Abschnitt 5.3.2, »Tarifierung«). Hier können Sie die Ableitungslogik für den Refill-Prozess hinterlegen. Die Refill-Logik ist im Gegensatz zur Charge nicht in einen Charging- und Pricing-Anteil unterteilt. Das Charging, d. h. die Zuordnung des Kundenkontos, wird an dieser Stelle nicht benötigt, da die Refill-Logik immer nur einem Prepaidkonto zugeordnet werden kann.

Für die Bestimmung der Auflade-Summe gibt es, ähnlich beim Pricing-Plan, mehrere verschiedene Vorgänge, die Sie mit Funktionen versehen können:

- **Usage Refill**
  Aufladen eines Prepaidkontos mit Refill-Items
- **Recurring Refill**
  Regelmäßiges Aufladen des Prepaidkontos anhand eines Referenzdatums
- **One-Shot-Refill**
  Einmaliges Aufladen des Prepaidkontos, beispielsweise bei Vertragsabschluss
- **Account-Event-Refill**
  Automatisches Aufladen des Prepaidkontos bei Eintreten spezieller Events, wie beispielsweise dem Unter- oder Überschreiten einer festgelegten Auflade-Grenze.

Berechnungen mit vorgegebenen Funktionen

Sie können die Funktionen der Konditionsabfragen, Operatoren, Splitter und Schlussfunktionen in der Refill-Logik nutzen, um eine Baumstruktur zum Refill-Prozess aufzubauen (siehe dazu den Abschnitt »Price-Plan« weiter oben in diesem Kapitel).

Anwendungsbeispiel: Video-on-Demand

Der Aufladevorgang für Prepaidkonten im Video-on-Demand-Szenario sieht das einfache Aufladen eines festen Betrags mit einem Refill-Item vor. Parallel dazu ist eine wiederkehrende Aufladung in der Refill-Logik umgesetzt, die eine Bonusaufladung an Feiertagen durchführt (siehe Abbildung 5.28).

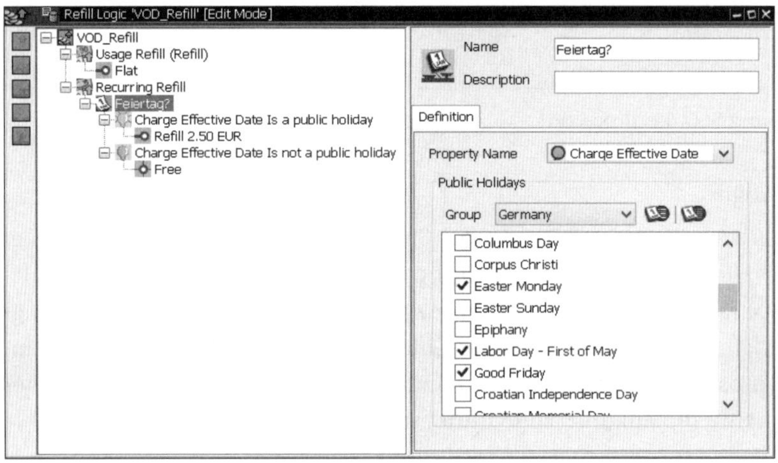

Abbildung 5.28 Refill-Logik mit Bonusaufladungen an Feiertagen

Refill-Plan

Interface für das Aufladeszenario

Der *Refill-Plan* bündelt die Rahmenbedingungen für den Refilling-Prozess in einem Objekt. Er ist, wie der Charge-Plan, das zentrale Element zur Zuweisung der Tarifstruktur an den Kunden. Die folgenden Elemente können Sie auf Ebene des Refill-Plans definieren oder überdefinieren:

- Pro Refill-Plan können Sie genau eine Refill-Logik hinterlegen. Letztere definiert die Rechenregeln zum Aufladebetrag (analog zu den Bepreisungsregeln innerhalb einer Charge) und legt fest, ob dieser einmal oder wiederkehrend dem Konto gutgeschrieben wird. Zur Bestimmung des Aufladebetrags können Sie sämtliche Funktionen nutzen, die auch innerhalb der Bepreisungslogik (Price-Plan) einer Charge verfügbar sind.
- Über Parameter wird die Refill-Logik mit kundenspezifischen Rahmendaten versorgt. Der Parameter SAP_BILL_CYCLE_DATE ist obligatorisch

am Refill-Plan vorhanden. Hierüber können Sie beispielsweise ein periodisches Refilling steuern.

- Zähler am Refill-Plan ermöglichen die Überwachung und das Zusammenfassen von globalen Zählern auf Kundenebene.
- Die technische Kennung ermöglicht die Zuweisung einer Refill-Position zum Kunden.
- Am Refill-Plan kann jeweils ein Prepaidkonto für den Aufladevorgang referenziert werden.

Konfiguration von Parametern und Ausgabeschnittstellen

Sie weisen dem Refill-Plan eine Refill-Logik zu und geben die Rahmenbedingungen, die über die Parameter und Zähler definiert sind, an die Refill-Logik weiter. Außerdem definieren Sie über die Refill-Logik die Ausgabeposition (Refill-Record), die an SAP CI zur Weiterverarbeitung übergeben wird.

Anwendungsbeispiel: Video-on-Demand

Die Refill-Logik, die wir zuvor für das Prepaid-Szenario für Media4bpc definiert haben (siehe Abbildung 5.28), wird genau einem Refill-Plan zugewiesen. Für die Ausgabestruktur wählen Sie den zuvor definierten Refill-Record **VOD1_R** und nehmen außer der Standardfeldzuweisung keine gesonderten Einstellungen mehr vor (siehe Abbildung 5.29).

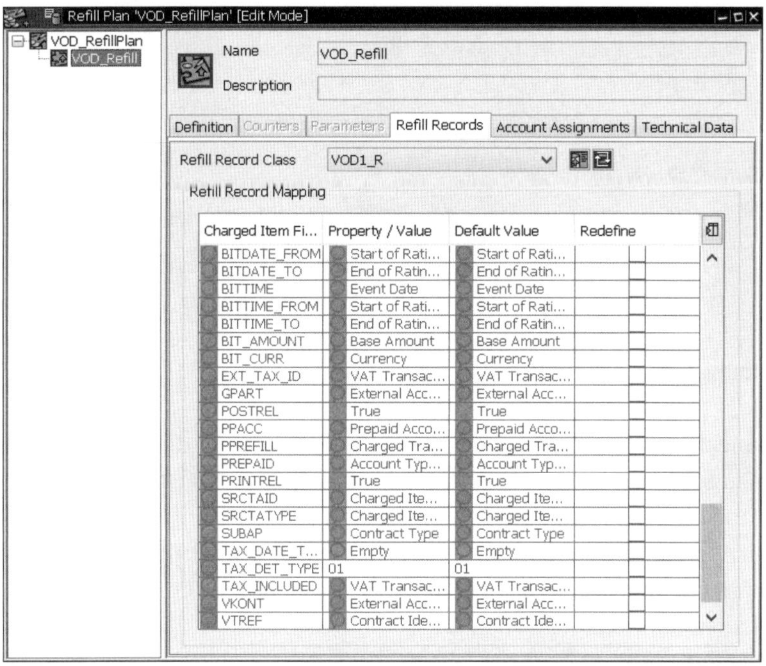

Abbildung 5.29 Mapping der Ausgabestruktur im Refill-Plan

Monitoring-Plan

Überwachungsmodul für Zählerstände

SAP CC ermöglicht die Überwachung globaler Zähler über den *Monitoring-Plan*. In der Online-Verarbeitung können diese Auswertungen genutzt werden, um beispielsweise Datenübertragungsraten je nach kundenspezifischem Verbrauch anzupassen, der über den Zähler gemessen wird. Damit Sie einen Monitoring-Plan anlegen können, müssen zuvor folgende Objekte definiert werden:

- ein globaler Zähler, der im Zählerverzeichnis von SAP CC definiert wurde
- eine Tabelle mit verschiedenen Statusbeschreibungen zum Zähler (Spending Status Description); diese wird genutzt, um im späteren Reporting den Zählern pro Kunde eine Beschreibung zuzuweisen (beispielsweise geringer, normaler oder hoher Datenverbrauch)
- eine Range-Tabelle, die den Zählerstand einem Status zuordnet (siehe Abbildung 5.30)

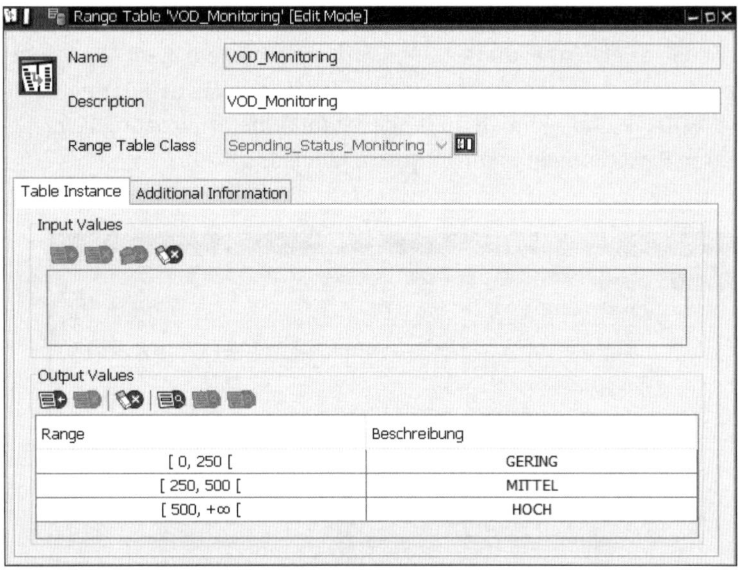

Abbildung 5.30 Range-Tabelle für Zählerauswertung

Reporting von Zählerständen

Diese Objekte werden im Monitoring-Plan gebündelt und dem Kunden am Vertrag zugeordnet. In der Core-Tool-Datenbank werden anschließend pro Kunde und Zähler die entsprechenden Status vorgehalten. Die Konfiguration der Auswertung (Spending Status Reporting) erfolgt über Core-Tool-Parameter, die über die Tools Admin+ oder das neue SAP-CC-Cockpit angepasst werden können.

Anwendungsbeispiel: Video-on-Demand

Der globale Zähler, der die gesamte Menge von angesehenen Filmen und Serien eines Kunden pro Monat in Minuten misst, soll über einen Monitoring-Plan auswertbar gemacht werden. Dazu wird eine Range-Tabelle für den Zähler definiert, die lediglich eine Textausgabespalte beinhalten darf. In dieser Spalte wird ein Status für die spezifischen Verbrauchsmengen eingetragen (siehe Abbildung 5.30).

Außerdem definieren wir eine Statustabelle, die die drei verschiedenen Status (**Gering**, **Mittel** und **Hoch**) beinhaltet. Der Monitoring-Plan verknüpft diese Objekte miteinander. Anschließend wird er dem Providervertrag zugeordnet.

Denkbar sind nun beispielsweise Szenarien, die eine Drosselung der Streaming-Geschwindigkeit bei zu hohem Datenverbrauch umsetzen (siehe Abbildung 5.31).

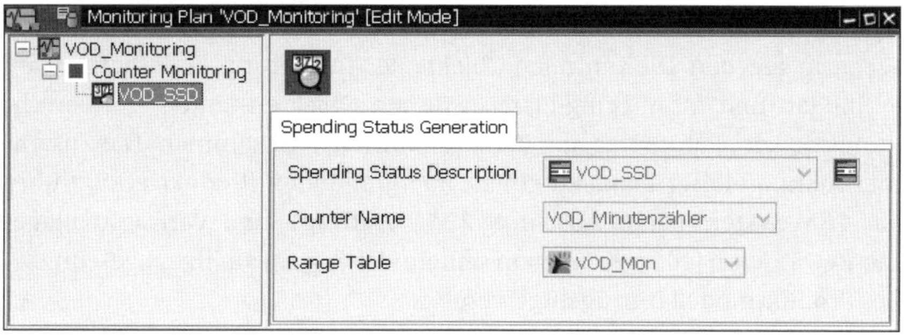

Abbildung 5.31 Monitoring-Plan mit Statusmeldungen zum Datenverbrauch

Anwendungsbeispiel: Video-on-Demand

Im Prepaid-Szenario des Video-on-Demand-Anbieters Media4bpc sind nun drei verschiedene Pläne für die Produktdefinition erstellt worden (Charge-Plan, Refill-Plan und Monitoring-Plan), die Providerverträgen zugeordnet werden können.

Einem Prepaid-Kunden wurden diese Pläne neu zugeordnet. Ein Charge-Plan zum Minutentarif berechnet den Betrag, der pro Streaming-Session vom Prepaidkonto abgebucht wird. Ein Refill-Plan gibt dem Kunden die Möglichkeit zur Aufladung seines Prepaidkontos. Über den hinzugefügten Monitoring-Plan wird der Zähler zum Gesamtverbrauch überwacht (siehe Abbildung 5.32).

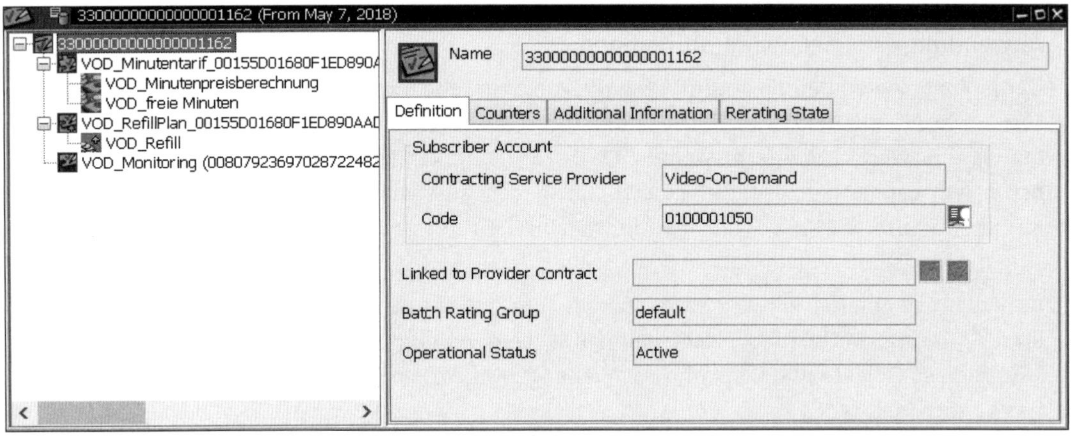

Abbildung 5.32 Zuordnung der Tarifierungsobjekte am Providervertrag

Fazit zur Tarifierung

Modularisierung und Produktbündelung nach dem Baukastenprinzip

Wir haben nun die verschiedenen Tarifierungsobjekte des Core-Tools beschrieben und entsprechende Anschauungsbeispiele im Video-on-Demand-Szenario gegeben. Die zentralen Objekte der Tarifierung sind Charge-Plan, Refill-Plan und Monitoring-Plan. In diesen Objekten laufen alle Berechnungslogiken, Parameter und Zählerdefinitionen zusammen. Die Zusammenstellung dieser Pläne zu einem übergreifenden Produkt erfolgt über das CRM-System (siehe Abschnitt 2.3.1, »Auftrags- und Vertragsmanagement«). So kann jedem Kunden in seinem Vertrag ein auf ihn zugeschnittenes Produktmodell hinzugefügt werden.

5.4 Prozesse und Funktionen

Übersicht der Prozesse in SAP CC

Wir haben uns im vorangehenden Abschnitt mit den Objekten auseinandergesetzt, die die Grundlage zur Tarifierung in SAP CC bilden. Diese Objekte werden während der Charging- und Rating-Prozesse genutzt, um eine Kundenzuordnung und einen Preis für die zu erzeugende abrechenbare Position zu ermitteln. Die Prozesse bilden einen Teil der Gesamtprozesskette in SAP CC, um vom eingehenden Verbrauch oder dem gemeldeten Vertragsevent zur bepreisten abrechenbaren Position zu gelangen.

Nun wollen wir uns damit auseinandersetzen, auf welchem Weg die Verbrauchsdaten nach SAP CC übermittelt werden. Hier werden unterschiedlichste Prozesse und Schnittstellen von Haus aus zur Verfügung gestellt.

Außerdem muss eine Anbindung an SAP CI oder ein anderes externes Abrechnungssystem erfolgen, damit die mit Preisen versehenen Daten weiterverarbeitet werden können.

Um die Aufgaben und Funktionen eines SAP-CC-Moduls in der SAP-BRIM-Systemlandschaft besser nachvollziehen zu können, haben wir daher die wichtigsten Prozesse in diesem Kapitel für Sie zusammengefasst.

5.4.1 Bewertung von Verbräuchen

Prozessverlauf der verbrauchsabhängigen Bepreisung

Ist ein Tarif so konfiguriert worden, dass sein zugehöriges Tarifschema eine Charge mit Usage-Rate enthält (siehe Abschnitt 5.3.2, »Tarifierung«), so wird von SAP CC die Übertragung eines Verbrauchsdatensatzes zur Erstellung einer abrechenbaren Position erwartet. Dieser Verbrauchsdatensatz wird über seine Kundenkennung und Servicekennung einem Stammdatensatz und einem Berechnungsschema zugeteilt (siehe Abbildung 5.33).

Dann wird eine Datei auf dem SAP-CC-Serverlaufwerk erstellt. Diese beinhaltet die an SAP CC gesendeten Verbräuche mit Kundenzuordnung. Eine Bepreisung hat zu diesem Zeitpunkt noch nicht stattgefunden. Die Datei mit Verbrauchsdatensätzen kann in einem Upload-Prozess an SAP CI zur Erstellung entsprechender CITs übertragen werden.

Anschließend wird der Verbrauch mithilfe des gefundenen Berechnungsschemas bewertet. Die Übertragung des Verbrauchs kann aus SAP CI angestoßen werden. Die Daten des bewerteten Verbrauchs werden in einer Datei auf dem CC-Serverlaufwerk abgelegt. Von hier aus wird der Bulk-Loading-Prozess durchlaufen und die Datei zur Erstellung von BITs an SAP CI übermittelt.

Die Bewertung von Verbräuchen teilt sich also in die folgenden Prozessschritte auf.

1. Zuordnung des Verbrauchs zu Kunde und Tarif (Charging)
2. Upload der unbewerteten Verbräuche (Bulk-Loading)
3. Bewertung des Verbrauchs (Rating)
4. Upload der bewerteten Verbräuche (Bulk-Loading)

Der Prozess benötigt als Aktionspunkt zum einen die Übermittlung des Verbrauchsdatensatzes aus dem Vorsystem und zum anderen den Anstoß des Ratings aus dem Billing-System.

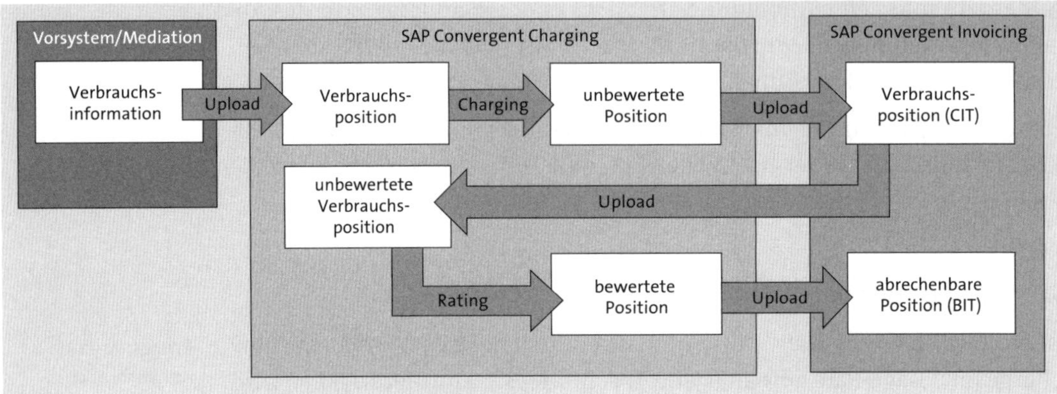

Abbildung 5.33 Verarbeitung von Verbräuchen in SAP CC

chargeableItem-Charge

Innerhalb der Dispatcher-Komponente wird der Prozess *chargeableItem-Charge* angeboten, der eine automatische Verkettung der oben beschriebenen Prozessschritte vornimmt. Das heißt, nach Übermittlung des Verbrauchs erfolgt das Charging und Rating in einem Schritt. Die erstellten Dateien auf dem SAP-CC-Serverlaufwerk werden dann mithilfe des Bulk-Loaders in SAP CI hochgeladen.

Charging/Aquisition

Upload von Verbrauchs-datensätzen

Für die Übertragung von Verbräuchen an SAP CC stehen mehrere Schnittstellen zur Auswahl. Zum einen können die Daten aus Vorsystemen (z. B. SAP Convergent Mediation by DigitalRoute) direkt in die Datenbank des BART-Servers abgelegt und von dort aus weiterverarbeitet werden. Hierzu stehen konfigurierbare Szenarien zur Verfügung, die ein Mapping der im BART-Server gesicherten Datensätze (*CDR – Consumption Data Record*) auf die Verbrauchsdatenstruktur im Core-Tool definieren.

IEC-Szenario mithilfe des CAT-Tools

Zum anderen kann eine Übertragung mithilfe eines Import-Export-Connectors (IEC) aus einer tabellarischen Datei (xls, csv) erfolgen. Hierfür steht das CAT-Tool zur Verfügung (siehe Abschnitt 5.1.2, »Tools«). Es ermöglicht mithilfe einer Desktop-Oberfläche die Konfiguration von Szenarien, die den Lesevorgang und das Mapping definieren.

So können Sie beispielsweise Szenarien definieren, die in einer festgelegten Periodizität ein Verzeichnis auf einem Serverlaufwerk nach csv-Dateien mit einem spezifischen Namensmuster durchsuchen und auslesen. Anschließend werden aus diesen Dateien zeilenweise Datensätze (in Form eines Consumption Data Record) erzeugt und auf eine bestehende Struktur eines Chargeable-Items gemappt. Nach Erstellung der Datensätze zur Datei werden diese an das Core-Tool über eine *TCP-Schnittstelle* an den Charging-Prozess weitergereicht.

Nutzung generischer Webservices

Eine weitere Möglichkeit zur Übertragung von Datensätzen ist die Nutzung eines Webservice. Das Core-Tool bietet hierfür spezifische Services an, die aufgrund ihres generischen Aufbaus (Key-Value-Parameter) für jedwede Übertragung geeignet sind.

Einen Ausschnitt eines Serviceaufrufs dieser Art sehen Sie im folgenden Listing. Die Werte der Verbrauchsposition werden dabei mithilfe von Feldnamen und Feldwert übermittelt. In den Kopfdaten ist erkennbar, dass es sich um die Klasse der Verbrauchspositionen aus dem Video-on-Demand-Anwendungsbeispiel handelt (`VOD1`). Der Kunde und der zugehörige Tarif werden aus `UserTechnicalID` und `ServiceID` ermittelt. Dazu wird auch das angegebene Leistungsdatum (`ConsumptionDate`) genutzt (siehe Listing 5.1).

Anwendungsbeispiel: Video-on-Demand

```
<chargeableItem>
   <name>VOD1</name>
   <uid type="CCCIT">1</uid>
   <userTechnicalId>1000010500</userTechnicalId>
   <serviceId>MIN_WFREI</serviceId>
   <consumptionDate>2018-05-07T00:00:00</consumptionDate>
   <userProperties>
      <property>
         <name>CIT_QUANTITY</name>
         <numberValue>120</numberValue>
      </property>
      <property>
         <name>CIT_QTY_UNIT</name>
         <stringValue>MIN</stringValue>
      </property>
      <property>
         <name>ZZ_VOD_USERACC</name>
         <stringValue>USER1</stringValue>
      </property>
      <property>
         <name>CITTYPE</name>
         <stringValue>VDFM</stringValue>
      </property>
   </userProperties>
</chargeableItem>
```

Listing 5.1 Webservice-Übertragung eines Chargeable-Items

Selektion des Kunden anhand eines eindeutigen Access

Nachdem der Datensatz erfolgreich an SAP CC übermittelt wurde, findet das Charging statt. Hier wird mithilfe der Kundenkennung (**UserTechnicalID**), der Servicekennung (**ServiceID**) und des Leistungsdatums (**ConsumptionDate**) nach einem eindeutigen Access in SAP CC gesucht. Diesem Access sind ein Providervertrag und eine Charge zugeordnet. Das Charging durchläuft nun die Logik des Charging-Plans zum Auffinden des Vertrags- oder Prepaidkontos.

Anwendungsbeispiel: Video-on-Demand

Zur Service-ID MIN_WFREI und Kundenkennung 1000010500 wird am 07. Mai 2018 um 00:00:00 Uhr ein Access gefunden, der auf Providervertrag 3300000000000001162 und die Charge zur Minutenpreisberechnung verweist (siehe Abbildung 5.34).

In dieser Charge ist ein Charging-Plan hinterlegt (wie oben beschrieben, siehe auch Abbildung 5.18), der mithilfe eines Usernamens den passenden Prepaidaccount selektiert. Der Username wird in der Verbrauchsposition als ein Feldwert mitgeliefert (siehe dazu das vorangehende Listing aus dem Video-on-Demand-Beispiel).

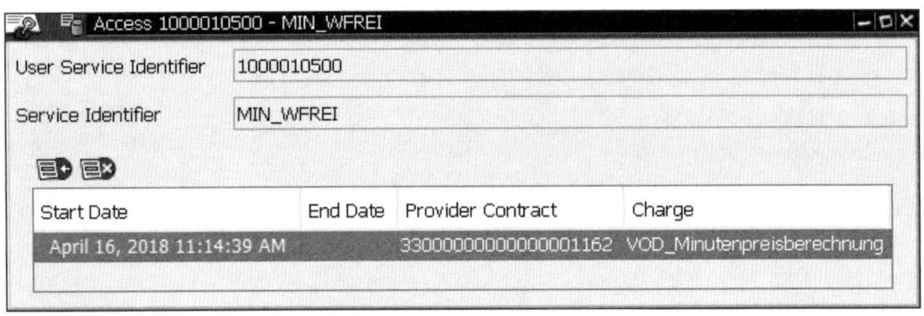

Abbildung 5.34 Access für VOD-Prepaid

Vorbereitung des Upload-Prozesses

Nach Durchlaufen des Charging-Prozesses im Core-Tool werden die mit Kundendaten angereicherten Datensätze in einem festgelegten Ordner im SAP-CC-Serverlaufwerk abgespeichert. Von hier aus werden sie mithilfe des Bulk-Loaders an SAP CI übertragen.

Eine Anlage der Verbrauchspositionen kann auch direkt in SAP CI erfolgen. Bei Erstellung der CIT-Klasse wird hierzu ein *API-Baustein* generiert, der für die Erstellung einer eigenen Schnittstelle genutzt werden kann (siehe Abschnitt 4.3.5, »Übernahme externer Verbrauchspositionen und abrechenbarer Positionen«).

Rating

Nach erfolgreichem Charging wurden nun also eine oder mehrere Verbrauchspositionen in SAP CI angelegt. Diese Verbrauchspositionen verfügen bereits über eine Kundenzuordnung, die während des Chargings ermittelt wurde. Allerdings wurde während des Chargings noch kein Entgelt für die Position ermittelt.

Customizing der Ratingschnittstelle in SAP CI

Nun kann in SAP CI eine Rating-Funktionalität eingestellt werden, die die Verbräuche über eine Schnittstelle nach SAP CC überträgt. Hierzu muss eine Version des Funktionsbausteins **FKK_BIX_RATING_EVENT_30_SAPCC** im Rating-Prozess hinterlegt werden.

> **Anwendungsbeispiel: Video-on-Demand**
>
> Für die Übergabe von Verbrauchspositionen im Prepaid-Tarif des Video-on-Demand-Szenarios ist eine Übergabe nach SAP CC vorgesehen.
>
> Hierfür wird zum Zeitpunkt **30** der Baustein **FKK_BIX_RATING_EVENT_30_SAPCC** hinterlegt (siehe Abbildung 5.35).

Abbildung 5.35 Rating-Prozess für SAP CC

Über die Rating-Transaktionen erfolgt dann eine Übergabe an SAP CC (siehe Abschnitt 4.2.1, »Verbrauchspositionen«).

Prozessieren des Price-Plans

Während des Ratings in SAP CC wird nun der Price-Plan für einen Verbrauch ermittelt und ausgeführt. Hier wird mithilfe der Service- und Kundenkennung sowie des Leistungsdatums erneut der Access für die Position ermittelt. Anders als während des Chargings wird aber nun nicht der Charging-Plan der zum Access ermittelten Charge durchlaufen. Stattdessen wird der hinterlegte Price-Plan ausgeführt. Da es sich um ein verbrauchsabhängiges Rating handelt, wird die Usage-Rate des Price-Plans durchlaufen.

In dieser haben wir während der Produktmodellierung eine Preislogik hinterlegt. Die Logik endet entweder mit der Ausgabe eines Fehlers, der im Protokoll während des Ratings in SAP CI angezeigt wird, oder mit dem Errechnen eines Entgelts für die Position, das im Feld **BIT_AMOUNT** der zu erzeugenden abrechenbaren Position gespeichert wird.

Ermittlung und Übergabe von Variablen

Während die Logik des Price-Plans durchlaufen wird, können noch weitere Werte ermittelt werden, die für die Weitergabe am Charged-Item relevant sind. Zum Beispiel ist es in vielen Fällen sinnvoll, den zugehörigen Mengenpreis in einem zusätzlichen Feld am Charged-Item zusammen mit dem Gesamtpreis zu hinterlegen. Alle Werte und Variablen, die im Price-Plan genutzt werden, sind daher im Charge-Plan verfügbar und können in der Definition des Ausgabeformats berücksichtigt werden.

Anwendungsbeispiel: Video-on-Demand

In der Berechnung des Prepaid-BITs wird die Anzahl der Minuten als preisrelevantes Merkmal (**CIT_QUANTITY**) genutzt. Um im BIT auf diese Information zugreifen zu können, wird daher die zur Berechnung genutzte Minutenanzahl über eine Definition im Charge-Plan weitergereicht.

Für das Merkmal der BIT-Positionsart (**BITTYPE**) wird in unserem Beispiel ein Festwert **VDWF** übergeben (siehe Abbildung 5.36).

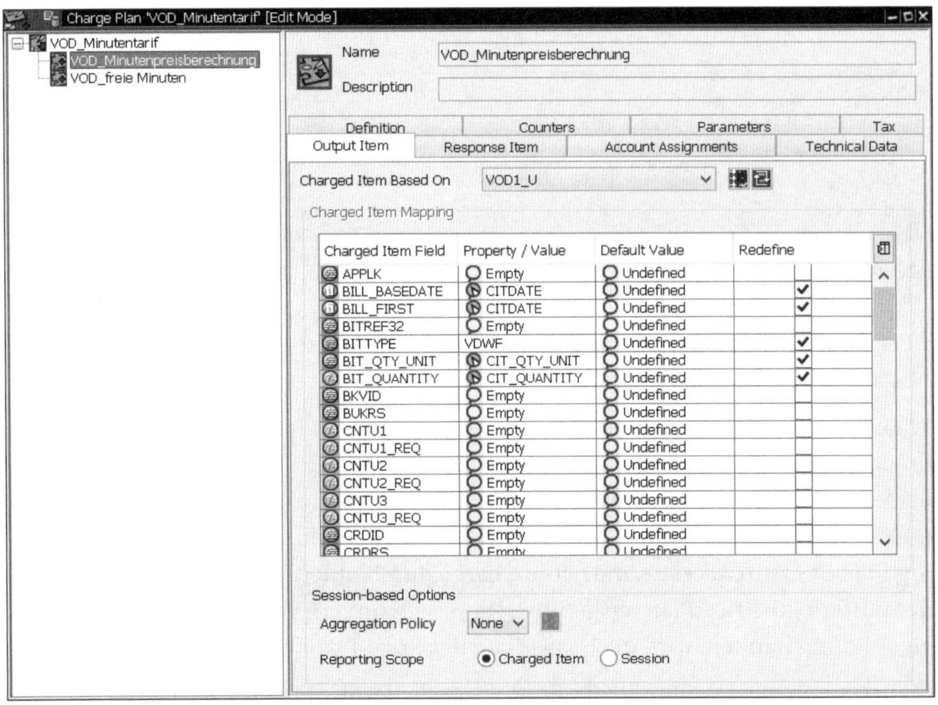

Abbildung 5.36 Output-Item-Format im Charge-Plan

Das so erstellte Charged-Item entspricht vom Informationsgehalt einer abrechenbaren Position in SAP CI. Allerdings erfolgt durch den Rating-Prozess keine direkte Übergabe an SAP CI.

Vorbereitung des Upload-Prozesses

Alle Charged-Items, die während einer Rating-Session erzeugt wurden, werden in einer Übergabedatei auf dem SAP-CC-Serverlaufwerk abgelegt. Dort stehen sie für den Bulk-Loading-Prozess zur Verfügung.

Bulk-Loading

Upload von Verbräuchen und abrechenbaren Positionen

Der Bulk-Loading-Prozess ermöglicht SAP CC den Upload von erzeugten Abrechnungsdaten in angeschlossene Abrechnungssysteme. Es gibt eine Standardintegration zu SAP CI. Die Serverkomponente Bulk-Loader (siehe Abschnitt 5.1.1, »Systemkomponenten«) bedient sich dabei unterschiedlicher Konvertierungen und Schnittstellen, um Daten zu übertragen.

Standardmäßig sind die folgenden Prozesse bereits integriert:

- Konvertieren von Charged-Items in abrechenbare Positionen und Hochladen in SAP CI
- Konvertieren von Refill-Records in abrechenbare Positionen und Hochladen in SAP CI
- Konvertieren von Chargeable-Items in Verbrauchspositionen und Hochladen in SAP CI
- Erstellen von Business-Meldungen zu Prepaid-Accounts, wie Warnungen zu nicht ausreichendem Guthaben und Hochladen dieser Informationen in SAP ERP oder SAP CRM

Datenablage auf dem Serverlaufwerk

Der Bulk-Loader scannt dazu in fest definierbaren Intervallen eine Auswahl an Verzeichnissen und überprüft diese nach neuen Daten. Die Verzeichnisse und das Intervall sind je nach Prozess in den CC-Parametern über das SAP-CC-Cockpit modifizierbar. Abbildung 5.37 zeigt einen Parameter, der die Periodizität des Hochladens von Charged-Items festlegt. Dieser wurde auf ein minütliches Intervall eingestellt.

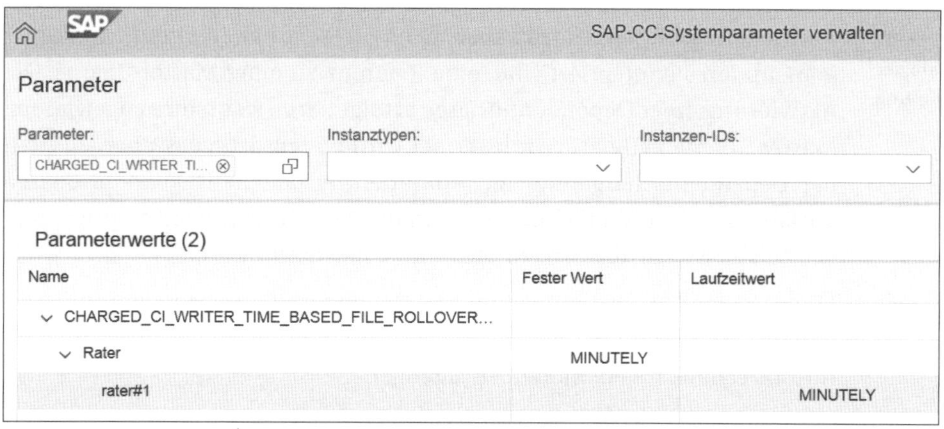

Abbildung 5.37 Systemparameter im SAP-CC-Cockpit

Der Bulk-Loader erkennt dabei anhand der Dateiendungen, in welchem Zustand sich ein Prozess befindet, und führt dementsprechend einen Upload durch oder unterlässt dies (siehe Tabelle 5.1).

Dateiendung	Prozesszustand
zip, gz, csv	Dateien sind in Bearbeitung des Raters
arc.zip, arc.gz, arc.csv	freigegebene Dateien für das Bulk-Loading
b*XX*	Dateien sind in Bearbeitung des Bulk-Loaders. *XX* steht hierbei für die Instanznummer des Bulk-Loaders.
rem.zip, rem.gz, rem.csv	Dateien wurden durch den Bulk-Loader bearbeitet und sind nun archiviert. Der Archivierungsprozess muss in der Konfiguration des Bulk-Loaders aktiviert werden.

Tabelle 5.1 Bulk-Loader – Differenzierung über das Dateiformat

Abhängige Bewertungsschemata

Master- und Dependent-Charge

Jede Charge (siehe Abschnitt 5.3.2, »Tarifierung«) ist entweder als Master- oder als Dependent-Charge gekennzeichnet. Grundsätzlich unterscheiden sich die beiden Varianten in der Art ihrer Aktivierung, d. h. danach, wie sie ihre Pricing- und/oder Charging-Logik durchlaufen. Wir haben in diesem Kapitel bisher nur Master-Charges besprochen.

Master-Charges werden aktiviert, wenn ein Verbrauch mit entsprechender Servicekennung in das Core-Tool geladen oder wenn eine wiederkehrende oder einmalige Gebühr erzeugt wird (siehe Abschnitt 5.4.2, »Wiederkehrende und einmalige Gebühren« weiter unten in diesem Kapitel).

Unterschiede innerhalb der Aktivierung

Auf Dependent-Charges trifft dies nicht zu. Sie erhalten über den Charge-Plan, in den sie integriert sind, eine Referenz zu einer Master-Charge. Die Aktivierung einer Dependent-Charge erfolgt dann, wenn ihre zugewiesene Master-Charge aktiviert wurde. Dabei wird ein zusätzliches Charged-Item der Dependent-Charge erzeugt. Außerdem erhält die Dependent-Charge Variablen zur Preisberechnung, die in der Master-Charge erzeugt wurden, wie beispielsweise das errechnete Entgelt (Base-Amount).

1:n-Zuordnung

Einer Master-Charge können mehrere Dependent-Charges zugeordnet werden (1:n). Dies eröffnet die Möglichkeit, aus einer Verbrauchsposition mehrere abrechenbare Positionen zu erzeugen.

Anwendungsbeispiel: Video-on-Demand

Die Freischaltung der Streaming-Flatrate wird durch einen externen Techniker vor Ort durchgeführt. Dieser erhält 50 % der Aktivierungsgebühr. Wir definieren eine Dependent-Charge, die im Charging-Plan das Vertragskonto des Technikers ermittelt und im Price-Plan 50 % der Aktivierungsgebühr ihrer Master-Charge.

Diese Dependent-Charge wird im neuen Charge-Plan hinzugefügt und mit der Flatrate verknüpft.

5.4.2 Wiederkehrende und einmalige Gebühren

Wir haben für verbrauchsabhängige Gebühren gesehen, dass die Übermittlung eines Verbrauchsdatensatzes gewissermaßen der Schalter für die Aktivierung einer verbrauchsabhängigen Charge ist. Wiederkehrende und einmalige Gebühren (dargestellt durch One-Shot-Rates und Recurring-Rates) hingegen werden durch einen anderen Prozess aktiviert.

Eventbasierte Aktivierung

Dieser Aktivierungsprozess richtet sich nach generierten *Events*, die für einmalige Gebühren aus der *Event-Art* erstellt werden und für wiederkehrende Gebühren aus der Periodizität und dem letzten Aktivierungsdatum. Diese Events enthalten außer dem Referenzdatum keine weiteren Informationen. Für jedes Event wird genau eine Master-Charge ausgelöst, die im Anschluss natürlich weitere Dependent-Charges aktivieren kann.

Einmalige Gebühren

Als Zeitpunkte für einmalige Gebühren sind verschiedene Event-Arten im Providervertrag wählbar:

- Aktivierung zu Vertragsbeginn
- Aufhebung zum Ende einer Gültigkeitsperiode
- Wiederaufnahme zu Beginn einer Gültigkeitsperiode

Auslösung anhand einer Event-Art

Diese Event-Arten sind von Stammdatenanpassungen des Providervertrags abhängig und die Events werden parallel zur Stammdatenpflege erstellt. Ausgelöst werden einmalige Events allerdings nicht zusammen mit ihrer Erstellung, sondern in Zusammenhang mit einer wiederkehrenden oder einer verbrauchsabhängigen Gebühr.

Anwendungsbeispiel: Video-on-Demand

Ein Kunde entscheidet sich für das Flatrate-Produkt des Anbieters Media4bpc mit Vertragsbeginn zum 11. Juni 2018.

Zusammen mit der Erstellung des Vertrags wird in SAP CC ein Event für die Aktivierungsgebühr mit Referenzdatum 11. Juni 2018 angelegt. Außerdem wird ein Event für die Erstellung der ersten Flatrate-Gebühr zum 30. Juni 2018 angelegt. Zusammen mit der Aktivierung der ersten Flatrate-Gebühr wird die einmalige Aktivierungsgebühr erzeugt und verrechnet.

Wiederkehrende Gebühren

Konfiguration des Bepreisungszyklus

Die Aktivierung wiederkehrender Gebühren richtet sich nach der Definition in der Charge. Hierfür stehen folgende Einstellungen zur Verfügung:

- Periodizität (Tag, Woche, Monat, Jahr)
- Häufigkeit (immer, jedes zweite Mal, jedes dritte Mal usw.)
- Referenz (am ersten Tag um 12 Uhr, am letzten Sonntag usw.)
- Proportionale Berechnung des Betrags anhand des Vertragszeitraums (Beispiel: Berechnung der Hälfte einer anfallenden Grundgebühr, falls der Vertrag am 15. Tag eines Monats beginnt oder endet)

Anwendungsbeispiel: Video-on-Demand

Für einen Flatratevertrag wird die Gebühr monatlich erzeugt (siehe Abbildung 5.38).

Eine Erstellung von abrechenbaren Positionen erfolgt immer zum letzten Tag eines Monats um 0:00 Uhr. Hierbei wird bei Vertragsbeginn oder -ende eine anteilige Gebühr berechnet (**Advanced**).

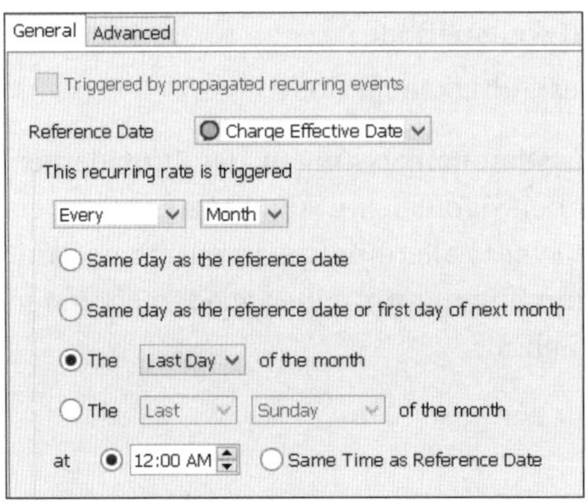

Abbildung 5.38 Einstellungen für wiederkehrende Gebühren

Auf Basis dieser Definition werden Events für wiederkehrende Gebühren erstellt.

Manueller Start des Aktivierungsprozesses

Sowohl für wiederkehrende als auch für einmalige Gebühren lässt sich die Aktivierung auch extern manuell ansteuern. Dies geschieht über eine Befehlseingabe im Admin-Tool (siehe Tabelle 5.2).

Befehl	Beschreibung
start_contract_activation	Start des Aktivierungsprozesses
stop_contract_activation	Stop des Aktivierungsprozesses

Tabelle 5.2 Befehle zur Aktivierung

Des Weiteren gibt es einen Webservice für die externe Aktivierung von Verträgen, der die spezifische Angabe eines Datums und eines speziellen Vertrags zur Aktivierung zulässt.

Automatisch gesteuerte Aktivierung

Die internen Prozesse zur Aktivierung können aus zwei verschiedenen Szenarien angesteuert werden. Zum einen werden Events eines Providervertrags automatisch ausgelöst, sobald eine verbrauchsabhängige Gebühr berechnet wird. Das Referenzdatum ist hierbei das Leistungsdatum der Verbrauchsposition. Sollte dies nicht sinnvoll sein, da es beispielsweise keine verbrauchsabhängigen Gebühren gibt, so lässt sich zum anderen über verschiedene Parameter des Core-Tools der *Activation-Scheduler* konfigurieren, der der Updater-Komponente eine regelmäßige Aktivierung von Events erlaubt.

5.4.3 Echtzeitverarbeitung

Charging-Sessions

Eine *Charging-Session* ist eine Aneinanderreihung ähnlicher Verbrauchspositionen eines Kunden unter einer übergeordneten Session-Klammer. Anwendungsfälle für Charging-Sessions sind beispielsweise Telefongespräche, aber auch Videostreaming. In diesen Fällen ist jeweils bei Beginn der Nutzung nicht ersichtlich, wie hoch der Verbrauch ausfallen wird, aber eine Echtzeitauswertung soll trotzdem stattfinden.

Während der Session können die zugrunde liegenden Verbrauchsmengen, wie Guthaben auf einem Prepaidkonto oder eine Datenmenge für den Videodownload, in Echtzeit von mehreren Services reserviert und ausgewertet werden. Die zugrunde liegenden Zähler auf Vertragsebene werden hierbei bis zum Schluss der Session nicht persistent aktualisiert. Während der Session findet eine Reservierung der Zähler statt.

Meldungen bei Unterschreitung von Guthaben

Für Prepaidkonten können mit diesem Verfahren beispielsweise Meldungen beim Unterschreiten eines festgelegten Guthabens ausgegeben werden. Auch der Abbruch eines Gesprächs bei nicht ausreichendem Guthaben kann so systemseitig über SAP CC umgesetzt werden.

Während der Session wird dabei in regelmäßigen Abständen ein weiterer Teil des verfügbaren Guthabens reserviert. Zum Abschluss der Session wird der letzte reservierte Verbrauch mit dem tatsächlichen Verbrauch verglichen und aktualisiert. Die während der Session entstandenen Verbrauchspositionen können dann nach definierten Regeln zusammengefasst und mit dem Kundenkonto verrechnet werden.

Anwendungsbeispiel: Video-on-Demand

Der Prepaid-Tarif des Anbieters Media4bpc wird erweitert, sodass eine Auswertung über session-basiertes Charging in Echtzeit stattfindet. Während einer laufenden Session wird der Minutenzähler jeweils für fünf weitere Minuten reserviert.

Eine Session für das Streaming eines Filmabschnitts von 18 Minuten enthält also vier Positionen, wobei die ersten drei Positionen eine Länge von fünf Minuten haben und die letzte Position zum Schluss der Session von fünf auf drei Minuten korrigiert wurde.

Da über einen Prepaidvertrag mehrere Nutzer gleichzeitig Filme streamen können, ist der Minutenzähler über einen persistenten Zähler umzusetzen. Dieser kann eine gleichzeitige Reservierung mehrerer Sessions verarbeiten. Allerdings ist darauf zu achten, dass es Konflikte mehrerer gleichzeitig laufender Sessions auf dem Zähler geben kann, wenn dieser eine Staffelpreisgrenze überschreitet. Um diese Konflikte zu umgehen, sollte die Bepreisungslogik der Charge zur Minutenpreisberechnung auf eine Logik mit Splittern umgestellt werden.

5.4.4 Allowance-Management

Das Allowance-Management ermöglicht es, zusätzliche Features wie zeitlich oder mengenmäßig beschränkte Services für Ihre Tarife umzusetzen.

[zB]

Gültigkeit von Prepaid-Guthaben

Für Prepaid-Telefontarife ist ein aufgeladenes Guthaben in der Regel nur während einer Zeitspanne von zwei Jahren gültig. Jede neue Aufladung verlängert die Ablauffrist wieder auf zwei Jahre.

Stammdaten für Allowance

Das Allowance-Management wird über die folgenden Stammdaten im SAP-CC-Core-Tool definiert:

- **Allowance-Interface**
  Eine globale Tabelle von Zählern und Parametern, die jeder Allowance zur Verfügung stehen
- **Allowance-Event-Class**
  Definiert eine Zeilenstruktur, die zur Kommunikation mit Allowance-Plänen und -Logiken aus anderen Objekten (Charge, Refill-Logik) heraus genutzt wird
- **Allowance-Logik**
  Beschreibt die Rechenregeln und Eventtypen von Allowances. Hier stehen ähnliche Funktionen wie in der Charge zur Verfügung. Eine Allowance-Logik endet aber nicht mit einer Preisfunktion, sondern mit einer Allow-Funktion, die die Nutzung verifiziert.
- **Allowance-Plan**
  Bündelt verschiedene Allowance-Logiken und übersteuert optional Parameter und Zähler. Eine Ausgabe von Charged-Items kann erfolgen, wenn ein Reporting an SAP CI gewünscht ist.

Anwendungsbeispiel: Video-on-Demand

Der VOD-Anbieter Media4bpc will für das Ende des Jahres 2018 eine Bonusaktion anbieten, bei der neue Kunden, die einen Prepaidvertrag abschließen, für eine Dauer von drei Monaten nach Vertragsabschluss insgesamt ein Streaming von 1000 werbefreien Minuten erhalten.

Für die Umsetzung in SAP CC werden die folgenden Objekte erzeugt:

- eine Allowance-Event-Klasse VOD_MINUTES, die als Felder den Benutzernamen des Kunden und eine Minutenanzahl enthält.
- eine Allowance-Logik VOD_BONUS, die einen Zähler für die Bonus-Minuten enthält; in der Berechnungslogik wird die Event-Klasse VOD_MINUTES verarbeitet und der Zähler anhand der Minutenanzahl angepasst
- einen Allowance-Plan, der die Logik VOD_BONUS enthält und dem Zähler den Wert 1000 zuweist

In der Prepaid-Charge werden die folgenden Anpassungen vorgenommen (siehe Abbildung 5.39):

- Es wird eine One-Shot-Rate hinzugefügt, die es erlaubt, mithilfe einer Funktion den Allowance-Plan VOD_BONUS zu aktivieren und die Laufzeit festzulegen. Die Allowance wird hierdurch dem Providervertrag zugeordnet.

- Bei Durchlaufen der minutenabhängigen Bepreisung wird zuerst ein Event an die Allowance gesendet, in dem geprüft wird, ob noch Freiminuten vorhanden sind. Die übrigen Minuten werden normal bepreist.

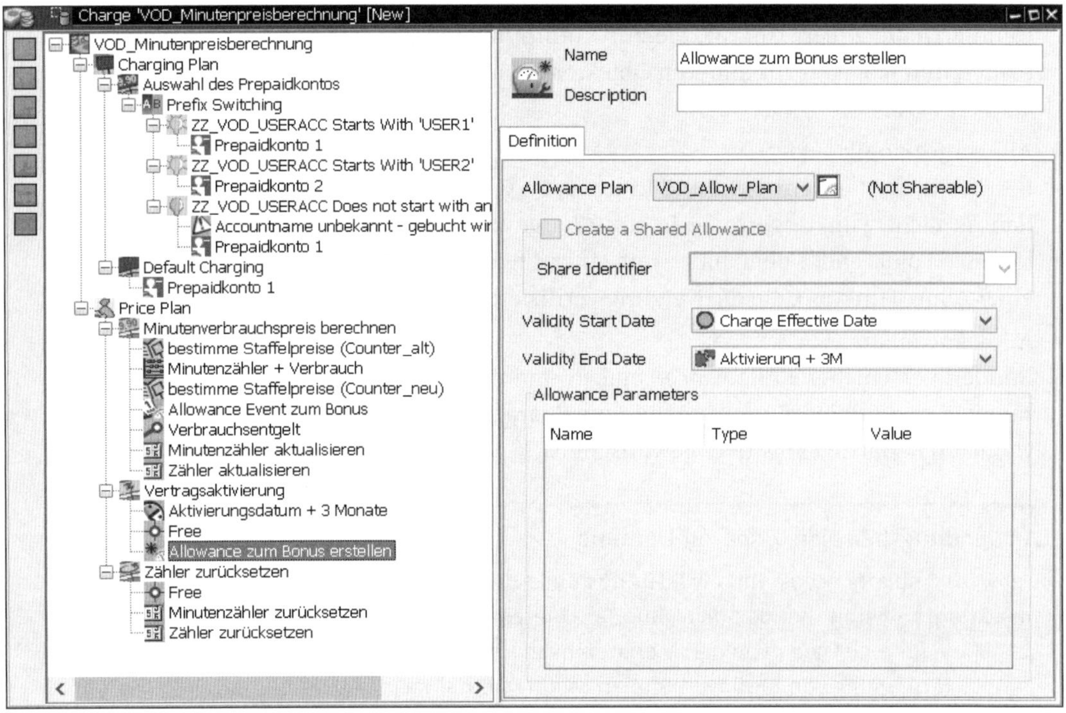

Abbildung 5.39 Angepasste Charge des Prepaid-Szenarios mit einem Allowance-Objekt

5.4.5 Prepaid-Prozess

Wie bereits in Abschnitt 5.3.2, »Tarifierung« und in den Anwendungsbeispielen beschrieben, haben Sie die Möglichkeit, über SAP CC einen Prepaid-Prozess abzubilden. Hierbei wird der errechnete Betrag nicht über eine abrechenbare Position einem Vertragskonto in SAP CI zugeordnet, sondern auf einen Prepaidvertrag mit vorhandenem Guthaben gebucht. Zur Verwaltung dieses Prozesses in SAP CI finden Sie weitere Informationen in Abschnitt 4.1.7, »Prepaidkonten«.

Referenzierung eines Prepaid-Kontos

In SAP CC unterscheidet sich der Charging-Prozess im Wesentlichen nur in der Account-Zuweisung. Über die Charge und den Charge-Plan wird im Falle eines Prepaidvertrags ein Prepaid-Account des Kunden ausgewählt.

Über diesen werden standardmäßig noch weitere Auswertungsmöglichkeiten mitgeliefert. So kann das System beispielsweise Meldungen an Vorsysteme versenden, wenn das Guthaben auf dem Prepaid-Account nicht mehr ausreicht.

Stammdaten des Aufladeprozesses

Für Prepaid-Szenarien muss es allerdings noch einen Prozess zur Aufladung von Prepaid-Accounts geben. Dieser Prozess wird über folgende Objekte realisiert (siehe Abschnitt 5.3.2, »Tarifierung«):

- **Refill-Item**
  Verbrauchsposition zum Aufladeprozess
- **Refill-Logik**
  Berechnungslogik für die Aufladung
- **Refill-Record**
  Ausgabeposition für das Billing-System
- **Refill-Plan**
  Bündelung der Refilling-Konfigurationen für die Zuweisung zu einem Vertrag

Das Refill-Item modelliert eine externe Aufladung. Diese Aufladungen können dem Core-Tool über einen Webservice mitgeteilt werden. Hierzu stellt SAP CC eine native, generische Schnittstelle zur Verfügung, die zwei Operationen anbietet:

1. Aufladung eines Prepaid-Accounts über ein Refill-Item
2. Selektion eines Prepaid-Accounts über eine Kennung und Ausgabe der Guthaben

Aufladung über einen generischen Webservice

Anwendungsbeispiel: Video-on-Demand

In Listing 5.2 ist beispielhaft der *Request* eines Webservices zum Refill-Prozess dargestellt. Dem Prepaid-Account 200000000000 werden hierbei 15 € zum 7. Mai 2018 gutgeschrieben.

```
<sch:prepaidAccountRefillRequest>
 <refillUid>7</refillUid>
 <subscriberAccountId>0100001050</subscriberAccountId>
 <prepaidAccountId>200000000000</prepaidAccountId>
  <date>2018-05-07T00:00:00</date>
  <amount currencyCode="EUR">15.00</amount>
  <refillItem>
  <usageId>Refill</usageId>
   <property type="date" value="2018-05-07T00:00:00"
             name="Refill Date"/>
```

```
    <property type="number" value="15.00"
              name="Refill Amount"/>
    <property type="string" value="EUR"
              name="Refill Currency"/>
  </refillItem>
</sch:prepaidAccountRefillRequest>
```

Listing 5.2 Webservice-Aufruf zur Aufladung eines Prepaid-Accounts

5.4.6 Überwachung und Analyse

Für die Überwachung und Analyse der Prozesse stehen im Core-Tool verschiedene Möglichkeiten zur Verfügung.

Operationen von Benutzern

Benutzerspezifisches Monitoring

Der Core-Server zeichnet in seiner Standardauslieferung Operationen von Nutzern auf und sichert diese auf unbegrenzte Zeit. Dazu gehören sämtliche Modifikationen an Stammdaten und Tarifobjekten sowie die Ausführung von Prozessen. Änderungen über Webservices werden ebenfalls gesichert. Über das Menü **Window • View Operations** können Sie diese geloggten Informationen einsehen und filtern (siehe Abbildung 5.40).

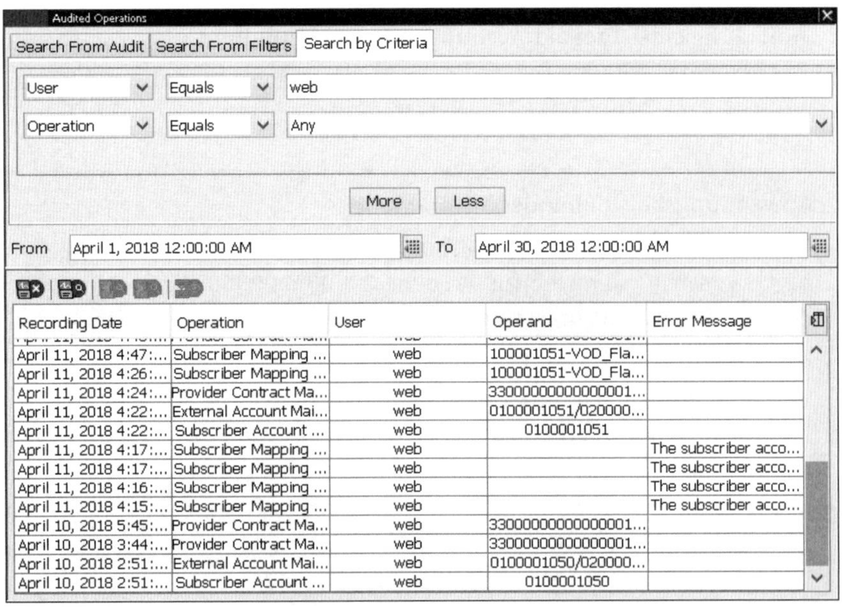

Abbildung 5.40 User-Operationen im Core-Tool

Objekt-Change-Logs

Objektüberwachung mittels Snapshots

Analog zu den Benutzeroperationen zeichnet das Core-System vor und nach einer Objektänderung einen Snapshot auf und sichert diesen in einem *Objekt-Change-Log*. So ist die Zeitlinie jedes Objekts im Core-Server von Anfang bis Ende ersichtlich. Zugriff auf das Log erhalten Sie über den Menüpfad **Window • View Object Change Logs**. Jeder Eintrag im Log verfügt über die folgenden Informationen:

- Zeitstempel der Änderung
- Objekt-ID des angepassten Objekts und Objekt-Typ
- Aktion (Anlage, Modifikation, Löschung)
- Referenz zur Benutzer-Operation
- Zustand des Objekts vor der Änderung
- Zustand des Objekts nach der Änderung

Metriken

Aufzeichnung der Prozessvolumina

Zur Auswertung von Produktnutzungsdaten zeichnet der Core-Server im Auslieferungszustand täglich folgende Informationen auf:

- Anzahl der Geschäftspartner (Subscriber-Accounts)
- Anzahl der Prepaid-Transaktionen
- Anzahl der Postpaid-Transaktionen

Sie können sich diese Informationen über den Menüpfad **Window • View Metrics** anzeigen lassen (siehe Abbildung 5.41).

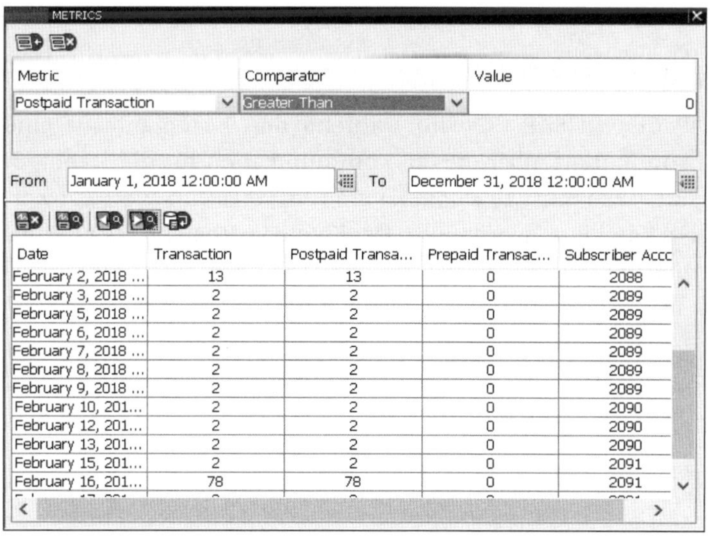

Date	Transaction	Postpaid Transa...	Prepaid Transac...	Subscriber Acco
February 2, 2018 ...	13	13	0	2088
February 3, 2018 ...	2	2	0	2089
February 5, 2018 ...	2	2	0	2089
February 6, 2018 ...	2	2	0	2089
February 7, 2018 ...	2	2	0	2089
February 8, 2018 ...	2	2	0	2089
February 9, 2018 ...	2	2	0	2089
February 10, 201...	2	2	0	2090
February 12, 201...	2	2	0	2090
February 13, 201...	2	2	0	2090
February 15, 201...	2	2	0	2091
February 16, 201...	78	78	0	2091

Abbildung 5.41 Auswertung einer Metrik im Core-Tool

5.5 Integration in SAP BRIM

Standard-integration in SAP BRIM

Wie in Abschnitt 5.3, »Stammdaten des Serviceanbieters«, beschrieben, ist SAP CC als Bepreisungs- und Tarifierungssystem in die Produktfamilie SAP BRIM eingebettet. Im vollständigen Standardszenario werden Verbrauchsdatensätze über SAP Convergent Mediation by DigitalRoute geliefert. Kundenstammdaten werden aus SAP CRM weiterverteilt, und die erzeugten abrechenbaren Positionen werden in SAP CI angelegt und verarbeitet. Diese Architektur wird allerdings nur in den seltensten Fällen gelebt. Die Anforderungen in einer bestehenden IT-Systemlandschaft verlangen zu einem Zeitpunkt meist nur nach einem oder zwei der in diesem Buch beschriebenen SAP-BRIM-Module. Aus diesem Grund muss jedes Modul frei in eine bestehende Systemlandschaft eingebettet werden können.

SAP CC wird als Java-Tool primär über Webservices eingebunden. Die Webservices verfügen über eine Standardintegration in Systeme, die im Produktportfolio von SAP BRIM enthalten sind (SAP CI, SAP CRM, SAP CM). Allerdings wurde bei der Entwicklung der Webservices darauf geachtet, diese so generisch aufzubauen, dass eine Integration in Fremdsysteme möglich ist.

Verbrauchsdaten aus Fremdsystemen

Insbesondere die Verbrauchsdatenübernahme erfolgt in der Regel aus einer Vielzahl von Vorsystemen und nicht rein aus SAP Convergent Mediation by DigitalRoute. Die hierfür verfügbaren Schnittstellen sind entweder über Szenarien konfigurierbar oder bei einem Webservice-Zugriff über generischen *Key-Value-Input* zu übermitteln (siehe Abschnitt 5.4.1, »Bewertung von Verbräuchen«).

5.5.1 Integration in SAP CI

Kataloganbindung mit ERP-Consumer-Proxys

Zwischen SAP CI und SAP CC wird während des Systemaufbaus eine Schnittstelle konfiguriert, über die die Kommunikation für die Standardprozesse abläuft. Dazu muss zu jedem Katalog ein *Service-User* erstellt werden, der diesem Katalog zugeordnet ist. Der Katalog wird dann mithilfe des Users an speziellen *Consumer-Proxys* von SAP CI angebunden. Eine Übersicht über diese Consumer-Proxys zeigt Tabelle 5.3.

Consumer-Proxy	Funktion
CO_FKKCC_CIT_CHARGE_SERVICE	Charging
CO_FKKCC_PREPAID_ACCOUNT_STATE	Prepaidmigration

Tabelle 5.3 Consumer-Proxys für die Integration von SAP CI

Consumer-Proxy	Funktion
CO_FKKCC_RATING_SERVICES	Rating
CO_FKKCC_RECHARGING_SERVICES	Recharging/Rerating
CO_FKKCC_REFILLING	Refilling
CO_FKKCC_SUBSCRIBER_ACCOUNT	Subscriber-Synchronisierung
CO_ISX_CC_CONTRACT_STATE_MANAG	Vertragsmigration
CO_ISX_CC_CTR_PROV_SERVICES	Vertrags-Synchronisierung
CO_ISX_ALLOWAN CE_MANAGEMENT_SE	Allowance

Tabelle 5.3 Consumer-Proxys für die Integration von SAP CI (Forts.)

Die Consumer-Proxys wiederum sind bereits in die Standardprozesse von SAP CI integriert und sorgen so für eine automatische Ansteuerung der SAP-CC-Prozesse.

Anpassung des Customizings bei Mehrsystemlandschaft

Sollten mehrere Kataloge (oder CC-Systeme) an ein SAP-CI-System angebunden werden, müssen Sie dies zuvor im CI-Customizing aktivieren. Im Anschluss daran können Sie *Rating-Bereiche* in SAP CI definieren, die über Ports den unterschiedlichen Katalogen oder Systemen zugeordnet werden. Die zugehörigen Einstellungen finden Sie im Customizing des Vertragskontokorrents unter **Integration • Convergent Charging**.

Über diese Konfiguration können nun Daten von SAP CI nach SAP CC übermittelt werden. Für die Datenabfrage und Übermittlung in Richtung SAP CI aus SAP CC heraus wird im Core-Tool eine weitere Schnittstelle definiert.

CI-Referenzsystem

Hierzu legen Sie bei der Installation des CC-Systems ein SAP-CI-Referenzsystem fest. Einen zugehörigen Webservice-User dieses Systems hinterlegen Sie in der Konfiguration des Core-Tools. Dazu benötigen Sie Basis-Berechtigungen und Zugriff auf das Config-Tool.

Systemisch besteht aber auch die Möglichkeit, mehrere SAP-CI-Module an einen CC-Server anzuschließen. Ist diese Option aktiviert, muss das CC-Core-Tool beispielsweise Stammdaten aus unterschiedlichen SAP-CI-Systemen voneinander unterscheiden können, um die Übermittlung von Positionen mit dem richtigen Zielsystem vornehmen zu können.

Customer Management Areas

Definieren Sie hierzu im Core-Tool sogenannte *Customer Management Areas* (CMAs), die bei der Anlage von Stammdaten als zusätzliche Information gespeichert werden. Diese CMAs ordnen Sie über eine *JCO-Destination* den entsprechenden ERP- und CRM-Systemen zu (siehe Abbildung 5.42).

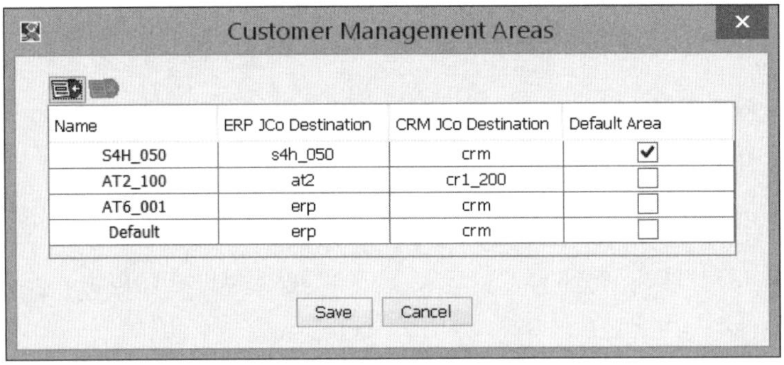

Abbildung 5.42 Customer Management Areas

5.5.2 Integration in SAP CRM

Replizierung mithilfe des COL

Stammdaten werden in der Standardausführung einer SAP-BRIM-Architektur von SAP CRM verteilt. Es existiert allerdings keine direkte Schnittstelle zwischen SAP CRM und SAP CC. Stattdessen geschieht dies über eine Zwischenschicht in SAP CI. Diese Zwischenschicht wird Common Object Layer (COL) genannt.

Geschäftspartner und Vertragskonten werden von SAP CRM synchron nach SAP CI repliziert, allerdings noch nicht in SAP CC angelegt. Erst bei Anlage eines Providervertrags, mit dem der Stammdatensatz aus SAP-CC-Sicht vollständig ist, wird eine Replikation angestoßen. Die Anlage des Providervertrags erfolgt hierbei zuerst im XML-Format im Common Object Layer. Aus dem COL heraus wird im Anschluss gleichzeitig eine Replikation in die Systeme SAP CI und SAP CC angestoßen.

Dabei werden auch die Stammdaten zum Geschäftspartner und Vertragskonto in Richtung SAP CC übertragen. Ist die Replikation erfolgreich verlaufen, findet eine Anpassung in beiden Systemen statt. Ist hingegen ein Fehler von SAP CC oder SAP CI gemeldet worden, wird die Replikation abgebrochen. Sie kann nach einer Behebung des Fehlers erneut angestoßen werden.

[»]

Vom Spezialfall zum Standard

Das hier beschriebene Verfahren zur gemeinsamen Stammdatenreplikation (MULTI_CC) war zuerst ein Spezialfall unter mehreren wählbaren Szenarien. Inzwischen ist es aber in der aktuellen CI-Konfiguration zum Standard geworden.

Zur vollständigen Definition eines Vertrags aus CRM-Sicht gehört auch immer die Auswahl eines Tarifs oder eines Produkts für den Kunden. Hierzu werden SAP CRM alle freigeschalteten Charge-Pläne und Refill-Pläne zur Verfügung gestellt. Die Verwaltung erfolgt über das *Cross-Catalog-Mapping*. Einen genaueren Einblick zur Verwaltung von Stammdaten und Produkten aus der Sicht von SAP CRM finden Sie in Kapitel 2, »Kundenmanagement mit SAP CRM«.

5.5.3 Integration weiterer Abrechnungssysteme

Anbindung SAP-fremder Abrechnungssysteme

In den vorangehenden Abschnitten haben wir die Standardintegration mit SAP CI und SAP CRM kurz beschrieben. Was ist aber nun zu beachten, wenn ein SAP-fremdes externes System an SAP CC angebunden werden soll? Im Folgenden wollen wir diesen Fall anhand eines weiteren Abrechnungssystems illustrieren, das SAP CI ersetzt. Die folgenden Punkte beschreiben die wesentlichen Anpassungen:

Direktaufruf der SAP-CC-Webservices

- Die Stammdatenerzeugung läuft im Standardszenario über das COL in SAP CI. Das COL ruft dazu die SAP-CC-Webservices auf, d. h., dass nun eine neue Stammdatenpflege die CC-Webservices direkt aufrufen oder zumindest eine Middleware diese berücksichtigen muss. Eine Dokumentation der aktuellen SAP-CC-Webservices wird regelmäßig von SAP online im Support-Portal im Bereich *Development* zur Verfügung gestellt.
- Das Mapping der Verbrauchspositionen und abrechenbaren Positionen funktioniert im Standardszenario nativ über die Generierung von CIT- und BIT-Klassen in SAP CI. Diese werden über ein Mapping in SAP CC integriert. Andere Abrechnungssysteme besitzen vom Typ her ähnliche Strukturen für die Positionsdatenübernahme. Diese können manuell über die Erzeugung einer Chargeable Item Class oder einer Charged Item Class in SAP CC nachgebildet werden (siehe Abschnitt 5.3.2, »Tarifierung«).

Nutzung von chargeable-ItemCharge

- Für die Übertragung von Verbräuchen mit anschließendem Rating und Erzeugung von abrechenbaren Positionen gibt es einen Standardprozess in SAP CI: Bei Verwendung anderer Abrechnungssysteme kann der Service *chargeableItemCharge* genutzt werden, der eine Prozesskette an der Dispatcher-Komponente des Core-Tools auslöst. Diese beinhaltet die Übertragung eines Chargeable-Items mit anschließendem integrierten Rating und Anlage eines Charged-Items. Außerdem werden Massenoperationen unterstützt. Der Webservice ist als generischer Service mit Key/Value-Feldern definiert, der als Eingabe die Struktur einer Chargeable

Item Class akzeptiert und als Ausgabe die Struktur der zugehörigen Charged Item Class liefert. Diese Ausgabestruktur kann wiederum vom verknüpften Abrechnungssystem interpretiert werden.

Fazit zur Anbindung fremder Systeme

Eine Anbindung an verschiedene Abrechnungssysteme ist ohne Weiteres möglich, da SAP CC als externes Java-basiertes Tool auch per Webservices in die SAP-Landschaft eingebunden ist. Die Integration in die klassische Systemlandschaft von SAP BRIM erfolgt allerdings nativ und damit ohne große zusätzliche Aufwände und Pflegebedarf.

5.6 Zusammenfassung

SAP CC ist ein mächtiges und flexibles System zur Bepreisung und Tarifierung. Es eignet sich durch seinen modularen Aufbau für die Modellierung nahezu aller möglichen Produktszenarien: Von einmaligen über wiederkehrende und nutzungsbasierende Produkte lässt sich jedes Szenario abbilden. Dabei ist die Möglichkeit gegeben, sowohl Prepaid- als auch Postpaid-Prozesse abzubilden.

Da das System ursprünglich aus der Telekommunikationsbranche stammt, ist die Verarbeitung hoher Datenvolumina, ein entsprechendes Sizing vorausgesetzt, performant möglich. Die kleinste Ausprägung eines SAP-CC-Systems schafft hierbei schon einen Datendurchsatz von 500 Transaktionen pro Sekunde.

Eine Liveauswertung von Daten mit Integration von Vorsystemen ist ebenfalls möglich. Dabei bleibt SAP CC spartenunabhängig und bettet sich so ideal in die Systemlandschaft von SAP BRIM ein.

Kapitel 6

Die Verteilungsplattform SAP Convergent Mediation by DigitalRoute

In diesem Kapitel stellen wir Ihnen zunächst die grundsätzlichen Aufgaben von SAP Convergent Mediation vor. Im Anschluss daran erfolgt eine detaillierte Beschreibung der zur Verfügung stehenden Funktionalität mit besonderem Augenmerk auf deren Einbindung in den Betriebsablauf.

Die nachfolgenden Abschnitte sollen einen ersten Einblick in die Softwarekomponente SAP Convergent Mediation by DigitalRoute (SAP CM) geben. Der Fokus liegt dabei auf einer allgemein-fachlichen und weniger auf einer technischen Beschreibung. Eine detaillierte technische Beschreibung entnehmen Sie bitte der entsprechenden Benutzerdokumentation.

[«]

Die Version von SAP CM

Alle Beschreibungen und Abbildungen in diesem Buch beziehen sich auf die Version SAP CM 7.2.

6.1 Verteilungsplattform in SAP BRIM

Große Datenmengen als Herausforderung

In der heutigen digital vernetzten Welt wird eine Vielzahl an Nutzungsdaten über verschiedene Kanäle generiert. Diese Nutzungsdaten können entscheidende Auswirkungen auf den Erfolg eines jeden Unternehmens haben – sei es beispielsweise in den Bereichen der Abrechnung, dem Ressource-Metering oder dem Monitoring der Kundeninteraktion.

Die Herausforderung für Unternehmen liegt oftmals in der Masse an Daten, deren Verbreitungsgeschwindigkeit sowie deren Vielfalt. Diese Faktoren erschweren es ungemein, die Nutzungsdaten zu erfassen und entsprechend zu verwalten.

MediationZone als Lösungsszenario

Ein mögliches Lösungsszenario bietet SAP Convergent Mediation (SAP CM, auch *MediationZone*) der Firma DigitalRoute. Diese Komponente ist ein Bestandteil der SAP-BRIM-Kette und versucht mit Offline- sowie Online-Verarbeitungsfunktionalitäten, den jeweiligen Herausforderungen gerecht zu werden.

Innerhalb der SAP-BRIM-Kette wird die *MediationZone* in der Regel zwischen den datenliefernden Quellsystemen (Kunden- und Auftragsverwaltung) und dem Convergent Charging (Preisermittlung) angesiedelt (siehe auch Abbildung 6.1). Mithilfe der SAP-BRIM-Kette wird der Offer-to-Cash-Geschäftsprozess abgebildet. Der Prozess reicht von der Angebotserstellung über die Verrechnung bzw. Bewertung der genutzten Services bis hin zur Rechnungsstellung und dem Forderungsmanagement (siehe dazu auch Kapitel 1, »Die Welt von SAP BRIM«).

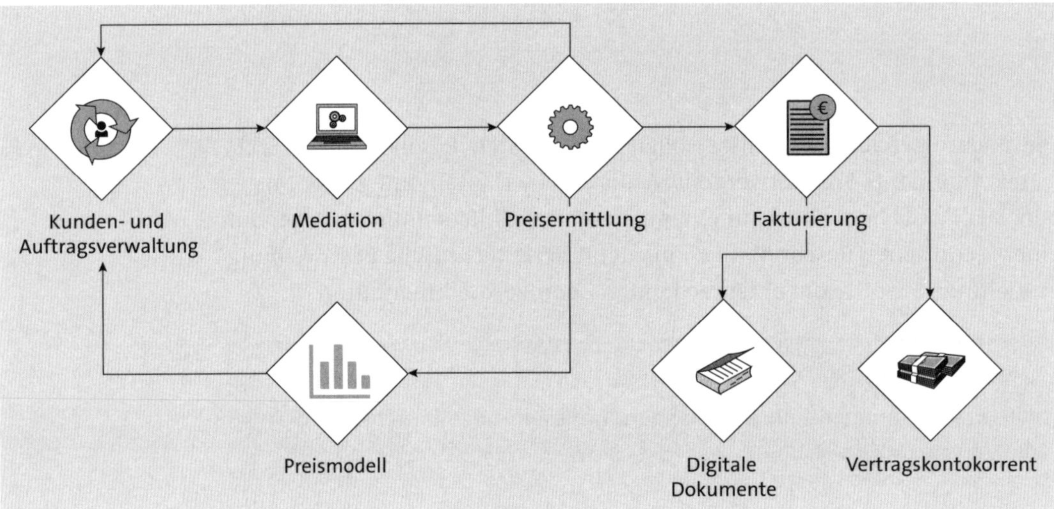

Abbildung 6.1 SAP-BRIM-Kette

Daten sammeln, verarbeiten und weiterleiten

Die Hauptaufgabe von SAP CM besteht in diesem Kontext grundsätzlich darin, den abrechnungsrelevanten Anteil innerhalb großer Datenmengen zu erfassen (*Collect*), zu verarbeiten (*Processing*) und zur richtigen Zeit an die entsprechende Zielkomponente weiterzuleiten (*Forwarding*). Dabei verknüpft SAP CM unabhängig von der vorliegenden Architektur verschiedene Komponenten und stellt eine Vielzahl an Funktionalitäten bereit, die es den einzelnen Komponenten ermöglicht, so effektiv wie möglich miteinander zu kommunizieren. Eine vereinfachte Darstellung entnehmen Sie Abbildung 6.2. Die eigentliche Verteilung der Daten erfolgt dabei unabhängig von der Anzahl an Netzwerk-Elementen oder Systemen. Bedingt durch die Optimierung der einzelnen Daten-Streams lässt sich zudem auch ein monetärer Nutzen in den Bereichen Hardwarekosten, Lizenzkosten und Wartungskosten dank SAP CM verzeichnen.

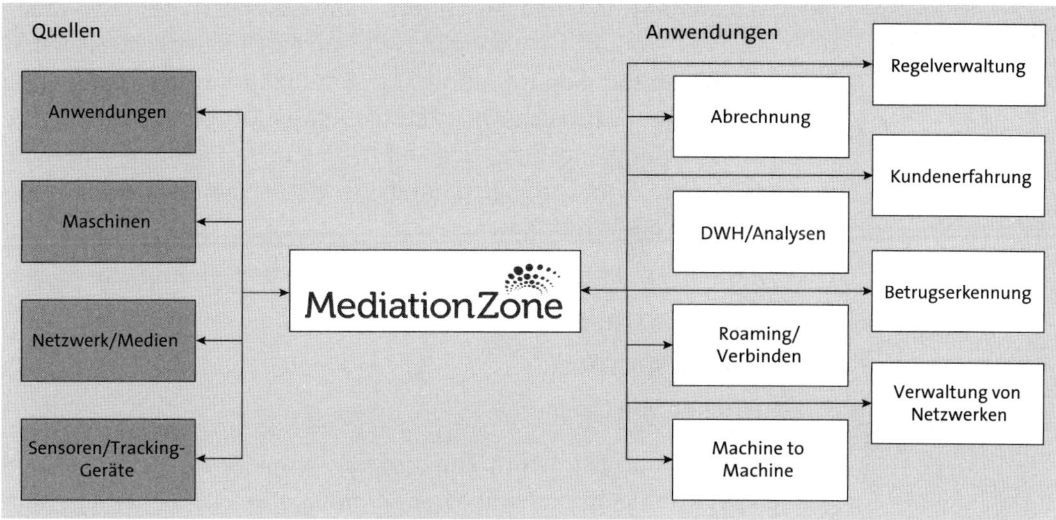

Abbildung 6.2 Integrationsszenario (Quelle: DigitalRoute)

Kommunikation mit externen Systemen

Der erfolgreiche Datenaustausch mit externen Systemen wird durch Plug-Ins realisiert. Innerhalb der jeweiligen Plug-Ins befinden sich die notwendigen Protokolle, um eine bestmögliche Kommunikation zu erlauben. Eine Vielzahl an Protokollen wird dabei bereits mit Auslieferung von SAP Convergent Mediation bereitgestellt. Weitere Protokolle werden durch DigitalRoute im Rahmen einer Entwicklungs-Roadmap oder bei Bedarf stetig hinzugefügt. Mithilfe des *Development-Toolkits* können zudem auch kundeneigene Anpassungen bzw. Erweiterungen realisiert werden. Innerhalb der SAP-BRIM-Kette kommt insbesondere das *SAP CC Agent* genannte Plug-In zum Einsatz, um eine webservicebasierte Integration zwischen MediationZone (Mediation) und SAP Convergent Charging (Preisermittlung) herzustellen (siehe auch Abbildung 6.1).

[«]

Weitere Beispiele

Konkrete Anwendungsbeispiele finden Sie in Abschnitt 7.4, »Einblick in weitere Branchen«.

Hardware-neutralität

In Bezug auf den operativen Betrieb der MediationZone verfolgt die Konfiguration und Logik-Steuerung einen zentralen Ansatz. Durch entsprechende Hardware-Neutralität läuft SAP Convergent Mediation zudem auf allen möglichen Kombinationen aus Highend- und/oder Commodity-Servern, was sich in einem hohen Skalierungspotenzial widerspiegelt (siehe auch Abschnitt 6.3, »Architektur«).

Batch- und Realtime-Verarbeitung

SAP CM bietet Anwendern dabei sowohl Online- als auch Offline-Verarbeitung in einem Produkt. Unabhängig davon, ob Batch- oder Echtzeit-Verarbeitung zum Einsatz kommt, erfolgt die Konfiguration über die gleiche GUI-Technologie (siehe auch Abschnitt 6.4, »SAP CM User Interfaces«). Sie ermöglicht es, durch intuitive Drag-and-Drop-Funktionalitäten Unternehmensprozesse in Form von sogenannten *Workflows* abzubilden (siehe dazu auch Abschnitt 6.5, »Workflows«).

Workflowbasierte Prozessmodellierung

Ein Workflow setzt sich grundsätzlich aus drei Phasen zusammen:

1. Sammeln von Daten
2. Verarbeiten von Daten
3. Weiterleiten von Daten

Dabei geht es zunächst darum, Nutzungsdaten aus verschiedenen Datenquellen zu extrahieren, bzw. um deren *Sammlung*. Sofern alle entscheidenden Daten gesammelt wurden, beginnt die eigentliche *Verarbeitung* der Daten. Diese kann je nach Anwendungsfall unterschiedlich komplex ausfallen – von einer einfachen Filterung bis hin zu komplex verketteten Prüfungsmechanismen. Zum Schluss erfolgt die *Weiterleitung* an die entsprechenden Zielsysteme (Applikationen). Abbildung 6.3 verdeutlicht diese Systematik nochmals.

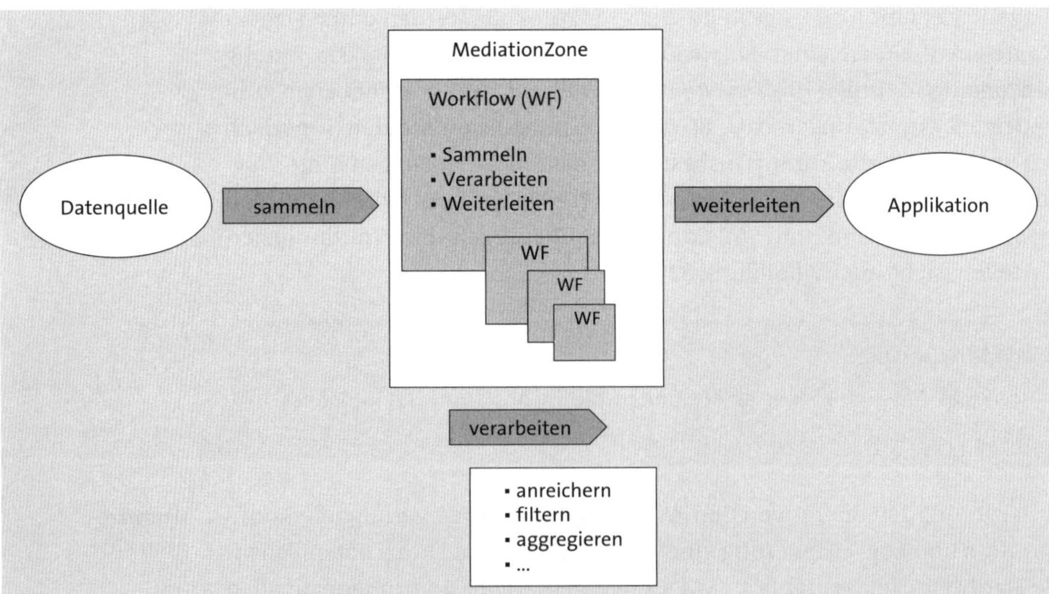

Abbildung 6.3 Workflow-Systematik

6.2 Kernfunktionen

SAP CM bietet eine Vielzahl an Funktionen, mit deren Hilfe große Datenmengen auf sichere und konsistente Art und Weise verarbeitet werden können. Im Folgenden finden Sie einen Überblick über die wichtigsten Kernfunktionalitäten:

- **Workflow-Konfiguration**
  Die Workflow-Konfiguration wird benötigt, um entsprechende Workflows und Tasks innerhalb von SAP Convergent Mediation zu modellieren und zu konfigurieren (siehe dazu auch Abschnitt 6.5.6, »Workflow-Konfiguration«).
- **Workflow-Gruppen-Konfiguration**
  Falls bestimmte Prozesse auf mehrere Workflows angewandt werden sollen, können diese zu sogenannten Workflow-Gruppen hinzugefügt werden (siehe auch Abschnitt 6.5.7, »Workflow-Gruppen«).
- **Fehler-Korrektursystem**
  Das Fehler-Korrektursystem (Error Correction System, ECS) ist ein Repository, in das Nutzungsdaten (*Usage Data Records, UDRs*) abgelegt werden, sofern eine zuvor definierte Prüfung diese ablehnt (siehe auch Abschnitt 6.6, »Error Correction System«).
- **Systemexport und -import**
  Mithilfe des Systemexports und -imports können Systemkonfigurationen entweder vollständig oder partiell gesichert werden. Export und Import erfolgen dabei via XML-Format (siehe auch Abschnitt »Tools-Menü« in Abschnitt 6.4.1, »SAP CM Desktop«, und Abschnitt 6.5.6, »Workflow-Konfiguration«).
- **Ereignisbenachrichtigung**
  Die Ereignisbenachrichtigung dient als Empfänger und Verteiler aller Systemnachrichten innerhalb von SAP CM. Vor diesem Hintergrund ist es möglich, eigens definierte Informationen und Alarme an allen relevanten Stellen innerhalb des Netzwerks auszugeben. Eine entsprechende Einsicht erfolgt mittels System-Log-Anzeige (siehe auch Abschnitt »System Log« in Abschnitt 6.4.2, »Web-based Interface«).
- **Alarm-Erkennung**
  MediationZone kann so konfiguriert werden, dass es als proaktiver Monitor eingerichtet wird, der alle ausführenden Aktivitäten des Systems überwacht (siehe auch Abschnitt 6.7.3, »Alarm-Management«). Sofern eine Ausnahme erkannt und ein Alarm ausgelöst wurde, können entsprechende Events angestoßen werden.

- **Systemstatistiken**
  Mittels SAP CM werden viele interne wie auch externe Systemstatistiken erfasst. Anhand dieser Informationen kann beispielsweise die Performance der Workflows gemonitort werden (siehe auch Abschnitt 6.7.4, »Systemstatistiken«).
- **UDR-Dateikonfiguration**
  Durch die UDR-Dateikonfiguration können erfasste Nutzungsdaten entsprechend eingesehen und nachgelagert bearbeitet werden (siehe auch Abschnitt »UDR-Dateieditor« in Abschnitt 6.5.5, »Ultra Format Definition Language«).
- **Ausführungsmanager**
  Der Ausführungsmanager (*Execution Manager*) wird dazu verwendet, alle vorhandenen Workflows zu steuern und zu monitoren. Über ihn werden die jeweiligen Workflows zudem aktiviert und deaktiviert (siehe auch Abschnitt »Ausführungsmanager« in Abschnitt 6.4.2, »Web-based Interface«).
- **Archivierung**
  SAP CM bietet umfangreiche Archivierungsfunktionalitäten. Dazu gehören automatische Partitionswechsel sowie entsprechende Bereinigungen von Altdaten (siehe auch Abschnitt 6.7.2, »Archivierung«).
- **Nutzungsverwaltung**
  Mittels der Nutzungsverwaltung können entsprechende Zähler für beliebige Aktionen gesetzt werden. Sobald bestimmte, zuvor definierte Schwellenwerte nicht eingehalten werden, werden entsprechende Prozesse eingeleitet.
- **Auditing**
  Audits und statistische Informationen können innerhalb von MediationZone in eigens dafür definierte Tabellen abgelegt werden. Auf dieser Basis lassen sich entsprechende Reports erstellen.
- **Zugangskontrolle**
  Sämtliche Berechtigungsprozesse werden mittels Zugangskontrolle abgedeckt.
- **Pico-Management**
  Prozesse werden umfassend mittels *Pico Manager* zentral gesteuert und verwaltet. Vor diesem Hintergrund kann bestimmten Hosts auch untersagt werden, etwaige Workflows auszuführen. Daher kann der Pico-Manager auch als *Single-Point-Of-Administration* angesehen werden.

- **Monitoring mittels Web-Oberfläche**
  Mittels der Web-Oberfläche können sämtliche Status in SAP CM auch online abgefragt werden. Sofern ein Alarm ausgegeben wird, kann dies online unverzüglich nachvollzogen werden (siehe auch Abschnitt 6.4.2, »Web-based Interface«).

6.3 Architektur

SAP CM basiert auf einer offenen, mehrschichtigen Architektur und unterteilt sich dabei in sechs Schichten (siehe Abbildung 6.4).

Abbildung 6.4 Architektur von SAP CM

- **Betriebsebene**
  MediationZone kann, unabhängig ob High-End- oder Commodity-Systeme, auf einer Vielzahl von Plattformen betrieben werden.
- **Drittanbieter-Ebene**
  MediationZone wurde zu 100 % in Java entwickelt und benötigt daher ein *Java Runtime Environment*. Das Deployment kann dabei mittels einer *Oracle Standard Edition* oder einer alternativen Datenbankarchitektur-Lösung erfolgen.
- **Kernebene und Entwicklungsebene**
  Die Kernebene beinhaltet alle Services, welche die Basis für die entsprechenden Workflows bilden. Das Development Toolkit in der Entwicklungsebene bietet darüber hinaus standardisierte *APIs*, um die Plattform zu erweitern.

- **Applikationsebene**
  Die Applikationsebene stellt alle Funktionalitäten bereit, die der Workflow-Konfiguration dienen.
- **Konfigurationsebene**
  Mittels der Konfigurationsebene werden sämtliche Konfigurationen in Bezug auf Ihre spezifischen Anforderungen abgedeckt.

Neben der traditionellen dateibasierten Offline-Nutzung ist die Architektur von SAP Convergent Mediation vor allem für *In-memory-* und *Realtime-Verarbeitung* optimiert und ausgelegt.

6.3.1 Skalierbarkeit

Zentrale und dezentrale Verarbeitung

Innerhalb von SAP CM wird die Ablaufsteuerung zentralisiert betrieben, die Ausführung der Workflows hingegen kann verteilt erfolgen. Dadurch wird vor allem die Problematik im Hinblick auf eine vertikale bzw. horizontale Skalierung adressiert.

Vertikale Skalierung

Bei der vertikalen Skalierung kann es durchaus zu CPU-Konflikten kommen, wenn die Skalierbarkeit einer zentralisierten Architektur auf die Anzahl von Plug-in-Prozessoren begrenzt ist. Durch die Unterstützung einer beliebigen Anzahl von kollaborierenden Netzwerkservern bietet SAP CM eine nahezu unbegrenzte Skalierbarkeit.

Horizontale Skalierung

Bei der horizontalen Skalierung kann es zu inkonsistenten Wartungszyklen kommen, wenn sich beispielsweise Coding oder Daten auf einer großen Anzahl von Servern befinden. Vor diesem Hintergrund bietet SAP CM eine automatische bedarfsgesteuerte Verteilung des Codings und/oder der Konfigurationen auf Server, die als Teil einer Installation eingebunden sind. Dadurch soll vor allem der Betriebs- und Wartungsaufwand verringert werden. Darüber hinaus kann so eine konsistente Konfigurationssicherung sichergestellt werden.

Für ein besseres Verständnis der Skalierung sollen zunächst die einzelnen Zonen der SAP-CM-Plattform beschrieben werden. Die Unterscheidung erfolgt dabei in drei Stufen, wie in Abbildung 6.5 dargestellt.

Drei Zonen von SAP CM

Die *Access Zone* wird als Wartungsebene bezeichnet. Innerhalb dieser Wartungsebene haben Benutzer die Möglichkeit, via GUI auf das System zuzugreifen. Die Access Zone bietet alle erforderlichen Betriebs- und Wartungsfunktionen sowie Werkzeuge.

Die *Control Zone* stellt Konfigurationen bereit, welche von der Laufzeitumgebung verwendet werden, und steuert alle Aspekte der verteilten Installation. Die jeweiligen Dienste innerhalb der Zone können auf mehrere Server verteilt werden. Die zentrale Verantwortung für die Konfiguration und Transaktionsintegrität unterliegt dabei ebenfalls der Control Zone. Sie stellt darüber hinaus sicher, dass weder Daten verloren gehen noch dupliziert werden.

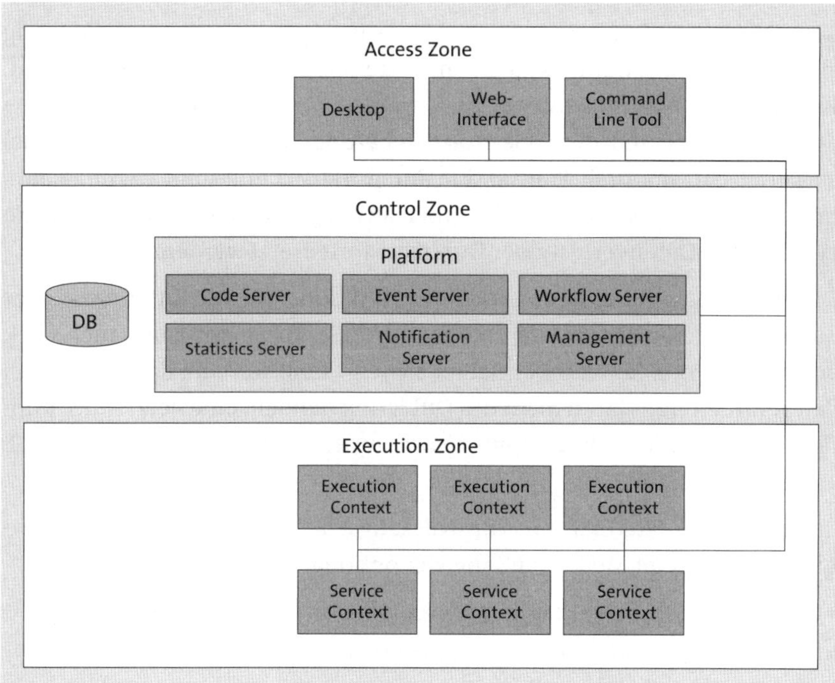

Abbildung 6.5 SAP-CM-Zonen (nach DigitalRoute)

Die *Execution Zone* gilt als Verarbeitungsschicht, welche die nötigen Verarbeitungskapazitäten für alle Aufgaben bereitstellt (Verarbeitung der Workflows). Diese Ebene enthält einen oder mehrere Ausführungskontexte, die über eine beliebige Anzahl von Servern verteilt werden können. Immer dann, wenn ein Workflow gemäß der Planungskriterien ausgeführt werden soll, wird eine entsprechende Anfrage an den am besten geeigneten Ausführungskontext verteilt und ausgeführt.

Flexible Architekturszenarien

Bezüglich der Skalierung gilt es zu beachten, dass die Funktionalität einer der entsprechenden Zonen über eine beliebige Anzahl von Servern verteilt oder aber auf einem einzelnen Server bereitgestellt werden kann. Die Verteilung auf mehrere Server ermöglicht die Bereitstellung in der richtigen Größenordnung und sorgt dadurch für eine optimale bzw. kostengünstige

Hardwarenutzung. So könnte beispielsweise die Control Zone auf High-End-Servern und die Execution Zone auf Commodity-Servern betrieben werden.

6.3.2 Ausfallsicherheit

Hohe Transaktionsintegrität

SAP CM ist ein workflowbasiertes Mediation-System, welches zuverlässig alle Daten sichert, wenn es zu einem System- oder Netzwerkfehler kommt. Während der Workflow-Ausführung werden Transaktionsdaten zwischen den Workflows und dem Plattformsteuerungsserver (der Control Zone) ausgetauscht, wodurch Transaktionsintegrität sichergestellt werden kann. Im Falle eines Neustarts kann die Arbeit an der entsprechenden Fehlerstelle erneut ohne Datenverlust oder Duplikate fortgesetzt werden.

Die Duplikatsprüfung ist eine weitere Funktionalität, die SAP Convergent Mediation anbietet. Mithilfe von persistenten Speichern kann auch nach einem System- oder Netzwerkfehler sichergestellt werden, dass es sich bei den verarbeiteten Daten nicht um Dubletten handelt. Eine detaillierte Konfiguration kann der Nutzer selbst vornehmen (siehe auch Abschnitt 6.7.1, »Dubletten-Prüfung«).

Bezüglich der Datenhaltung von Nutzungsdaten während der Workflow-Ausführung bietet MediationZone vier optionale Möglichkeiten:

- Speicherung auf der Festplatte (lokal oder im Netzwerk)
- Speicherung innerhalb einer relationalen Datenbank (lokal oder im Netzwerk)
- zentrale Speicherung in einem abgesicherten Speicher, der von einem Plattformsteuerungsdienst verwaltet wird
- herstellerspezifische Sicherungslösungen

SAP CM bietet zudem die Möglichkeit, die Workflow-Ausführung auf redundanten Servern auszuführen. Sofern ein Server ausfällt, können die auf diesem Server bereitgestellten Workflows an einen anderen verfügbaren Server weitergeleitet werden.

6.4 SAP CM User Interfaces

Funktionsabhängige Menüführung

Mittels SAP CM erhalten Sie als Anwender drei verschiedene Typen von Benutzeroberflächen: SAP CM Desktop, das Web-based Interface sowie die SAP CM Mediation Shell. Jede einzelne Oberfläche verfolgt dabei einen bestimmten Zweck und bietet unterschiedliche Funktionalitäten.

6.4.1 SAP CM Desktop

Desktopgestützte Konfiguration

Mittels SAP CM Desktop werden alle möglichen Aspekte der Systemkonfiguration sowie der späteren Workflow-Definition und -Konfiguration abgedeckt. Nach Eingabe Ihres Benutzernamens samt Passwort gelangen Sie zur initialen Arbeitsoberfläche von SAP CM.

Als Anwender stehen Ihnen im Startbildschirm oben links mit den Buttons **(Konfiguration)**, **(Inspektion)** und **(Tools)** verschiedene Funktionen zur Verfügung (siehe Abbildung 6.6). Sofern die im Standard ausgelieferten Funktionen nicht ausreichen, können auch Eigenentwicklungen im Desktop-Menü eingebunden werden. Für solche Zwecke verwenden Sie das *SAP CM Development Toolkit*.

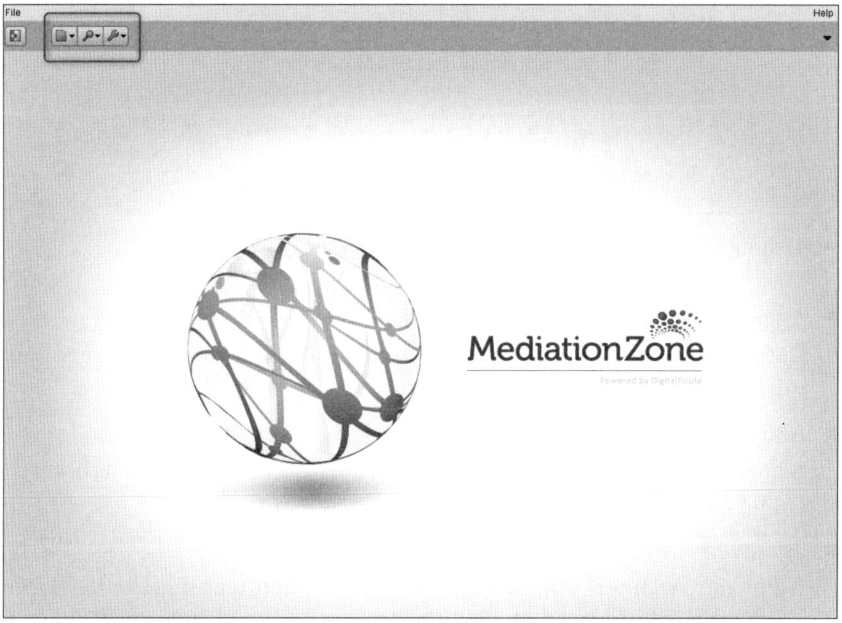

Abbildung 6.6 Desktop-Benutzeroberfläche

Im Folgenden lernen Sie ausgewählte Funktionen der Menüs **Konfiguration**, **Inspektion** und **Tools** kennen.

Konfigurationsmenü

Funktionen zur Prozessmodellierung

Mit einem Klick auf **Konfiguration** gelangen Sie zu dem Bedienfeld, das in Abbildung 6.7 zu sehen ist. Die im Folgenden beschriebene Auswahl wichtiger Funktionen kommt vor allem im Rahmen der Prozessmodellierung von Workflows zum Einsatz.

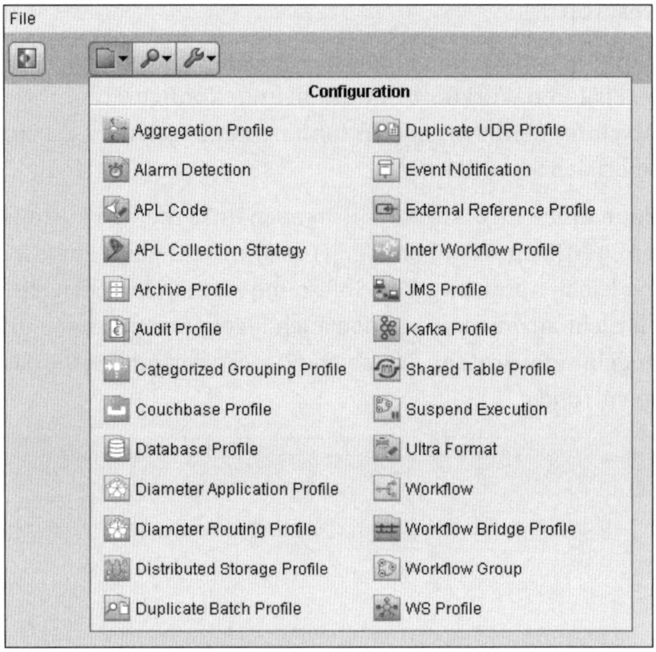

Abbildung 6.7 Konfigurations-Menü

- **Aggregation Profile** (Aggregationsprofile)
  Definition von Aggregationsprofilen, die mittels Aggregationsagent genutzt werden können.
- **Alarm Detection** (Alarm-Erkennung)
  Bietet die Möglichkeit, Kriterien für Alarm-Meldungen zu definieren (siehe auch Abschnitt 6.7.3, »Alarm-Management«).
- **Archive Profile** (Archivierungsprofile)
  Dient der Archiv-Konfiguration, die durch Archivierungsagents (siehe auch Abschnitt 6.7.2, »Archivierung«) ausgelöst werden kann.
- **Database Profile** (Datenbankprofile)
  Dient der Registrierung von externen sowie internen Datenbankkonfigurationen, die durch entsprechende Workflows verwendet werden können.
- **Duplicate Batch Profile** (Duplikatsprofile)
  Wird für die Definition von Duplikatsprüfungskriterien verwendet, welche wiederum von den Dubletten-Agents verwendet werden (siehe auch Abschnitt 6.7.1, »Dubletten-Prüfung«).
- **Event Notification** (Ereignisbenachrichtigung)
  Die Ereignisbenachrichtigungskonfiguration bietet die Möglichkeit, Informationen von im System generierten Ereignissen an verschiedene

Ziele weiterzuleiten. Diese Ziele umfassen Datenbanken, Logdateien, E-Mails, SNMP-Trap-Empfänger und Systemprotokolle.

- **Suspend Execution** (Ausführungsunterbindung)
  Durch die Unterbindung kann sichergestellt werden, dass bestimmte Workflows bzw. Workflowgruppen in definierten Zeiträumen ausgeführt werden.
- **Workflow** (Workflow-Konfiguration)
  Dient der grundlegenden Workflow-Definition und -Konfiguration (siehe auch Abschnitt 6.5.6, »Workflow-Konfiguration«).
- **Workflow Bridge Profile** (Workflow-Brücken-Profile)
  Dient der Workflow-Bridge-Konfiguration. Diese ermöglicht das Verbinden von getrennten Arbeitsabläufen (siehe auch Abschnitt 6.5.3, »Workflow-Brücke«).
- **Workflow Group** (Workflow-Gruppen)
  Wird für die Konfiguration von Workflow-Gruppen verwendet (siehe auch Abschnitt 6.5.7, »Workflow-Gruppen«).

Inspektionsmenü

Funktionen zum Monitoring

Über das Inspektions-Menü werden hauptsächlich Monitoring-Funktionalitäten zur Verfügung gestellt (siehe Abbildung 6.8). Die wichtigsten Befehle können Sie der folgenden Übersicht entnehmen.

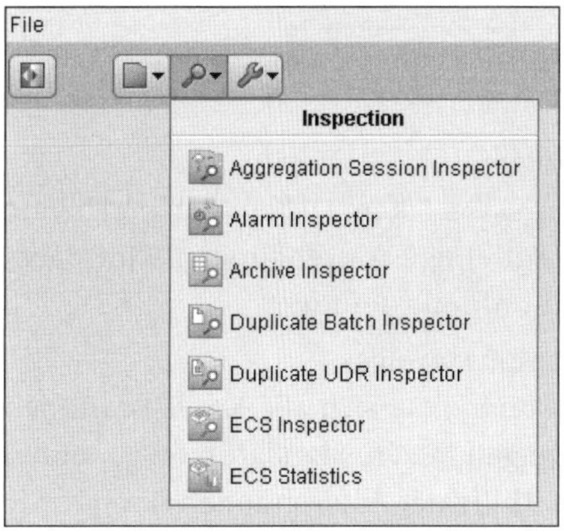

Abbildung 6.8 Inspektions-Menü

- **Alarm Inspector** (Alarm-Monitoring)
  Dient dem Monitoring von Systemmeldungen (siehe dazu auch den Abschnitt »Alarm Inspector« in Abschnitt 6.4.2, »Web-based Interface«).
- **Archive Inspector** (Archiv-Monitoring)
  Wird zur Überwachung archivierter Datenstapel verwendet.

- **Duplicate UDR Inspector** (Dubletten-Monitoring)
  Dient der Identifizierung von UDR-Dubletten von bereits verarbeiteten UDRs.
- **ECS Inspector** (ECS-Monitoring)
  Mit dem ECS-Inspektor können Sie UDRs im Error Correction System überprüfen und verwalten, deren Inhalte anzeigen und bearbeiten sowie sie zu *Reprocessing-Gruppen* hinzufügen (siehe auch Abschnitt 6.6.1, »ECS-Inspektor«).

Tools-Menü

Weitere Funktionen

Im Tools-Menü (siehe Abbildung 6.9) finden Sie weitere nützliche Funktionen, die wichtigsten Optionen beschreibt die folgende Übersicht.

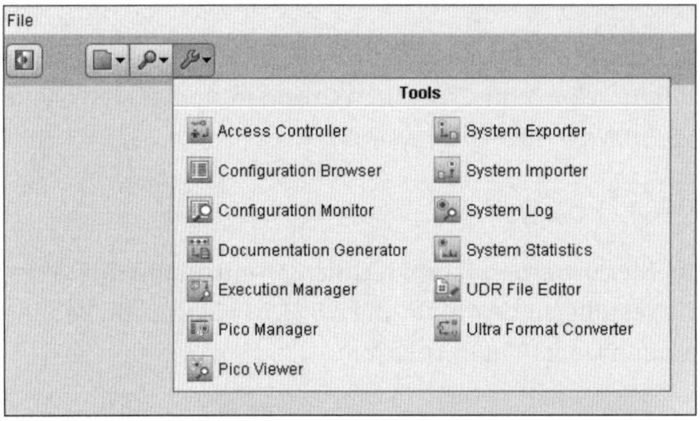

Abbildung 6.9 Tools-Menü

- **Access Controller** (Zugriffsberechtigung)
  Um MediationZone zu bedienen, müssen Sie im System entsprechende Benutzer definieren. Der Zugriff auf einige Anwendungen wird dabei über Zugriffsgruppen und deren Zuordnung definiert.
- **Configuration Browser** (Konfigurationsanzeige)
  Mit dem Konfigurationsbrowser können Sie sich alle Konfigurationen innerhalb der MediationZone anzeigen lassen. Standardmäßig werden alle Konfigurationen angezeigt, mithilfe der Filteroptionen können Sie jedoch Eingrenzungen vornehmen.
- **Execution Manager** (Ausführungskontext)
  Mit dem Execution Manager können Sie mehrere Workflow-Gruppen aktivieren bzw. überwachen. Zudem erhalten Sie einen Überblick über bereits abgeschlossene Workflows.

- **System Exporter/System Importer** (Systemexport und -import)
  Dient dem Export und Import von Systemparametern, Konfigurationen und Laufzeitinformationen.
- **System Log** (System-Logdateien)
  Ereignisse und Fehler im System werden standardmäßig im Systemprotokoll gespeichert. Als Alternative können Sie auch die Web-Oberfläche zur Einsicht verwenden (siehe auch den Abschnitt »System Log« in Abschnitt 6.4.2).
- **System Statistics** (Systemstatistiken)
  MediationZone sammelt ständig Informationen von den verschiedenen Subsystemen und Hosts innerhalb des Systems. Diese Informationen können beispielsweise für den Lastenausgleich verwendet werden (siehe auch Abschnitt 6.7.4, »Systemstatistiken«).

Systemprotokolle

6.4.2 Web-based Interface

Systemzugriff via Webbrowser

Eine weitere Benutzeroberfläche ist das *SAP CM Webinterface*. Diese bietet Ihnen eine konsolidierte Sicht auf den Systemstatus inklusive aller Komponenten und Systemmeldungen sowie Alarme. Informationen werden dabei entweder durch einzelne Komponenten oder durch das proaktive Alarm-Management (siehe dazu auch Abschnitt 6.7.3, »Alarm-Management«) bereitgestellt. Darüber hinaus erhalten Sie Zugriff auf eine Reihe weiterer Funktionalitäten. Dabei werden folgende Funktionalitäten abgedeckt:

- Pico-Überwachung
- Systemprotokollprüfung und -filterung
- Aufgabenüberwachung, Aktivierung und Deaktivierung
- Workflow-Überwachung, Aktivierung und Deaktivierung
- Alarmüberwachung und Handhabung

Der Zugriff erfolgt dabei via Web-Browser mit der folgenden URL:

http://<hostname>:<port>/mz/main

Der *hostname* und der *port* sind entsprechend Ihrer Systemgegebenheiten anzupassen. Nach erfolgreicher Autorisierung gelangen Sie zur webbasierten Benutzeroberfläche von SAP CM (siehe Abbildung 6.10).

Die Web-Oberfläche ist in sechs Bereiche unterteilt: **Overview** (Übersicht), **Alarm Inspector** (Alarm-Inspektor), **System Log**, **Execution Manager** (Ausführungsmanager), **Host Viewer** (Host-Übersicht) und **Pico Viewer** (Pico-Übersicht). Der Zugriff erfolgt über die jeweiligen Reiter der Web-Oberfläche, die einzelnen Bereiche werden nachfolgend genauer beschrieben.

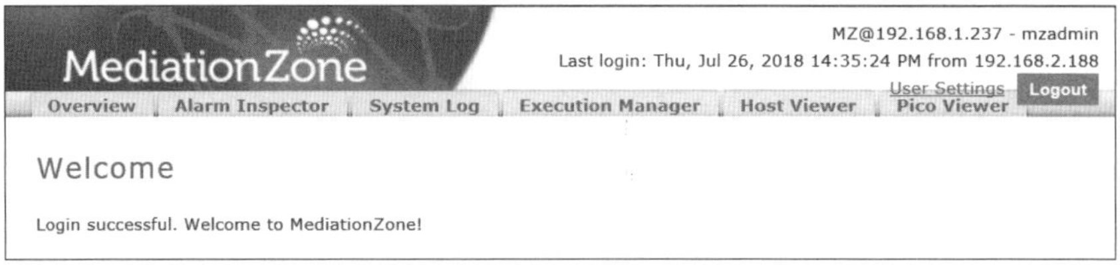

Abbildung 6.10 Startbildschirm der Web-Oberfläche von SAP CM

Overview

Statusbasierte Übersicht

Die Registerkarte **Overview** wird Ihnen zu Beginn jedes Aufrufs angezeigt. Sie zeigt eine Statusansicht der jeweiligen Bereiche der MediationZone und eine Liste der letzten zwanzig Alarm-Meldungen. Dabei werden folgende Status unterschieden:

- **Grün**
  Für den entsprechenden überwachten Bereich ist alles in Ordnung. Es wurden keine Alarme ausgelöst.
- **Gelb**
  Ein Alarm geringerer Kritikalität wurde für den überwachten Bereich ausgelöst.
- **Rot**
  Ein kritischer, schwerwiegender Fehler wurde für den überwachten Bereich ausgelöst.

Zu jedem Bereich in der Übersicht ist zudem ein direkter Absprung möglich. Abbildung 6.11 zeigt die Registerkarte **Overview** im Detail.

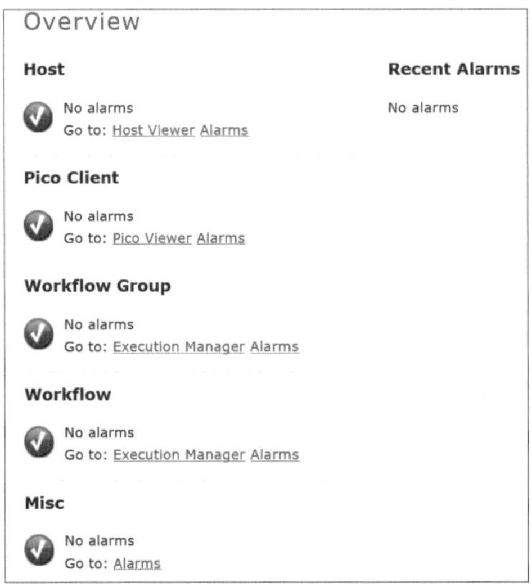

Abbildung 6.11 Registerkarte »Overview« der Web-Oberfläche

Alarm Inspector

Suche nach Alarm-Meldungen

Der Alarm-Inspektor wird dazu verwendet, konkrete Alarm-Meldungen innerhalb der SAP-CM-Umgebung zu suchen. Über eine entsprechende Suchfunktion können Sie die Suchanfrage anpassen (siehe Abbildung 6.12). In diesem Fall wird nach Alarm-Meldungen im Zeitraum vom 01.01.2018 bis 31.12.2018 in der Kategorie *Workflow* gesucht. Unabhängig vom Status (State) der Alarm-Meldung werden nur schwerwiegende Alarme (Major) angezeigt.

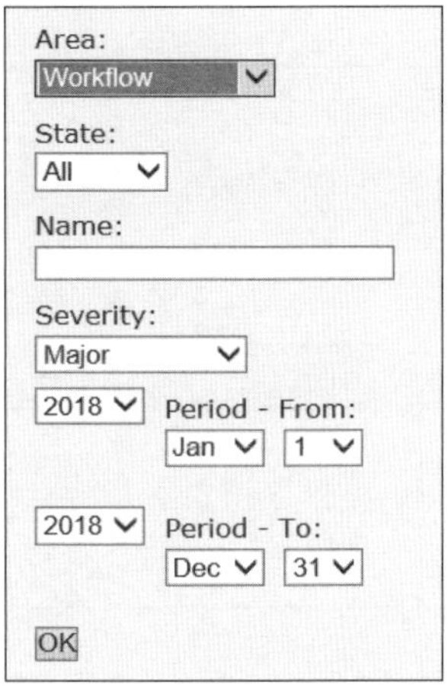

Abbildung 6.12 Suchfunktion des Alarm-Inspektors

Detaillierte Alarminformationen

Das Ergebnis der Suche wird in einer Tabelle angezeigt, in der Sie Informationen über die Bezeichnung des Alarms, eine Beschreibung und dessen Schweregrad erhalten. Zudem erhalten Sie Auskunft bezüglich des Bereichs, in dem der Alarm aufgetreten ist, einen Zeitstempel sowie den aktuellen Status des Alarms.

Wie auf Abbildung 6.12 zu sehen ist, wurden im ausgewählten Zeitraum (systemseitig) keinerlei Fehler festgestellt (siehe auch Abbildung 6.13).

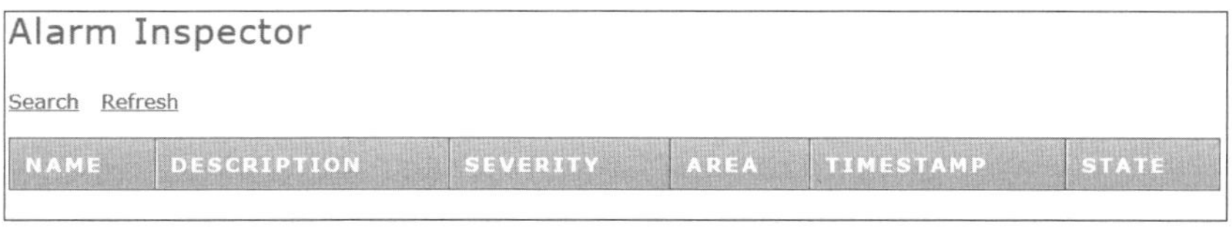

Abbildung 6.13 Ergebnisanzeige des Alarm-Inspektors

Neben bereits vordefinierten Alarm-Meldungen können Sie auch eigene definieren (siehe dazu Abschnitt 6.7.3, »Alarm-Management«).

System Log

Übersicht über Systemmeldungen

Ganz ähnlich wie der Alarm-Inspektor verhält sich die Auswertung System Log, die ebenfalls auf der webbasierten Oberfläche zu finden ist. Über eine entsprechende Suchfunktion können Sie nach konkreten Systemmeldungen suchen bzw. filtern, das Ergebnis wird Ihnen als Tabelle ausgegeben. Dabei erhalten Sie Informationen über die Schwere der Protokollnachricht, den entsprechenden Log-Bereich, die eigentliche Nachricht samt Zeitstempel sowie den Workflow bzw., wenn vorhanden, die jeweilige Workflow-Gruppe (siehe Abbildung 6.14).

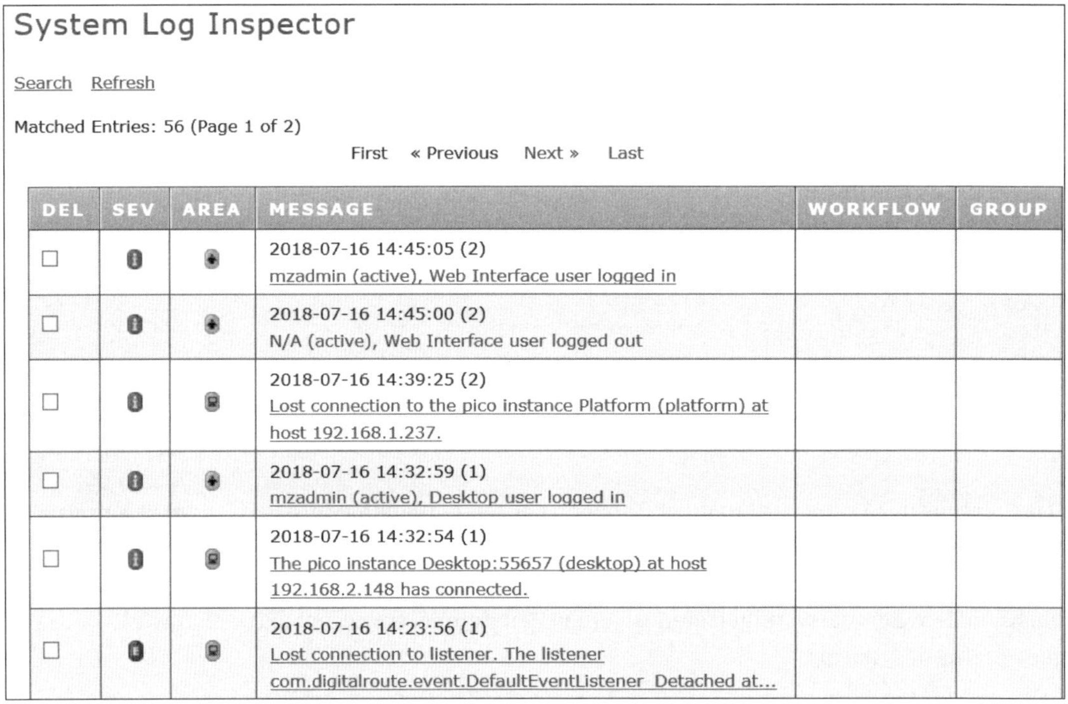

Abbildung 6.14 Ergebnisanzeige des System Logs

Execution Manager

Status aller Workflowgruppen einsehen

Mithilfe des Ausführungsmanagers können Sie den Status aller konfigurierten Workflowgruppen der MediationZone überwachen. Des Weiteren ermöglicht der Execution Manager, Workflowgruppen zu starten bzw. zu stoppen. Bei den in Abbildung 6.15 dargestellten Workflows handelt es sich ausschließlich um Task-Workflows, welche zum Zeitpunkt des Aufrufs gestoppt sind.

Execution Manager

Refresh

STATE	NAME	START	STOP	MODE
	SystemTask.Alarm_Cleaner_grp (1)	Start	Stop	Enabled | Disabled
	SystemTask.Archive_Cleaner_grp (1)	Start	Stop	Enabled | Disabled
	SystemTask.Configuration_Cleaner_grp (1)	Start	Stop	Enabled | Disabled
	SystemTask.ECS_Maintenance_grp (1)	Start	Stop	Enabled | Disabled
	SystemTask.Statistics_Cleaner_grp (1)	Start	Stop	Enabled | Disabled
	SystemTask.System_Backup_grp (1)	Start	Stop	Enabled | Disabled
	SystemTask.System_Log_Cleaner_grp (1)	Start	Stop	Enabled | Disabled

Refreshed: 2018-07-16 14:55:05 (Refresh rate: Off)

Abbildung 6.15 Ausführungsmanager

Host Viewer

Host-Übersicht

Mithilfe des Host Viewers erhalten Sie eine Übersicht über alle zum Zeitpunkt auf das System zugreifenden Hosts (siehe Abbildung 6.16). Hier werden Informationen über die IP-Adresse des jeweiligen Hosts und dessen Auslastung angezeigt, außerdem ist über **View details** ein Absprung zu detaillierteren (technischen) Informationen möglich.

Host Viewer

Refresh

HOST	CPU SYSTEM TIME (%)	DETAILS
192.168.1.237	1	View details

Refreshed: 2018-07-16 14:56:57 (Refresh rate: Off)

Abbildung 6.16 Auswertung des Host Viewers

Pico Viewer

Im Vergleich zu den anderen Bereichen der Web-Oberfläche hat der Pico Viewer einen eher technischen Hintergrund, er soll der Vollständigkeit halber aber nicht unerwähnt bleiben. Mit seiner Hilfe erhalten Sie Informationen über alle im System verfügbaren Pico-Klienten (d. h. technische Instanzen), die für die spätere Workflowausführung obligatorisch sind (siehe Abbildung 6.17). Für detailliertere Informationen greifen Sie bitte auf die Benutzerdokumentation zurück.

Refresh

NAME	SECURE	START TIME	MEMORY	RESPONSE
Desktop:57545 (192.168.2.188:57545)		2018-07-26 14:35:15	51.8, 62.0, 247.5	50 ms
EC1 (192.168.1.237:33799)		2018-07-16 14:19:53	30.4, 62.1, 247.5	1 ms
Platform (192.168.1.237:6790)		2018-07-16 14:19:10	165.3, 269.2, 989.9	0 ms
sc1 (192.168.1.237:43946)		2018-07-16 14:20:05	16.1, 62.0, 247.5	2 ms
sc2 (192.168.1.237:49950)		2018-07-16 14:20:17	11.9, 62.0, 247.5	1 ms
sc3 (192.168.1.237:51636)		2018-07-16 14:20:24	25.1, 62.0, 247.5	5 ms
zk1 (192.168.1.237:46750)		2018-07-16 14:20:33	16.3, 62.0, 247.5	1 ms
zk2 (192.168.1.237:57456)		2018-07-16 14:20:40	19.1, 62.0, 247.5	1 ms
zk3 (192.168.1.237:40915)		2018-07-16 14:20:48	15.3, 62.0, 247.5	1 ms

Abbildung 6.17 Pico Viewer

6.4.3 SAP CM Mediation Shell

Kommandozeile

Eine weitere Zugriffsmöglichkeit ist die SAP Convergent Mediation Shell bzw. MediationZone Shell, *mzsh*. Sie wird sowohl als Systemverwaltungstool als auch als SAP CM Plattform-Client verwendet. Mittels *mzsh* können Sie auf die verschiedensten Teile des Systems zugreifen. Der Zugriff erfolgt dabei durch fest definierte Anweisungen innerhalb einer Eingabekonsole. Eine vollständige Liste aller möglichen Anweisungen können Sie der Benutzerdokumentation entnehmen.

6.5 Workflows

Während es bisher darum ging, Sie mit den Grundzügen von SAP Convergent Mediation vertraut zu machen und die Architektur genauer zu spezifizieren, liegt der Fokus nun vermehrt auf der eigentlichen Prozessmodellierung innerhalb von SAP CM.

Workflows dienen als Kernstück der Prozessmodellierung innerhalb von SAP CM. Mit ihnen werden die entsprechenden Unternehmensprozesse abgebildet. Einzelne Workflows bestehen dabei aus sogenannten *Software-Agents*. Sie stellen jeweils spezifische Mediation-Funktionen bereit, die in automatisierten Abläufen in beliebiger Komplexität eingebunden werden können. Eine intuitive und leistungsstarke Drag-and-Drop-Verwaltungsoberfläche deckt alle notwendigen Aspekte der Workflow-Konfiguration ab.

Mithilfe des Workflowkonzepts können Schnittstellen- und Verarbeitungsagenten modular konfiguriert, bereitgestellt und gewartet werden. Workflows können in Szenarien nahezu beliebiger Komplexität miteinander verknüpft werden, wobei die Ausgabe eines Workflows die Eingabe eines anderen darstellen kann. Die Ausführung entsprechender Echtzeit- und Batch-Workflows wird über Hochverfügbarkeitsfunktionen (Echtzeit) bzw. Ausführungspläne (Batch) gemäß interner Strategien und Prozesse sichergestellt.

6.5.1 Workflowtypen

Grundsätzlich existieren drei verschiedene Typen von Workflows: *Batch-Workflows*, *Realtime-Workflows* und *Task-Workflows*. Der Unterschied zwischen ihnen liegt im Verhalten während der Ausführung, die Modellierungs-/Konfigurationsstruktur ist stets die Gleiche.

Batch-Workflows

Offline-Szenario

Batch-Workflows werden vorzugsweise in einem Offline-Szenario zum Sammeln, Verarbeiten und Weiterleiten von Daten verwendet. Das Sammeln der Daten erfolgt dabei stets von einem einzigen Sammelagenten. Ein einzelner Batch (Stapel) wird einmal gesammelt und vollständig vom Workflow verarbeitet, bevor der nächste Stapel erfasst wird. Das Starten eines Batchs-Workflows erfolgt entweder manuell oder durch einen geplanten Trigger und stoppt, sofern die Eingabe beendet oder abgebrochen wurde. Abbildung 6.18 zeigt einen Batch-Workflow in schematischer Darstellung.

Anwendungsbeispiel: Video-on-Demand

In der Praxis könnte der Einsatz eines Batch-Workflows folgendermaßen aussehen: Im Video-on-Demand-Szenario gibt es genau ein Vorsystem, das Ihnen die entsprechenden Streaming-Informationen zur Verfügung stellt. Diese Informationen rufen Sie manuell am Ende des Monats einmalig ab. Nach erfolgreicher Verarbeitung der Streaming-Daten werden diese an ein nachgelagertes Abrechnungssystem weitergeleitet, und der Batch-Workflow wird somit beendet. Diese Prozedur wiederholen Sie im darauffolgenden Monat.

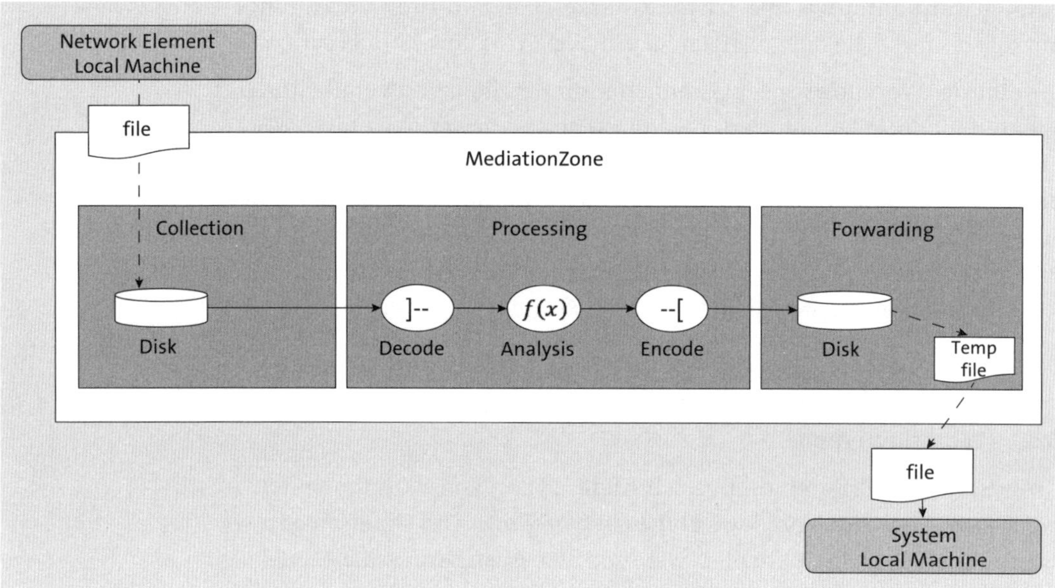

Abbildung 6.18 Batch-Workflow (Quelle: DigitalRoute)

Realtime-Workflows

Online-Szenario

Durch Realtime- bzw. Echtzeit-Workflows können entsprechende Online-Processing-Szenarios abgebildet werden, in denen mehr als ein Sammelagent benötigt wird. Mittels *Multithreading* können zudem große Datenmengen simultan verarbeitet werden (siehe auch Abschnitt 6.5.2, »Multithreading«). Realtime-Workflows sind in Systemen anwendbar, in denen sofortige Verarbeitungsanforderungen bei ihrem Auftreten behandelt werden müssen. Innerhalb von Realtime-Workflows kommunizieren die meisten der Sammelagenten in zwei Richtungen: Zum einen erhalten sie Anfragen und zum anderen geben sie entsprechende Rückinformationen. Einmal gestartet, ist ein Realtime-Workflow immer aktiv (Fehlerfall ausgeschlossen). Abbildung 6.19 zeigt einen Realtime-Workflow.

Anwendungsbeispiel: Video-on-Demand

Der Einsatz eines Realtime-Workflows könnte folgendermaßen aussehen: Im Video-on-Demand-Beispiel gibt es verschiedene Vorsysteme, die Ihnen die entsprechenden Streaming-Informationen zur Verfügung stellen. Um dem Kunden jederzeit Auskunft über seine Streaming-Aktivitäten geben zu können, müssen die Daten in Echtzeit abgerufen, verarbeitet und an die Abrechnung weitergeleitet werden. Der Realtime-Workflow ist zu jedem Zeitpunkt aktiv (Fehlerfall ausgeschlossen).

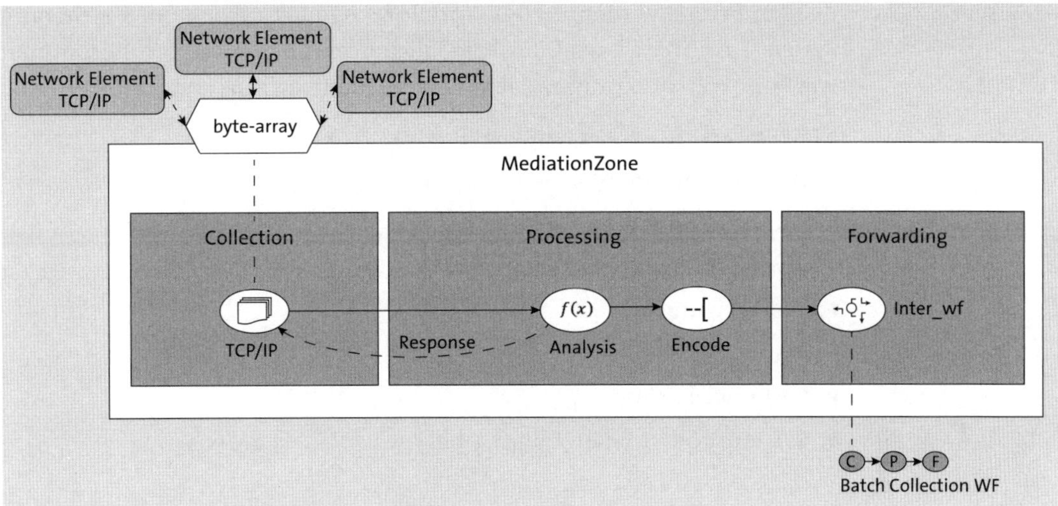

Abbildung 6.19 Realtime-Workflow (Quelle: DigitalRoute)

Task-Workflow

Wenn es darum geht, Komponenten zu warten oder bestimmte Bereiche zu bereinigen, kommen sogenannte Task-Workflows zum Einsatz. Neben vordefinierten Task-Workflows können auch benutzerspezifische Tasks erstellt werden. Abbildung 6.20 zeigt ein benutzerspezifisches SQL-Statement.

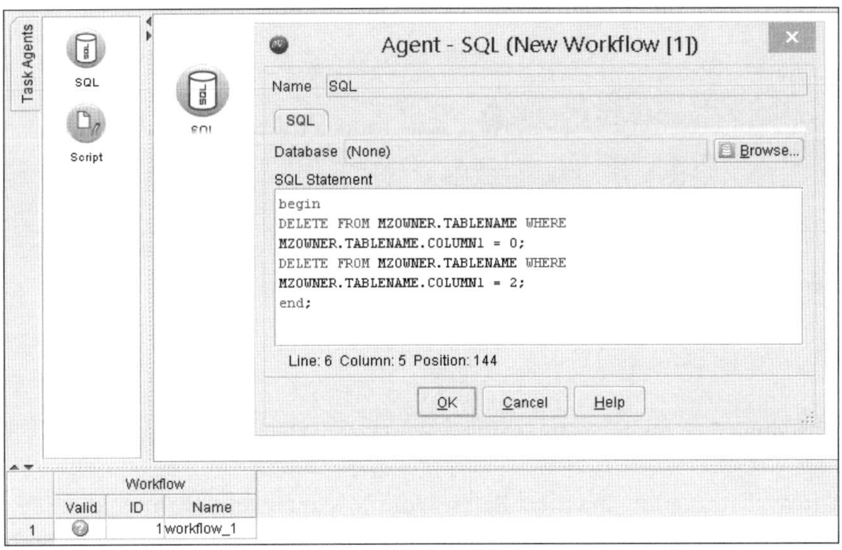

Abbildung 6.20 Task-Workflow (Quelle: DigitalRoute)

System-Task-Workflows

Bei den bereits vordefinierten Workflows handelt es sich um sogenannte *System-Task-Workflows*. Diese ermöglichen es Ihnen, Hintergrundroutinen wie Protokoll- und Laufzeitdaten von der Plattform aus zu bereinigen.

System-Task-Workflows umfassen:

- Bereinigung von Alarmen
- Archiv-Bereinigung
- Konfigurations-Bereinigung
- ECS-Wartung
- Statistik-Bereinigung
- Systemsicherung
- Systemprotokoll-Bereinigung

6.5.2 Multithreading

Multithread-Funktionalität

Multithreading ermöglicht es einem Workflow, in einem Arbeitslauf mehr als ein UDR (Usage Data Record) zur Zeit zu verarbeiten. Während ein Batch-Workflow immer nur einen aktiven Thread zur Zeit verarbeitet, führt ein Realtime-Workflow immer Multithread-Operationen aus.

In Realtime-Workflows speichert der Sammlungs-Agent die UDRs zu Beginn eines Workflows kontinuierlich in einem Puffer. Die UDRs werden dann gleichzeitig verarbeitet, wodurch die Verarbeitungsreihenfolge jedoch nicht sichergestellt werden kann (siehe Abbildung 6.21).

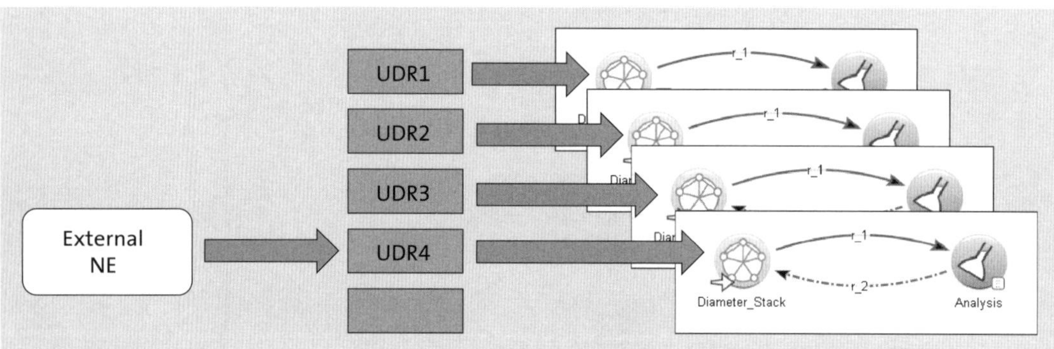

Abbildung 6.21 Multithread-Realtime-Workflow (Quelle: DigitalRoute)

Multithread im Batch-Workflow

Um Multithreading in einem Batch-Workflow anzuwenden, muss ein UDR-Speicherpuffer vor einem Aggregations-, Analyse- oder ECS-Agenten konfiguriert werden. Ein *zustellender Thread* speichert eine UDR im Puffer und ruft dann die nächste UDR der Reihe nach ab. Ein *Verarbeitungs-Thread* zieht einen UDR aus dem Puffer, leitet diesen an den Agenten weiter und zieht dann den nächsten Satz der Reihe nach (siehe Abbildung 6.22). Auf diese Weise ergänzen Sie beim Hinzufügen eines weiteren Puffers zum nächsten Agenten auch einen weiteren Thread zum Workflow.

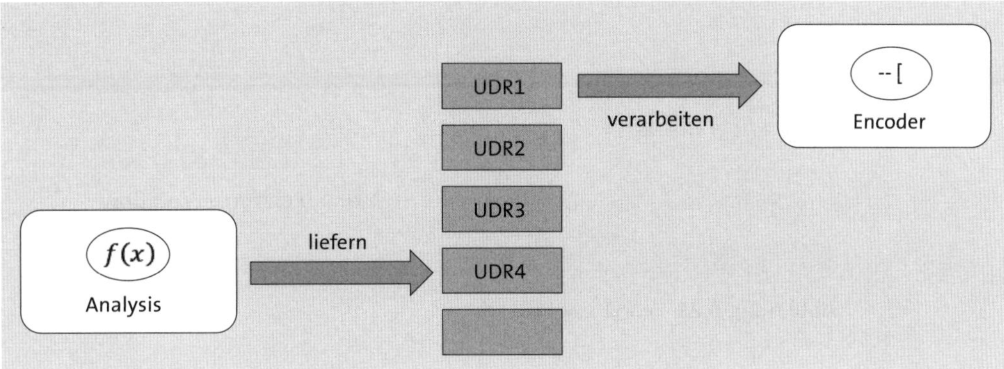

Abbildung 6.22 Multithread-Batch-Workflow (Quelle: DigitalRoute)

6.5.3 Workflow-Brücke

Verknüpfung zwischen Batch- und Realtime-Workflows

Grundsätzlich ist die Verknüpfung zwischen Batch- und Realtime-Workflows nicht gestattet. Nichtsdestotrotz lassen sich diese beiden Workflowtypen miteinander verbinden. Diese Funktionalität bietet die sogenannte *Workflow-Brücke*. Diese fungiert als Brücke für die Kommunikation zwischen den beiden Workflowtypen. Die Verwendung von Workflow-Brücken bietet dabei mehrere Vorteile:

- Nutzung von Echtzeitverarbeitungsfunktionen bei gleichzeitiger Wahrung der Transaktionssicherheit bei der Verwendung der Brücke zwischen Batch- und Realtime-Workflow
- Skalierung der Verarbeitung von Daten mit hohem Volumen durch Verteilung der Verarbeitungslast, wenn zwischen einem Batch-Workflow und einem oder mehreren Echtzeit-Workflows überbrückt wird

Anwendungsbeispiel: Video-on-Demand

In unserem Video-on-Demand-Szenario könnte beispielsweise ein Batch-Workflow dafür Sorge tragen, die angefallenen Streaming-Daten entsprechend zu erfassen. Ein oder mehrere nachgelagerte Echtzeit-Workflows könnten dann die Weiterleitung an das SAP Convergent Charging übernehmen. Für dieses Szenario wäre eine Workflow-Brücke denkbar (siehe Abbildung 6.23).

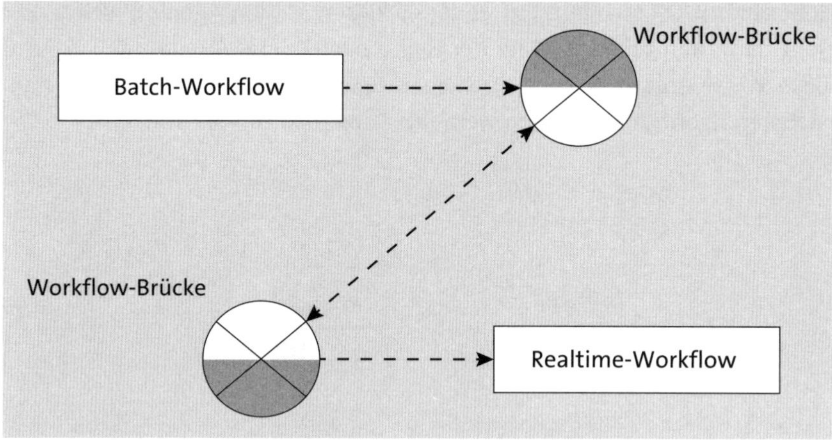

Abbildung 6.23 Workflow-Brücke

6.5.4 Agents

Workflowkonfiguration mit Agents

Dank der vielseitigen Konfigurationsmöglichkeiten bietet SAP CM eine sehr große Flexibilität. Dabei wird die Komponente mit einem kompletten Set an konfigurierbaren Tools ausgeliefert, die es einem Unternehmen ermöglichen, sich bestens an entsprechende Anforderungen/Bedürfnisse anzupassen. Hierbei spielen vor allem die bereits beschriebenen Workflows eine entscheidende Rolle. Sie bilden das Herzstück des SAP CM. Einem Workflow – ganz gleich, ob Batch oder Echtzeit – sind dabei verschiedene Agents zugeordnet. Je nach Workflowtyp kann die Anzahl der Agents deutlich variieren.

Agent-Typen

Grundsätzlich werden drei Agent-Typen unterschieden: *Collection-Agents* (sammeln), *Processing-Agents* (verarbeiten) und *Forwarding-Agents* (weiterleiten).

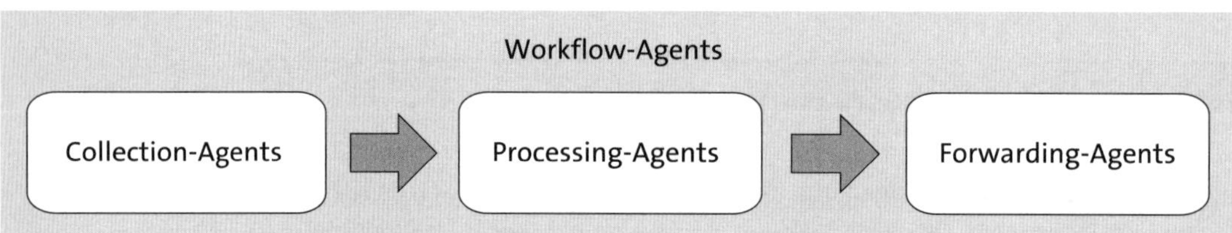

Abbildung 6.24 Workflow-Agents (Quelle: DigitalRoute)

Collection-Agents

Die Collection-Agents sind dafür verantwortlich, Daten aus einer Datenquelle (Batch) oder aus mehreren Datenquellen (Echtzeit) zu extrahieren. Datenquellen können dabei ganz unterschiedlich sein: So kann in einem Workflow eine einfache Festplatte als Quelle dienen, wogegen in einem anderen Workflow eine komplette SQL-Datenbank als Datenquelle herangezogen wird. Eine Auflistung aller verfügbaren Collection-Agents für das Batch- und das Realtime-Szenario finden Sie in der nachfolgenden Abbildung 6.25.

Sammeln von Nutzungsdaten

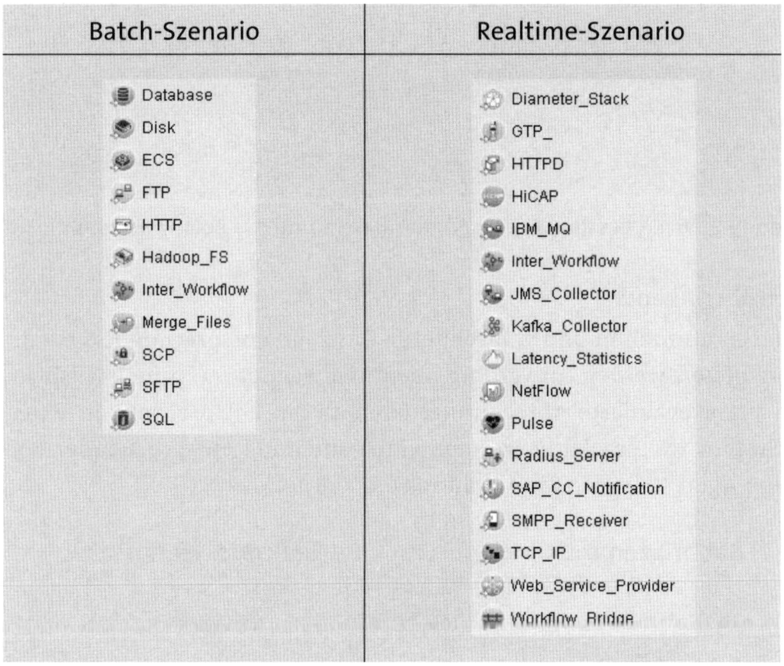

Abbildung 6.25 Collection-Agents

Processing-Agents

Processing-Agents sind grundsätzlich dafür da, die zuvor (mithilfe von Collection-Agents) beschafften Daten weiterzuverarbeiten bzw. auf eine oder mehrere ausgehende Routen weiterzuleiten. Die Funktionalität der Agents ist dabei vielfältig. So kann ein Processing-Agent schlicht als Counter eingesetzt werden, der lediglich den Durchsatz bewertet. Ein anderer Processing-Agent wiederum kann genutzt werden, die Daten zu filtern, zu evaluieren und diese entsprechend des Ergebnisses auf bestimmte Routen weiterzuleiten. Analog zu den Collection-Agents gibt es bei den Processing-Agents ebenso eine Vielzahl unterschiedlicher Komponenten sowohl für das Batch-Szenario als auch für das Realtime-Szenario (siehe Abbildung 6.26).

Verarbeiten von Nutzungsdaten

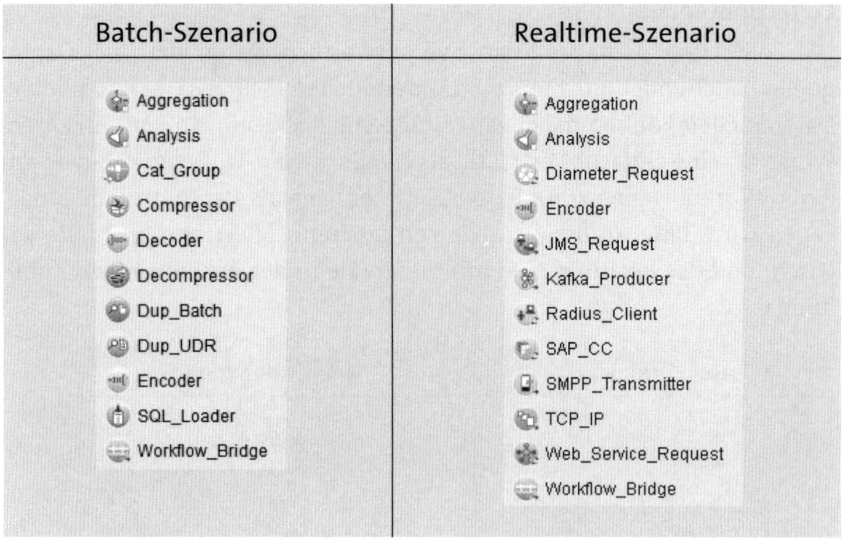

Abbildung 6.26 Processing-Agents für das Batch- und das Realtime-Szenario

Forwarding-Agents

Weiterleiten von Nutzungsdaten

Um die gesammelten und verarbeiteten Daten an entsprechende Systeme weiterzuleiten, werden Forwarding-Agents verwendet. So können beispielsweise zuvor evaluierte Abrechnungsdaten an ein entsprechendes (externes) System weitergeleitet werden. Eine Auflistung entsprechender Forwarding-Agents können Sie Abbildung 6.27 entnehmen.

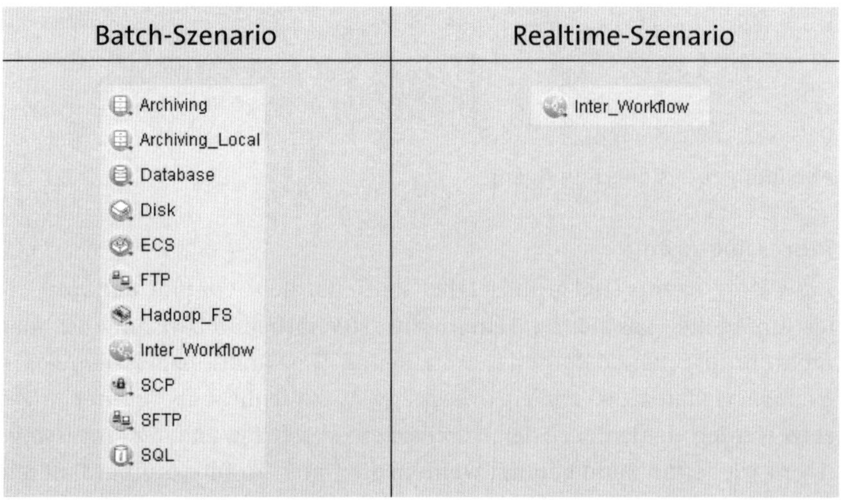

Abbildung 6.27 Forwarding-Agents im Batch- und Realtime-Szenario

Konfiguration von Agents

Konfigurationsvielfalt je Agent

Je nach Komponente der jeweiligen Agents bietet Ihnen SAP Convergent Mediation unterschiedliche Konfigurationsmöglichkeiten. Der Umfang dieser Möglichkeiten hängt dabei stets vom Agent-Typ ab. So gewähren Ihnen die Komponenten der Collection- und Forwarding-Agents oftmals bereits vordefinierte Einstellungsmöglichkeiten, aus denen Sie auswählen können. Neben dem eigentlichen Pfad der Quelldatei (Collection) können Sie beispielsweise auch Einstellungen zum Verhalten vor und nach der Sammlung treffen. Dies haben wir beispielhaft in Abbildung 6.28 anhand der *Disk-Komponente* dargestellt. Dabei wird versucht, sämtliche Dateien (.*) im angegebenen Pfad einzulesen und die eingelesene Datei im Anschluss zu entfernen.

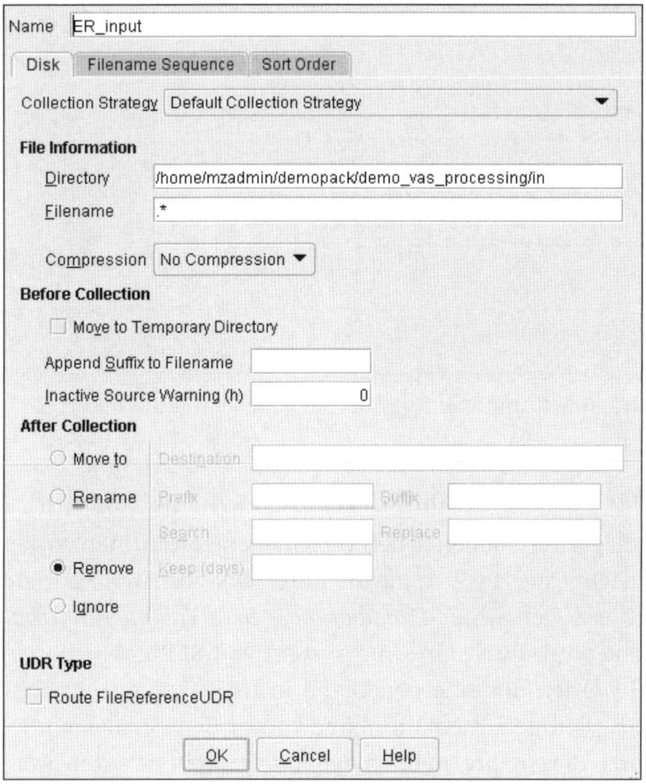

Abbildung 6.28 Collection-Komponente – Disk

Im Gegensatz dazu bieten Ihnen die Komponenten der Processing-Agents, wie z. B. die *Analysis-Komponente*, wesentlich mehr Konfigurations- bzw. Ausprägungsmöglichkeiten. Dies liegt vor allem daran, dass Sie hier die Möglichkeit haben, Ihr eigenes Coding (in Java) zu implementieren.

Abbildung 6.29 zeigt, wie eine Prüfung auf einen eingelesenen Betrag stattfindet. Je nach Ergebnis der Prüfung wird eine entsprechende Weiterleitung (`invalid`/`valid`) durchgeführt. Im negativen Fall wird hier eine Weiterleitung des Datensatzes an das ECS angestoßen (siehe auch Abschnitt 6.6, »Error Correction System«).

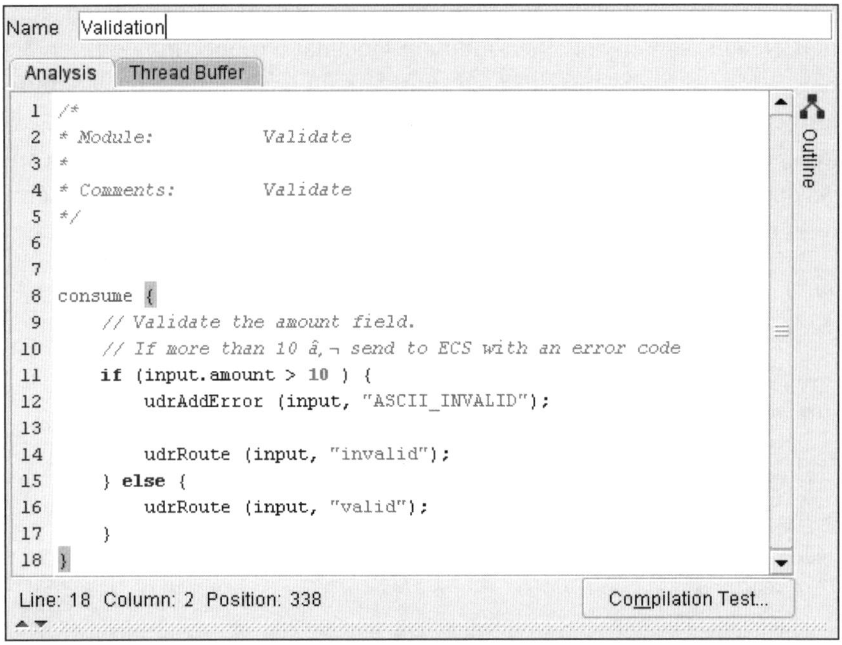

Abbildung 6.29 Processing-Komponente – Analysis (Quelle: DigitalRoute)

6.5.5 Ultra Format Definition Language

Kodierungsroutinen

Da Daten aus vorgelagerten Quellen in den verschiedensten Formen vorliegen können bzw. nachgelagerte Systeme die unterschiedlichsten Formate einfordern, bedarf es sogenannter *Dekodierungs- bzw. Enkodierungsroutinen*. Diese Aufgabe wird durch ein Untersystem von SAP CM sichergestellt, *Ultra*. Dabei werden die externen Daten in UDRs konvertiert. Erst wenn die Daten im richtigen, MediationZone-konformen Format vorliegen, können sie durch die entsprechenden Agents verarbeitet werden. Analog dazu verhält es sich mit der Weitergabe aus SAP CM heraus. Für den Fall, dass nachgelagerte Systeme ein bestimmtes Format erwarten, kann diese Anforderung ebenfalls durch SAP CM abgedeckt werden. Dabei werden die UDRs mithilfe von Encodern in das entsprechende Format konvertiert (siehe Abbildung 6.30).

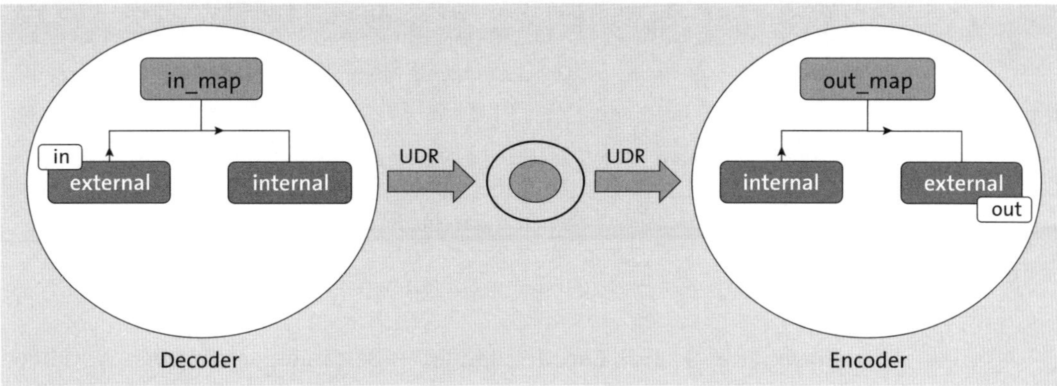

Abbildung 6.30 Ultra Format Definition Language (Quelle: DigitalRoute)

Ultra ist in einer eigenen Sprache konfiguriert, der *Ultra Format Definition Language* (UFDL). Die UFDL beschreibt dabei verschiedene Phasen in Bezug auf die Kodierungsfunktionalitäten. Die einzelnen Phasen und eine Beschreibung ihrer Funktionen können Sie Tabelle 6.1 entnehmen.

Block: Decoder	Beschreibung
Decoder	Der Decoder hat die Aufgabe, die externen Formate in interne Formate zu konvertieren, damit eingehende Informationen durch das MediationZone verarbeitet werden können.
externe Formate	Beschreibt, wie externe Daten physikalisch strukturiert sind. Je nach Quelle können verschiedene Formate vorliegen.
Mapping (in_map)	Das eingehende Mapping beschreibt, wie die externen auf die internen Formate gemappt werden.
interne Formate	Beschreibt die UDRs, die durch die entsprechenden Agents verarbeitet werden können.
Block: Encoder	**Beschreibung**
Encoder	Übernimmt die Aufgabe, die internen Formate der verarbeiteten UDRs in erforderliche externe Formate zu konvertieren.
interne Formate	Beschreibt die UDRs, die durch die entsprechenden Agents verarbeitet worden sind.

Tabelle 6.1 UFDL-Phasen und ihre Funktionen

Block: Encoder	Beschreibung
Mapping (out_map)	Das ausgehende Mapping beschreibt, wie die internen Formate auf die externen gemappt werden.
externe Formate	Beschreibt, wie verarbeitete Daten aus dem Mediation-Zone physikalisch strukturiert sind. Je nach Zielsystem können verschiedene Formate vorliegen.

Tabelle 6.1 UFDL-Phasen und ihre Funktionen (Forts.)

Sowohl De- als auch Encoder sind fester Bestandteil einer jeden Workflow-Konfiguration. In Abbildung 6.31 wird ein vereinfachter Batch-Workflow dargestellt. Dabei werden Daten via Collection-Agent gelesen und mittels Decoder auf das SAP-CM-konforme Format kodiert. Im Anschluss können die gesammelten Daten (von hier an: UDRs) durch einen Processing-Agent verarbeitet werden. Fehlerhafte UDRs werden an das ESC zur weiteren Fehleranalyse übermittelt. Fehlerfreie Sätze wiederum werden mittels Encoder auf das entsprechende Format des Zielsystems kodiert und durch einen Forwarding-Agenten weitergeleitet.

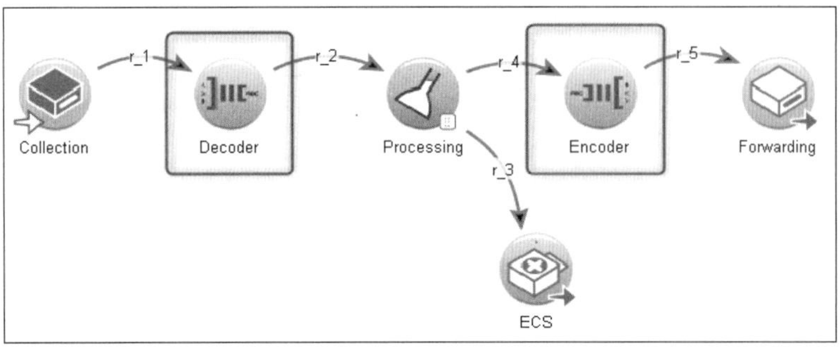

Abbildung 6.31 Integration von Decoder und Encoder

Verschiedene Kodierungsformate

Bezüglich der Dekodierungs- bzw. Enkodierung-Funktion bietet Ultra von Grund auf Unterstützung für zahlreiche verschiedene physische Formate und liefert diese auch bereits im Standard mit aus (ANS.1 und XML beschriebene Formate).

UDR-Dateieditor

Nachträgliche Bearbeitung von UDRs

Mithilfe des UDR-Dateieditors können Sie eingelesene UDRs entsprechend ihrer Struktur einsehen, öffnen und bearbeiten. Dies kann nützlich sein, um die Decoder-Konfiguration zu testen, Schlüsselfelder von Datensätzen anzuzeigen und Testdaten für bestimmte Szenarien zu generieren. Abbildung 6.32 zeigt einen bereits dekodierten Batch im UDR-Editor.

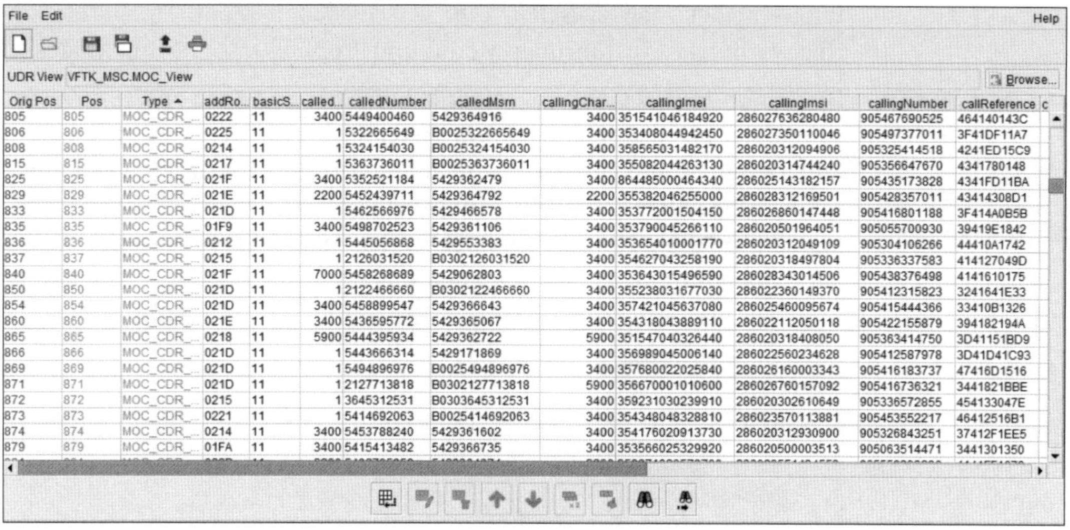

Abbildung 6.32 UDR-Dateieditor (Quelle: DigitalRoute)

Aus der Gesamtübersicht heraus können Sie auch einzelne UDRs gesondert anzeigen und bearbeiten. Ein entsprechendes Beispiel zeigt Abbildung 6.33.

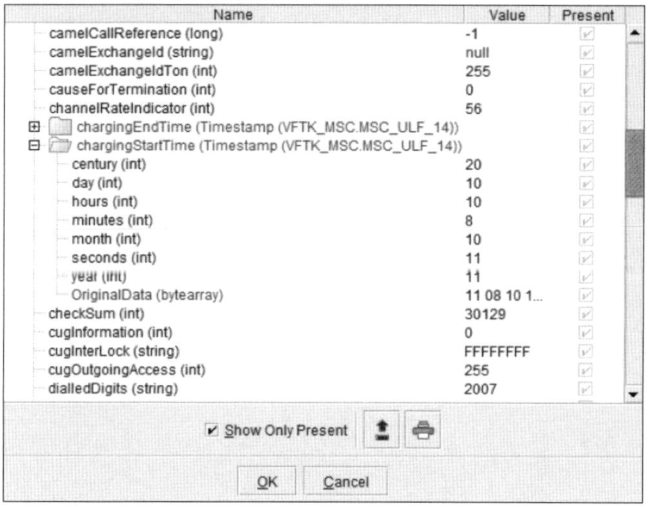

Abbildung 6.33 Detailansicht eines UDR-Dateieditors (Quelle: DigitalRoute)

6.5.6 Workflow-Konfiguration

Drei verschiedene Modi

Wie bereits erwähnt, ist die Workflow-Konfiguration die zentrale Einheit der Benutzeroberfläche von SAP CM (siehe auch Abschnitt 6.4.1, »SAP CM Desktop«). Hier werden alle Workflows definiert und konfiguriert, indem Agenten hinzugefügt und miteinander verknüpft werden. Grundsätzlich unterscheidet man zwischen drei verschiedenen Modi: Design-Modus, Überwachungs-/Ausführungs-Modus und Profiling-/Monitoring-Modus.

Auswahl eines Workflowtyps

Der *Design-Modus* dient mit seiner Möglichkeit, mit Drag-and-Drop zu arbeiten, der eigentlichen Workflow-Erstellung sowie deren Konfiguration. Zum Design-Modus gelangen Sie über das Menü **SAP CM Desktop • Configuration • Workflow**. Bevor Sie mit der eigentlichen Konfiguration starten können, müssen Sie den entsprechenden Workflowtyp angeben (siehe auch Abbildung 6.34). Ihnen stehen die Workflowtypen Batch, Realtime und Task zur Verfügung (siehe auch Abschnitt 6.5.1, »Workflowtypen«).

Abbildung 6.34 Auswahl des Workflowtyps

In dem darauffolgenden Workflow-Template haben Sie die Möglichkeit, Ihre Workflows mithilfe eines Agents zu modellieren (siehe Abbildung 6.35).

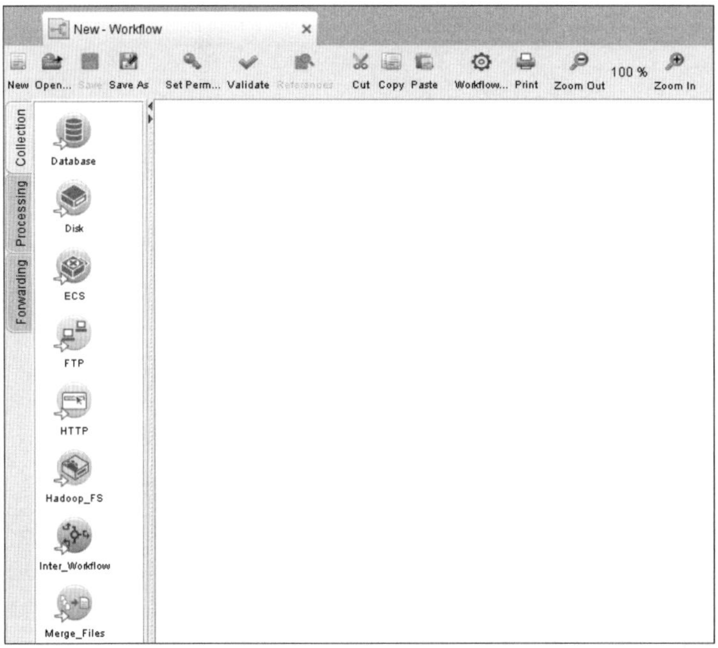

Abbildung 6.35 Design-Modus (Initial-Workflow; Quelle: DigitalRoute)

Hinzufügen des Agents

Das Hinzufügen eines Agents erfolgt per Drag-and-Drop (siehe Abbildung 6.36). Dabei werden die entsprechenden Agents aus dem Auswahlbereich (links) in den Arbeitsbereich (rechts) gezogen.

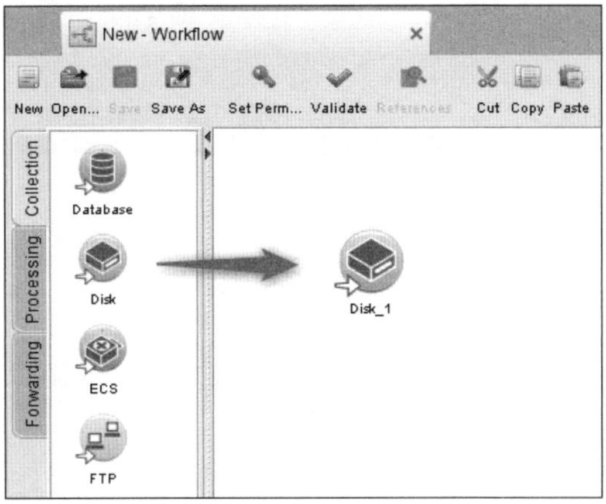

Abbildung 6.36 Workflow-Konfiguration per Drag-and-Drop (Quelle: DigitalRoute)

Testen des Workflows

Nachdem die Workflow-Modellierung abgeschlossen ist, muss der entsprechende Workflow noch getestet werden. Einen vollständigen, vorkonfigurierten Batch-Workflow können Sie Abbildung 6.37 entnehmen. Bei diesem Workflow geht es zunächst darum, Daten von einer Festplatte zu extrahieren (ER_Input) und in ein SAP-CM-konformes Format zu übertragen (ER_decoder). Im Anschluss daran erfolgt eine Validierung der Daten (Validation). Im Fehlerfall werden die Daten an das ECS weitergeleitet (ECS_invalid). Sofern die eingelesenen Daten der Prüfung standhalten, wird ein Zeitstempel gesetzt (Set_TimeStamp), gefolgt von einer Dublettenprüfung (Dup_UDR_Check). Im Falle einer Dublette wird der jeweilige UDR entsprechend weitergeleitet (Route_duplicates) und in einer extra dafür vorgesehenen Datei (ebenfalls auf einer Festplatte) abgelegt (Duplicates). Sollte die Dublettenprüfung erfolgreich durchlaufen werden, wird ein weiteres Mapping der Daten durchgeführt (Mapping). Zum Schluss erfolgt die entsprechende Enkodierung der Daten (ASPI_encoder) sowie deren Weiterleitung (ASPI_files) an einen Zielpfad (Festplatte). Mit Abschluss der Weiterleitung wird der Batch-Workflow gestoppt.

Über **Workflows • Open Monitor** gelangen Sie in den *Überwachungs-/Ausführungs-Modus* (siehe Abbildung 6.38). Dieser Modus wird vor allem für das Starten bzw. Stoppen eines Workflows verwendet (**Start** bzw. **Stop**).

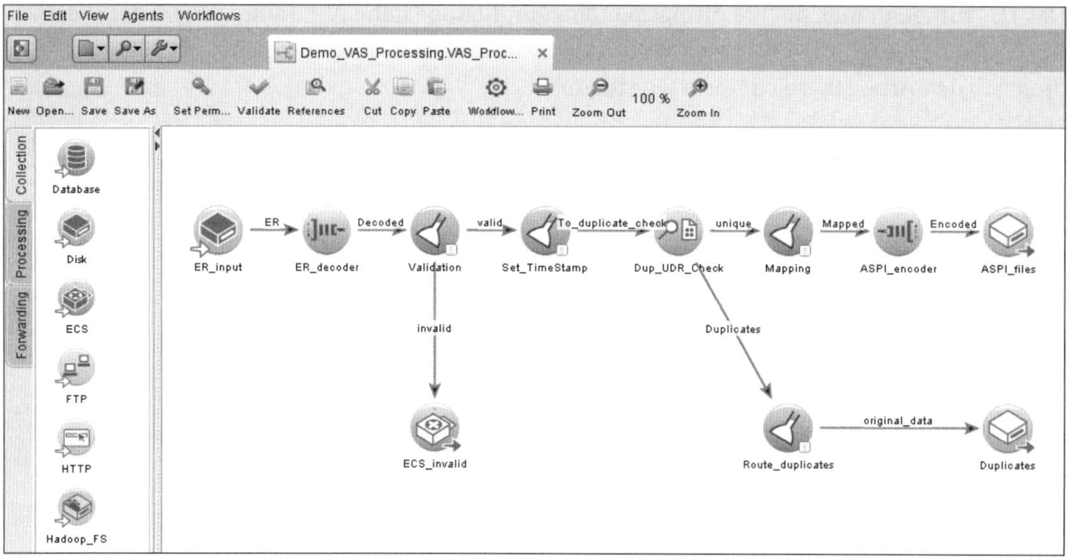

Abbildung 6.37 Beispiel für eine Workflow-Konfiguration (Quelle: DigitalRoute)

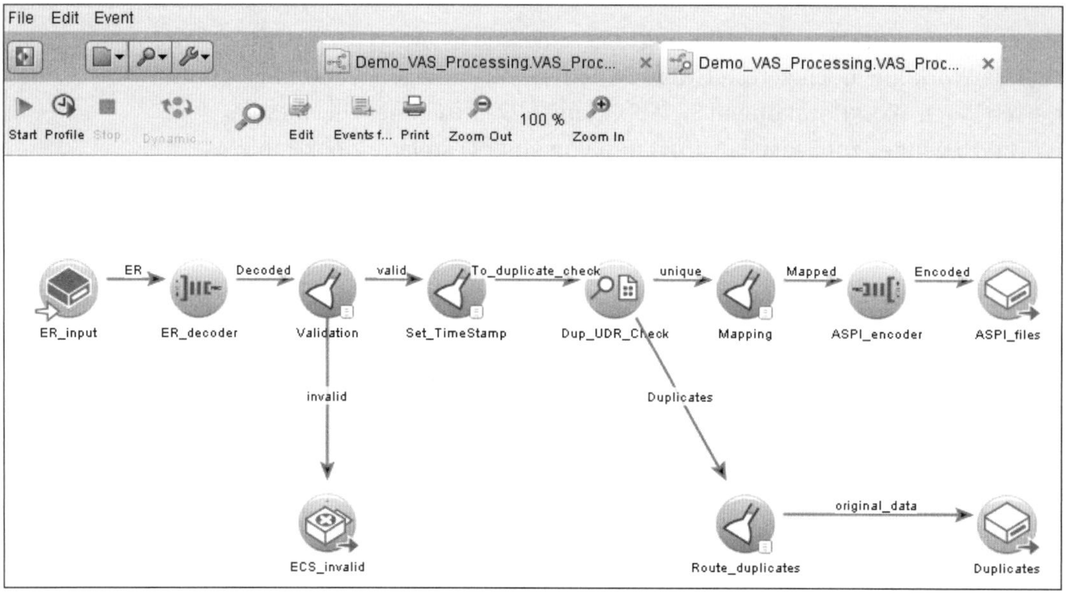

Abbildung 6.38 Überwachungs-/Ausführungs-Modus eines Batch-Workflows (Quelle: DigitalRoute)

Informationen zur Laufzeit

Sofern Sie weitere Informationen über den Workflow und dessen einzelne Komponenten benötigen, können Sie auf den *Profiling-/Monitoring-Modus* zurückgreifen (siehe Abbildung 6.39). Diesen Modus erreichen Sie über den Überwachungs-/Ausführungs-Modus (Abbildung 6.38) per Klick auf **Event** •

Events for All Agents. So erhalten Sie bereits während der Ausführung Informationen über die eingelesene Datei oder deren Duplikate.

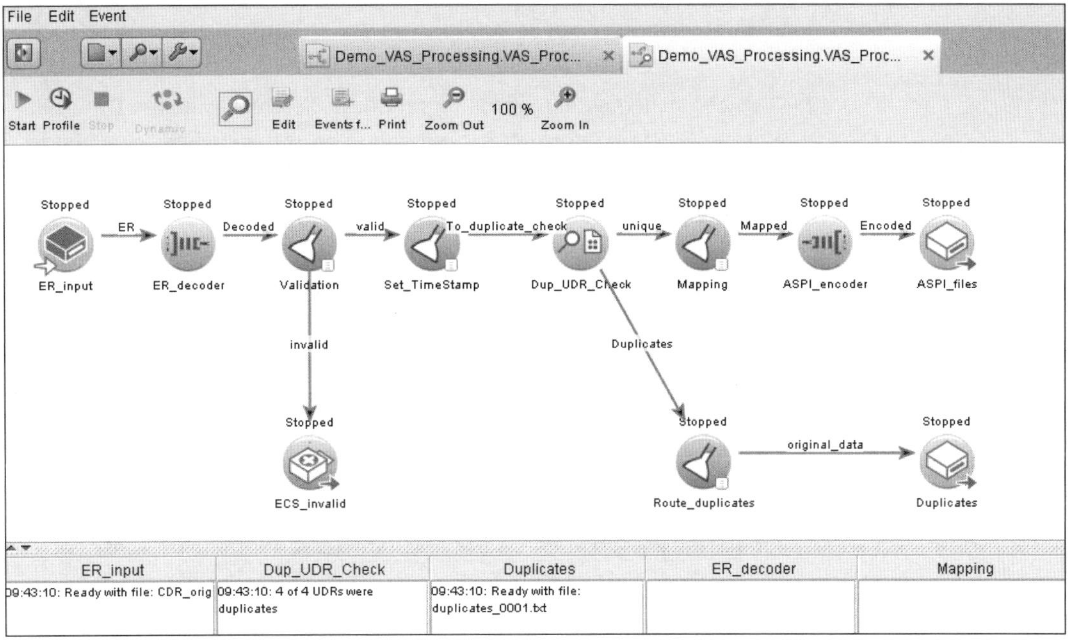

Abbildung 6.39 Profiling-/Monitoring-Modus eines Beispiel-Workflows (Quelle: DigitalRoute)

Sofern ein Workflow fehlerfrei konfiguriert wurde, haben Sie als Anwender Zugriff auf alle drei Modi. Bei einer nicht vollständigen Konfiguration ist der Überwachungs-/Ausführungs-Modus deaktiviert.

Export/Import via XML

Zusätzlich können Sie die gesamte Konfiguration oder einen Teil davon mit der Funktion *Systemexport/-import* verwalten. Beim Exportieren wird eine komprimierte XML-Datei erstellt, die die ausgewählte Konfiguration enthält. Exportierte Informationen können zudem durch ein verschlüsseltes Passwort geschützt werden. Mithilfe der Export- und Importfunktion können alle Funktionen auf einem System entwickelt und getestet werden, um sie dann zu exportieren und später in eine andere Umgebung zu importieren.

[zB]

Beispiel: Batch-Workflow

SAP CM: Beispiel-Szenario (vereinfacht)

Das nachfolgende Beispiel-Szenario soll nochmals die grundsätzliche Funktionsweise der Konfiguration eines Batch-Workflows sowie dessen Verknüpfung verschiedener Agents verdeutlichen. Die jeweiligen Konfigurationen bzw. Ausprägungen der einzelnen Komponenten sollen dabei nicht weiter berücksichtigt werden.

1. Um Daten verarbeiten zu können, müssen sie zunächst aus einer Quelle *gesammelt* werden (Collection-Agent – Disk).
2. Da nicht sichergestellt werden kann, dass die einzulesenden Daten in einem SAP CM-konformen Format vorliegen, muss eine entsprechende Dekodierung stattfinden (Processing-Agent – Decoder).
3. Sofern die Daten im richtigen Format vorliegen, können sie in einem weiteren Schritt *verarbeitet* werden (Processing-Agent – Analysis). Wie bereits beschrieben, kann die Verarbeitung dabei unterschiedlich komplex ausfallen (prüfen, filtern, anreichern etc.). Darüber hinaus könnten auch noch weitere Processing-Agents ergänzt werden.
4. Im Falle einer Prüfung können fehlerhafte Daten an ein ECS-System zur weiteren Kontrolle *weitergeleitet* werden (Forwarding-Agent – ECS).
5. Alle fehlerfreien Daten werden mittels Enkodierung auf das entsprechende Format des Zielsystems gemappt (Forwarding-Agent – Encoder) und entsprechend *weitergeleitet* (Forwarding-Agent – Disk_2).

Als Quell- bzw. Zielsystem wurde in diesem vereinfachten Szenario eine Festplatte verwendet (Disk-Agent). Das Szenario haben wir in Abbildung 6.40 nochmals skizziert.

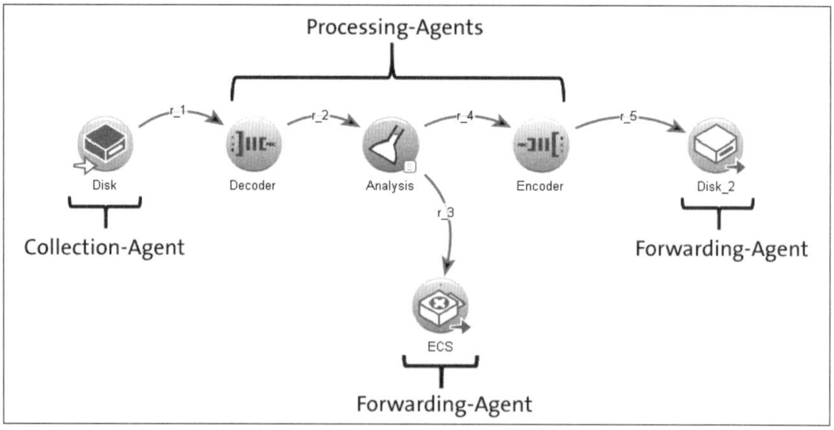

Abbildung 6.40 Beispiel-Szenario für einen Batch-Workflow

6.5.7 Workflow-Gruppen

Abhängigkeiten durch Workflow-Gruppen

Einzelne Workflows können auch zu sogenannten Workflow-Gruppen hinzugefügt werden. Die Workflow-Gruppenkonfiguration ermöglicht die Verwaltung von Workflow-Gruppen. Sie zeichnet sich dadurch aus, dass mehrere Workflows als eine einzige Entität konfiguriert werden können. Die Gruppe besteht dabei aus mehreren Workflows und/oder Workflow-Gruppen, die jeweils verschiedene Einstellungen hinsichtlich der Planung, dem Lastausgleich und der Ereignisbenachrichtigung aufweisen können. Workflow-Gruppen sind entweder vom Typ Batch oder Realtime. In einer einzelnen Gruppe können nicht beide Typen miteinander vermischt werden. Das nachfolgende Beispiel (Abbildung 6.41) zeigt eine Batch-Workflow-Gruppierung, bei der eine Abhängigkeit zwischen zwei Workflows vorliegt. Somit kann der zweite Workflow erst ausgeführt werden, wenn der erste als abgeschlossen gilt.

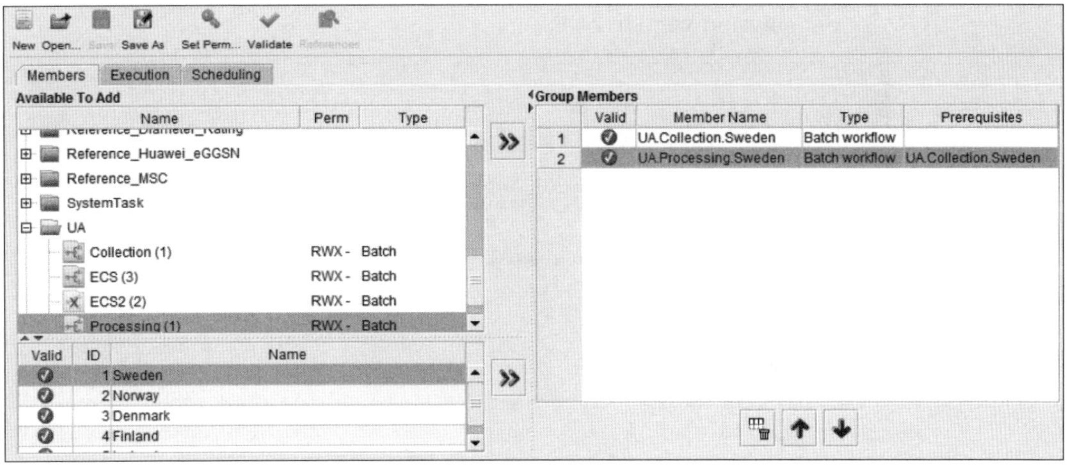

Abbildung 6.41 Workflow-Gruppierung (Quelle: DigitalRoute)

Die Gruppierung von Workflows kann in den folgenden Szenarios sinnvoll sein.

- Es gibt Abhängigkeiten zwischen Workflows innerhalb einer Geschäftssparte (z. B. Erfassung, Verarbeitung und Weiterleitung), die über Voraussetzungen verwaltet werden und bei der die Workflows in einer bestimmten Reihenfolge auszuführen sind.
- Um die Ressourcenauslastung bei der parallelen Ausführung von Gruppen mit mehreren Workflows zu begrenzen, kann es sinnvoll sein, die maximale Anzahl der gleichzeitig ausgeführten Workflow-Parameter festzulegen.
- Eine Gruppierung kann dann sinnvoll sein, wenn die gesamte Erfassung von Daten abgeschlossen sein muss, bevor mit der weiteren Verarbeitung begonnen werden kann. Dies kann beispielsweise durch eine Sammlungsgruppe und eine Verarbeitungsgruppe realisiert werden, die nacheinander ausgeführt werden.

Vor- bzw. nachgelagerte Workflows

- Eine Gruppierung vereinfacht die Überwachung, da die Gruppen ihren Status im *Execution Manager* anzeigen (siehe auch Abschnitt 6.4.2, Web-based Interface«).

Execution Manager

Sofern es darum geht, Workflow-Gruppen auszuführen, bietet Ihnen der Ausführungsmanager (Execution Manager) neben der webbasierten auch eine grafische Oberfläche (siehe Abbildung 6.42) innerhalb des SAP CM Desktops. Den Ausführungsmanager erreichen Sie über **Tools • Execution Manager**. Er ermöglicht Ihnen die Ausführungsverwaltung von Workflow-Gruppen und dient der Überwachung der jeweiligen Status. Zudem enthalten sind Informationen, anhand derer laufende Workflow-Gruppen genauer analysiert werden können.

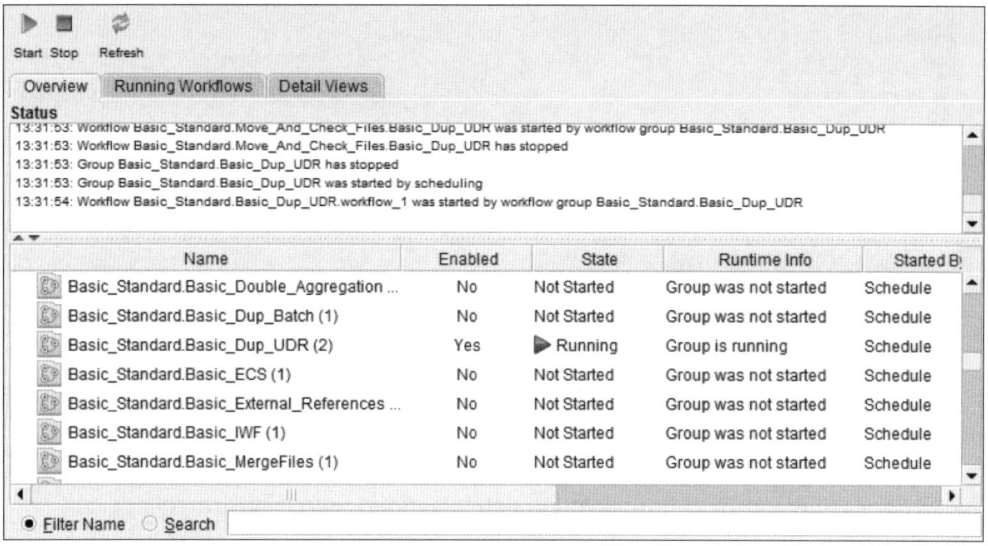

Abbildung 6.42 Execution Manager (Quelle: DigitalRoute)

6.5.8 Workflow-Ausführungsplanung

SAP CM unterstützt sowohl die manuelle, zeitnahe als auch die geplante Ausführung von Workflow-Gruppen mit Mediationsfunktionen. Um eine manuelle Ausführung durchzuführen, wird eine Workflow-Gruppe über den Execution Manager ausgeführt. Wenn Sie Echtzeit-Workflows einsetzen möchten, müssen Sie sie zuvor aktivieren. Sofern ein Echtzeit-Workflow beendet wird (im Fehlerfall), kann er entweder manuell oder durch den Scheduler reaktiviert werden. Falls erforderlich, kann der Workflow auch im Status Abbruch verweilen.

Zeitgesteuerte Ausführung von Workflows

Für die zeitgesteuerte Ausführung von Workflow-Gruppen kann die Häufigkeit der Erfassung und Übermittlung von Informationen in SAP CM auf Grundlage eines Zeitplans konfiguriert werden. So können beispielsweise Daten aus einem Verzeichnis alle 15 Minuten erfasst und weiterverarbeitet werden. Solch ein Zeitplan basiert auf Tagesplänen und kann so konfiguriert werden, dass er jeden Tag, an einem bestimmten Wochentag oder an einem bestimmten Tag des Monats ausgeführt wird. An jedem Tag kann die Aktivität so festgelegt werden, dass sie nur einmal oder periodisch in unterschiedlichen Intervallen zwischen verschiedenen Zeiten ausgeführt wird.

[zB]

Scheduling

Abbildung 6.43 zeigt einige Beispiel-Restriktionen, die für eine bestimmte Workflow-Gruppe gelten könnten:

- Sofern der Wochentag ein Montag ist, findet keine Ausführung statt.
- Die Ausführung ist nur am letzten Tag des Monats um 23:30 Uhr gestattet.
- Wenn es sich um einen Samstag bzw. Sonntag handelt, soll die Ausführung alle drei Stunden erfolgen.
- Zwischen 06:00 Uhr und 18:00 Uhr soll jede Stunde ausgeführt werden.

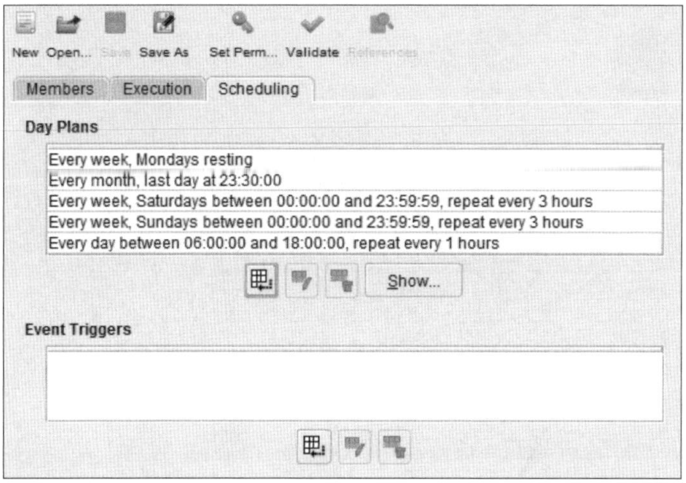

Abbildung 6.43 Workflow-Scheduling (Quelle: DigitalRoute)

Zusätzlich haben Sie die Möglichkeit, Ihre vorgenommenen Einstellungen auch grafisch aufzubereiten. Zur grafischen Ausgabe gelangen Sie mittels **Show**. Eine grafische Beispielausgabe entnehmen Sie Abbildung 6.44.

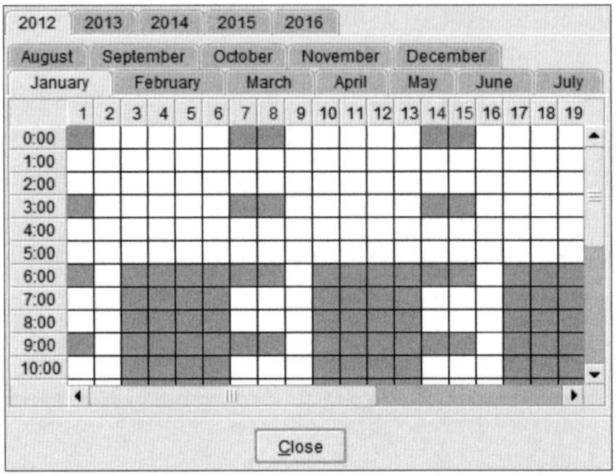

Abbildung 6.44 Workflow-Scheduling (grafisch) (Quelle: DigitalRoute)

6.6 Error Correction System

Fehler-Repository

SAP CM wird mit einem eigenen Speicher-Repository, dem *Error Correction System* (ECS), ausgeliefert.

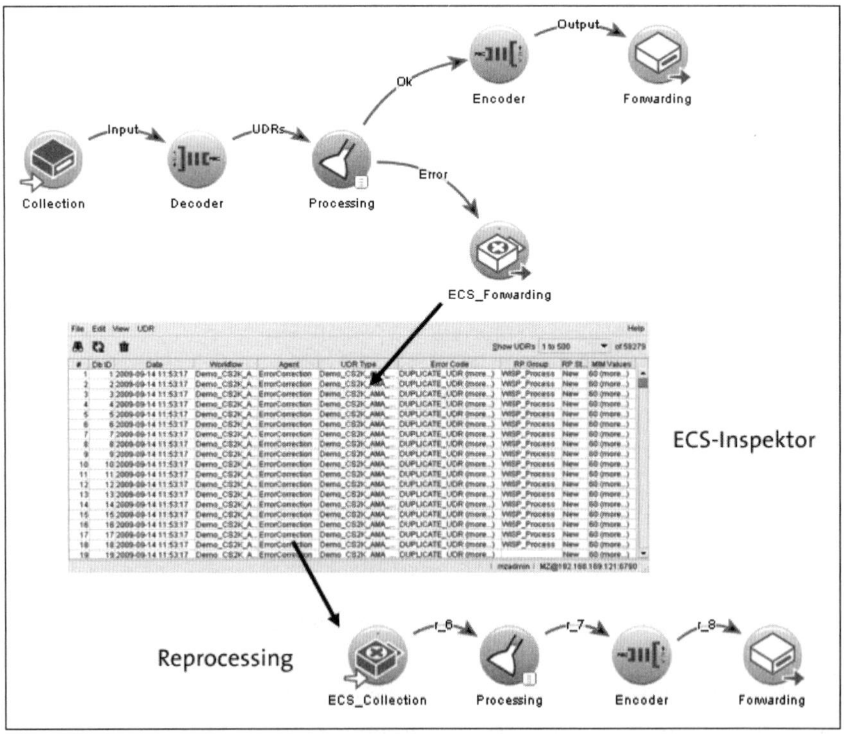

Abbildung 6.45 ECS-Prozess (Quelle: DigitalRoute)

Das ECS wird vorzugsweise für fehlerhafte UDRs verwendet und kann zu einem beliebigen Zeitpunkt (je nach Anforderung) innerhalb des Mediationslaufs angesteuert werden. Das ECS kann dabei sowohl als Processing- als auch als Collection-Agent genutzt werden (siehe Abbildung 6.45 und Abschnitt 6.5.4, »Agents«). Das ECS als Collection-Agent zu verwenden, kommt vor allem im Bereich des Reprocessings zum Einsatz, um geprüfte fehlerhafte UDRs erneut in den Mediationslauf aufzunehmen (siehe dazu Abschnitt 6.6.4, »Reprocessing-Prozess«).

6.6.1 ECS-Inspektor

Nachträgliche Bearbeitung fehlerhafter UDRs

Der ECS-Inspektor wird verwendet, um UDRs im ECS zu prüfen und zu verwalten. Dabei können deren Inhalte sowohl angezeigt als auch bearbeitet werden. Den ECS-Inspektor erreichen Sie über **Inspektion • ECS Inspector**.

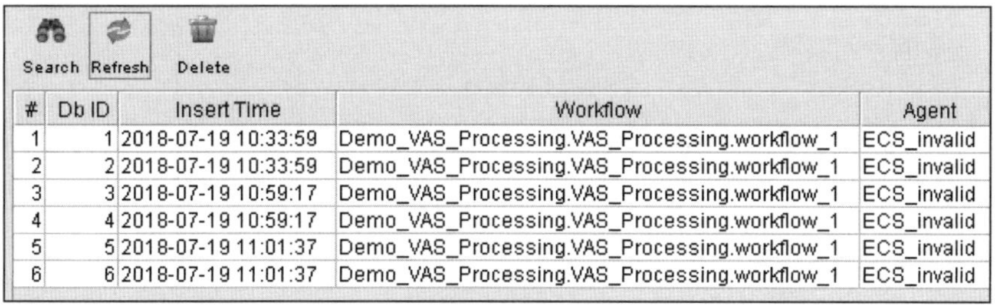

#	Db ID	Insert Time	Workflow	Agent
1	1	2018-07-19 10:33:59	Demo_VAS_Processing.VAS_Processing.workflow_1	ECS_invalid
2	2	2018-07-19 10:33:59	Demo_VAS_Processing.VAS_Processing.workflow_1	ECS_invalid
3	3	2018-07-19 10:59:17	Demo_VAS_Processing.VAS_Processing.workflow_1	ECS_invalid
4	4	2018-07-19 10:59:17	Demo_VAS_Processing.VAS_Processing.workflow_1	ECS_invalid
5	5	2018-07-19 11:01:37	Demo_VAS_Processing.VAS_Processing.workflow_1	ECS_invalid
6	6	2018-07-19 11:01:37	Demo_VAS_Processing.VAS_Processing.workflow_1	ECS_invalid

Abbildung 6.46 ECS-Inspektor (Quelle: DigitalRoute)

Nach einer möglichen Korrektur können fehlerhafte UDRs zu sogenannten *Reprocessing-Gruppen* hinzugefügt werden, um zu einem späteren Zeitpunkt erneut in die Verarbeitung einzufließen.

Änderungshistorie

Jede Änderung an UDRs wird im Systemprotokoll als Benutzerereignis protokolliert. Jeder Eintrag erhält dabei die Benutzer-ID, das Datum sowie die Uhrzeit der Änderung.

6.6.2 ECS-Fehlersuche

Detaillierte Fehlersuche

Um bei größeren Datenmengen im ECS nicht den Überblick zu verlieren, bzw. schnell konkrete Einträge auffinden und prüfen zu können, bietet SAP CM eine Suchfunktion. Diese erreichen Sie über **Inspektion • ECS-Inspektor • Suchen**.

Anhand detaillierter Filterkriterien können Sie innerhalb des ECS nach konkreten UDRs suchen. Die Ergebnisse werden dann im ECS-Inspektor angezeigt. Abbildung 6.47 zeigt eine Auswahl an möglichen Filterkriterien. In diesem Fall werden die folgenden Parameter zur Suche verwendet:

- Workflow
- Agent
- UDR Type
- Error Code
- Insert Period

Je nach gewünschter Granularität können Sie hier entsprechende Anpassungen für die Suche vornehmen.

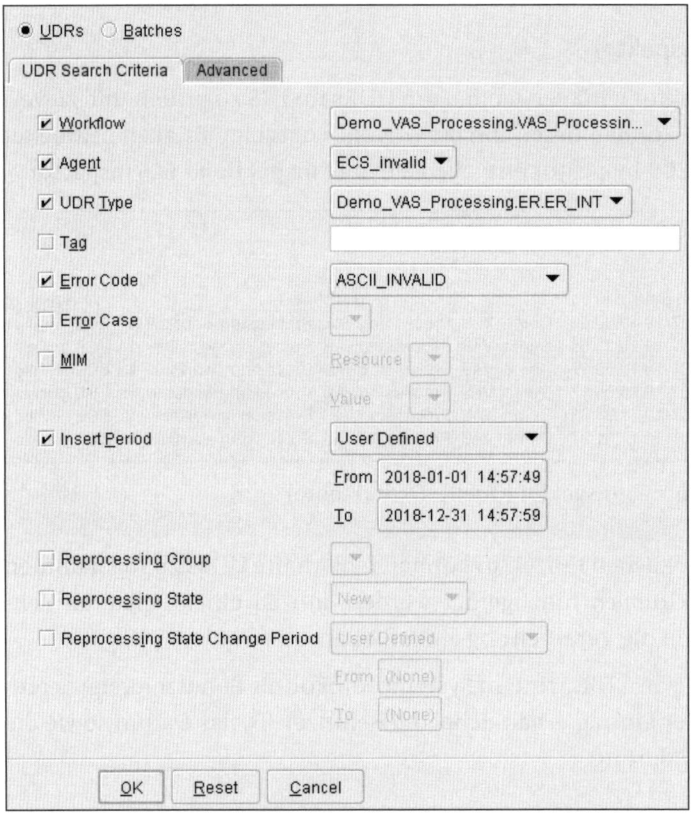

Abbildung 6.47 ECS-Fehlersuche (Quelle: DigitalRoute)

6.6.3 Fehlerklassifizierung und -gruppierung

Gruppierung von Fehlern

Eine weitere Funktion, die SAP CM bietet, besteht darin, UDRs mit entsprechenden Fehlercodes und einer optionalen Nachricht zu verknüpfen. Dieses Verfahren erlaubt die Gruppierung von UDRs mit demselben Fehlercode und eine entsprechende Zuordnung zu einer Reprocessing-Gruppe.

6.6.4 Reprocessing-Prozess

Beim Reprocessing geht es in der Regel darum, korrigierte UDRs aus dem ECS heraus nochmals zu verarbeiten. Bei diesem Vorgehen wird aus der ECS-Komponente der Processing-Agents eine Komponente der Collection-Agents (siehe auch Abbildung 6.45), aus der Daten gesammelt werden. Abbildung 6.48 gibt noch einmal einen Überblick über ein mögliches Reprocessing-Szenario.

6

[zB]

Reprocessing

Abbildung 6.48 zeigt einen Reprocessing-Workflow, der als Quelle das ECS selbst verwendet. Dieses Vorgehen ist vor allem dann sinnvoll, wenn Sie erreichen möchten, dass korrigierte Datensätze automatisiert dem weiteren Workflowablauf zugeführt werden, ohne diese erneut aus der Ursprungsquelle neu zu extrahieren. Für die nachfolgende Abbildung bedeutet dies, dass nach dem Sammeln aus dem ECS heraus (ECS) sowie einer anschließenden Analyse (Correction_Analysis) die korrigierten Daten nochmals einer Prüfung (Validation) unterzogen werden. Sollte der Fehler nach wie vor vorhanden sein, werden die Daten erneut an das ECS gesendet (ECS_1). UDRs, die erneut ins ECS eingehen, erhalten den Status *reprocessed*. Datensätze, die wiederum neu im ECS eingehen, haben den Status *new*. Mittels System-Task können UDRs mit dem Status *reprocessed* automatisch aus dem ECS entfernt werden.

Für den Fall, dass die Prüfung (Validation) erfolgreich abgeschlossen wird, werden die Daten entsprechend kodiert (Encoder_1 und Encoder_2 und weitergeleitet (Billing bzw. Interconnect).

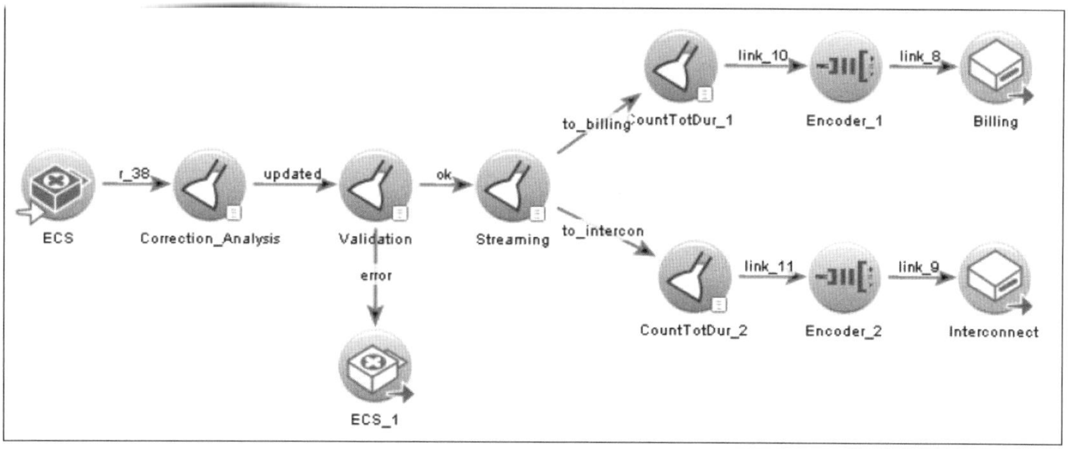

Abbildung 6.48 Reprocessing-Workflow (Quelle: DigitalRoute)

6.7 Weitere Funktionen

Neben den beschriebenen grundsätzlichen Funktionalitäten bietet Ihnen SAP CM noch weitere nützliche Funktionen bzw. Agents. Diese beinhalten beispielsweise eine Dubletten-Prüfung, Archivierungsfunktionalitäten, ein detailliertes Alarm-Management sowie Systemstatistiken.

6.7.1 Dubletten-Prüfung

SAP CM unterstützt die Duplikats-Prüfung sowohl auf Batch- als auch auf Echtzeitebene. Dabei können alle Konfigurationen durch einen Administrator über die SAP CM Desktop-Benutzeroberfläche konfiguriert und geändert werden (siehe auch Abschnitt 6.4.1, »SAP CM Desktop«). Die entsprechende Konfiguration erreichen Sie über **Konfiguration • Duplicate UDR Profile**. Ein Beispiel-Profil für eine Dubletten-Prüfung sehen Sie in Abbildung 6.49.

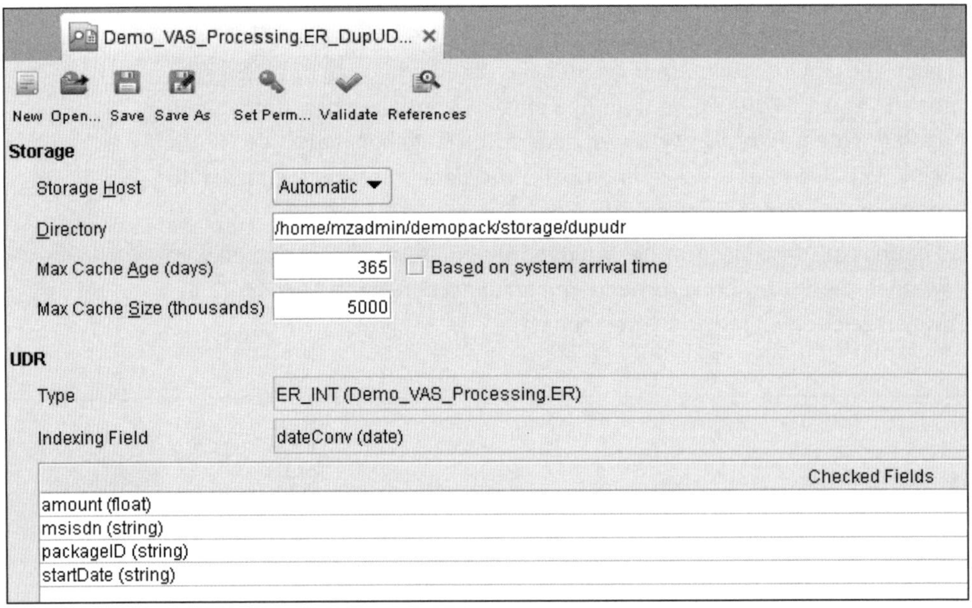

Abbildung 6.49 Dubletten-Prüfung-Profil

Prüfparameter festlegen

Als Anwender haben Sie hier die Möglichkeit zu konfigurieren, welche Parameter zur Überprüfung auf doppelte Einträge herangezogen werden sollen. In Abbildung 6.49 werden beispielsweise vier Felder zur Dubletten-Prüfung herangezogen. Nach Abschluss der Konfiguration müssen Sie eine entsprechende Dubletten-Komponente (Processing-Agent) in Ihrem Workflow definieren und mit dem jeweiligen Profil verknüpfen. Erkannte Duplikate können dann weitergeleitet oder verworfen werden. Ebenso kann ein entsprechender Alarm ausgelöst werden und über verschiedene Kanäle (z. B. SMS, E-Mail, Protokolldatei oder Systemprotokoll) kommuniziert werden.

6.7.2 Archivierung

Archivieren, Durchsuchen und Löschen

SAP Convergent Mediation bietet Ihnen ebenfalls die Möglichkeit, auf Archivierungsfunktionalitäten zurückzugreifen. Dabei können Datenstapel für einen konfigurierbaren Zeitraum archiviert werden. Diese Aufgabe wird durch entsprechende *Archivierungskomponenten* (Forwarding-Agents) realisiert. Jeder Datenstapel wird als Datei in einem angegebenen Repository mit einem entsprechenden Verweis auf die Datei in der Datenbank gespeichert. Mithilfe des *Archive Inspectors* (**Inspektion • Archive Inspector**) haben Sie darüber hinaus die Möglichkeit, diese Dateien zu durchsuchen und zu löschen. Abhängig vom ausgewählten Profil sind die Archivdienste dafür verantwortlich, jede Datei zu benennen, sie zu speichern und bei Bedarf veraltete Dateien regelmäßig zu löschen. Dabei kann jeder Archivierungsknoten so konfiguriert werden, dass er ein separates Archivprofil für seine Dateien verwendet.

Ein mögliches Archivierungsszenario zeigt Abbildung 6.50. Dabei wird nach der Verarbeitung der Daten (Processing) sowie deren Enkodierung auf das Format des Zielsystems (Encoder) sowohl die Weiterleitung an ein FTP-System als auch an einen Archivierungsknoten angestoßen.

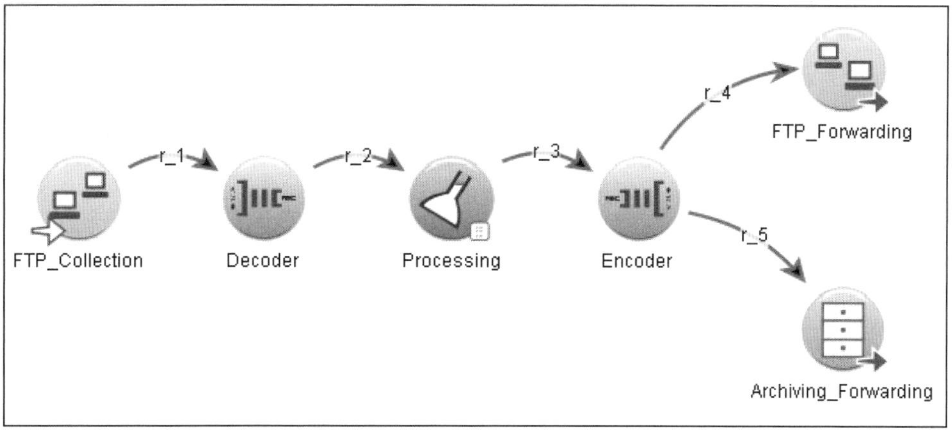

Abbildung 6.50 Archivierungsszenario

6.7.3 Alarm-Management

In Abschnitt »Alarm-Inspektor« in Abschnitt 6.4.2, »Web-based Interface«, haben Sie bereits einiges über mögliche Alarmmeldungen innerhalb von SAP CM erfahren.

Proaktive Systemüberwachung

MediationZone bietet Ihnen die Möglichkeit, viele verschiedene Teile des Systems proaktiv zu überwachen und statusbehaftete Alarmmeldungen zu erheben, sofern eine konfigurierte Bedingung erkannt wird. Die Konfiguration erreichen Sie dabei über **Konfiguration • Alarm Detection**. Eine Beispielkonfiguration können Sie Abbildung 6.51 entnehmen. Diese Einstellung sorgt dafür, dass ein Alarm ausgelöst wird, sofern die Workflowausführung 180 Sekunden überschreitet. Neben einzelnen Bedingungen wie dieser sind auch Kombinationen aus verschiedenen Alarm-Konditionen denkbar und möglich.

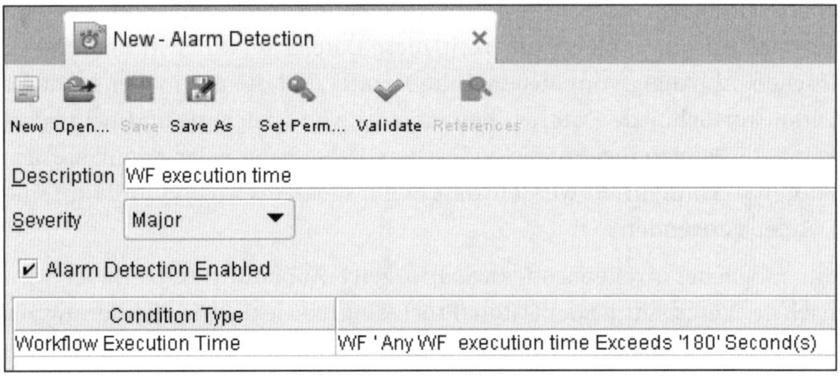

Abbildung 6.51 Definition einer Alarm-Erkennung

6.7.4 Systemstatistiken

Abfragen von Systemstatistiken

Das Systemstatistik-Subsystem in SAP CM sammelt und konsolidiert sogenannte *Ausführungsinformationen*. Während der Ausführung überwacht und protokolliert SAP CM fortlaufend die Ressourcennutzung der verschiedenen Hardwareknoten und kann Berichte in einem bestimmten Zeitintervall bereitstellen. Der Durchsatz von Workflows kann auch mit diesem Mechanismus überwacht werden. Die statistischen Informationen können Sie in jedem Zeitraum grafisch betrachten oder ausdrucken. Zu den Systemstatistiken gelangen Sie über **Tools • System Statistics**. Einen Beispielauszug zur Auswertung der CPU-Auslastung zeigt Abbildung 6.52.

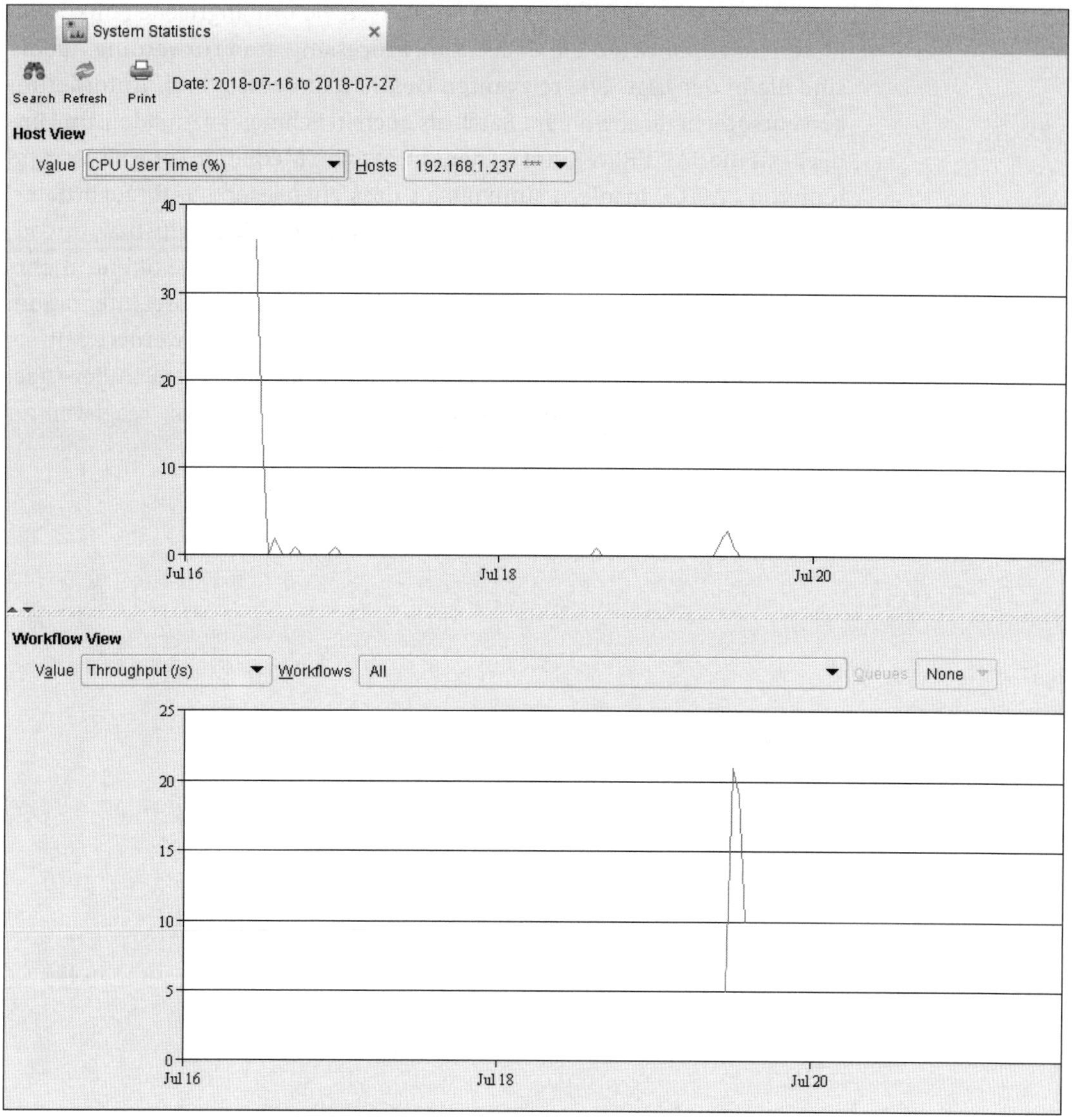

Abbildung 6.52 System-Statistik (Quelle: DigitalRoute)

6.8 Zusammenfassung

Mithilfe von SAP Convergent Mediation by DigitalRoute haben Sie die Möglichkeit, große Datenmengen zu erfassen, zu verarbeiten sowie an entsprechende Zielsysteme weiterzuleiten. Durch eine Vielzahl an bereits ausgelieferten Protokollen sowie die Möglichkeit eigener Entwicklungen können beliebige vor- bzw. nachgelagerte Systeme angebunden werden. Durch eine flexible, workflowgestützte Konfiguration sowie umfangreiche Funktionalitäten im Hinblick auf die Collection-, Processing- und Forwarding-Agents sind Sie in der Lage, alle relevanten Geschäftsprozesse Ihren Anforderungen entsprechend sowohl im Batch als auch in Echtzeit abzubilden. Im Hinblick auf die SAP-BRIM-Kette ist der Einsatz von MediationZone als Vorsystem von SAP CC insofern sinnvoll, als dass eingelesene Verbrauchsdaten zunächst geprüft und ggf. aggregiert werden, bevor fehlerhafte bzw. unvollständige Daten ans Rating weitergeleitet werden. Durch die offene, mehrschichtige Architektur kann jedoch auch eine reibungslose Integration, ganz unabhängig von der SAP-BRIM-Kette, gewährleistet werden. Mittels zyklusbasierter Updates seitens DigitalRoute sind Sie zudem in der Lage, auch langfristig auf entsprechende Änderungen am Markt reagieren zu können und Ihre Prozesse ggf. anzupassen.

Kapitel 7
Branchenspezifische Anwendungsbeispiele von SAP BRIM

Um das Einsatzpotential von SAP BRIM noch greifbarer zu machen, finden Sie in diesem Kapitel eine Reihe von Anwendungsbeispielen. Sie veranschaulichen insbesondere die Flexibilität und Modularität von SAP BRIM.

Wandel der Abrechnung

Die digitale Transformation hat das Verhältnis zum Kunden in vielfacher Hinsicht verändert: So ist die Erwartungshaltung des Kunden eine andere geworden, und folglich hat sich auch für Firmen der Kontakt zum Kunden gewandelt, damit sie den veränderten Kundenansprüchen gerecht werden können. Auch die Art und Weise, wie die Kundeninteraktion zur Monetarisierung genutzt wird, ist heutzutage eine andere. Kunden erwarten einfache, flexible, schnelle und intuitiv ansprechende Interaktionen.

Dreh- und Angelpunkt der Kundeninteraktion sind dabei die Klicks: Ein Klick auf »jetzt kaufen«, und schon bald steht Ihr Wunschartikel bei Ihnen vor der Tür. Ein Klick auf »abonnieren«, und Sie können sich Filme und Serien anschauen. Wir Kunden erwarten heute, dass wir nur noch das bezahlen, was wir auch tatsächlich nutzen, und verzichten darauf, alles besitzen zu wollen.

Aus betriebswirtschaftlicher Sicht stellen diese Klicks Einnahmen für die Unternehmen dar. Gleichzeitig wird mit dem Klick eine ganze Lawine an Aktivitäten im Bestellsystem, Ratingsystem, in der Abrechnung, Fakturierung, Forderung und Verbindlichkeit angestoßen. Wenn die Prozesse perfekt ineinandergreifen, durchläuft der Ereignisdatensatz aus Ihrem Klick diesen Prozess reibungslos. Dabei wird das Ziel verfolgt, keine Diskrepanz zwischen Produktdefinition und Auftragserfüllung zu erzeugen.

Wie Sie in den vorangegangenen Kapiteln erfahren haben, bietet SAP BRIM umfassende Funktionen etwa zu (Abo-)Auftragsverwaltung, für eine flexible Preisgestaltung, automatisierte Rechnungsstellung, konvergente Rechnungsstellung und personalisierte Zahlungsabwicklung, um digitale Geschäftsmodelle umzusetzen und diese Prozesse zu optimieren.

Die Lösung ist darüber hinaus so konzipiert, dass sie an die unterschiedlichen Anforderungen einzelner Unternehmen und Geschäftsbereiche angepasst werden kann. Sie verfügt über flexible Implementierungsoptionen, die zu unterschiedlichsten Umsetzungsszenarien führen können.

In diesem Kapitel stellen wir Ihnen einige ausgewählte Anwendungsbeispiele im Detail vor, eine entsprechende Übersicht zeigt Abbildung 7.1. Die Beispiele reichen dabei von der öffentlichen Verwaltung, die SAP Convergent Invoicing einsetzt, um Abrechnungsbelege verschiedenster Vorsysteme zu übernehmen und die Vorzüge der CI-Faktura zu nutzen, über die klassische Telko-Abrechnung bis hin zur Abrechnung in der Versorgungswirtschaft.

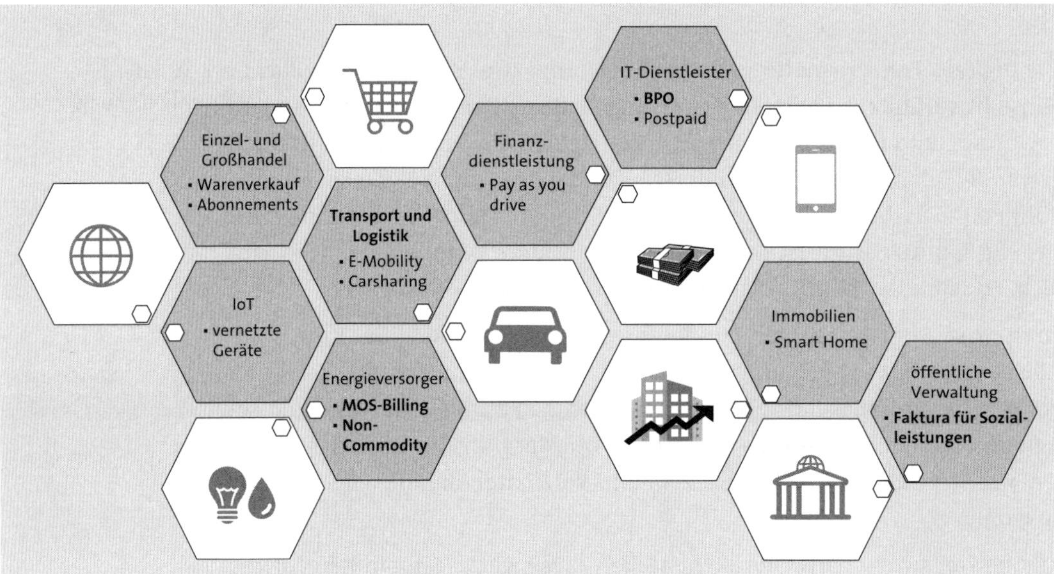

Abbildung 7.1 Ausgewählte Anwendungsfälle

Im Folgenden wollen wir Ihnen vermitteln, wie die Beispiel-Umsetzungsszenarien gewählt wurden, in denen die Funktionen von SAP BRIM zum Einsatz kommen. Außerdem möchten wir Ihnen einen Einblick in bestimmte Projektvorgehen geben.

7.1 Versorgungswirtschaft

In diesem Abschnitt stellen wir Ihnen ausgewählte Anwendungsbeispiele der Versorgungswirtschaft vor. Dabei gehen wir zunächst auf die Besonderheiten der Abrechnung in der Versorgungswirtschaft ein.

Für die Abbildung von Energieabrechnungen, also die Abrechnung beispielsweise von Strom und Gas, kommt mit SAP for Utilities (SAP IS-U) bzw. SAP S/4HANA Utilities die Branchenlösung für Energieversorger zum Einsatz. Die Lösung bietet eine Vielzahl von Funktionen wie die Verwaltung von Kundenstammdaten, Abrechnung von Energiedienstleistungen, Netznutzungsentgelten bzw. Messentgelten, Gerätemanagement (Strom-, Gas-, Wasserzähler), Instandhaltung und Betrieb, Verkaufsabwicklung, Kundenservice und Kontokorrentbuchhaltung. Ergänzend stellt SAP Komponenten bereit, um beispielsweise die notwendige Marktkommunikation oder die Abbildung intelligenter Messeinrichtungen sicherzustellen.

Stammdaten in SAP IS-U

Um diesem Aufgabenspektrum gerecht zu werden, ist das Stammdatenmodell in der Utilities-Lösung komplex. Denn neben den kaufmännischen Stammdaten werden – wie Sie in Abbildung 7.2 sehen können – auch immer technische Stammdaten zum Gerät, der Anlage usw. benötigt. Außerdem ist die Tarifierung und Abrechnung auf dieses Stammdatenmodell und die Prozesse der Energieversorger ausgerichtet.

Im Gegensatz dazu nutzt Convergent Invoicing ein reduziertes Stammdatenmodell. Es ist zählpunktunabhängig und beinhaltet keine Geräteverwaltung oder Anlagenstrukturen. Es werden lediglich kaufmännische Stammdaten genutzt.

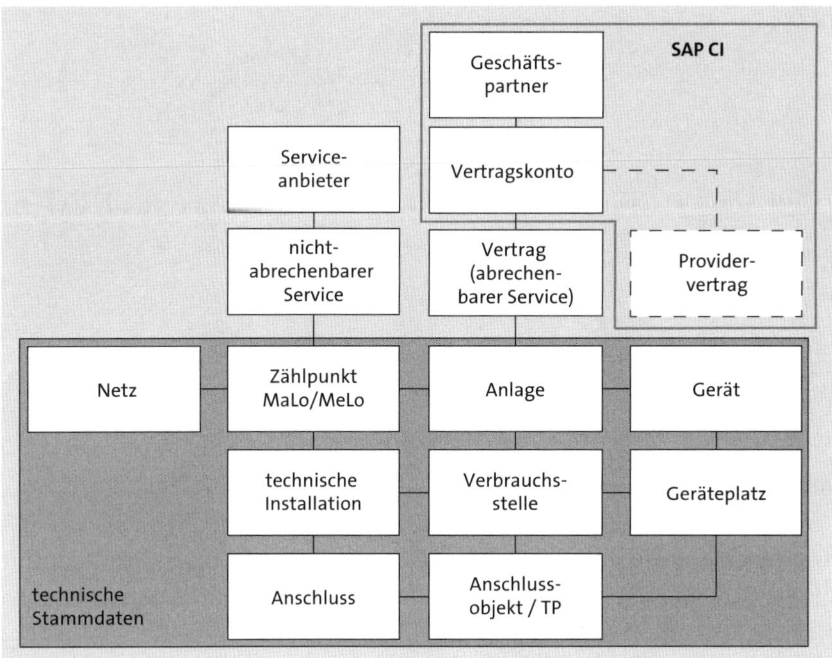

Abbildung 7.2 Stammdatenmodell der Utilities-Lösung vs. SAP CI

Gleichzeitig ist Convergent Charging für branchenneutrale, komplexe Tarifierungsszenarien so flexibel, dass es sich jeder Branche anpassen kann.

Branchenspezifische Standard-Lösungen

Deshalb übernimmt SAP BRIM bei Energieversorgern heute häufig die Aufgabe, »Nicht-Energie«-Produkte abzurechnen. Dazu gehört etwa die Abbildung von Zusatzprodukten wie Photovoltaik-Anlagen oder Energieberatung. Zudem werden Funktionalitäten des SAP Convergent Invoicing für branchenspezifische Standard-Lösungen genutzt:

- zählpunktscharfe Mehr-/Mindermengenabrechnung (Overtake and Undertake Quantities Billing for German Energy Utilities, SAP MeMi 2015+)
- Abrechnungslösung für Messstellenbetreiber (Meter Operation Service Billing for German Electricity and Gas Utilities, SAP MOS Billing)

Die beiden Lösungen haben bereits in der Standard-Ausführung gemein, dass die Prozesse des Vertragskontokorrents (SAP FI-CA) und die anschließenden Folgeprozesse gemeinsam genutzt werden. Dies verdeutlicht auch Abbildung 7.3.

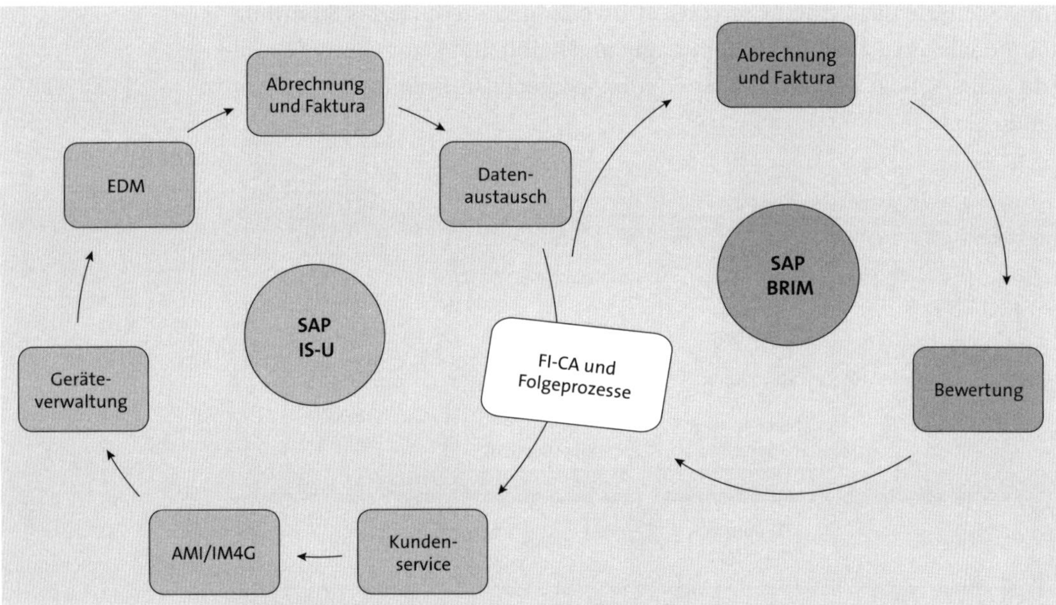

Abbildung 7.3 SAP BRIM und SAP IS-U

Werden die Rechnungen für Energie- und »Nicht-Energie«-Produkte für einen Kunden auf dasselbe Vertragskonto gebucht, kann so die Zahlungsverfolgung konsolidiert werden.

SAP bietet darüber hinaus hier die Möglichkeit, Abrechnungsbelege des Convergent Invoicings mit in die IS-U-Faktura aufzunehmen. So können Zusatzprodukte mit auf die Energierechnung gebracht werden (mehr dazu erfahren Sie in Abschnitt 4.3.7, »Externe Faktura«).

7.1.1 Meter Operation Service Billing for German Electricity and Gas Utilities (MOS Billing)

Im Rahmen dieses Abschnitts werden die Kernfunktionalitäten und -prozesse von SAP MOS Billing vorgestellt, das die Funktionalitäten des SAP Convergent Invoicing verwendet. Sie erhalten damit Einblick in die Grundzüge von MOS Billing und lernen die Komponente anhand eines Anwendungsbeispiels mit SAP Convergent Invoicing kennen.

Ausgangssituation und Zielsetzung

Bei MOS Billing handelt es sich um eine Komponente von SAP, welche die Anforderungen des Messstellenbetriebsgesetzes (MsbG) an die Messstellenbetriebsabrechnung umsetzt. Dabei wird das Ziel verfolgt, die Abrechnung und Fakturierung von digitalen Messsystemen zu ermöglichen und die standardisierte Marktkommunikation nach Vorgaben des Bundesverbandes der Energie- und Wasserwirtschaft e. V. (BDEW) zu erfüllen. Im Zuge dessen kommen Teile aus den Lösungen Marktprozessmanagement für Versorgungsunternehmen (IDXGC) und Intercompany Data Exchange for the German Market (IDXGL) zum Einsatz. Die Komponente ist zudem in SAP Convergent Invoicing integriert.

Prozessablauf der Messstellenbetriebsabrechnung

Der Prozess setzt sich aus den folgenden Schritten zusammen:

1. Austausch des Preisblattkatalogs
2. Anlegen des Messstellenbetreibervertrags
3. Ermittlung zugewiesener Markt- und Messlokationen
4. Ermittlung der führenden Marktlokation
5. Ermittlung der abzurechnenden Leistungen je Marktlokation unter Berücksichtigung der Preisobergrenzen für Lokationsbündel
6. Versand des Angebots zur Abrechnung des Messstellenbetriebs an den führenden Lieferanten
7. Bestätigung/Ablehnung des Lieferanten
8. Anlegen des Abrechnungsplans für führenden Lieferanten/Anschlussnutzer auf Basis der Bestätigung/Ablehnung
9. Abrechnung und Faktura des Messstellenbetriebs gegenüber führendem Lieferanten/Anschlussnutzer
10. Zahlungseingangsverarbeitung

Tabelle 7.1 zeigt eine Übersicht über die mit MOS Billing verwendeten Transaktionen.

Transaktion	Beschreibung
/MOSB/CTR_MON	MSB-Verträge überwachen
/MOSB/PCC	Einzelverarbeitung Preisklassifikation ändern
/MOSB/MASS_PCC	Massenverarbeitung Preisklassifikation ändern
/MOSB/PRICAT	PRICAT-Prozess anstoßen

Tabelle 7.1 Verwendete Transaktionen mit MOS Billing

Messstellenbetreibervertrag

Der Messstellenbetreibervertrag stellt die Grundlage für den Abrechnungs- und Fakturaprozess des Messstellenbetriebs dar. Der Vertrag kommt als gesetzlicher Grundfall zwischen dem grundzuständigen Messstellenbetreiber und dem Anschlussnutzer innerhalb eines Hauses zustande, falls nicht ein expliziter Vertrag zwischen dem Anschlussnutzer bzw. künftig dem Anschlussnehmer und einem dritten Messstellenbetreiber geschlossen wird. Dabei werden innerhalb des Vertrags alle Messlokationen und verbundenen Marktlokationen erfasst, die innerhalb desselben Gebäudes dem entsprechenden Anschlussnutzer zugeordnet werden können. Zu den abrechenbaren Geräten, die innerhalb der Messlokation verbaut sind, gehören moderne Messeinrichtungen (MME), intelligente Messsysteme (IMSys), Steuergeräte sowie Wandler. Innerhalb der Transaktion /MOSB/CTR_MON können Sie die erfassten Lokationen im Bereich Positionen einsehen (siehe Abbildung 7.4).

Zuordnung Preiskatalog

Beim Anlegen des Messstellenbetreibervertrags wird dem Vertrag ein Preiskatalog zugeordnet, der Preise für alle Geräteklassifikationen enthält. Zur Abbildung der verbrauchsabhängigen Preisobergrenzen bei iMSys können hierbei Staffelpreise hinterlegt werden. Auf Basis der zugeordneten Geräte und Verbräuche wird ein Preis selektiert, welcher im Abrechnungs- und Fakturaprozess in Rechnung gestellt wird.

Hierbei können in Abhängigkeit der Geräteklassifikation verschiedene Preisregeln zum Einsatz kommen. Sind beispielsweise zwei intelligente Messsysteme verbaut, wird im Rahmen des Abrechnungsprozesses nur das System in Rechnung gestellt, das über die Geräteklassifikation den höheren Preis im Preiskatalog hinterlegt hat. Der Preis des zweiten Systems wird dabei gemäß der gesetzlichen Vorgabe im Hinblick auf die für das gesamte

Lokationsbündel definierte Preisobergrenze ignoriert. Preise von Geräten wie Wandlern oder Steuergeräten werden immer zusätzlich in Rechnung gestellt. Innerhalb der Transaktion /MOSB/CTR_MON können Sie Informationen, wie den verwendeten Preiskatalog oder den Jahresbetrag, pro Zeitscheibe im Bereich **Preisgestaltung** nachvollziehen (siehe Abbildung 7.5).

Abbildung 7.4 Messstellenbetreibervertrag

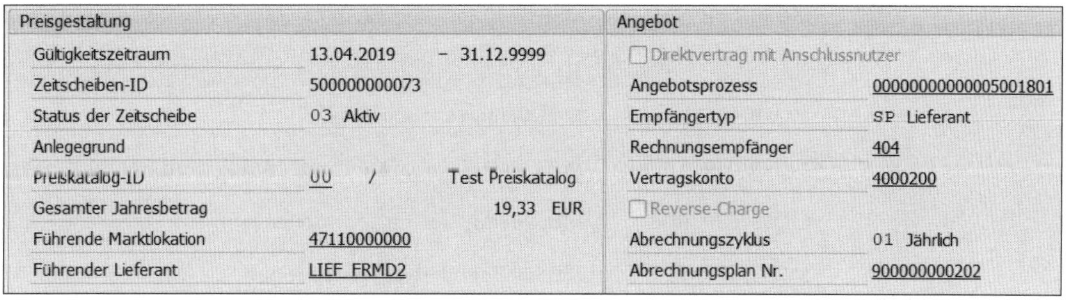

Abbildung 7.5 Messstellenbetreibervertrag mit Zeitscheibendetails

Datenaustauschprozess des Messstellenbetriebs

Auf Basis dieser Daten wird dem Lieferanten der führenden Marktlokation ein Angebot zur Rechnungsübernahme im Form des Übertragungsdatenformats QUOTES zugeschickt. Dieses kann der Lieferant mit dem Übertragungsdatenformat ORDERS bestätigen oder mit dem Übertragungsdatenformat IFTSTA ablehnen. In beiden Fällen wird ein Abrechnungsplan für das Convergent Invoicing angelegt. Im Falle einer Bestätigung wird die zukünftige Rechnung dem Lieferanten mit dem Übertragungsdatenformat INVOIC zugeschickt, welche auf das ursprüngliche Angebot per QUOTES referenziert. Der Lieferant legt diese Rechnung in seiner eigenen Verbrauchsabrechnung auf den Endkunden um. Lehnt der Lieferant das Angebot ab, wird die Rechnung dem Anschlussnutzer per Papierrechnung durch den Messstellenbetreiber zugesendet. Abbildung 7.6 zeigt skizzenhaft diesen Prozess.

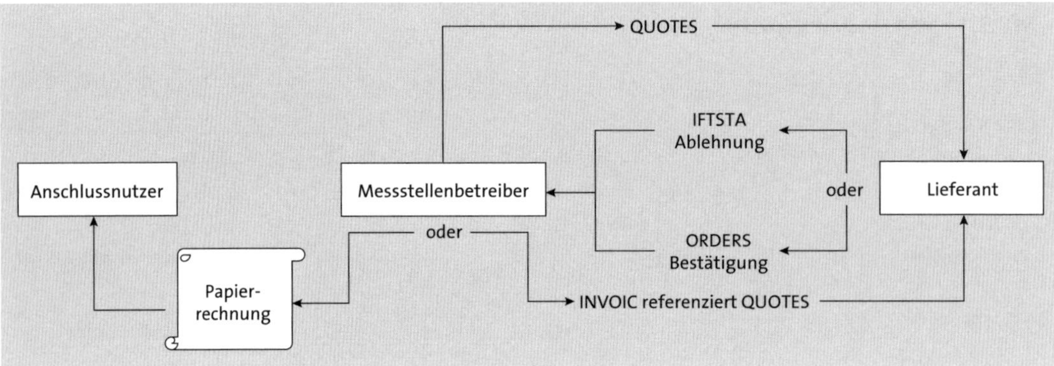

Abbildung 7.6 Datenaustauschprozess Messstellenbetrieb

Einen Überblick über die wichtigsten Transaktionen und Datenbanktabellen zum Messstellenbetreibervertrag zeigt Tabelle 7.2.

Transaktion	Beschreibung
/MOSB/CTR_MON	MSB-Verträge überwachen
Tabellen	**Beschreibung**
/MOSB/CTR_HEAD	MOS Billing: Vertragskopf
/MOSB/CTR_PDOC	MOS Billing: Relevante Prozessdokumente
/MOSB/CTR_POS	MOS Billing: Vertragspositionen
/MOSB/CTR_TS	MOS Billing: Vertragszeitscheiben

Tabelle 7.2 Transaktionen und Tabellen zum Messstellenbetreibervertrag

Convergent Invoicing im MOS-Billing-Umfeld

Die Komponente MOS Billing verwendet Funktionen des Convergent Invoicings für die Abrechnung des Messstellenbetriebs. Dabei wird der Abrechnungsplan eingesetzt, um in einem festen Zyklus abrechenbare Positionen zu erzeugen, die abgerechnet, fakturiert und dem Endkunden oder führenden Lieferanten in Rechnung gestellt werden. Nachfolgend wird auf die einzelnen Funktionen des SAP CI im Hinblick auf MOS Billing eingegangen.

Abrechnungsplan

In der Komponente MOS Billing wird der Abrechnungsplan der Komponente Convergent Invoicing verwendet. Dabei werden Abrechnungszyklus und -turnustermin definiert. Innerhalb des Abrechnungsplans sind verschiedene Informationen enthalten, wie beispielsweise der Typ und die Art des Abrechnungsplans, der Gültigkeitszeitraum, die kaufmännischen Stammdaten sowie Planpositionen und die Anforderungshistorie. Die Planpositionen sind dabei von zentraler Bedeutung. Sie enthalten die Informationen und Regeln, die zur Erstellung der abrechenbaren Positionen benötigt werden, darunter der zu zahlende Betrag, der Zyklus der Abrechnung, die Art der abrechenbaren Position und den Gültigkeitszeitraum der Positionen. Durch Verwendung eines periodischen Anforderungslaufs werden diese Informationen verwendet, um die zuvor beschriebenen abrechenbaren Positionen aus den Planpositionen zu erzeugen. Im Rahmen des MOS Billings werden diese Positionen in der Regel jährlich erzeugt, wahlweise zu einem fixierten Datum oder rollierend mit Bezug zum Erstellungsdatum des Messstellenbetreibervertrags.

Mit Transaktion FKKBIX_BILLPLAN können Sie Abrechnungspläne anlegen, bearbeiten und, wie in Abbildung 7.7 zu sehen, anzeigen lassen.

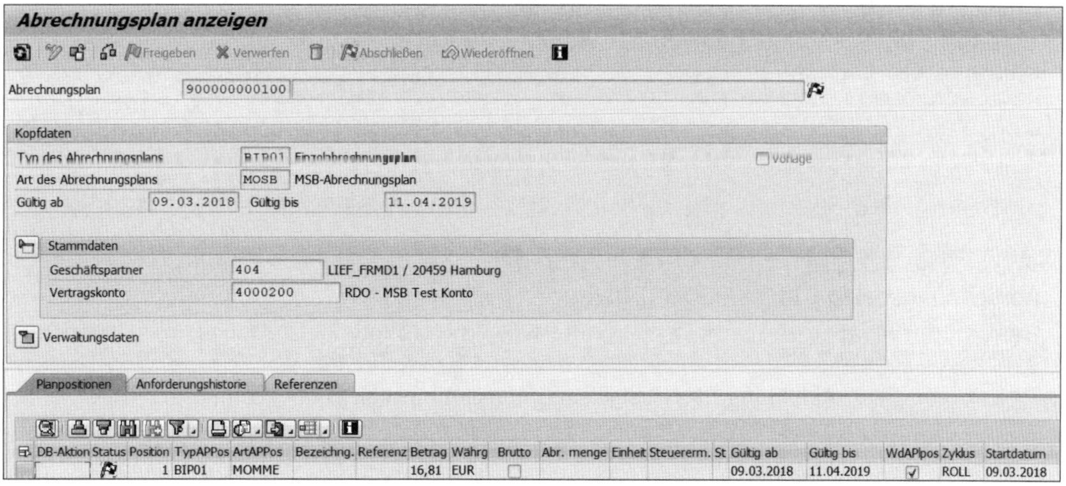

Abbildung 7.7 Abrechnungsplan in SAP Convergent Invoicing

Beispiel moderne Messeinrichtung

Für das oben gezeigte Beispiel wurde durch einen Anforderungslauf eine abrechenbare Position für eine moderne Messeinrichtung erstellt. Diese

Position muss für den Messstellenbetreibervertrag abgerechnet und fakturiert werden.

Weitere Informationen zu Abrechnungsplänen sowie die wichtigsten Transaktionen und Datenbanktabellen finden Sie in Abschnitt 4.2.9, »Abrechnungspläne«.

Abrechnung

Für die Abrechnung im MOS-Billing-Umfeld wird die Standardabrechnungsfunktionalität aus dem Convergent Invoicing verwendet. Hierbei werden aus den abrechenbaren Positionen in der CI-Standardausprägung Positionen der Positionsart YMOS, welche in der Faktura fakturiert werden können. Im Abrechnungsbeleg sind alle Informationen aus der Abrechnungsplanposition enthalten, u. a. die kaufmännischen Stammdaten, die Gültigkeitszeiträume und die später zu verwendenden Haupt- und Teilvorgänge aus dem Vertragskontokorrent, um die Buchung vorzunehmen. Den Abrechnungsbeleg können Sie, wie in Abbildung 7.8 zu sehen, über die Transaktion FKKINVBILL_DISP aufrufen. Details zur Abrechnung in SAP CI sowie die wichtigsten Transaktionen und Datenbanktabellen finden Sie in Abschnitt 4.2.4, »Abrechnung und Sofortabrechnung«.

Abbildung 7.8 Anzeige eines Abrechnungsbelegs mit Positionsart YMOS

Faktura

Für die Faktura des Abrechnungsbelegs zum Messstellenbetreibervertrag wird die Fakturafunktionalität aus der Umgebung des Convergent Invoicings genutzt. Hierbei werden die Abrechnungsinformationen aus dem Abrechnungsbeleg zu einer Rechnung des Kunden zusammengeführt und im

Vertragskontokorrent verbucht. Neben der Forderungsposition aus dem Abrechnungsbeleg wird innerhalb des Fakturaprozesses auch die dazugehörige Steuerposition erzeugt. Einen entsprechenden Fakturierungsbeleg finden Sie in Abbildung 7.9.

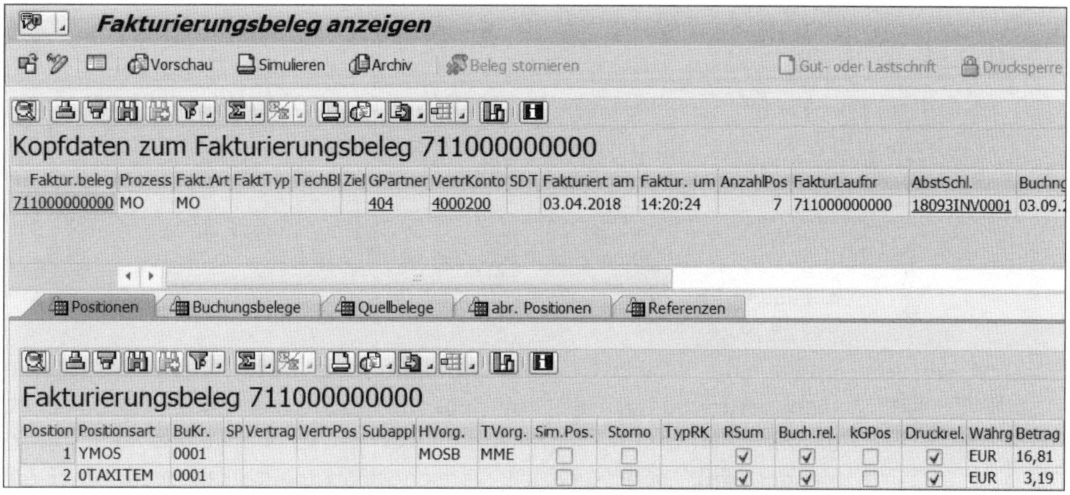

Abbildung 7.9 Fakturierungsbeleg

Unternehmensübergreifender Datenaustausch nach der Faktura

Im MOS-Billing-Umfeld wird der Fakturaprozess dazu noch um eine Funktion zum unternehmensübergreifenden Datenaustausch ergänzt. Handelt es sich bei dem Rechnungsempfänger um den führenden Lieferanten, der das ursprüngliche Angebot per QUOTES angenommen hat, erhält der Fakturierungsbeleg eine sogenannte *Crossreferenznummer* zur eindeutigen Identifikation des Fakturabelegs im weiteren Verlauf des Zahlungs- bzw. Reklamationsprozesses im Rahmen des Datenaustauschs.

Prozessdokumente

Zudem wird für den Fakturierungsbeleg ein Prozessdokument aus dem Bereich des Market Process Management for Utilities (MPM) erzeugt. Das MPM stellt eine Lösung dar, mit deren Hilfe Sie die verschiedenen Prozesse eines Unternehmens effizient modellieren, ausführen und überwachen können. Innerhalb des Prozessdokuments werden u. a. Informationen zu Prozessschritten, Prüfungen (beispielsweise auf Fristen) sowie zum Versenden bzw. Verarbeiten von Datenaustauschprozessen abgelegt. Das erzeugte Prozessdokument wird mit dem Fakturierungsbeleg und dem Messstellenbetreibervertrag verknüpft. Die Prozessdokumente können Sie wahlweise aus dem Messstellenbetreibervertrag heraus aufrufen oder über die Transaktionen /IDXGC/PDOCMON01 und /IDXGC/PDOCMON02 (siehe Abbildung 7.10).

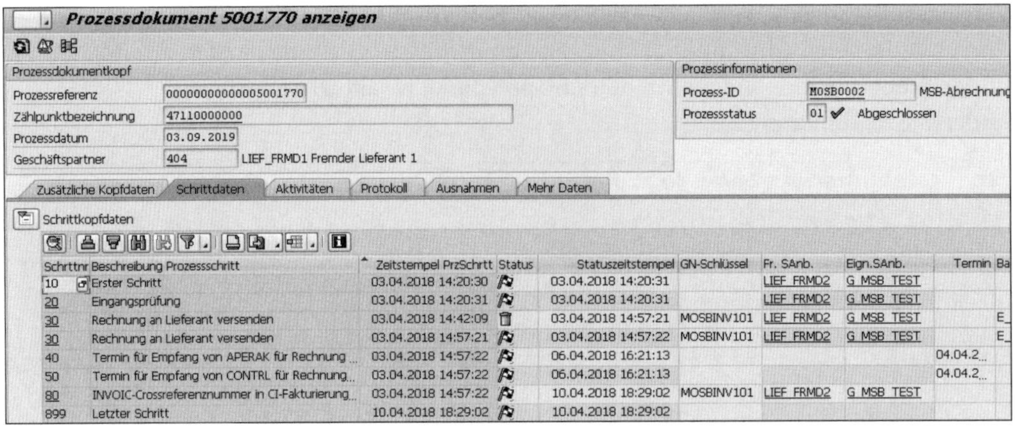

Abbildung 7.10 Prozessdokument zum Fakturierungsprozess

Versand der Rechnung per INVOIC

Im Zuge der Verarbeitung der einzelnen Prozessschritte im Prozessdokument wird eine Nachricht mit dem Übertragungsformat INVOIC erzeugt, das zur Übermittlung der Rechnung, der fälligen Beträge und Steuern verwendet wird. Diese Nachricht verwendet als Identifikationsnummer die zuvor genannte Crossreferenznummer, die der adressierte Lieferant in zukünftigen Prozessen als Referenz verwenden kann. Diese INVOIC-Nachricht wird in der Standardausprägung aus Performancegründen immer asynchron angelegt, daher muss zunächst der Prozess zum Anstoßen des INVOIC-Versandschrittes durchgeführt werden. Dies erfolgt über die Transaktion /IDXGC/MASS, die den Versandschritt verarbeitet. Nachdem das zugehörige IDOC zur INVOIC-Nachricht erzeugt worden ist, wird die Crossreferenznummer auch in den offenen Posten des Buchungsbeleges, der aus der Faktura erzeugt wurde, hinterlegt. Mithilfe dieser Zuordnung kann der offene Posten im späteren Zahlungseingangsprozess identifiziert und ausgeglichen werden.

Details zur Fakturierung in SAP CI sowie die wichtigsten Transaktionen und Datenbanktabellen finden Sie in Abschnitt 4.2.5, »Fakturierung«. Tabelle 7.3 zeigt eine Übersicht über die verwendeten SAP-IS-U-spezifischen Transaktionen.

Transaktion	Beschreibung
/IDXGC/MASS	Verarbeiten von asynchronen Prozessschritten
/IDXGC/PDOCMON01	Prozessdokumente überwachen
/IDXGC/PDOCMON02	Prozessdokumente überwachen

Tabelle 7.3 Verwendete Transaktionen aus SAP IS-U

Storno

Im Falle einer bereits angeforderten Rechnung per INVOIC können abrechenbare Positionen, Abrechnungs- und Fakturabelege innerhalb des MOS-Billing-Umfelds nicht direkt storniert werden. In solchen Fällen werden die Positionen und Belege über den Abrechnungsplan bearbeitet. Anstelle eines direkten Stornos muss eine Stornierung der Positionen angefordert werden. Zum Identifizieren wird als Selektionskriterium das »Ab«-Datum der abrechenbaren Position verwendet. Hierdurch werden sowohl der Abrechnungsplan wie auch der Abrechnungsbeleg storniert. Dabei werden neue abrechenbare Positionen auf Basis der Ursprungspositionen angelegt, die umgekehrte Vorzeichen aufweisen (siehe Abbildung 7.11).

7

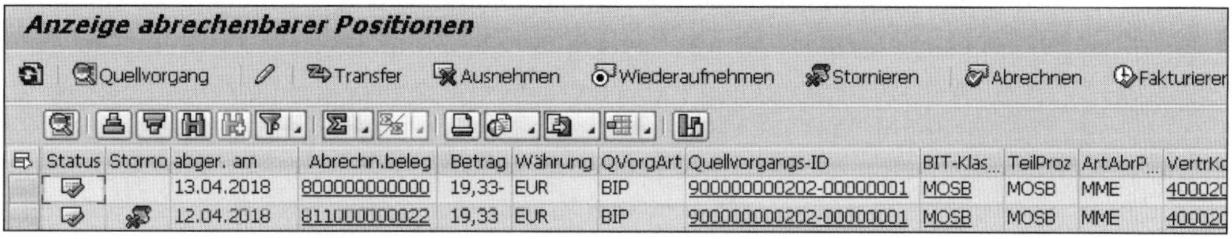

Status	Storno	abger. am	Abrechn.beleg	Betrag	Währung	QVorgArt	Quellvorgangs-ID	BIT-Klas...	TeilProz	ArtAbrP...	VertrKo
		13.04.2018	800000000000	19,33-	EUR	BIP	900000000202-00000001	MOSB	MOSB	MME	40002
		12.04.2018	811000000022	19,33	EUR	BIP	900000000202-00000001	MOSB	MOSB	MME	40002

Abbildung 7.11 Stornierte abrechenbare Position im BIT-Monitor (Transaktion FKKBIXBIT_MON)

Diese müssen, wie auch die Originalpositionen, sowohl abgerechnet als auch fakturiert werden. Diese Position wird als **Stornoposition** in den Kopfdaten gekennzeichnet und erhält eine Referenz auf die folgenden Informationen:

Verarbeitung der Stornoposition

1. Referenz zur ursprünglichen Rechnung
2. Referenz zum zugehörigen Abrechnungsplan
3. Referenz zum Prozessdokument, welches die Storno-INVOIC-Nachricht versendet

Auch hier wird die Nachricht asynchron erzeugt, und der Prozess zum Versand muss erst über die Transaktion /IDXGC/MASS angestoßen werden. Innerhalb des Messstellenbetreibervertrags wird eine Referenz auf die Stornoposition eingetragen (siehe Abbildung 7.12).

Versand des Storno per INVOIC

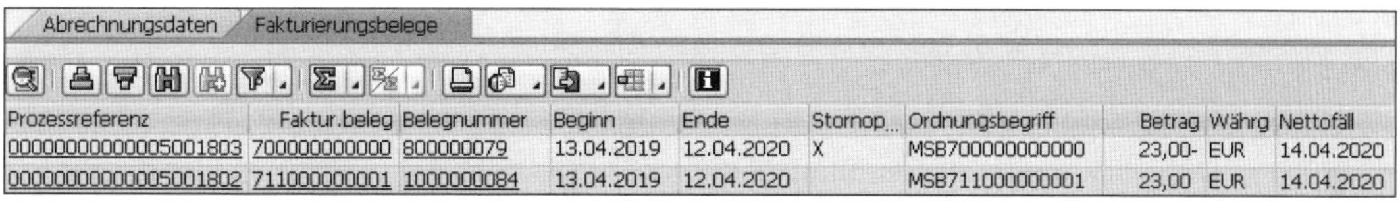

Prozessreferenz	Faktur.beleg	Belegnummer	Beginn	Ende	Stornop...	Ordnungsbegriff	Betrag	Währg	Nettofäll
0000000000005001803	700000000000	800000079	13.04.2019	12.04.2020	X	MSB700000000000	23,00-	EUR	14.04.2020
0000000000005001802	711000000001	1000000084	13.04.2019	12.04.2020		MSB711000000001	23,00	EUR	14.04.2020

Abbildung 7.12 Stornodetails im Messstellenbetreibervertrag

Zahlung und Ausgleich

Unternehmensübergreifender Datenaustausch im Zahlungsprozess

Im Rahmen des unternehmensübergreifenden Datenaustauschs werden neben der zu leistenden Zahlung an den Messstellenbetreiber auch Nachrichten des Übertragungsdatenformates REMADV versendet. Diese REMADV-Nachrichten nehmen Bezug auf die Crossreferenznummer und enthalten den gezahlten Betrag, aus denen im System des Messstellenbetreibers Zahlungsavise erstellt werden. Zusätzlich wird auf Basis der Überweisung des führenden Lieferanten ein Zahlungsstapel mit Zahlungspositionen erstellt. Diese Zahlungsstapelpositionen nehmen, genauso wie die REMADV-Nachricht, Bezug auf die Crossreferenznummer der Rechnung. Im Buchungsprozess kann auf Basis der Referenznummer eine Zuordnung der Zahlung zum Buchungsbeleg der Faktura und somit der Ausgleich erfolgen. Im Anschluss daran wird das Zahlungsavis mit der Referenz des Zahlungsstapels und der Messstellenbetreibervertrag mit dem Ausgleichsbeleg verknüpft (siehe Abbildung 7.13).

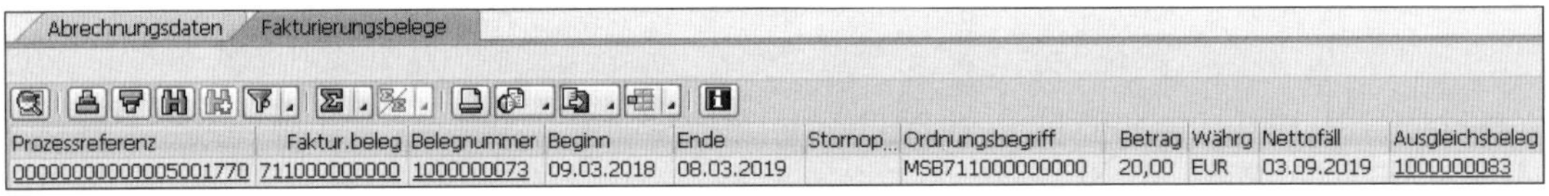

Abbildung 7.13 Ausgleichsdetails im Messstellenbetreibervertrag

Informationen zur Zahlungsverarbeitung in SAP FI-CA finden Sie in Abschnitt 3.2.3, »Kontoauszugsverarbeitung«. Nachdem die Zahlung verbucht wurde, können Sie das Zahlungsavis in der Transaktion INVMON aufrufen und verarbeiten. Im Zuge der Verarbeitung wird der Status des Zahlungsavis auf *abgeschlossen* gesetzt. Zudem steht Ihnen auch eine Massenverarbeitung von Zahlungsavisen über die Transaktion INVMASSPROC zur Verfügung.

Tabelle 7.4 können Sie die verwendeten Transaktionen von SAP IS-U entnehmen.

Transaktion	Beschreibung
INVMON	Überwachung des Rechnungseingangs
INVMASSPROC	Massenakt.: Rechnungs-/Avisbearbeitung

Tabelle 7.4 Verwendete Transaktionen von SAP IS-U für die Zahlungsüberwachung und -zuordnung

Reklamation

Unternehmensübergreifender Datenaustausch im Reklamationsprozess

Reklamationen werden, genauso wie Zahlungen, über das Datenübertragungsformat REMADV kommuniziert und beziehen sich ebenfalls auf die Crossreferenznummer. Auf Basis der REMADV-Nachrichten werden im System des Messstellenbetreibers Reklamationsavise angelegt. Beim Verarbeiten dieser Reklamationsavise bei Rechnungsbelegen, die noch nicht storniert worden sind, wird eine Warnung ausgegeben und das Avis in den Status *zurückgestellt* versetzt. Dies soll dem Messstellenbetreiber die Möglichkeit bieten, die Rechnungen zu überprüfen und festzustellen, ob eine Reklamation aus den übermittelten Gründen zulässig oder unzulässig ist.

Ist die Reklamation zulässig, wird der Storno der Rechnung angefordert und ein Storno-INVOIC erzeugt. Im Falle einer unzulässigen Reklamation wird das Reklamationsavis in den Status *abgeschlossen* versetzt.

Sollte der Rechnungsposten schon storniert sein, wird das Reklamationsavis in den Status *übertragen* versetzt und es wird eine Verrechnung des positiven und negativen Rechnungsbetrages durchgeführt. Genauso wie bei den Zahlungsavisen haben Sie die Möglichkeit, die Verarbeitung über die Transaktionen INVMON und INVMASSPROC durchzuführen. Den Prozess haben wir in Abbildung 7.14 zum besseren Verständnis skizziert.

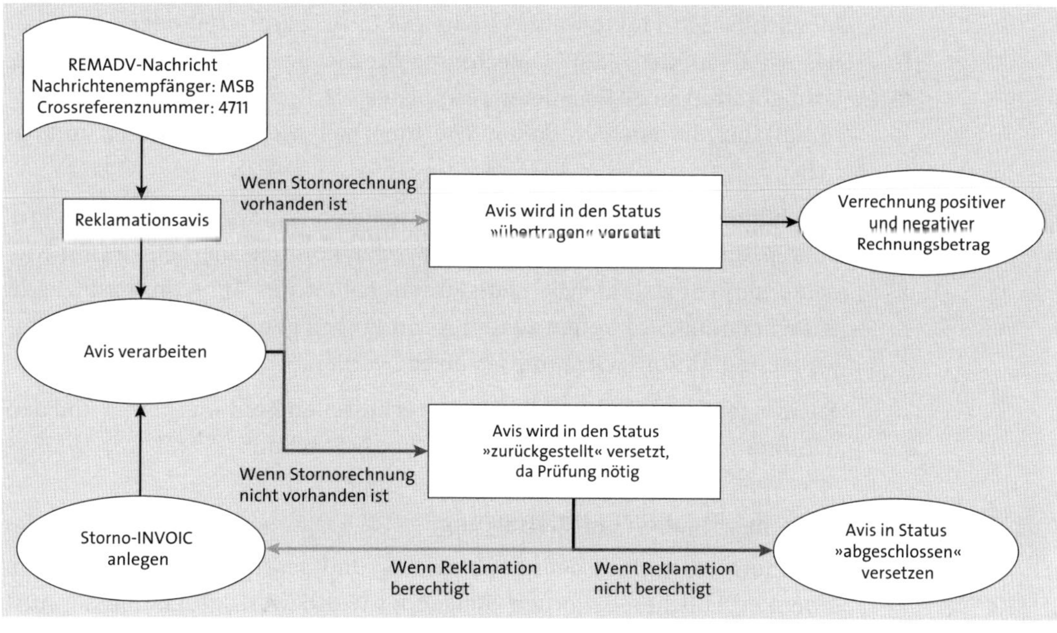

Abbildung 7.14 Behandlung von Reklamationsavisen

Fazit

Die MOS-Billing-Komponente verbindet sowohl die Stärken des Convergent Invoicings als auch diejenigen des unternehmensübergreifenden Datenaustauschs, um die Herausforderungen des Messstellenbetriebsgesetzes im Bereich der Messstellenbetriebsabrechnung zu meistern. Die Komponente stellt den Prozess vom Vertragsschluss bis zur Zahlungs- oder Stornoabwicklung bereit. Dabei werden die jeweiligen Positionen des Convergent Invoicings auf die einzelnen Gerätetypen, die beim Kunden eingesetzt werden können, umgelegt, und der Prozess wird über die vorgeschriebenen Datenaustauschformate des BDEW kommuniziert.

7.1.2 bpc best billing

Rahmendaten zu bpc best billing

bpc best billing ist ein von bpc entwickeltes Add-on für SAP CI zur flexiblen Produktpflege und Produktbuchung. Eine Steuerung der Funktionen erfolgt hierbei über eine benutzerfreundliche Web-Oberfläche. Die Verarbeitung sämtlicher Folgeprozesse (Abrechnung, Fakturierung usw.) wird komplett im SAP-CI-Standard durchgeführt.

Über die Grundkonfiguration in SAP CI wird gesteuert, welche Buchungen erfolgen bzw. welche Schnittstellen bedient werden sollen. Es besteht die Möglichkeit, Produkte wahlweise in SAP CI zu fakturieren oder diese über das SAP CI auf der SAP-IS-U-Rechnung zur Anzeige zu bringen. Die Grundkonfiguration in SAP CI liefert Templates für Produkttypen und Abrechnungsfälle, die eine Produktanlage innerhalb weniger Minuten ermöglichen.

Einmalige und wiederkehrende Produkte

best billing erlaubt die Anlage von einmaligen und wiederkehrenden Produkten, die mengenbasiert gebucht werden können. Hierbei wird für wiederkehrende Produkte die neue Funktionalität des Abrechnungsplans in SAP CI genutzt. Es können zudem Anzahlungen gebucht, Kontingente verwaltet und Aktionszeiträume festgelegt werden.

Nachfolgend erläutern wir Ihnen die technischen Besonderheiten und den dahinterliegenden Prozessablauf von bpc best billing.

Ausgangssituation und Zielsetzung

Nutzen in der Energiewirtschaft

Die Energiewirtschaft befindet sich aufgrund gesetzlicher Regelungen in einem erheblichen Umbruch. Steigender Wettbewerbsdruck und der Ausbau der erneuerbaren Energien führen dazu, dass die Ergebnisbeiträge aus der klassischen Energielieferung rückläufig sind und neue Geschäftsfelder erschlossen werden müssen. Dies wird in den nächsten Jahren dazu führen, dass bestehende Produktportfolios um weitere Produkte ergänzt werden. Dementsprechend muss die Abrechnung so ausgebaut werden, dass diese Produkte in kurzer Umsetzungszeit abgebildet werden können.

Branchen-unabhängigkeit

Diese neuen Produkte können dabei von der klassischen Energielieferung erheblich abweichen. So sind nicht zwangsläufig Messdaten oder technische Stammdaten zu einem Produkt vorhanden. Des Weiteren kann sich der Abrechnungsturnus von Produkt zu Produkt unterscheiden. Dieser reicht von Einmalrechnungen bei Leistungserbringung über periodische Rechnungen bis hin zur Verrechnung auf der Turnusrechnung. Durch die zu erwartende Vielseitigkeit und Vielfalt der Produkte ist es für die Kundenkontaktkanäle zudem immens wichtig, einen aggregierten Überblick über die Kundendaten zu haben.

Mit dem Add-on bpc best billing in Verbindung mit SAP CI reagiert bpc auf die sich ändernden Rahmenbedingungen und bietet mehr Flexibilität, eine Verkürzung der Umsetzungszeiträume und Autarkie bei der Umsetzung zukünftiger Anforderungen.

SAP CI beinhaltet die Komponenten Abrechnung und Fakturierung im Vertragskontokorrent und bietet zahlreiche Abrechnungsmöglichkeiten, die losgelöst von den technischen Stammdaten des IS-U einsetzbar sind. Dadurch ist es möglich, sich von der derzeitigen IS-U-Logik zu lösen, und neue Produkte einfach und ohne viel Aufwand innerhalb der klassischen IS-U-Logik zu implementieren.

SAP CI kann dabei verschiedenste Abrechnungskonstellationen von der Einmalrechnung, der periodischen Rechnung oder der Verrechnung von beispielsweise Boni/Prämien auf der Turnusrechnung darstellen. Da es sich um ein SAP-ERP-/SAP-S/4HANA-Modul handelt, müssen keine neuen Logiken zu korrespondierenden Systemen integriert werden.

Ganzheitliche Sicht auf den Kunden

Darüber hinaus bietet SAP CI die nötige Funktionalität, Kundeninformationen auf dem Vertragskonto des Kunden zu aggregieren. Nur so ist der Kundenservice in der Lage, den Kunden ganzheitlich zu beraten, eine gute Servicequalität zu liefern und ggf. Cross-Selling-Effekte zu identifizieren.

SAP CI ist dabei immer auf ein vorgelagertes System angewiesen, welches eine abrechenbare Position oder Verbrauchsposition generiert. Die Positionen können, je nach Produkt und Dienstleistung, durch verschiedene Systeme erzeugt und an SAP CI übergeben werden.

bpc best billing wiederum ermöglicht es, die Potenziale von SAP CI bei einfachen Produkten auszuschöpfen und den Vertriebsmitarbeitern zugleich eine Software mit einer benutzerfreundlichen Oberfläche zur Verfügung zu stellen, ohne dass ein vollwertiges SAP CRM oder ein SAP CC benötigt werden. Im Folgenden stellen wir Ihnen die Funktionen des Add-ons vor.

Produktpflege

Produktkatalog

In der Produktpflege können die Rahmenbedingungen zu verschiedensten Produkten angelegt und bearbeitet werden. Ein Produkt besteht dabei aus mehreren Eigenschaften. Durch die Anlage mehrerer Produkte entsteht ein Produktkatalog, der während der Produktbuchung zur Verfügung steht. Die Darstellung des Produktkatalogs von bpc best billing sehen Sie in Abbildung 7.15.

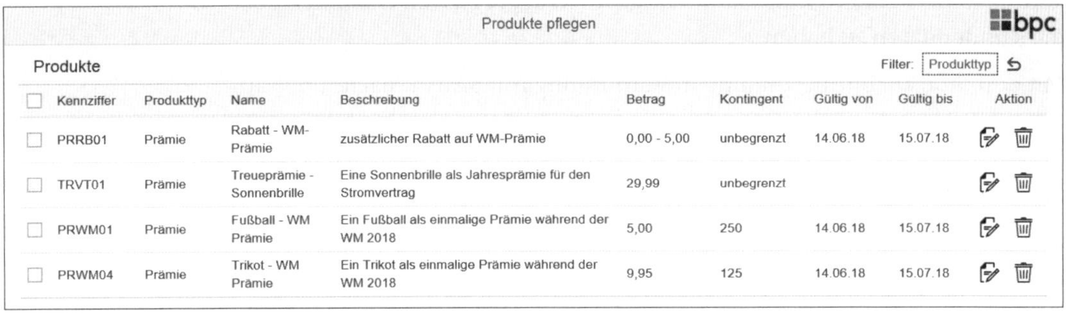

Kennziffer	Produkttyp	Name	Beschreibung	Betrag	Kontingent	Gültig von	Gültig bis	Aktion
PRRB01	Prämie	Rabatt - WM-Prämie	zusätzlicher Rabatt auf WM-Prämie	0,00 - 5,00	unbegrenzt	14.06.18	15.07.18	
TRVT01	Prämie	Treueprämie - Sonnenbrille	Eine Sonnenbrille als Jahresprämie für den Stromvertrag	29,99	unbegrenzt			
PRWM01	Prämie	Fußball - WM Prämie	Ein Fußball als einmalige Prämie während der WM 2018	5,00	250	14.06.18	15.07.18	
PRWM04	Prämie	Trikot - WM Prämie	Ein Trikot als einmalige Prämie während der WM 2018	9,95	125	14.06.18	15.07.18	

Abbildung 7.15 Produktkatalog von bpc best billing

Grundlegende Eigenschaften von Produkten

Die grundlegenden Eigenschaften des Produktes werden wie in Abbildung 7.16 durch den Produktnamen, die Produktbeschreibung, den Rechnungstext und den Produkttyp definiert. Außerdem wird eine eindeutige Kennziffer zur Identifikation des Produktes im Katalog definiert.

Durch diese Merkmale kann ein Produkt in den Gesamtkontext eingeordnet und entsprechend weiterverarbeitet werden. Außerdem ist es möglich, die erstellten Beschreibungen und Texte auf dem Rechnungsformular auszugeben.

Schnittstelle zu SAP CI

Zur Parametrisierung zwischen SAP CI und best billing existieren auf Produktebene die Felder **Produktkategorie**, **Produktart** und **Produktvariante**, die in direkter Verbindung zu den grundlegenden und prozessbestimmenden Parametern BIT-Klasse, Teilprozess und Positionsart stehen (Details finden Sie in Abschnitt 4.2.3, »Abrechenbare Positionen«). Diese Parameter werden in einem ersten Schritt im Customizing von SAP CI festgelegt und anschließend zur Produktanlage in der best-billing-Oberfläche über eine Werthilfe zur Verfügung gestellt. So ist gesichert, dass eine Anlage von Produkten nur über Parameter erfolgt, die bereits durch die Fachabteilung bzw. Abrechnung freigegeben wurden. Die Produktpflege selbst kann dann auf dieser Basis direkt in der produktiven Umgebung erfolgen.

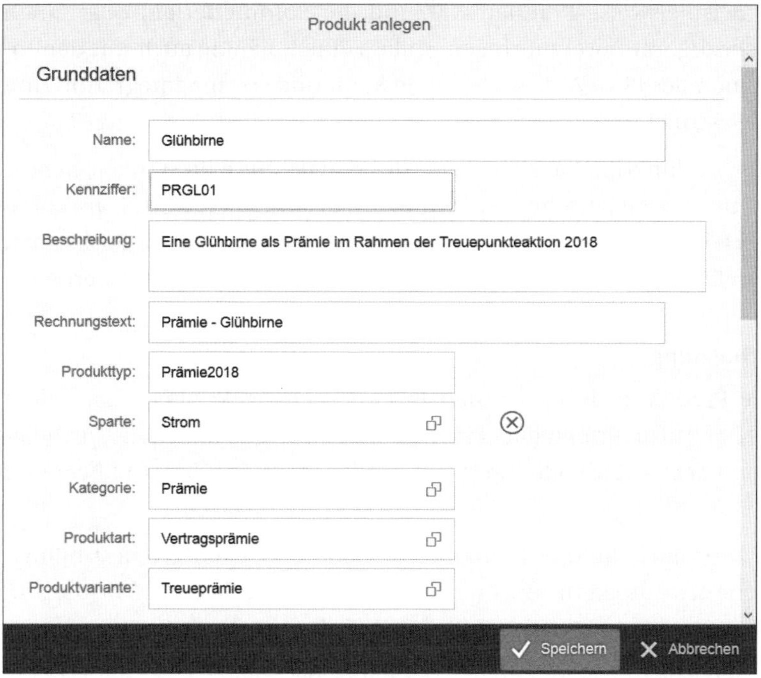

Abbildung 7.16 Produktpflege mit bpc best billing

Für wiederkehrende Produkte können außerdem die zuvor in SAP CI definierten Eckdaten zu Abrechnungsplänen, Abrechnungsplanpositionen und Abrechnungszyklen in best billing verwendet werden.

Preisparameter

Für die Definition von Eckdaten zu verschiedenen Preismodellen stehen weitere Eingabemöglichkeiten während der Produktdefinition zur Auswahl. So ist es beispielsweise möglich, einen Preis als Brutto- oder Nettopreis anzulegen. Eine Preisdefinition kann auch über dynamische Intervalle erfolgen, wobei für das Produkt ein Mindest- und ein Höchstpreis festgelegt wird und der zuständige Mitarbeiter bei Produktbuchung einen Wert zwischen diesen beiden Grenzen frei wählen darf.

Es besteht auch die Möglichkeit, ein Produkt für einen Anzahlungsprozess zu definieren. Hierbei wird festgelegt, dass ein bestimmter Prozentsatz des Preises im Vorfeld angezahlt werden muss. Die Verarbeitung in SAP CI erfolgt mit der Standard-Fakturierungsfunktion zur internen Anrechnung und ist so vollständig in die Nebenbuchhaltung des FI-CA integriert.

Zusätzliche Rahmendaten

Als zusätzliche Rahmendaten für das Produkt können außerdem die Namen von spezifischen Ansprechpartnern, Mailadressen und Telefonnummern hinterlegt werden. Des Weiteren besteht die Möglichkeit, ein Produkt nur für eine spezifische Laufzeit zur Buchung zur Verfügung zu stellen (beispielsweise Prämien während der Sommerferien) oder einen Vertragsbezug mit unterzubringen, sodass eine Buchung auch mit den Informationen des IS-U-Vertrags erfolgen kann und so eine Integration und die IS-U-Faktura ermöglicht wird.

Produktanlage aus einer Vorlage heraus

Als nützliche Funktion hat sich die Produktanlage aus einer Vorlage heraus ergeben, bei der ein bestehendes Produkt mit sämtlichen Werten als Vorlageprodukt für eine neue Produktanlage herangezogen wird. So können mehrere gleichartige Produkte innerhalb kürzester Zeit angelegt werden.

Produktbuchung

Absprung in die Buchungsoberfläche

Über die Produktbuchung können Produkte einem Kunden zugeordnet werden. Der Aufruf erfolgt dabei aktuell in der Regel über das *SAP Customer Interaction Center* (CIC) oder über den IC-Webclient, falls SAP CRM genutzt wird.

Es sind aber auch weitere Szenarien denkbar, in denen die best-billing-Oberfläche etwa direkt in eine Client-Oberfläche für Callcenter (wie das *SAP Customer Engagement Center*, CEC) eingebunden werden kann.

Filterkriterien

In der Übersicht zum Geschäftspartner in bpc best billing sieht der Sachbearbeiter die bereits gebuchten, verfügbaren, angezahlten und stornierten Produkte (siehe dazu Abbildung 7.17).

Abbildung 7.17 Produktbuchung mit bpc best billing

Die Produktübersicht ist dabei in einmalige und wiederkehrende Produkte aufgeteilt. Außerdem besteht die Möglichkeit, mit verschiedenen Filtern die Auswahllisten nach eigenem Belieben zu ordnen.

Buchen in best billing

Im Bereich **verfügbare Produkte** sind alle Produkte des Produktkatalogs sichtbar. Mit einem Klick auf die Aktion **Buchen** öffnet sich ein Fenster, in dem die zu buchende Menge oder für wiederkehrende Produkte ein Buchungszeitraum angegeben werden kann. Für Produkte mit dynamischem Preis besteht weiterhin die Möglichkeit, einen Preis in den definierten Grenzen einzutragen.

Anlage von BITs

Mit der Buchung eines einmaligen Produktes wird dem Kunden ein entsprechendes Billable Item (BIT) in SAP CI zugeordnet, dessen Daten sich aus den Produktdaten im Produktkatalog und aus den Buchungsdaten ergeben. Die weitere Verarbeitung erfolgt in SAP CI.

Mit der Buchung eines wiederkehrenden Produktes wird dem Kunden ein Abrechnungsplan mit angegebener Gültigkeit zugewiesen. Über den Anforderungslauf für Abrechnungspläne in SAP CI werden BITs zu den Rahmendaten des Produktes erstellt und können in SAP CI weiterverarbeitet werden.

Korrekturen über best billing

Nach der Buchung eines Produktes ist dieses im Bereich **Buchungen** sichtbar. Eine Stornierungsoption steht im Anschluss als Aktion für ein gebuchtes Produkt zur Auswahl. Diese Stornoaktion erstellt bei Auswahl einen Korrekturauftrag in SAP CI und ermöglicht eine schnelle Korrektur falscher Buchungen aus der best-billing-Oberfläche heraus.

Architektur und Schnittstellen

best billing ist als Add-On zu SAP CI konzipiert. Durch die benutzerfreundliche Produktanlage und Buchung ermöglicht es die einfache Anlage von BITs (oder Abrechnungsplänen) und ist somit der Beginn der Prozesskette von Abrechnung und Faktura in SAP CI. Den Prozess zeigt Abbildung 7.18 in schematischer Form.

Aufruf der Web-Oberflächen

Der Absprung zur Web-Oberfläche für die Produktpflege erfolgt über eine Transaktion aus SAP CI heraus. Der Absprung zur Web-Oberfläche für die Produktbuchung kann frei in einem stammdatenhaltenden System gesetzt werden.

Die Kommunikation mit dem Backend in SAP CI erfolgt über das SAP-Gateway und die damit einhergehenden *OData-Services*. Die Entwicklungen im Backend sind dabei so konzipiert worden, dass sie in elementarer Weise aufeinander aufbauen und frei auf Kundensystemen über *BAdI-Erweiterun-*

gen überschrieben werden können. So passt sich das Add-on spezifischen Anforderungen an.

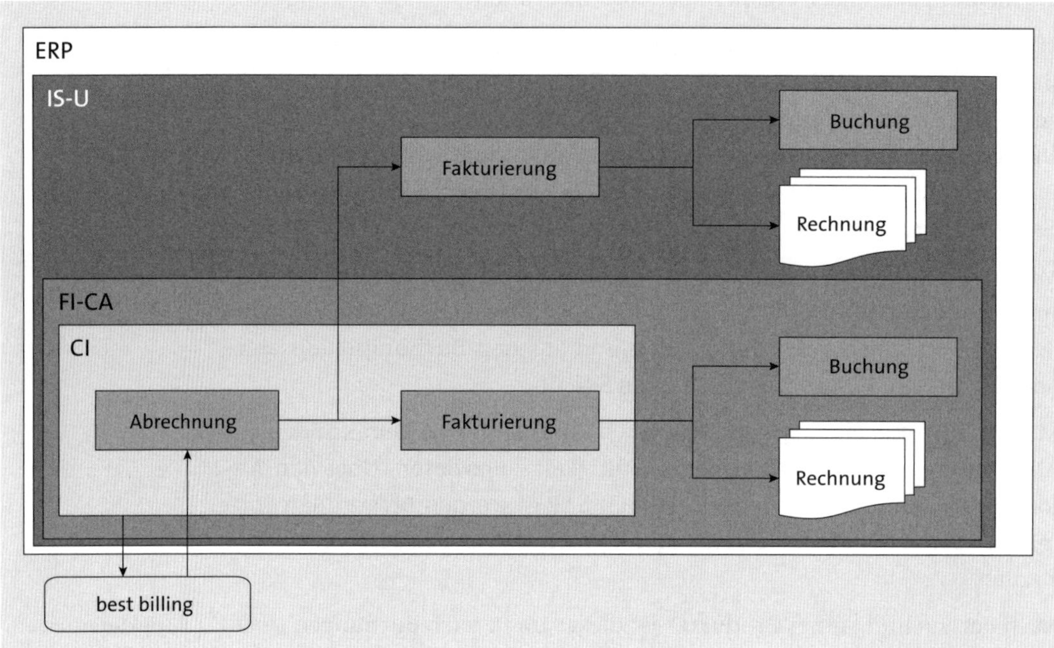

Abbildung 7.18 Architektur von best billing

[»]

OData-Services

OData steht für das *Open Data Protocol*, ein von Microsoft entwickeltes, HTTP-basiertes Protokoll. Es erlaubt das Lesen und Verändern von Backend-Daten über HTTP-Aufrufe. Ein zugrunde liegendes Datenmodell definiert dabei die enthaltenen Entitäten sowie deren Beziehungen untereinander. Für die Entwicklung der OData-Services im SAP-Umfeld kommt SAP Gateway zum Einsatz.

Ablauf eines best-billing-Projektes

Installation und Konfiguration

Projekte zur Einführung von bpc best billing erstrecken sich in der Regel über einen Zeitraum von drei Monaten. In einer ersten Phase werden Produkte für die Erstellung eines Prototyps definiert. Die Abbildung dieser Produkte in SAP CI erfolgt zu Beginn des Projektes. Hierbei wird auf eine möglichst generische Implementierung des SAP CI-Customizing geachtet, um zukünftige Produktanlagen so einfach wie möglich zu gestalten.

Eine Installation der Web-Oberflächen und der zugehörigen Backend-Logik kann direkt zu Projektstart erfolgen, um dem Projektteam bereits einen ersten Einblick in das System zu ermöglichen. Anschließend kann in Zusammenarbeit mit IT und Fachbereich eine Produktanlage im best-billing-Produktkatalog für den Prototyp stattfinden.

Bisher wurde in best-billing-Projekten eine Vielzahl von Produkten umgesetzt. Dazu zählen u. a. Flatrates, Boni sowie der Verkauf von Wärmespeichern und unterschiedlichen Energiedienstleistungen.

Fazit

bpc best billing bietet die Parametrierung von Services und Produkten innerhalb kurzer Zeit durch den Vertriebsmitarbeiter und ohne Customizing innerhalb eines einfach erweiterbaren Billing Cockpits. Als branchenunabhängiges und spartenübergreifendes Add-on konzipiert, greift es nicht in die internen Prozesse eines SAP CI ein, sondern stellt eine neue Funktionalität zur BIT-Erzeugung über eine benutzerfreundliche Oberfläche zur Verfügung.

Die Abrechnung und Fakturierung erfolgt im Standard SAP CI oder SAP IS-U.

7.2 IT-Dienstleistung – SAP BRIM im Business Process Outsourcing

Die Nutzung von SAP BRIM als individuelle On-Premise-Lösung zur Unterstützung der Abrechnungsprozesse ist mittlerweile in verschiedenen Branchen angekommen. Unternehmen der Telekommunikation, Internetdienstleister, Energieversorger, Eisenbahnverkehrsunternehmen, Finanzdienstleister, Logistik- und Automotive-Unternehmen sind dabei nur einige der heutigen Anwender.

Anforderungen von BPOs ans Billing

Unternehmen, welche *SAP Business Process Outsourcing* (SAP BPO) im Abrechnungs- und Forderungsmanagement betreiben und daraus resultierend eine große Anzahl an verschiedenen Kunden und Branchen in ihren Systemen bedienen müssen, haben jedoch viel weitreichendere Anforderungen.

7.2.1 Die nexnet GmbH

Der zunehmende Wettbewerbsdruck – ausgelöst beispielsweise durch regulatorische Neuerungen – verlangt von der Industrie ein hohes Maß schneller Anpassungsfähigkeit ihrer Geschäftsprozesse. Speziell die komplexen Abrechnungsprozesse sind dabei regelmäßig größeren Veränderungen unterworfen. Bereits seit dem Jahr 2000 spezialisierte sich die nexnet GmbH auf dieses Marktsegment und verfügt über ein umfassendes Know-how und einen zufriedenen Kundenstamm.

Mit einem modular aufgebauten und anpassungsfähigen Leistungsangebot, beginnend beim Auftragsmanagement über die Bewertung von Produkten/Dienstleistungen/Tarifen, die Erstellung von Rechnungen und deren Versand bis hin zu Forderungsmanagement und Bilanzerstellung, deckt die nexnet dabei alle Schritte eines ganzheitlichen Outsourcings für diesen Finanzprozess ab (siehe Abbildung 7.19).

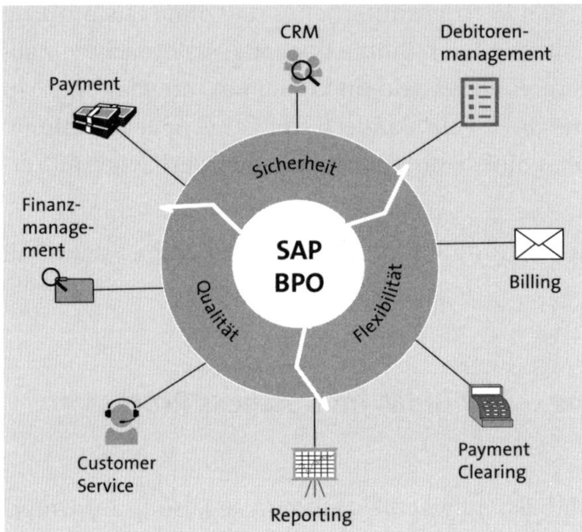

Abbildung 7.19 Fullservice-Dienstleistungen im Massengeschäft

Die nexnet GmbH nutzt als Lösung zum Business-Process-Outsourcing SAP BRIM, um komplexe Abrechnungs- und Forderungsmanagementprozesse ihrer Kunden abzubilden.

7.2.2 Ausgangssituation und Zielsetzung

Flexibilität einer Abrechnungslösung

Eine zentrale IT-Plattform muss schnelle Produkt- und Tarifanpassungen jederzeit möglich und ein aufwendiges Setup überflüssig machen. Hierbei steht die individuelle Funktionalität bei Sonderanforderungen des Kunden im Fokus, ohne dabei den Betrieb und die Wartbarkeit der Gesamtlösung negativ beeinflussen zu dürfen. Dabei müssen sowohl die Anforderungen unterschiedlicher Branchen als auch Geschäftsmodelle der Kunden abgedeckt werden.

Mit einer eigenen Systemplattform hat die nexnet GmbH seit Beginn in Kombination mit leistungsfähigen SAP-Systemen – vollständig automatisiert – ein Höchstmaß an Prozesssicherheit erreicht. Aussagekräftige Tools für Reportings, Statistiken und Analysen sind ebenfalls zentraler Bestandteil der Plattform.

Neben der prozessualen Flexibilität der Systemumgebung sind die zu verarbeitenden Datenmengen und die dazugehörigen betriebswirtschaftlichen Belege innerhalb der nexnet GmbH (siehe Abbildung 7.20) sowie die damit verbundenen Anforderungen an die Performance aller Systemkomponenten ein weiterer zentraler Punkt. Die bereits bestehenden Mengengerüste von Bestandskunden sowie das zu erwartende Wachstum verlangen eine maximal skalierbare Architektur.

Abbildung 7.20 Mengengerüste

nexnet setzte von Anfang an – noch vor der Verfügbarkeit von SAP BRIM – auf SAP-Lösungen und hier im Speziellen SAP FI-CA für die Führung der Nebenbücher ihrer Kunden.

Im Rahmen von CRM setzte nexnet auf eine eigene CRM-Lösung, mit der beliebig komplexe Datenmodelle abgebildet werden. Darüber hinaus wurden standardisierte Schnittstellen zu externen Provisionierungs- oder CRM-Systemen bereitgestellt.

Herausforderung für SAP-BPO-Anbieter

Um Abrechnungsszenarien abzubilden, sind je nach Kundenanforderung unterschiedliche Bewertungs- und Fakturierungssysteme im Einsatz, die so auch beispielsweise in der Telekommunikationsindustrie zum Einsatz kommen.

Die dadurch entstandene heterogene Systemlandschaft mit einer großen Anzahl an Schnittstellen und der daraus resultierenden eingeschränkten Skalierbarkeit machte es notwendig, eine modernere und nachhaltigere Lösung »aus einer Hand« zu implementieren. SAP BRIM mit seinen individuellen Lösungskomponenten und dem bereits bekannten SAP FI-CA als Teil des Pakets war hier die richtige Wahl.

7.2.3 Besonderheiten der Umsetzung

Eine Billing-Lösung für viele Kunden

Die zentrale Herausforderung der Implementierung war, dass diese nicht für einen Kunden, sondern für eine Vielzahl an Bestandskunden und potenziellen Neukunden zu realisieren war – und dies mit allen daraus resultierenden Anforderungen.

Die Migration auf eine SAP-BRIM-Lösung hatte dabei nicht das Ziel, eine 1:1-Umsetzung der bestehenden As-Is-Lösungen anzustreben, sondern eine generische Lösung zum SAP Business Process Outsourcing anzubieten, welche die Flexibilität der aktuellen Lösung zumindest aufrechterhält, idealerweise aber übertrifft. Diese sollte eine reibungslose Migration von Bestandskunden in einem gegebenen engen Zeitfenster ermöglichen. Dabei durften keine Implementierungsaufwände auf Kundenseite entstehen. Die Lösung sollte aber auch offen und flexibel sein für das schnelle Onboarding von Neukunden.

Um dies zu realisieren, wurde in und um SAP BRIM eine technische Plattform geschaffen, die mit konfigurierbaren, generischen Schnittstellen die Anbindung von verschiedensten externen Systemen erlaubt. Dies bedeutet konfigurierbare Stammdaten-, Produkt-, und Ordermanagement-Schnittstellen, die somit nicht jeweils kundenindividuell entwickelt werden müssen.

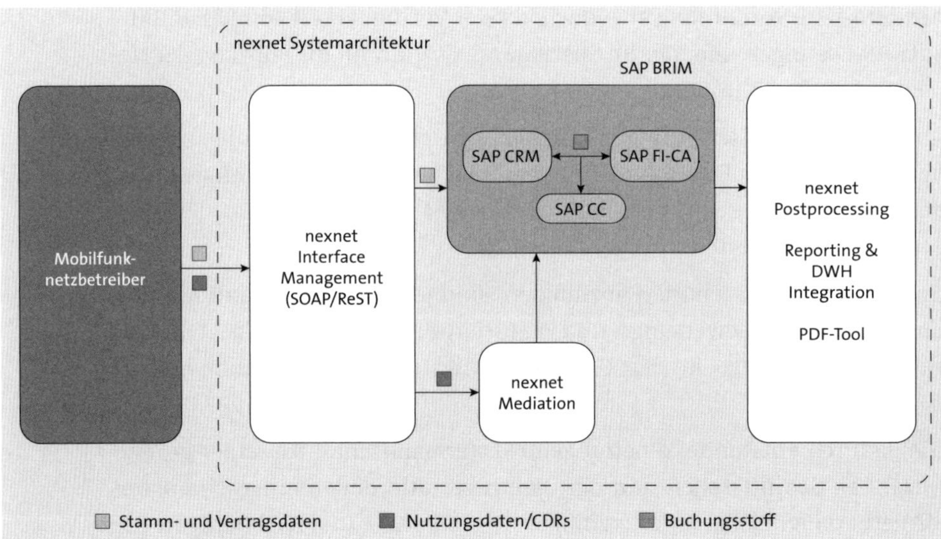

Abbildung 7.21 Systemarchitektur von nextnet

Abbildung 7.21 zeigt an einer beispielhaften Implementierung den groben Aufbau der Systemarchitektur und das Zusammenspiel der einzelnen Komponenten und Datenflüsse.

SAP CRM als Middleware

Eine zentrale Rolle bei der Implementierung der nach außen offenen SAP-BPO-Lösung übernimmt das SAP Customer-Relationship-Management (SAP CRM). Konzipiert als klassisches CRM-System mit Benutzeroberflächen zur Pflege von Kunden, zur Konfiguration von Produkten, Erstellen von Verträgen und der Beauskunftung im Umfeld von Prozessen des Abrechnungs- und Debitorenmanagements, steuert es auch die Orchestrierung der abrechnungsbezogenen Geschäftsprozesse im SAP-BRIM-Systemverbund mit SAP Convergent Charging (SAP CC) und SAP ERP (SAP CI und SAP FI-CA).

SAP CRM als Middleware

Kunden von nexnet haben aber in der Regel bereits ihre eigenen Systeme zum Kundenmanagement, Vertragsmanagement und zur Provisionierung im Einsatz, die an SAP BRIM angebunden werden müssen. Somit übernahm SAP CRM die Rolle als Middleware fürs Kunden- und Ordermanagement im Systemverbund. Der Vorteil dieses Lösungsansatzes ist, dass die gesamten Stammdaten- und Ordermanagementprozesse out of the box in SAP CRM vorhanden sind und nur konzeptionell an die speziellen Herausforderungen von nexnet angepasst werden mussten. Daneben ist eine klassische Nutzung von SAP CRM über die Bedienoberfläche weiterhin möglich.

Um eine Anbindung der einzelnen Kunden so einfach wie möglich zu gestalten und dabei auch ein schnelles Onboarding zu ermöglichen, wurden generische Schnittstellen zu SAP ERP bzw. SAP CC geschaffen. Aufwändige Entwicklungen auf Kundenseite oder individuelle ABAP-Entwicklungen waren dabei tabu. Stattdessen sollten die Schnittstellen über ein Konfigurationscockpit an die Kundenanforderungen angepasst werden können.

Konfigurierbare, flexible Schnittstellen

Diese Lösung galt es für die Anlage von Kundendaten und deren Verteilung in SAP ERP (SAP CI und SAP FI-CA) sowie SAP CC als auch für die Anlage von Providerauftrag bzw. Providerverträgen und deren Verteilung in die Abrechnungsmodule von SAP BRIM umzusetzen.

Die Realisierung erfolgte in SAP CRM mit OData-Services (siehe Abbildung 7.22), um ein flexibles Mapping auf die SAP-Datenstrukturen zu ermöglichen. SAP-seitig wurde hierzu eine Feld- und Strukturkonfiguration implementiert, mit der das Feldmapping für die Stammdatenobjekte Geschäftspartner, Vertragskonten und Providerauftrag bzw. Providerverträgen kundenspezifisch im Customizing angepasst werden können. Kundenindividuelle Eigenimplementierungen von Stammdatenschnittstellen zu diversen Kundensystemen sowie Schnittstellen von und zu externen Order-Management- und Provisionierungssystemen konnten damit entfallen und die Onboardingzeit von Bestands- und Neukunden erheblich verkürzt werden.

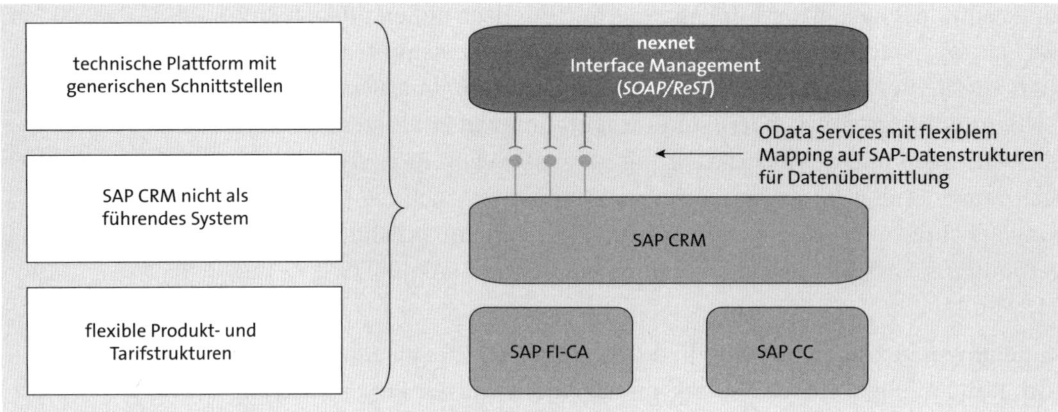

Abbildung 7.22 SAP CRM als Middleware

Die Entwicklung dieser generischen Lösung stellt dabei den zentralen Baustein der offenen SAP-BPO-Lösung von nexnet dar.

Flexible parametergesteuerte Produkte

Wie bereits erwähnt, nutzen Kunden in der Regel eigene CRM-Produkte zur Endkunden- und Vertragsverwaltung. Auch der Produktentwicklungsprozess ist ein Asset, das der Kunde eigenständig durchführt und vorantreibt.

Parametergesteuerter Produktcontainer

Um eine manuelle Konfiguration von Produkten im System von nexnet zu vermeiden, musste ein Konzept entwickelt werden, das eine Doppelgleisigkeit bei der Produkterstellung vermeidet. Die Idee hierbei war es, einen fertigen, parametergesteuerten Produktcontainer anzubieten, der es dem Kunden des SAP-BPO-Services ermöglicht, von außen via Schnittstelle flexibel neue Produkte anzulegen, die von ihren Endkunden quasi sofort genutzt werden können.

Die Palette an Produkten ist dabei so vielfältig wie die Services der Kunden selbst: Einmalgebühren, die beispielsweise bei Vertragsanlagen oder Änderungen anfallen, wiederkehrende Gebühren auf Basis von Monaten, Quartalen, Jahren und nutzungsbasierte Produkte, um Telefonie, Daten etc. bei Verbrauch abzurechnen.

Die Komplexität bei der Umsetzung einer generischen Lösung lag hier weniger in der Logik der Schnittstelle, sondern in dem modulübergreifenden Konzept. Für die Module SAP CRM, SAP CC und SAP CI musste ein Produktcontainer-Konstrukt entwickelt werden, welches die Anlage von Produkten und Services über eine Schnittstelle erlaubt, die danach über individuelle Charge-Pläne in SAP CC abgerechnet werden können. Man kann sich ein Produkt dabei als Hülle vorstellen, das über eine Liste von Parametern seine Eigenschaften definiert und damit die generische Abrechnung ermöglicht (siehe Abbildung 7.23).

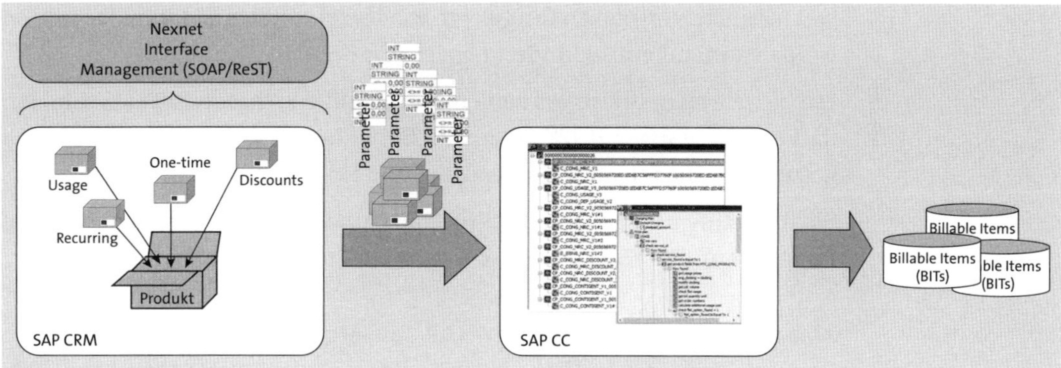

Abbildung 7.23 Parametergesteuerte Produkte

Pricing in SAP Convergent Charging

Der Ansatz der generischen Umsetzung wird auch in SAP CC und CI fortgesetzt, jedoch beschränkt er sich in diesen Modulen schwerpunktmäßig auf die weitere Nutzung der zuvor festgelegten Kunden- und Produktinformationen. Die Umsetzung der Preisberechnung und schlussendlich der Abrechnung und Fakturierung erfolgt dabei kundenspezifisch. Die Nutzung von Templates erleichtert die Umsetzung.

Ein SAP-CC-Katalog pro SAP-BPO-Kunde

Für die Preisberechnung wird in SAP CC für jeden Kunden ein eigener SAP-CC-Katalog gepflegt, der die kundenspezifischen Pricing-Szenarien enthält. Sie reagieren flexibel auf das generische Produktkonzept und können so individuelle Produkte der Kunden mithilfe der Parametersteuerung des Produktcontainers abrechnen.

Ebenso müssen für jeden Kunden individuelle CIT- und BIT-Klassen konfiguriert und über die Systeme miteinander verbunden werden. Ein generischer Ansatz ist aufgrund der individuellen Services und den daraus resultierenden Rechnungen ebenfalls nicht möglich. SAP BRIM bietet hier jedoch out of the box die Möglichkeit, die jeweiligen Klassen kundenindividuell zu erstellen, und zwar unter Verwendung der im Standard ausgelieferten Schnittstellen, die um kundeneigene Feldern erweitert werden können.

Die Preisberechnung orientiert sich dann an den gepflegten und aktiven Charge-Plänen sowie an den im Produktcontainer vorliegenden Preisinformationen. Etwaige produktbezogene Rabatte werden dabei ebenfalls berücksichtigt.

Verbrauchsdaten werden vom nexnet-eigenen Mediation System aufbereitet und in den entsprechenden CIT-Klassen dem Rating zur Verfügung gestellt. Abhängig vom Kundenszenario sind Online- und Offline-Bewertungen möglich. Vertraglich festgelegte wiederkehrende und Einmalgebühren werden anhand ihres Aktivierungsdatums periodisch berechnet.

Die berechneten Preise werden entsprechend des Kundenszenarios in den dafür vorgesehenen BIT-Klassen SAP Convergent Invoicing zur Verfügung gestellt, das die folgende Abrechnung und Fakturierung durchführt.

Ein Re-Rating bei Fehlern oder Preisänderungen ist ebenfalls in die Lösung integriert und mit SAP-Standard-Funktionalitäten abgebildet.

Abrechnung und Fakturierung – SAP Convergent Invoicing

Die aus SAP CC übermittelten Billable Items werden anschließend in für die einzelnen Kunden konfigurierten Abrechnungsprozessen abgerechnet und der Faktura zur Verfügung gestellt.

Neben den klassischen Gruppierungs- und Aggregationstätigkeiten können hier auch noch einmal spezifische Diskontierungstätigkeiten durchgeführt werden, um beispielsweise rechnungsbezogene Abzüge über verschiedene Services geltend zu machen.

Im abschließenden Fakturalauf werden die Steuern berechnet, die kundenspezifischen Rechnungen erstellt und schließlich in SAP FI-CA verbucht. Via XML-Stream werden diese Rechnungen an die PDF-Engine weitergeleitet, die für das Rechnungslayout zuständig ist. Von dort aus wird auch der Druck angestoßen, die Rechnung per Email versendet oder beispielsweise in einem Portal dem Kunden zur Verfügung gestellt.

Nebenbuchhaltung in SAP FI-CA

Ein Buchungskreis pro Kunde

nexnet überwacht alle Umsatz- und Zahlungstransaktionen – vom Kauf im Shop bis zum Zahlungseingang auf den Bankkonten ihrer Kunden – für jeden Kaufvorgang und für jeden Käufer. Hierfür betreibt die nexnet bereits seit Langem und auch schon vor der Einführung von SAP BRIM eine der größten SAP-FI-CA-Installationen in Deutschland. Jeder Kunde von nexnet wird hierfür in einem eigenen Buchungskreis verwaltet. In diesem werden sämtliche Buchungsvorgänge in aggregierter Form monatlich oder auf Wunsch auch tagesaktuell für die Hauptbücher der Kunden zur Verfügung gestellt. nexnet unterstützt hierbei gängige Hauptbuchlösungen wie z. B. SAP FI-GL oder DATEV und stellt die Daten für deren Hauptbuch in vollautomatisch verarbeitbarer Form zur Verfügung. Darüber hinaus werden am Ende jeder Buchungsperiode zertifizierungsfähige Monatsabschlüsse für die Buchhaltung bereitgestellt.

Als SAP-BPO-Anbieter überwacht nexnet die Forderungen der Kunden gegenüber ihren Endkunden und bietet ihnen darüber hinaus individuelle Lösungen für das Forderungsmanagement bei säumigen Schuldnern. Kundenspezifische kaufmännische Mahnverfahren sowie die Überwachung des Zahlungsverhaltens sind hierbei inkludiert. Mit einer integrierten Inkassolösung können Forderungen bis hin zum gerichtlichen Mahnverfahren verfolgt werden. Die automatisierte Abgabe von Forderungen an deren präferierten Inkassopartner des Kunden ist ebenso möglich.

Ein kundenspezifisches Reporting auf Basis der SAP BRIM-Lösung wird von nexnet dabei ebenfalls unterstützt.

7.2.4 Fazit

Flexible Plattform für den SAP-BPO-Markt

Das von nexnet angestrebte Konzept des SAP-BPO-Outsourcing-Betreibers auf Basis einer SAP-BRIM-Plattform erforderte eine Erweiterung der gegebenen On-Premise-Lösungsfunktionalität, um die zuvor beschriebenen Konzepte und ein schnelles Onboarding von Bestands- und Neukunden zu ermöglichen und diese alle auf einer Plattform individuell zu betreiben. Hierzu war es notwendig, ein entsprechendes Stamm- und Produktdatenkonzept zu entwickeln, das dieses Vorhaben aktiv unterstützt.

Die Umsetzung in SAP BRIM liefert nexnet diese flexible Plattform, um branchenneutral unterschiedliche Kunden zu bedienen. Das Onboarding des ersten Kunden erfolgte bereits 2012. Die kontinuierliche Erweiterung der Kundenbasis auf SAP BRIM sowie die Weiterentwicklung des generischen SAP-BPO-Konzepts um zusätzliche Funktionalitäten ist heute ein laufender, gelebter Prozess.

7.3 Öffentliche Verwaltung

Auch auf dem Gebiet der öffentlichen Verwaltung gibt es Anwendungsbeispiele, von denen wir eines im Folgenden nachzeichnen.

7.3.1 Sozialbehörde

Bei diesem Anwendungsbeispiel von SAP BRIM geht es um Sozialbehörden, deren vorrangige Aufgabe es ist, die verschiedenen Sozialleistungen an ihre Empfänger auszuzahlen. Dies kann sich je nach konkreter Aufgabe der jeweiligen Behörde unterscheiden. Beispiele für solche Leistungen wären Rente, Kindergeld oder Arbeitslosengeld. Ihre Mittel erhalten die Sozialbehörden von ihrem Träger (in Deutschland zumeist das jeweilige Bundesland).

7.3.2 Ausgangssituation und Zielsetzung

In diesem Projekt geht es darum, Abrechnungsbelege von verschiedensten Vorverfahren der Sozialbehörde nach SAP Convergent Invoicing zu übernehmen und dort im Rahmen der Faktura zu konsolidieren und die Rechnungsstellung vorzunehmen.

Besonders die Vorzüge der Fakturierungsfunktionen und Erweiterbarkeit der Standardlösung spielten in diesem Projekt eine große Rolle. Dies werden wir nachfolgend beschreiben.

7.3.3 Besonderheiten der Umsetzung

In diesem Abschnitt erläutern wir zunächst die Systemarchitektur im Beispielprojekt der öffentlichen Verwaltung und fokussieren uns dabei auf SAP BRIM. Anschließend beschreiben wir ausgewählte Besonderheiten der Lösung.

Architektur

Vorverfahren in Sozialbehörden

Die Vorverfahren der Sozialbehörden haben die Aufgabe, die kreditorischen Prozesse, also die Auszahlung von Sozialleistungen, abzuwickeln. Dazu zählen etwa die Auszahlung von Wohngeld, Renten oder Elterngeld.

Wird bei der Prüfung oder Nachbearbeitung eines solchen Falls festgestellt, dass zu viel ausgezahlt wurde, wird ein Fall für die Rückforderung angelegt. Hier kommt SAP Convergent Invoicing ins Spiel: Wie in Abbildung 7.24 zu sehen, werden zur Anbindung der verschiedenen Vorverfahren der Sozialbehörden Abrechnungsbelege je Forderung aus diesen Fällen nach SAP Convergent Invoicing übernommen ❶. Dieses Vorgehen bietet maximale Flexibilität, um Forderungen im Rahmen der späteren Fakturierung beliebig selektieren und gruppieren zu können.

In der Regel handelt es sich also bei diesen Forderungen um zu viel gezahlte Sozialleistungen der Vorverfahren, die nun zurückgefordert werden sollen. Eine Ausnahme davon sind Unterhaltszahlungen, die eingefordert werden.

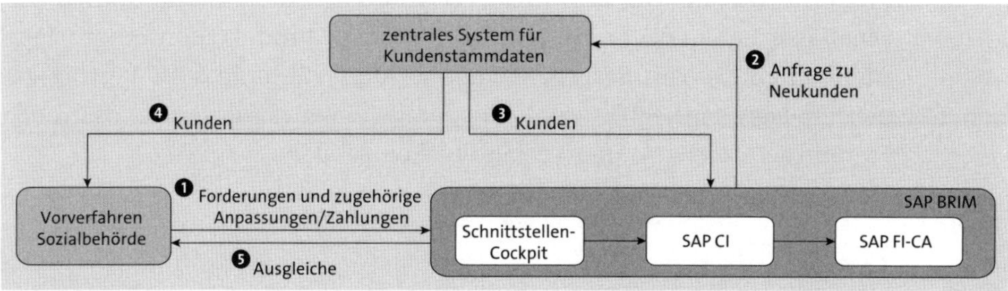

Abbildung 7.24 Architekturskizze des Projektes in einer öffentlichen Verwaltung

Zentrales Stammdatensystem

Wird bei der Verarbeitung im Schnittstellencockpit festgestellt, dass die Kundenstammdaten zur Forderung in SAP CI fehlen, wird eine Anfrage an das zentrale Stammdatensystem geschickt ❷. Die entsprechende Schnittstellenposition wird in SAP mit dem Status *warten* versehen. Der Datensatz wird bei der nächsten Verarbeitung von Eingangsdaten mit prozessiert, falls die Stammdaten inzwischen im zentralen Stammdatensystem angelegt und übermittelt wurden ❸. Zur eindeutigen Identifikation eines Kunden in SAP ERP werden die Kundennummern des zentralen Stammdatensystems in SAP und natürlich den Vorverfahren ❹ hinterlegt. Dazu wird in SAP ERP das Feld BUT000-BPEXT im Geschäftspartner genutzt.

Anpassungen von Forderungen aus den Vorverfahren

Neben der initialen Übernahme von Forderungen können mit der oben beschriebenen Schnittstelle auch Anpassungen zu bereits übertragenen Forderungen verarbeitet werden ❶. Bei Anpassungen im Zusammenhang mit einer bestimmten Forderung wird ein Anpassungsabrechnungsbeleg für den ursprünglichen Abrechnungsbeleg erzeugt. Dabei wird unterschieden, ob der Ursprungsabrechnungsbeleg schon fakturiert wurde oder nicht. Die Schnittstelle liefert dafür keine Delta-Beträge bei Anpassungen, sondern den aktuell korrekten Betrag (Ausführungen zur Anpassung von Abrechnungsbelegen finden Sie in Abschnitt 4.3.6, »Übernahme externer Abrechnungsbelege«).

Damit die oben beschriebenen Fälle für Rückforderungen in den Vorsystemen geschlossen werden können, gibt es zudem eine Rückschnittstelle bei Ausgleich der Forderungen ❺.

Stammdaten

Vertragsgegenstand

Auch bei öffentlichen Verwaltungen sind die Kundenstammdaten drei-stufig: Geschäftspartner, Vertragskonto und Vertrag. Allerdings wird der Vertrag in *SAP Public Sector Collection and Disbursement* (SAP PSCD) über den *Vertragsgegenstand* abgebildet. Der Vertragsgegenstand wird zur Abbildung des Kassenzeichens (als Zahlungsreferenz bzw. Personenkonto) genutzt. Er enthält wie der Providervertrag auch eine Zuordnung zu Geschäftspartner und Vertragskonto, aber keine Produktzuordnung (siehe Abbildung 7.25). Vertragsgegenstände werden jeweils zu einer Vertragsgegenstandsart angelegt. Es werden in der Regel Vertragsgegenstandsarten je Forderungsart bzw. Art der Verbindlichkeit gebildet.

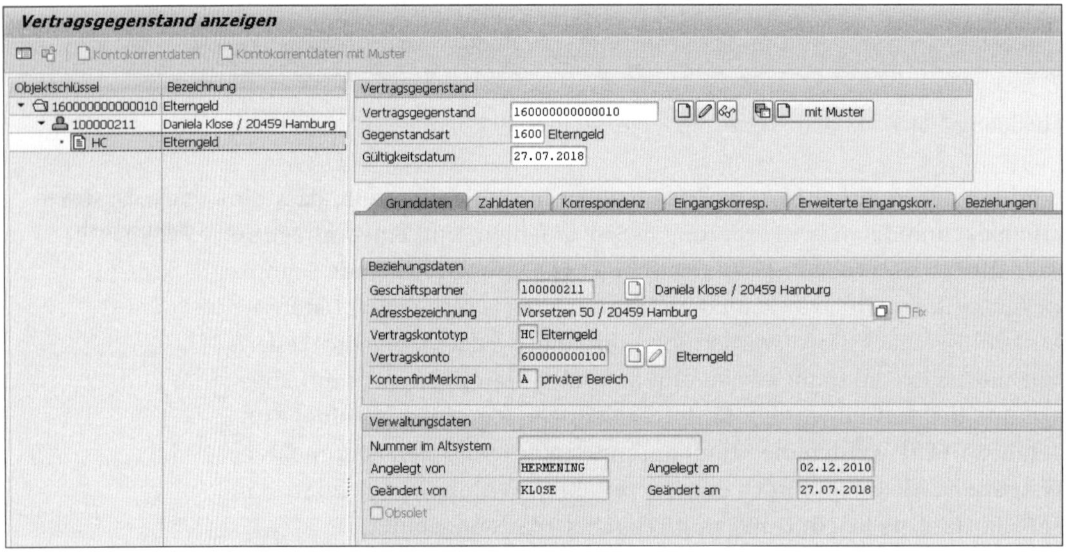

Abbildung 7.25 Position eines Vertragsgegenstandes (Grunddaten-Sicht)

Im Vertragsgegenstand können etwa folgende Informationen gepflegt werden:

- Zuordnung individueller Adressen
- individuelle Zahlungssteuerung (etwa Lastschriftabwicklung)
- Zuordnung zu Berechtigungsgruppen
- zeitabhängige Steuerung (Obsolet-Kennzeichen)
- abweichende oder zusätzliche Korrespondenzempfänger
- Merkmal zur Erstellung getrennter Rechnungen
- Kontenfindungsmerkmal
- Mahn- oder Fakturasperren

Fakturasperre

Dabei greift die Fakturasperre im SAP-Standard leider nicht für die Fakturierung in SAP CI zu. Damit diese Funktion dennoch auf Vertragsebene genutzt werden kann, wurde im Projekt über eine Eigenentwicklung im Rahmen der Fakturierung sichergestellt, dass die hier gesetzte Fakturasperre ausgewertet und so die Fakturierung verhindert wird.

In diesem Projekt werden Vertragsgegenstände genau einem Vertragskonto und einem Geschäftspartner zugeordnet. Dabei werden der zugehörige Vertragskontentyp und die Vertragsgegenstandsart aus der Forderungsart abgeleitet. Je Geschäftspartner ist für jede Forderungsart ein eindeutiges Vertragskonto hinterlegt. Ob auch die Vertragsgegenstände Forderungen bündeln, wird über die Regeln im Business Rules Framework plus (BRFplus) bestimmt (siehe dazu auch Abschnitt 3.2.5, »Zahlungsverfolgung«). Hier ist beispielsweise hinterlegt, dass Unterhaltsforderungen für dasselbe Kind und denselben Unterhaltsberechtigten auf dem bestehenden Vertragsgegenstand abgebildet werden. Für die Rückzahlung von Wohngeld wird hingegen je Forderung ein eigener Vertragsgegenstand angelegt.

Mitschuldnerhaftung

Außerdem wurde im Rahmen dieses Projektes die Business Function für die Abbildung der Mitschuldnerhaftung aktiviert. Damit können Forderungen im Mitschuldnerverhältnis verteilt werden, ohne dass diese Verteilungen zusätzliche Fortschreibungen im Hauptbuch erzeugen. Entsprechende Stammdaten zur Abbildung der Mitschuldner müssen zusätzlich im System gepflegt werden.

Zentrale Stammdatenpflege

Die Kundenstammdaten für die Anlage und Pflege von Geschäftspartnern werden wie oben beschrieben in einem zentralen Stammdatensystem geführt. Die Anlage der zugehörigen Vertragskonten und Vertragsgegenstände erfolgt im Rahmen der Eingangsschnittstelle, die im Folgenden beschrieben wird.

Integration mit Vorverfahren

In Anlehnung an die generische BAPI-Schnittstelle zur Übernahme von externen Abrechnungsbelegen im SAP-Standard (siehe dazu Abschnitt 4.3.6, »Übernahme externer Abrechnungsbelege«) wurde eine kundeneigene Schnittstelle entwickelt, die per Webservices bedient wird.

Generische Eingangsschnittstelle

Um den Anforderungen des Kunden nach einer zentralen Eingangsschnittstelle für alle Vorverfahren gerecht zu werden und alle benötigten Erweiterungen abzubilden, wurde die Schnittstelle neu konzipiert und umgesetzt. Die kundeneigene Lösung kann die Schnittstellendaten in jedem Format empfangen und generisch speichern. Zu den Kopfinformationen der Schnittstellenlieferungen der Vorverfahren (etwa lieferndes Verfahren, Datum, Status) werden die zugehörigen Positionen – also die einzelnen Forderungen – zunächst in generische Schnittstellentabellen fortgeschrieben. Dazu wird die Struktur als String gespeichert und mit Informationen des

Strukturtyps abgelegt. Mithilfe von BRFplus erfolgen anschließend das Mapping von der Schnittstellenstruktur in die Standard-BAPI-Struktur und die Ermittlung des Fakturierungsdatums, um die Abrechnungsbelege anzulegen. Dabei kann jedes Vorverfahren unterschiedliche Strukturen und Verarbeitungsregeln haben. Damit ist die Eingangsschnittstelle nach außen immer gleich und die Übersetzung erfolgt generisch innerhalb des SAP-Systems.

Stammdatenanlage zur Laufzeit

Sollte es zur aktuell zu verarbeitenden Forderungsart des Kunden noch kein Vertragskonto oder keinen Vertragsgegenstand geben, wird der fehlende Stammsatz zur Laufzeit angelegt, damit anschließend der Abrechnungsbeleg gebucht werden kann. Dazu werden Vertragskontotyp und Vertragsgegenstandsart aus der Forderung abgeleitet und die Stammdaten entsprechend anlegt.

Validierung mit BRFplus

Zusätzlich übernimmt BRFplus im Rahmen der Eingangsschnittstelle die Validierung der Daten. Hier wurden Regeln hinterlegt, um etwa die korrekte Formatierung der Daten, Zulässigkeit von Werten bzw. Wertkombinationen und Dubletten zu prüfen. Kommt es hier zu einem Fehler, wird ein EMMA-Klärungsfall zur weiteren Verfolgung angelegt.

Je Schnittstellenlieferung (also Kopfinformation) und gelieferter Forderung wird der Status gespeichert. Damit können entsprechende Fehlerzustände zu den Schnittstellenpositionen oder ganzen Schnittstellenlieferungen gespeichert werden.

Schnittstellencockpit

Zur Überwachung und Weiterverarbeitung der Schnittstellenlieferungen bzw. Forderungen wurde ein Schnittstellencockpit entwickelt, das die Kopfdaten aller Schnittstellennachrichten zeigt. Es enthält also Informationen zur Schnittstelle, Status, Datum und auch, ob Fehler auf Positionsebene (also auf Ebene der einzelnen Forderung) aufgetreten sind. Hier gibt es umfangreiche Filtermöglichkeiten und auch die Möglichkeiten zur Einzeldatensatzsuche in den generisch gespeicherten Informationen.

Fakturierungsprozess

Fakturierungsfunktionen im Fakturierungsprozess

Der Fakturierungsprozess sieht vor, dass Abrechnungsbelege, Anpassungsabrechnungsbelege und bereits gebuchte Belege fakturiert werden. Um gebuchte Belege in die Fakturierung einfließen zu lassen, wurde vorgesehen, dass kundeneigene Fakturierungsaufträge mit Verweis auf die Tabelle DFKKOP »Positionen zum Kontokorrentbeleg« (siehe dazu auch Abschnitt 3.2.1, »Belege«) erzeugt werden können. Dies wird immer dann notwendig, wenn die Verrechnungsmöglichkeiten mit den Verbindlichkeiten aus dem Vorverfahren ausgeschöpft sind. Näheres hierzu erfahren Sie weiter unten in diesem Abschnitt, wenn es um die Integration des Vorverfahrens für Verrechnungen geht.

Im Rahmen der Faktura werden dabei auch Zahlungsreferenzen (Fakturierungsfunktion PAYM_REF, »Zahlungsreferenz«, siehe auch Abschnitt 4.2.5, »Fakturierung«) und Druckaufträge erzeugt.

Wurde über die Eingangsschnittstelle bzw. den Abrechnungsbeleg vom Vorverfahren bestimmt, dass die Forderung auszubuchen ist, erfolgt auch dies während der Faktura. Dazu wird die Fakturierungsfunktion WRITEOFF »Ausbuchen« genutzt.

BRFplus zur Gruppierung

Auch im Fakturierungsprozess kommt BRFplus zum Einsatz. Hier ist die Gruppierung der Abrechnungsbelege nach Forderungsmerkmalen hinterlegt. Dazu wurde ein kundeneigenes Gruppierungsmerkmal eingerichtet. Aktuell erfolgt die Gruppierung nach Forderungsart also nach Vertragsgegenstandsart.

Anschließend wird auf Ebene des Gruppierungsmerkmals geprüft, ob die Rechnung vom Schuldner selbst beglichen oder die Forderung per Einzug ausgeglichen wird. Dazu wird der Eingangszahlweg im Vertragsgegenstand ausgewertet. Liegt eine Einzugsermächtigung vor, wird ein separater Fakturaprozess angesteuert, der lediglich die Buchung des Belegs in SAP PSCD durchführt. Auf dieser Basis erfolgt der Einzug mithilfe des Zahllaufs.

Außerdem wird mithilfe von BRFplus das Fälligkeitsdatum der Rechnung ermittelt, da dieses abhängig von Forderungsart und Fakturierungsprozess ist.

Mit der Fakturierung werden auch Prüfungen durchlaufen:

Prüfungen im Rahmen der Fakturierung

- **Bagatellbeträge**
  An dieser Stelle möchten wir die Nutzung der Plausibilitätsprüfungen (Fakturierungsfunktion VALIDAT_INV »Plausibilitätsprüfungen Fakturierungsbeleg«, siehe dazu ebenfalls Abschnitt 4.2.5, »Fakturierung«) im Rahmen dieses Kundenprojektes herausstellen. Bagatellbeträge werden nicht an den Debitor geschickt. Erst wenn der Gesamtbetrag der Faktura einen Schwellenwert überschreitet, wird eine Rechnung an den Schuldner versandt. Dabei berücksichtigt der Gesamtbetrag neue Abrechnungsbelege inkl. bisher nicht in Rechnung gestellter Abrechnungsbelege, die der gleichen Fakturierungsgruppe angehören. Die Grenzbeträge und Prüflogik werden dazu im Customizing der Klärungsbearbeitung hinterlegt.

  Sollten Abrechnungsbelege mit Bagatellbeträgen über längere Zeit stehen bleiben und die eigentliche Forderung damit verjähren, können diese ausgebucht werden.

- **Integration des Vorverfahrens für Verrechnungen**
  Das System prüft bei der Fakturierung über einen Service, ob für die Forderung eine Verrechnungsmöglichkeit mit offenen Leistungen aus dem Vorverfahren besteht. Ist dies der Fall, wird die Rechnung gebucht und der Kunde wird über die Verrechnung informiert. Die Forderung wird also in einer Rate oder mehreren Raten vom Vorverfahren beglichen. Dementsprechend wird die Verbindlichkeit gegenüber dem Leistungsempfänger gekürzt und nur der Differenzbetrag aus dem Vorsystem an den Leistungsempfänger ausgezahlt.

  Sollte die Verrechnungsmöglichkeit ausgeschöpft und die Forderung nicht beglichen sein, wird über die Fakturierung bereits gebuchter Posten eine Zahlungsaufforderung, also eine Rechnung, an den Debitor geschickt.

Rechnungsdruck

Für den Rechnungsdruck wird genau ein generisches Smartforms-Formular genutzt. Die Inhalte zu Rechnungssteller, Textbausteine usw. werden in BRFplus anhand der enthaltenen Stammdaten und offenen Posten ermittelt.

Generell wurde im Projekt auch für alle weiteren Prozesse (etwa Mahnungen) jeweils nur ein generisches Smartforms-Formular eingerichtet, für das die spezifischen Inhalte mit einer entsprechenden BRFplus-Funktion ermittelt werden.

7.3.4 Fazit

Im Rahmen des Projektes konnten die Anpassungen in SAP CI und SAP PSCD sowie die Schnittstellenentwicklungen fristgerecht umgesetzt werden. Seit 2017 wird die Lösung produktiv genutzt. Seither werden monatlich viele 1.000 Rechnungen performant verarbeitet.

7.4 Einblick in weitere Branchen

Die nachfolgenden Use-Cases (Quelle: DigitalRoute) beziehen sich jeweils auf Integrationsszenarien des SAP Convergent Mediation by DigitalRoute. Die nachfolgenden Use-Case-Beschreibungen aus den Bereichen Telekommunikation, Automotive sowie Transport und Logistik sollen Ihnen einen kurzen Überblick über die Einsatzmöglichkeiten von SAP CM geben. Auf eine umfangreiche Use-Case-Beschreibung wurde bewusst verzichtet. Eine detaillierte Beschreibung entnehmen Sie bitte der Herstellerseite (*http://s-prs.de/v590604*).

7.4.1 Telekommunikation

In diesem Case wurde SAP Convergent Mediation by DigitialRoute vor drei Abrechnungssystemen als »Usage-Broker« eingeführt, um Offline-Daten und Nutzungsdaten für 100 Millionen Teilnehmer in Verbindung mit 4G-, 3G-, IP-, 3G-Messaging und 3G-Voice-Services zu verarbeiten. Dabei fragt MediationZone Teilnehmerdatenbanktabellen mit mehr als 160 Millionen Zeilen ab, um zu ermitteln, welche Datensätze an welche Instanz der Abrechnungssysteme weitergeleitet werden sollen. Hierbei fließen die gesamten Nutzungsdaten in das MediationZone zur Validierung, Filterung und Neuformatierung ein. Im Anschluss erfolgt die Verteilung an nachgelagerte Systeme.

7.4.2 Automotive-Unternehmen

Ein Automotive-Unternehmen hat MediationZone eingeführt, um eine hoch moderne Datenplattform für die verbrauchsabhängige Abrechnung und das Internet of Things (IoT) zu schaffen. Dabei werden die Motoren des Unternehmens mit mehreren IoT-Sensoren ausgeliefert. Diese sammeln Daten und berichten über eine Vielzahl von Key Performance Indicators (KPIs) wie beispielsweise über den Motorenzustand oder die Kraftstoffeffizienz. Durch die Identifizierung der optimalen KPIs und den Aufbau einer Analyseplattform, die in der Lage ist, große Mengen von Motordaten zu sammeln und zu verarbeiten, hat das Unternehmen erfolgreich auf konsumbasiertes Handel umgestellt. Heute kann das Unternehmen branchenübergreifend Motoren an seine Kunden liefern und diese basierend auf die tatsächliche Nutzung berechnen.

7.4.3 Transport und Logistik

In Zusammenarbeit mit DigitalRoute überarbeitet ein Flughafen seine B2B-Daten- und Abrechnungsinfrastruktur und hat damit eine flexible Plattform für die Verfolgung der eigenen Dienstleistungen gegenüber den Airline-Kunden geschaffen. Mittels MediationZone kann der Flughafen nun eine breite Palette von Diensten verfolgen, die von jedem Flugzeug verbraucht werden, einschließlich der Landung, des Parkens, des Starts und aller dazwischenliegenden Dienste. Nachdem jedes Flugzeug gelandet ist, berechnet die Plattform automatisch alle kostenpflichtigen Ereignisse (Parkzeiten, Catering, Reinigung und mehr).

7.5 Zusammenfassung

Mit diesen Anwendungsbeispielen wurden einige praktische Einsatzmöglichkeiten von SAP BRIM beschrieben, sodass deutlich wurde, wie flexibel die Lösung einsetzbar ist. Dabei bezieht sich diese Flexibilität nicht nur auf die modulare Nutzung der SAP-BRIM-Komponenten, sondern auch auf deren Ausprägung und Nutzbarkeit in den unterschiedlichsten Branchen.

Kapitel 8

Erweiterung des Lösungsportfolios mit SAP C/4HANA und SAP Predictive Analytics

In diesem Kapitel erhalten Sie einen Überblick über die kundenzentrischen Cloud-Lösungen, die im Umfeld von SAP BRIM eingesetzt werden können. Außerdem stellen wir Ihnen mit Predictive Analytics eine Software für die zeitgemäße Analyse Ihrer SAP-BRIM-Daten vor.

Wie bereits aus den vorangegangenen Kapiteln deutlich geworden ist, ist das Thema Abrechnung mit vielen anderen Bereichen und Prozessen im Unternehmen wechselseitig verknüpft. Im Zuge der Digitalisierung und einhergehend mit einem häufig starken Wettbewerbs- und Kostendruck ist es für Unternehmen wichtig, die gesamte Prozesskette vom Marketing über den Vertrieb bis hin zum Abrechnungs- und Forderungsmanagement möglichst integriert und kostengünstig mit passenden IT-Lösungen abzudecken. Dabei spielen auch der seit einiger Zeit einsetzende Trend zu Cloudprodukten sowie der ganzheitliche Fokus auf den Kunden eine Rolle.

Um der Nachfrage nach kundenzentrischen (Cloud-)Softwarelösungen in einem stark wachsenden CRM-Markt zu begegnen, hat SAP verschiedene, über die Jahre entwickelte und teilweise akquirierte CRM-Lösungen unter dem Namen *SAP C/4HANA* vereint. Das »C« steht hierbei nicht für »Cloud«, auch wenn die meisten SAP-C/4HANA-Komponenten Cloud-Applikationen sind, sondern für »Customer«, also den Kunden, dessen Daten sich im Zentrum der Prozesse befinden. Auch für den Abrechnungsprozess gibt es mit der Komponente *SAP Subscription Billing* eine zum SAP-C/4HANA-Portfolio gehörende Cloud-Lösung. Mit SAP C/4HANA ermöglicht SAP Unternehmen in Marketing, Vertrieb und Kundenservice eine einheitliche Sicht auf ihre Kunden. Vertrieblich werden die SAP-C/4HANA-Lösungen außerdem zusammen mit weiteren CRM-Komponenten auch unter der Marke *SAP Customer Experience* angeboten.

SAP C/4HANA setzt sich aus den in Abbildung 8.1 aufgeführten Komponenten zusammen, die teilweise früher unter der Marke SAP Hybris geführt worden sind (vgl. dazu den Kasten »Historie von SAP BRIM« in Abschnitt 1.1, »Das Lösungskonzept von SAP Billing and Revenue Innovation Management«). Einige der Lösungen werden nur als Cloud-Variante angeboten, wie beispielsweise die SAP Sales Cloud oder die SAP Service Cloud. SAP Marketing und SAP Commerce können sowohl on premise installiert als auch aus der Cloud bezogen werden.

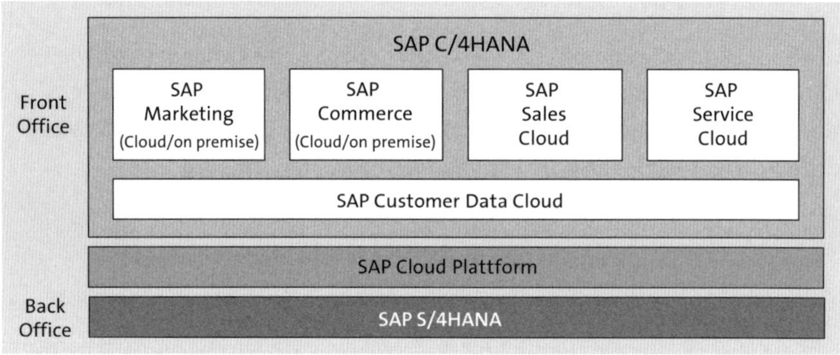

Abbildung 8.1 Komponenten von SAP C/4HANA

Aufbau von SAP C/4HANA

Als Integrations- und Erweiterungsframework für die Cloud-Komponenten von SAP C/4HANA dient die *SAP Cloud Platform*. Sie bietet u. a. auch Integrationsservices zur Anbindung von SAP C/4HANA an SAP S/4HANA sowie an Lösungen von Drittanbietern. Außerdem ermöglicht sie die Nutzung innovativer Technologien wie Machine Learning oder Internet of Things (IoT). Die SAP Cloud Platform wird in Abschnitt 8.1, »SAP Cloud Platform«, vorgestellt.

Unter dem Namen *SAP Customer Data Cloud* werden die von SAP im Jahr 2018 akquirierten Gigya-Produkte geführt. Mit ihnen können Kundendaten aus verschiedenen SAP- und Non-SAP-Quellen datenschutzkonform verwaltet werden. Sie werden in diesem Kapitel nicht näher erläutert, da sie den Rahmen dieses Buches überschreiten würden. Für die Integration mit SAP Marketing und SAP Commerce stehen in der SAP Customer Data Cloud Standard-Integrationskomponenten bereit.

Durch die nahtlose Integration von SAP C/4HANA mit SAP S/4HANA können die kundenbezogenen Front-Office- und Back-Office-Prozesse durchgängig mit den entsprechenden Komponenten abgebildet werden (siehe Abbildung 8.2). Dabei steht der Kunde von der Marketingkampagne bis hin zum Serviceprozess im Mittelpunkt.

Im Anschluss an den Überblick über die SAP Cloud Platform erläutern wir in Abschnitt 8.2, »SAP Sales Cloud«, die Bestandteile der SAP Sales Cloud. Zu diesen Bestandteilen zählt auch *SAP Subscription Billing*, das Teilfunktionen von SAP BRIM in einer Cloud-Version zur Verfügung stellt. Abschnitt 8.3, »SAP Service Cloud«, bis Abschnitt 8.5, »SAP Commerce«, behandeln die weiteren SAP-C/4HANA-Komponenten SAP Service Cloud, SAP Marketing und SAP Commerce.

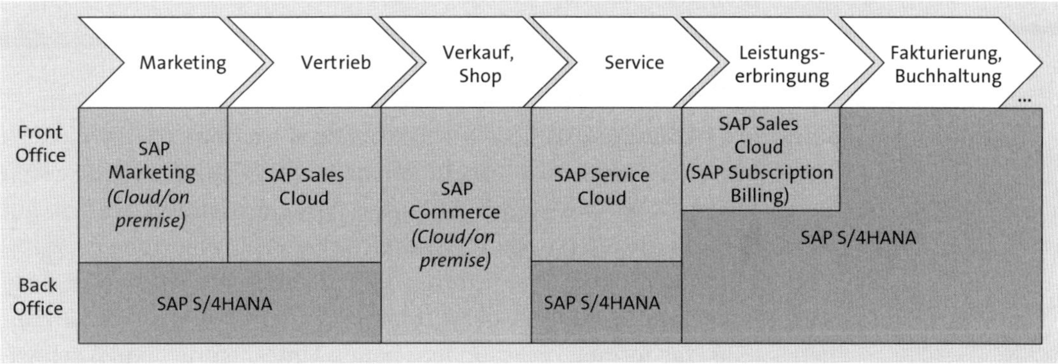

Abbildung 8.2 Prozessunterstützung durch SAP C/4HANA und SAP S/4HANA

Abschließen möchten wir das Kapitel mit einem Einblick in SAP Predictive Analytics. Damit wird ein mächtiges Werkzeug zur Verfügung gestellt, um Kundendaten und -bedürfnisse sowie Marktentwicklungen zu analysieren. Es unterstützt die Entscheidungsfindung bezüglich der weiteren Kundeninteraktion sowie der dafür notwendigen Systemausprägung in SAP BRIM und den weiteren, oben beschriebenen Lösungen.

8.1 SAP Cloud Platform

Mit der *SAP Cloud Platform* (ehemals SAP HANA Cloud Platform) bietet SAP eine offene, auf der *SAP-HANA-Datenbank* und somit der In-Memory-Technologie basierende Platform-as-a-Service-Lösung (PaaS) an.

Platform as a Service (PaaS)

Bei PaaS wird Anwendungsfunktionalität, wie z. B. Laufzeit- und Entwicklungsumgebungen zur Erstellung von Anwendungssoftware, Datenbanken oder Webservices, in der Cloud zur Verfügung gestellt. Das Bereitstellen und Verwalten der Infrastruktur übernimmt dabei der Anbieter. Auch die SAP Cloud Platform stellt unterschiedliche Services zur Verfügung, deren Umfang und Anzahl kontinuierlich erweitert werden. Außerdem bietet sie die Möglichkeit, Anwendungen in unterschiedlichen Programmiersprachen wie Java oder ABAP agil zu entwickeln und bereitzustellen.

In-Memory-Technologie

Bei der *In-Memory-Technologie* werden Daten im Arbeitsspeicher des Systems gespeichert und verarbeitet. Im Vergleich zur herkömmlichen Speicherung auf der Festplatte ermöglicht dies eine enorme Steigerung der Zugriffsgeschwindigkeit auf die Daten und damit zu einer effizienten Verarbeitung großer Datenvolumina und Echtzeitanalysen. Durch die Nutzung der SAP Cloud Platform haben Sie Zugriff auf eine hoch skalierbare und umfangreiche Infrastruktur und ersparen sich damit kostspielige Investitionen in eigene Hardware.

8.1.1 SAP-Cloud-Platform-Architektur

Platform as a Service (PaaS) ist ein relativ neues Angebot, das sich jedoch rasch verbreitet. Es bietet Unternehmen die Möglichkeit, ihre IT-Ausgaben zu optimieren. Die PaaS-Angebote laufen typischerweise in großen, gut vernetzten und sicheren Rechenzentren und bieten so eine hohe Zuverlässigkeit der Infrastruktur. Dies intern in einem Unternehmen zu erreichen, würde hohe Kapital- und Zeitinvestitionen erfordern. Auf diese Weise können solche Plattformen insbesondere neuen Unternehmen einen schnellen Marktzugang bieten.

Cloud Foundry

SAP hat sich, wie auch viele andere große Technologieunternehmen, dafür entschieden, *Cloud Foundry* als Basis ihrer PaaS-Lösung zu nutzen. Cloud Foundry ist eine Open Source Multi Cloud Application Platform as a Service, die von der Cloud Foundry Foundation Organisation verwaltet wird (*www.cloudfoundry.org*). Diese gemeinsame Basis sichert die Interoperabilität und reduziert damit auch das Risiko, von einem Anbieter abhängig zu sein.

8.1.2 SAP Cloud Platform Services

Der Haupteinstiegspunkt für die SAP Cloud Platform ist das in Abbildung 8.3 gezeigte SAP Cloud Platform Cockpit. Dort sehen Sie außerdem einige der angebotenen Services.

SAP Cloud Platform Services

Für die in den nachfolgenden Abschnitten beschriebenen Lösungen sind vor allem die durch die SAP Cloud Platform zur Verfügung gestellten Services interessant. Diese ermöglichen die Erweiterung der Lösungen um neue Anwendungsfunktionalität wie beispielsweise die Nutzung von Machine Learning oder das Internet of Things. Außerdem stellen sie notwendige Funktionalität wie die Identifizierung der Benutzer sicher. Auch die Integration der Lösungen mit anderen SAP- und Nicht-SAP-Lösungen erfolgt über die SAP Cloud Platform, was dazu führt, dass man sich gezwungenermaßen mit der SAP Cloud Platform und insbesondere dem *SAP Cloud Platform Integration Service* auseinandersetzen muss.

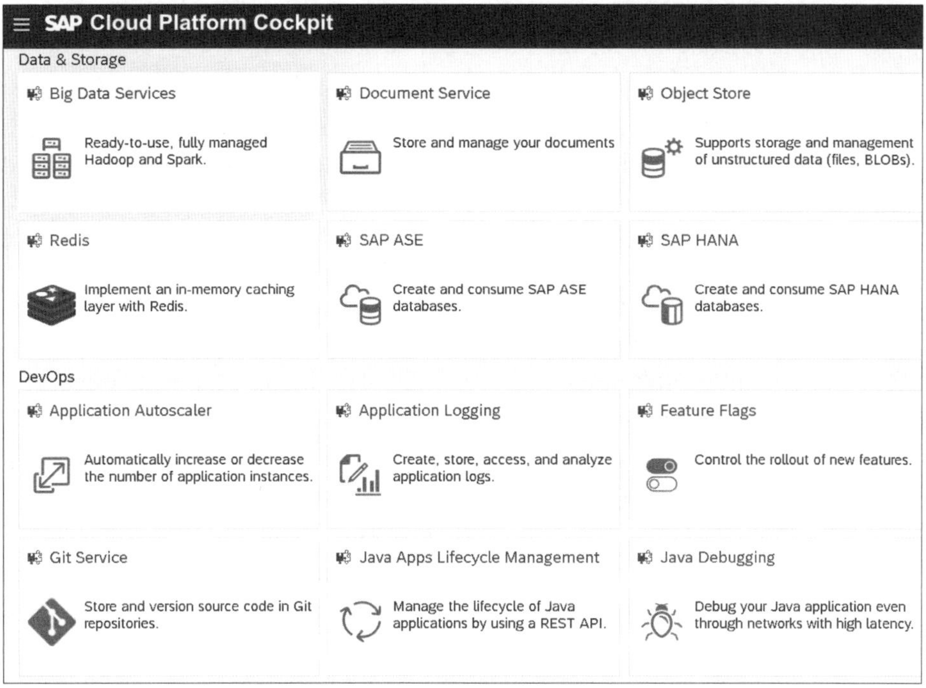

Abbildung 8.3 SAP Cloud Platform Cockpit (Ausschnitt)

SAP Cloud Platform Integration Service

Der Integration Service erlaubt es, die Prozesse und Daten zwischen Cloud-Anwendungen, Drittanbieteranwendungen und On-Premise-Lösungen zu integrieren. Auf diese Weise können Unternehmen ihre bereits vorhandenen Prozesse auf On-Premise-Lösungen weiterhin nutzen und dennoch die Daten, die diese Prozesse benötigen, in der Cloud vorhalten und umgekehrt. Darüber hinaus vereinfacht der Service die Zusammenarbeit mit Kunden und Partnern. Somit kann die Effizienz gesteigert werden, da direkt auf alle Echtzeiterkenntnisse – z. B. von Sensoren – zugegriffen werden kann. Schließlich wird mit zentralen Diensten die Überwachung und Verwaltung jeder Integration sichergestellt.

Eine umfassende Beschreibung der SAP Cloud Platform und der angebotenen Services ist nicht Gegenstand dieses Buches und würde den Umfang bei Weitem überschreiten. Daher sollte dieser Abschnitt nur einen kurzen Überblick über die SAP Cloud Platform verschaffen.

8.2 SAP Sales Cloud

Die *SAP Sales Cloud* besteht aus *SAP Subscription Billing* (ehemals SAP Hybris Revenue Cloud), der Sales-Komponente aus *SAP Cloud for Customer* und den von SAP im Jahr 2018 erworbenen CallidusCloud-Komponenten. Alle Lösungen sind technisch voneinander unabhängig.

In den folgenden Abschnitten geben wir einen Überblick über SAP Subscription Billing und die Sales-Komponente aus SAP Cloud for Customer. Auf eine Erläuterung der verschiedenen CallidusCloud-Komponenten wird verzichtet, da dies den Rahmen sprengen würde.

8.2.1 SAP Subscription Billing

Ausgewählte SAP-BRIM-Funktionen in der Cloud

Mit *SAP Subscription Billing* (ehemals *SAP Hybris Revenue Cloud*) werden ausgewählte Funktionen von SAP BRIM cloudfähig. Davon betroffen sind vor allem Teile des SAP Convergent Charging wie auch Teile von SAP CRM.

Wie bereits erwähnt, ist die Cloud-Lösung Teil des SAP-C/4HANA-Portfolios. Sie deckt sämtliche Prozesse von der Produktkonfiguration über die Preiskalkulation und der Angebotserstellung (*Configure, Pricing and Quote*, kurz: SAP CPQ) bis hin zur Abonnementauftragsverwaltung sowie -abrechnung ab. Die Abrechnung bezieht sich hierbei auf die Bewertung und Weiterleitung an ein Abrechnungssystem. Das kann beispielsweise SAP S/4HANA Cloud oder SAP S/4HANA (on premise) sein (siehe dazu auch Abschnitt 1.5, »SAP-Systemlandschaft in funktionaler Sicht«). Dabei werden auch verbrauchsabhängige sowie einmalige Gebühren berücksichtigt. Vor diesem Hintergrund können ebenfalls nicht-abonnement-bezogene Anwendungsfälle mittels SAP Subscription Billing abgedeckt werden.

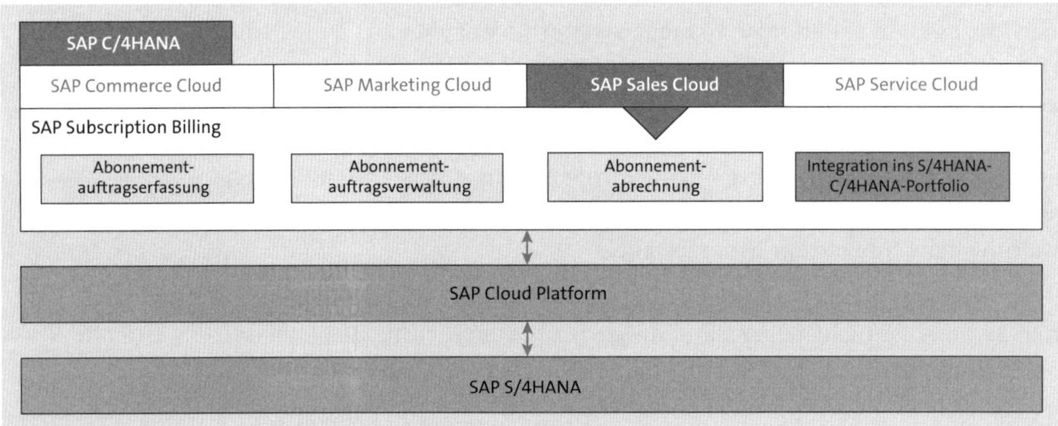

Abbildung 8.4 SAP-C/4HANA-Übersicht

Wie Abbildung 8.4 zu entnehmen ist, unterteilt sich SAP Subscription Billing demnach in drei Funktionsbereiche:

- Abonnementauftragserfassung (Subscription Order Capture)
- Abonnementauftragsverwaltung (Subscription Order Management)
- Abonnementabrechnung (Subscription Billing)

Ein weiterer (vierter) Bereich befasst sich mit der Integration ins SAP-S/4HANA-Portfolio sowie anderen Lösungen innerhalb von SAP C/4HANA. Eine detaillierte Beschreibung der einzelnen Funktionsbereiche erfolgt im Abschnitt »Prozesse« in Abschnitt 8.2.1, »SAP Subscription Billing«.

Nach dieser knappen Einleitung werden wir Ihnen nachfolgend die Stammdaten sowie die weitere Konfiguration von SAP Subscription Billing näherbringen. Im Anschluss folgt eine detaillierte Beschreibung der einzelnen Prozesse, unterteilt nach den obigen Funktionsbereichen und gefolgt von einer Gegenüberstellung von SAP BRIM und SAP Subscription Billing. Abschließend beschreiben wir mögliche Integrationsszenarien.

Stammdaten und Konfigurationen

Eingliederung ins SAP-C/4HANA-Portfolio

Der nachfolgende Abschnitt befasst sich mit der Grundkonfiguration innerhalb von SAP Subscription Billing sowie dessen Stammdatenpflege.

Geschäftskonfigurationen

Stammdaten und Konfigurationen

Vor der eigentlichen Stammdatenanlage müssen Sie zunächst bestimmte Geschäftskonfigurationen tätigen. Diese Angaben sind besonders für die späteren Prozesse in Bezug auf die Angebotserstellung oder Abrechnung relevant. Bei den Geschäftskonfigurationen handelt es sich u. a. um Festlegungen zu den folgenden Punkten:

- **Währungen**
  Alle im System verfügbaren Währungen entsprechen der ISO 4217.
- **Maßeinheiten**
  Die Definition von entsprechenden Maßeinheiten ist obligatorisch und wird für die spätere Preisfindung bzw. Fakturierung benötigt.
- **Märkte**
  Mit der Definition eines Marktes wird der rechtliche Rahmen festgelegt. So sind diesbezüglich Angaben zur Währung, Zeitzone und Sprache zu tätigen. Zudem muss jedes Produkt im späteren Verlauf einem Markt zugeordnet werden.
- **Tarifplanelemente**
  Tarifplanelemente sind Teil von Tarifierungsplänen. Die Konfiguration umfasst Beschreibungen, Einheiten sowie Tarifarten. Bei den Tarifarten unterscheidet man zwischen *einmalig*, *wiederkehrend* und *nutzungsabhängig*.

- **Preisfeldeigenschaften**
  Über die Preisfeldeigenschaften können Sie steuern, welche Preisfelder innerhalb der Angebotserstellung und -bearbeitung veränderbar sein sollen.
- **Genehmigungsregeln**
  Über die Genehmigungsregeln steuern Sie den Genehmigungsprozess innerhalb der Angebotsphase. Dieser kann immer dann angestoßen werden, wenn definierte Schwellenwerte erreicht oder überschritten werden.
- **Listen von Genehmigern**
  Über Listen von Genehmigern steuern Sie die Benutzerautorisierung innerhalb des Genehmigungsprozesses.

Nachdem Sie die Geschäftskonfigurationen abgeschlossen haben, können Sie mit der eigentlichen Stammdatenanlage beginnen. Innerhalb von SAP Subscription Billing werden aktuell zwei Stammdatenobjekte unterschieden:

- Produkte
- Kunden bzw. Geschäftspartner

[»]

Vertragskonto und Providervertrag

Unterschiede zwischen SAP Subscription Billing und SAP BRIM (Stand: Juni 2018)

Sie werden nun vermutlich die Stammdatenobjekte Vertragskonto und Providervertrag zur Integration mit dem Vertragskontokorrent vermissen, die Sie in den vorangegangenen Kapiteln in der SAP-BRIM-Lösung kennengelernt haben. Daher möchten wir hier einen kurzen Einblick zu diesen Objekten in der SAP-Subscription-Billing-Lösung geben.

- **Vertragskonto**
  Anders als beim Produkt bzw. Kunden/Geschäftspartner ist das Vertragskonto *kein* Stammdatenobjekt von SAP Subscription Billing, sondern der S/4HANA Cloud oder der On-Premise-Version. Vor dem Hintergrund späterer Integrationsszenarien soll das Vertragskonto dennoch nicht unerwähnt bleiben (siehe dazu auch den Abschnitt »Integration mit FICA« weiter unten in diesem Kapitel).
- **Providervertrag**
  Anders als in einem SAP-BRIM-Szenario (in der On-Premise-Version) wird innerhalb von SAP Subscription Billing zunächst auf Providerverträge verzichtet. Die sogenannten *Provider-Vertragskennungen* werden anders als in SAP BRIM direkt am Kunden bzw. Geschäftspartner hinterlegt.

Produkte

Innerhalb der Produktdefinition besteht die Möglichkeit, je nach Anforderung einzelne Produkte oder gar komplexe *Produktbündel* zu definieren. Ein Produktbündel besteht dabei immer aus mehreren Einzelprodukten. Neben einem *Produktnamen*, einer *Produkt-ID* sowie einer kurzen *Produktbeschreibung* müssen auch *Tarifierungsinformationen* am Produkt abgelegt werden.

Abrechnungsmodelle

Im derzeitigen Release (1805) sind dabei folgende Abrechnungsmodelle denkbar (siehe auch Abbildung 8.5):

- Block- und Mengenpreis (Block/Bulk-Pricing)
- Volumenpreis (Volumen Pricing)
- Preisstaffelung (Tiered Pricing)

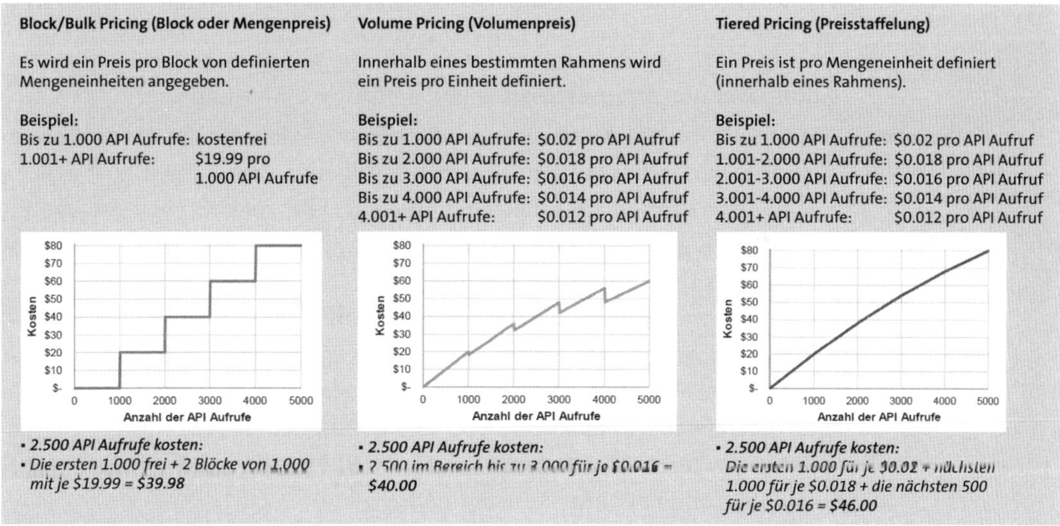

Abbildung 8.5 Abrechnungsmodelle

Tarifierung

Im Rahmen der *Tarifierung* (Rate Plan) sind zudem noch weitere Parameter pro Produkt zu hinterlegen:

- Festlegung des Marktes
- Zyklus der Abrechnung (wöchentlich, monatlich etc.)
- Art der Gebühren (einmalig, wiederkehrend etc.)
- Zahlungsarten (beispielsweise Vorauszahlung)

Die Basis für diese Einstellungen haben Sie bereits mit der Geschäftskonfiguration geschaffen, die Sie in diesem Abschnitt kennengelernt haben.

Kunden/Geschäftspartner

Ein weiteres Stammdatenobjekt ist der *Kunde* (Customer) bzw. *Geschäftspartner* (Businesspartner). Bei diesen kommt es darauf an, welche Systemlandschaft Sie betrachten: So wird im Rahmen von SAP Subscription Billing oder der SAP Commerce Cloud grundsätzlich vom Kunden gesprochen. Wird jedoch beispielsweise ein Integrationsszenario mit SAP S/4HANA Cloud For Contract Accounting and Invoicing (SAP FICAC) betrachtet, so ist vom Geschäftspartner die Rede. Beide Bezeichnungen beziehen sich jedoch auf das gleiche Stammdatenobjekt. Ein entsprechendes Mapping (Kunde zu Geschäftspartner bzw. Geschäftspartner zu Kunde) erfolgt mittels der SAP Cloud Platform (siehe auch Abschnitt 8.1, »SAP Cloud Platform«).

Prozesse

Das Modul besteht grundsätzlich aus drei Funktionsbereichen. Diese werden wir Ihnen nachfolgend näher erläutern.

Abonnementauftragserfassung (Subscription Order Capture)

Produkte konfigurieren, bewerten, anbieten

Dieser Teil von SAP Subscription Billing befasst sich mit der Produktkonfiguration, der Preiskalkulation sowie der Angebotserstellung. Dabei geht es vor allem darum, eine schnelle Erstellung und Bearbeitung von Angeboten mit der richtigen Mischung aus Produkten und Dienstleistungen zu ermöglichen und diese dem Kunden anzubieten. Bei der Produktkonfiguration wird dabei auf die zuvor definierten Parameter innerhalb der Geschäftskonfiguration und Produktdefinition zurückgegriffen. Weitere Funktionalitäten umfassen die Rabattierung, Angebotsfreigabe und Bewertung sowie eine detaillierte Statushistorie, bei der alle Tätigkeiten auf dem Weg zur Angebotserstellung festgehalten werden. Abbildung 8.6 fasst die beschriebenen Funktionen nochmals zusammen.

Abbildung 8.6 Abonnementauftragserfassung

Abonnementauftragsverwaltung (Subscription Order Management)

Auftrags-orchestrierung

Sobald ein Angebot von einem Kunden angenommen und die Zahlungsdaten hinzugefügt wurden, werden entsprechende Auftragsdaten angelegt. Ein Auftrag ist dabei als Folgebeleg eines Angebots zu verstehen und beinhaltet die vollständige Positionsliste sowie deren Preis- und Kundeninformationen. Vor diesem Hintergrund ist es besonders wichtig, dass der CPQ-Prozess nahtlos mit dem Abonnementauftragsverwaltungs-Prozess zusammenhängt. Über die Auftragszusammenstellung (Order Orchestration) haben Sie zudem die Möglichkeit, Angaben zur Auftragsüberwachung, Fehlerbehandlung und zum Neustart zu machen. Dies ist vor allem sinnvoll, um mögliche Fehler zu erkennen, zu bearbeiten und ggf. den Prozess nach der Behebung des Fehlers neu zu starten.

Abonnement-Lebenszyklus

Ein weiterer Bestandteil der Abonnementauftragsverwaltung ist der *Abonnement-Lebenszyklus*, der Abbildung 8.7 entnommen werden kann. Dabei wird zunächst auf die Aktivierung eines Abonnements gewartet. Sobald sich der Kunde dazu entschließt, eine Leistung in Anspruch zu nehmen, wird das Abonnement aktiviert. Nach erfolgreicher Aktivierung verändert sich, je nach Kundenverhalten, ausschließlich der Status (*storniert*, *abgelaufen*) des Abonnements.

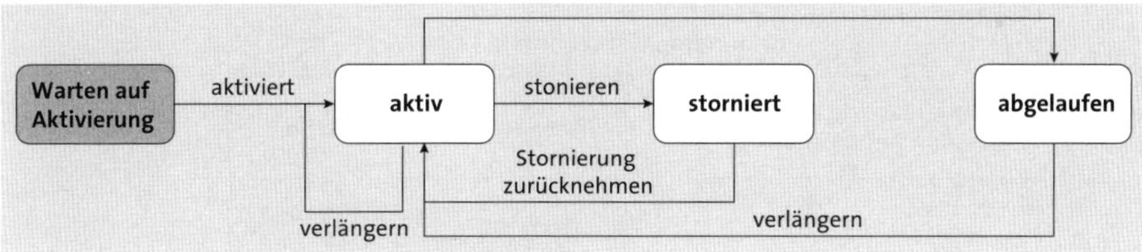

Abbildung 8.7 Abonnement-Lebenszyklus

Abbildung 8.8 fasst die Funktionen der Abonnementauftragsverwaltung zusammen.

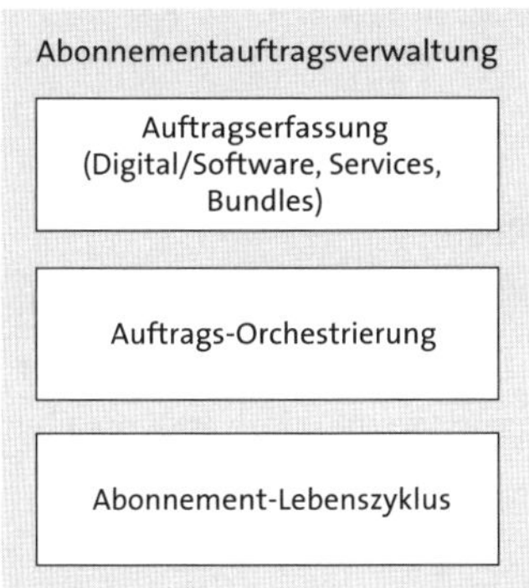

Abbildung 8.8 Abonnementauftragsverwaltung

Abonnementabrechnung (Subscription Billing)

Transfer ins Billing-System

Die Abrechnung stellt die grundlegende Anwendungsinfrastruktur zum Verkauf digitaler Produkte und zur Monetisierung neuer und bestehender Geschäftsmodelle bereit. Dabei geht es zunächst um das Importieren von Verbrauchsdaten in Echtzeit oder im Batch. Die importierten Daten können dann je nach Metrik und Abrechnungszeitraum gesondert gesammelt und berechnet werden. Bereits getätigte Berechnungen können mittels neuer Erkenntnisse im Hinblick auf neu erfasste Nutzungsdaten aktualisiert und bei Bedarf einem Kundenportal o. Ä. zur Verfügung gestellt werden. Zum Abschluss exportieren Sie dann die zu fakturierenden Abrechnungsdaten in ein SAP-S/4HANA- bzw. SAP-S/4HANA-Cloud-System. Über entsprechende APIs ist die Fakturierung zudem auch in Systemen von Drittherstellern möglich. Eine Zusammenfassung der beschriebenen Funktionen zeigt Abbildung 8.9.

[»]

APIs

Eine Auflistung aller verfügbaren Microservices bzw. APIs entnehmen Sie dem *Setup and Administration Guide* von SAP Subscription Billing.

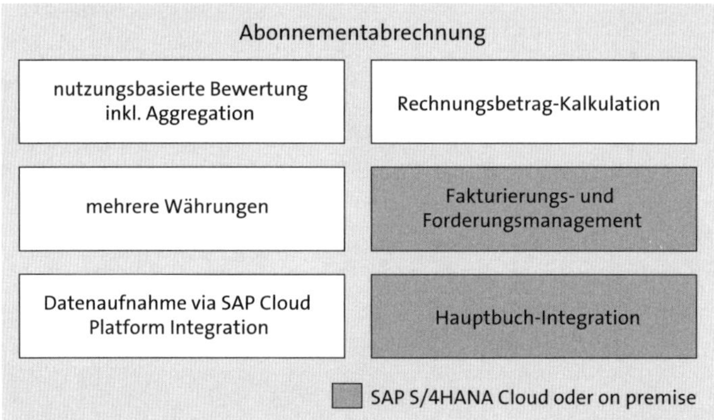

Abbildung 8.9 Abonnementabrechnung

SAP Subscription Billing im Vergleich zu SAP BRIM

Wie bereits erwähnt, werden durch den Einsatz von SAP Subscription Billing ausgewählte BRIM-Funktionalitäten cloud-fähig. Für ein besseres Verständnis haben wir daher beide Lösungen anhand ausgewählter Kriterien gegenübergestellt (siehe Tabelle 8.1).

	SAP BRIM	SAP Subscription Billing
Einsatzmöglichkeiten	■ On-Premise ■ Private Cloud mit SAP Cloud Platform	■ Public Cloud SaaS auf Basis von Microservices
Umfang	■ Abonnementauftragserfassung ■ Abonnementauftragsverwaltung ■ Abonnementabrechnung (inkl. nutzungsbasierter/ einmaliger Gebühren ■ Abonnementfakturierung ■ Partnerabrechnung ■ hohe Anzahl an kreditorischen/debitorischen Kundenkonten	■ Abonnementauftragserfassung ■ Abonnementauftragsverwaltung ■ Abonnementabrechnung (inkl. nutzungsbasierter/ einmaliger Gebühren)
Szenario-Komplexität	■ alle Monetarisierungsmodelle einschließlich Produkten, Projekten, wiederkehrenden und einmaligen Dienstleistungen, Nutzungsgebühren, Apps und Diensten von Drittanbietern	■ einfache Anwendungsfälle, ausschließlich digitales Geschäft mit Grundkonfiguration, Angebot und einmaliger, wiederkehrender sowie nutzungsbasierter Preisgestaltung
Skalierbarkeit	■ hohe Skalierung von Kundenkonten und Verbrauchsmessungen ■ Echtzeit-Nutzungsbewertung und Messung mit geringer Latenz ■ sehr hohe Verfügbarkeit (99,999 %) mit entsprechender Hardware	■ hohe Anzahl an Kundenkonten ■ Web-Latenz ■ hohe Verfügbarkeit (99,5 %)
Durchschnittl. Time-to-Value	■ 9 Monate	■ 1–3 Monate
Benutzeroberfläche	■ Thick-Clients durch webbasierte Oberflächen ■ Fiori 2.0 im Laufe der Zeit	■ Fiori 2.0

Tabelle 8.1 Vergleich SAP BRIM und SAP Subscription Billing

Eine grafische Abgrenzung vor allem im Zusammenspiel mit SAP S/4HANA Cloud For Contract Accounting and Invoicing (SAP FICAC) können Sie Abbildung 8.10 entnehmen.

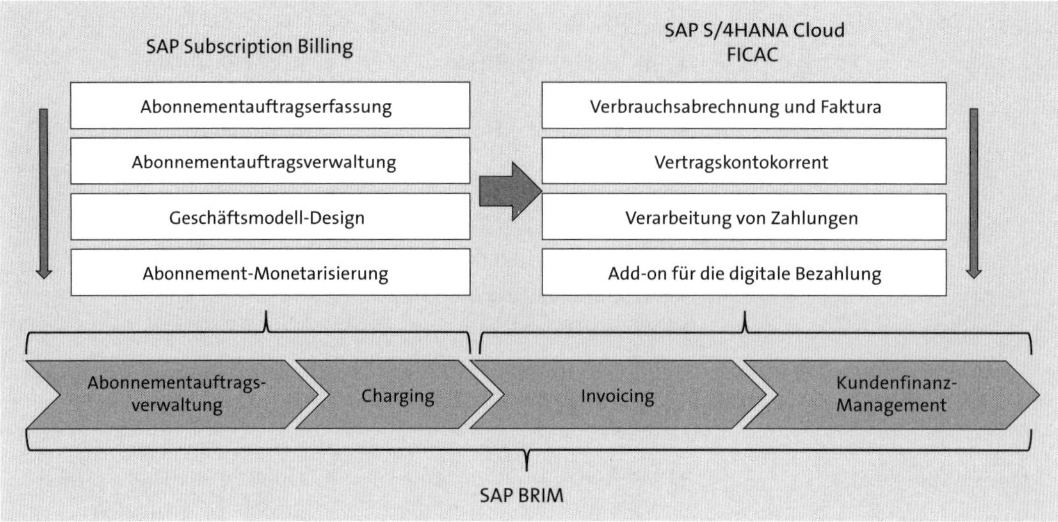

Abbildung 8.10 SAP Subscription Billing und SAP FICAC im Vergleich zu SAP BRIM

Integration ins SAP-C/4HANA- und SAP S/4HANA-(Cloud-)Portfolio

SAP Subscription Billing kann mittels SAP Cloud Platform Integration problemlos in SAP C/4HANA sowie SAP S/4HANA Cloud integriert werden. Auch eine On-Premise-Integration mit SAP S/4HANA ist denkbar, soll hier jedoch nicht weiter betrachtet werden, da diese vergleichbar mit der entsprechenden Cloud-Anbindung ist.

Neben der SAP-zu-SAP-Integration ist auch ein Integrationsszenario mit Nicht-SAP-Lösungen möglich.

Integration mit SAP S/4HANA Cloud for Contract Accounting and Invoicing

FICAC-Integration

Im folgenden Szenario soll die Integration von SAP Subscription Billing mit SAP S/4HANA Cloud for Contract Accounting and Invoicing beschrieben werden. Zur Erinnerung: SAP FICAC vereint die On-Premise-Lösungen SAP FI-CA und SAP CI in der Cloud.

- **Kunden/Geschäftspartner-Replikation**
  Die Anlage von Kunden (in SAP Subscription Billing) bzw. Geschäftspartnern (in SAP FICAC) kann sowohl im Subscription Billing als auch in SAP FICAC erfolgen. Je nach Quellsystem erfragt ein Integrations-Service

(SAP Cloud Platform) die entsprechend notwendigen Informationen und sendet diese an das andere System. Der Auslöser dieses Prozesses besteht dabei in der Anlage bzw. dem Update des Stammdatenobjekts.

Stammdaten-Replikation

Dort angekommen, erfolgt ebenfalls eine entsprechende Anlage bzw. ein Update auf das jeweilige Stammdatenobjekt. Die daraus resultierenden IDs werden dann an die Integrationsschicht zurückgegeben, um ein abschließendes Mapping (Kunden-ID zu Geschäftspartner-ID bzw. Geschäftspartner-ID zu Kunden-ID) durchzuführen. In einem letzten Schritt erfolgt ein Update auf die externe Referenz-ID des jeweiligen Systems. Abbildung 8.11 fasst diesen Prozess nochmals vereinfacht zusammen.

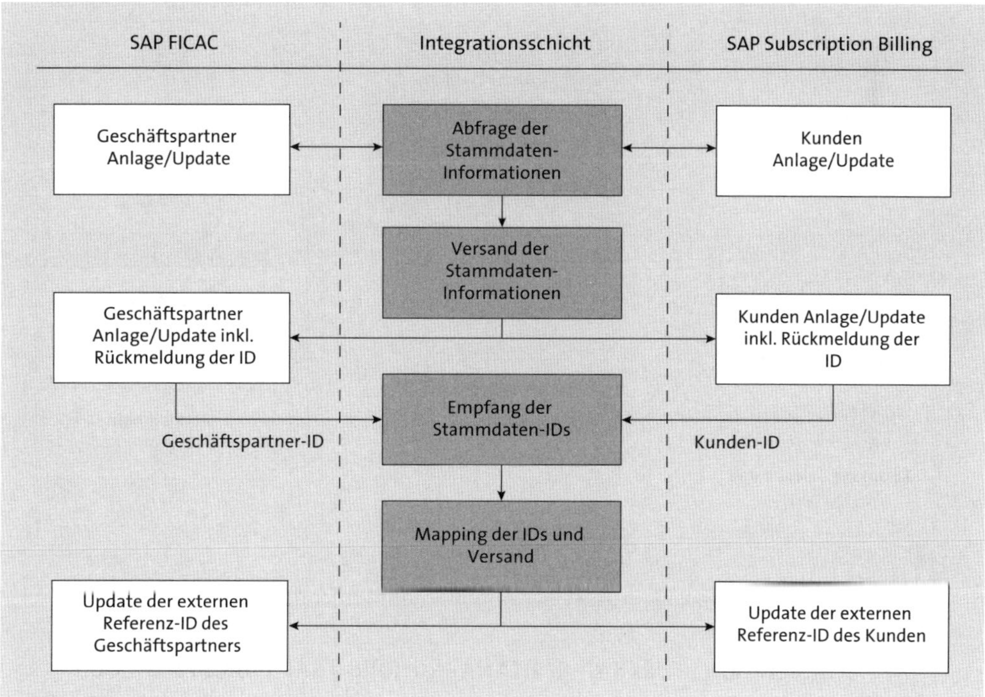

Abbildung 8.11 Kunden/Geschäftspartner-Replikation

- **Abonnementabrechnung**
  Um die angefallenen Abrechnungsdaten aus SAP Subscription Billing entsprechend fakturieren zu können, müssen diese zunächst an SAP FICAC übergeben werden. Hierzu erfragt erneut ein Integrationsservice mittels SAP Cloud Platform die entsprechenden Abrechnungs- sowie Kundeninformationen und prüft zudem, ob eine gültige Vertragskonto-

zuordnung vorliegt. Erst bei einer gültigen Zuordnung können Sie mit dem Versenden der Abrechnungsdaten fortfahren. Sofern kein gültiges Vertragskonto vorhanden bzw. zugeordnet ist, wird die Anlage/Zuordnung durch die SAP Cloud Platform angestoßen. Wurden die Abrechnungsdaten von SAP FICAC entgegengenommen, erfolgt auf Basis dieser Informationen die Erstellung der abrechenbaren Positionen. In einem letzten Schritt folgt dann die eigentliche Abrechnung, Fakturierung sowie Rechnungsstellung an den Kunden (siehe auch Abbildung 8.12).

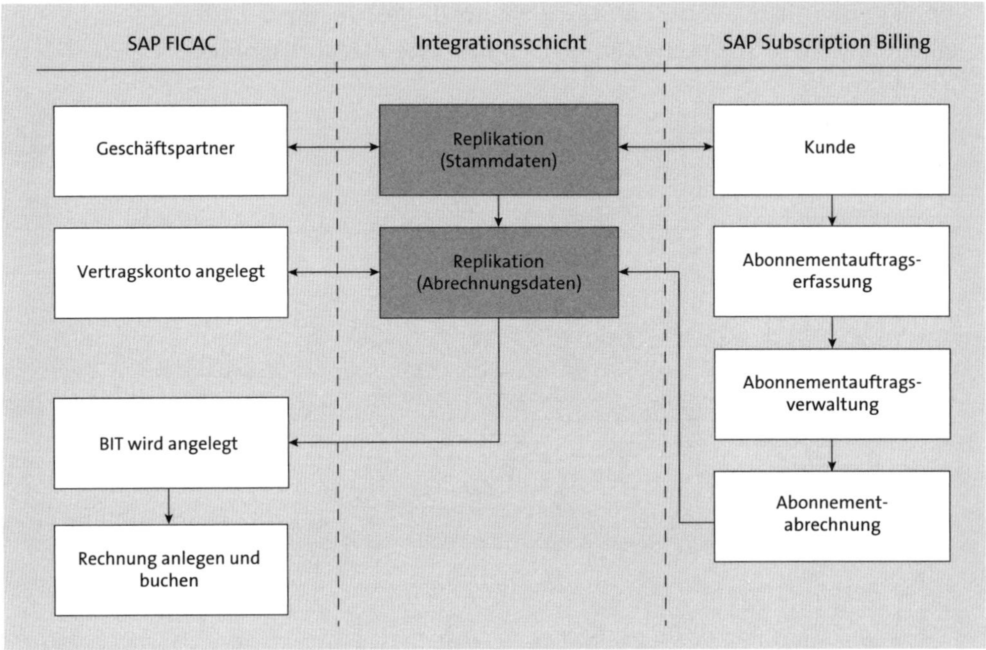

Abbildung 8.12 Prozess der Abonnementabrechnung

Integration in das SAP-C/4HANA-Portfolio – SAP Commerce Cloud

Commerce Cloud Integration

Durch die Integration von SAP Commerce Cloud (siehe auch Abschnitt 8.5, »SAP Commerce«) mit SAP Subscription Billing haben Sie die Möglichkeit, Ihre abonnement- und nutzungsbasierten Services zu monetarisieren, über Kanäle und Touch-Points zu verkaufen, abzurechnen, Einnahmen zu sammeln und zu erfassen. Bedingt durch die native Integration mittels der SAP Cloud Platform können Sie ihre Produkte, Kunden und Bestellungen nahtlos synchronisieren. Eine Übersicht zum Integrationsszenario finden Sie in Abbildung 8.13.

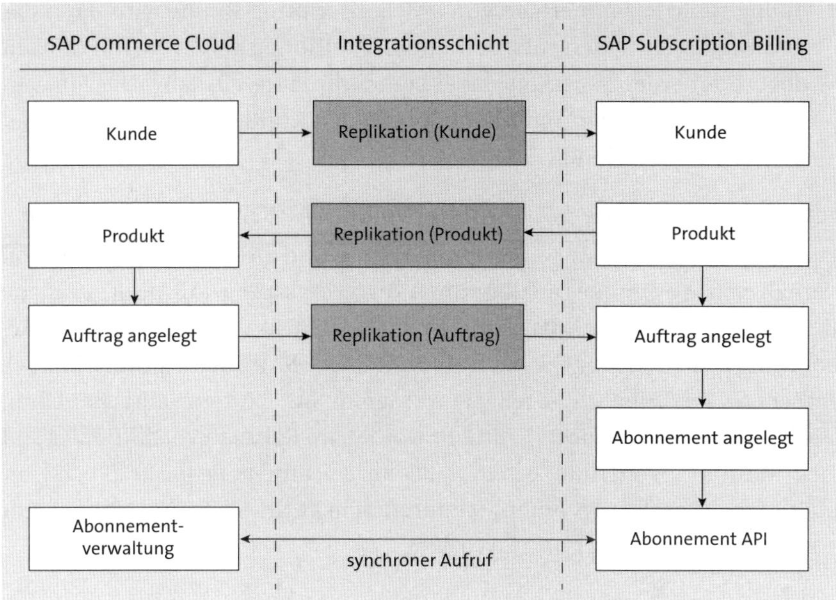

Abbildung 8.13 Integration SAP Commerce Cloud

Prozessdarstellung

Der dargestellte Prozess soll nachfolgend anhand der Kunden- bzw. Produktreplikation sowie der Abonnement-Bestellung genauer beschrieben werden.

- **Kunden-Replikation**
  Nachdem der Kunde registriert wurde, wird ein Geschäftsprozess angestoßen, welcher die Kundeninformation aus der Commerce Cloud nach SAP Subscription Billing repliziert. Die Replikation wird dabei durch die SAP Cloud Platform Integration sichergestellt. Jegliche Änderungen am Kunden werden entsprechend in SAP Subscription Billing übernommen.
- **Produkt-Replikation**
  Bei diesem Prozess wird zunächst ein Produkt im SAP Subscription Billing generiert und einem Markt hinzugefügt (siehe auch Abschnitt »Produkte« unter 8.2.1, »SAP Subscription Billing«). Für die spätere Rechnungsstellung wird dem Produkt zusätzlich ein Tarifplan hinzugefügt. Die Produktdetails werden dann mithilfe eines Jobs (SAP Cloud Platform) in die SAP Commerce Cloud repliziert. Zum Abschluss werden die zuvor definierten Marktdetails des Produktes dem Produktkatalog im Commerce zugeordnet.
- **Abonnement-Bestellung**
  Nachdem dem Kunden eine Bestellung im Commerce zugeordnet wurde, werden die entsprechenden Auftragsdetails nach SAP Subscription

Billing repliziert. Innerhalb von SAP Subscription Billing wird dann das Abonnement mit den entsprechenden Positionen generiert. Die Laufzeit des Abonnements beträgt dabei standardmäßig ein Jahr. Die Einsicht bzw. Verwaltung des Abonnements (für den Kunden) erfolgt mittels der SAP Commerce Cloud.

Integration in das SAP-S/4HANA-Portfolio – SAP Sales and Distribution

Die Integration von SAP Subscription Billing und SAP Sales & Distribution verhält sich größtenteils analog zum Integrationsszenario SAP FICAC (siehe dazu den Abschnitt »Integration mit SAP S/4HANA Cloud for Contract Accounting and Invoicing« unter Abschnitt 8.2.1, »SAP Subscription Billing«). Anders als im SAP-FICAC-Szenario werden in SAP SD keine abrechenbaren Positionen (BITs) angelegt. Vielmehr werden im Rahmen von SAP Sales and Distribution sogenannte *External Billing Document Requests* (EBDR) erstellt. Diese werden in einem weiteren Schritt an SAP SD weitergeleitet sowie dort abgerechnet und fakturiert.

8.2.2 SAP Cloud for Sales

SAP Cloud for Sales ist als Teil von *SAP Cloud for Customer* eine cloudbasierte CRM-Lösung für den Aufbau und die Festigung langfristig profitabler Kundenbeziehungen im B2C- und B2B-Bereich. SAP Cloud for Sales bietet Vertriebs- und Marketing-Funktionen und ermöglicht die soziale Vernetzung im Team. Zusätzlich stehen Analysen, ein Berichtswesen sowie Branchenlösungen im Funktionsumfang bereit. Neben den eigenen Funktionen können weitere Cloud- und On-Premise-Systeme integriert werden.

Betriebsarten

SAP Cloud for Customer wurde auf Basis von SAP HANA entwickelt und wird als Software as a Service (SaaS) betrieben. Die Lizensierung ist in Form einer Public- oder einer Private-Cloud-Lizenz möglich. Als Public-Cloud-Produkt werden die eigenen SAP-Cloud-for-Customer-Tenants gemeinsam mit fremden Tenants auf einem (physischen) System betrieben, wogegen bei der Private-Cloud-Variante die eigenen Tenants auf einem autarken System betrieben werden.

[»]

Tenant

Ein *Tenant* ist ein einzelnes SAP-Cloud-for-Customer-System. In einer klassischen SAP-Umgebung wird in einem System beispielsweise ein Test- und Produktivmandant eingesetzt. Im Umfeld von SAP Cloud for Customer wiederum würde für diese Architektur ein Test- und Produktiv-Tenant (zwei eigenständige Systeme) betrieben.

Verarbeitung personenbezogener Daten

Alle in Europa betriebenen SAP-Cloud-for-Customer-Tenants werden gegenwärtig in Rechenzentren in St. Leon-Rot (Deutschland) und in Amsterdam (Niederlande) gehostet. Die SAP-Datenschutzvereinbarungen und die Verwendung personenbezogener Daten gelten für alle Rechenzentren unabhängig vom Verarbeitungsstandort.

In den nachfolgenden Abschnitten geben wir zunächst einen allgemeinen Überblick über SAP Cloud for Customer, ehe die fachlichen Prozesse aus den Bereichen Vertrieb und Marketing dargestellt werden.

Zugriff auf SAP Cloud for Customer

Der Zugriff auf die SAP-Cloud-for-Customer-Tenants erfolgt mittels gängiger Webbrowser oder über eine von SAP bereitgestellte mobile App. Die Authentifizierung erfolgt über die Tenant-individuellen URLs *https://myxxxxxx.crm.ondemand.com/* (wobei *xxxxxx* durch die Tenant-ID ersetzt werden muss) mittels Username und Kennwort oder Single-Sign-On.

SAP-Fiori-Benutzeroberfläche

Die benutzerfreundliche Oberfläche, die in Abbildung 8.14 zu sehen ist, basiert auf SAP Fiori und ist mit allen Endgeräten kompatibel. Das responsive Design ermöglicht eine individuelle Gestaltung der Benutzeroberfläche entsprechend den Unternehmensanforderungen und -aufgaben.

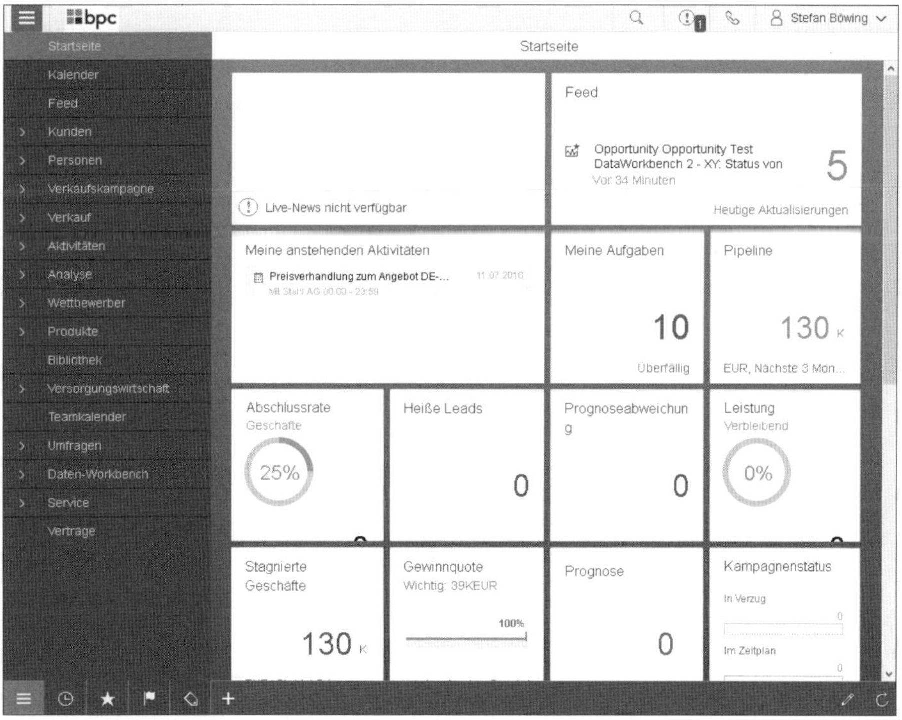

Abbildung 8.14 Benutzeroberfläche SAP Cloud for Customer

Mobile App

Neben dem Zugriff per Browser bietet die kostenfreie Mobile App *SAP Cloud for Customer, Extended Edition* eine weitere Zugriffsmöglichkeit auf das SAP-Cloud-for-Customer-System, die u. a. auch einen Offline-Modus beinhaltet.

Die nachfolgenden Betriebssysteme (inkl. Links) werden derzeit angeboten:

- iOS (Apple App Store): *http://s-prs.de/v590605*
- Windows (Microsoft Store): *http://s-prs.de/v590606*
- Android (Google Play): *http://s-prs.de/v590607*

Releasezyklen

Quartalsweise Updates

SAP Cloud for Customer profitiert als Cloud-Anwendung neben einer wesentlich schnelleren und kostengünstigeren Systemeinführung bei gleichzeitig geringen Vorabkosten gegenüber On-Premise-Systemen insbesondere durch quartalsweise neue Funktionen und Erweiterungen, die in den Lizenzen zu SAP Cloud for Customer bereits mitinbegriffen sind. Diese Anpassungen und Erweiterungen werden automatisch zu festen Releaseterminen, zunächst auf den Test-Tenants und in einem zweiwöchigen Abstand auf den Produktiv-Tenants, ausgerollt.

[»]

Releasetermine

Bevorstehende Releasetermine werden jahresweise terminiert und online kommuniziert: *http://s-prs.de/v590608*

Groupware-Integration

Add-Ins

SAP Cloud for Customer bietet verschiedene, kostenfreie Add-Ins (u. a. für Microsoft Outlook und Microsoft Excel, IBM Lotus Notes, Adobe LiveCycle Designer und CTI-Client-Adapter), mit denen Daten synchronisiert und bearbeitet werden können. Beispielsweise können Aktivitäten wie E-Mails, Termine und Aufgaben zwischen Microsoft Outlook und SAP Cloud for Customer synchronisiert werden.

Vertriebsprozess

Für das Vertriebsteam bietet SAP Cloud for Sales umfangreiche Funktionen, um den Vertriebsprozess von der Erstellung eines Leads bis hin zum Kundenauftrag zu unterstützen und so den Verkaufsprozess effizienter zu gestalten.

Die in Abbildung 8.15 aufgezeigten und nachfolgend beschriebenen sechs Schritte des Vertriebsprozesses zeigen auf, wie und wo SAP Cloud for Sales das Vertriebsteam unterstützt.

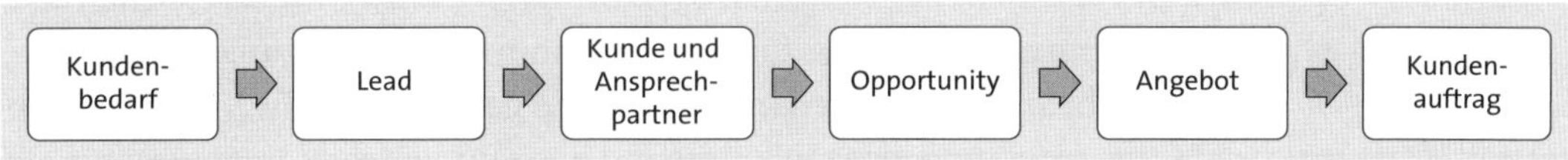

Abbildung 8.15 Vertriebsprozess in SAP Cloud for Sales

- **Schritt 1: Kundenbedarf**
  Zu Beginn liegt die Erkenntnis darüber vor, dass Kundenbedarf an Ihren Produkten über verschiedene Kanäle vorhanden ist.
- **Schritt 2: Lead**
  Die Erfassung von Informationen zu potenziellen Kunden, für die ein Neugeschäft relevant sein kann, wird in einem Lead erfasst.
- **Schritt 3: Kunde & Ansprechpartner**
  Sie können jederzeit in Echtzeit bestehende Kunden- und Ansprechpartnerdaten in SAP Cloud for Sales oder der mobilen App anlegen, aktualisieren und einsehen.
- **Schritt 4: Opportunity**
  Für Interessenten und Kunden können Sie auf intuitive Weise und teamübergreifend Aktivitäten zu einem Neugeschäft in einer Opportunity zusammentragen und auswerten, um Ihre Verkaufschancen zu erhöhen.
- **Schritt 5: Angebot**
  Sie können individuelle Angebote erstellen und interne Genehmigungsprozesse initiieren.
- **Schritt 6: Kundenauftrag**
  Mittels der im Standard von SAP Cloud for Sales enthaltenen Integrationsfunktionen können Kundenaufträge in einem Drittsystem wie SAP ERP oder SAP CRM angelegt und der Verkaufsprozess nahtlos abgeschlossen werden.

Der Vertriebsprozess greift u. a. auf die nachfolgend beschriebenen Funktionen in den einzelnen Prozessschritten zu.

Kunden und Ansprechpartner

Kundenmanagement

Für die Verwaltung kunden- und personenbezogener Daten können in SAP Cloud for Sales Privatkunden (die in SAP ERP Geschäftspartnern vom Typ

Person entsprechen), Kunden (die in SAP ERP Geschäftspartnern vom Typ Organisation entsprechen) und Ansprechpartner im Work-Center **Kunden** erstellt und gepflegt werden. Am Kunden und Ansprechpartner können Sie in den verschiedenen Reitern (sogenannten *Facetten*), wie **Übersicht**, **Feed**, **Diagramme** etc., sämtliche zugehörige Stamm- und Bewegungsdaten einsehen und bearbeiten. Zu den Informationen gehören u. a. die Kundenhierarchie, die Beziehungen, Aktivitäten und das Kundenteam. In Abbildung 8.16 sehen Sie einen Kunden mit seinen Ansprechpartnern.

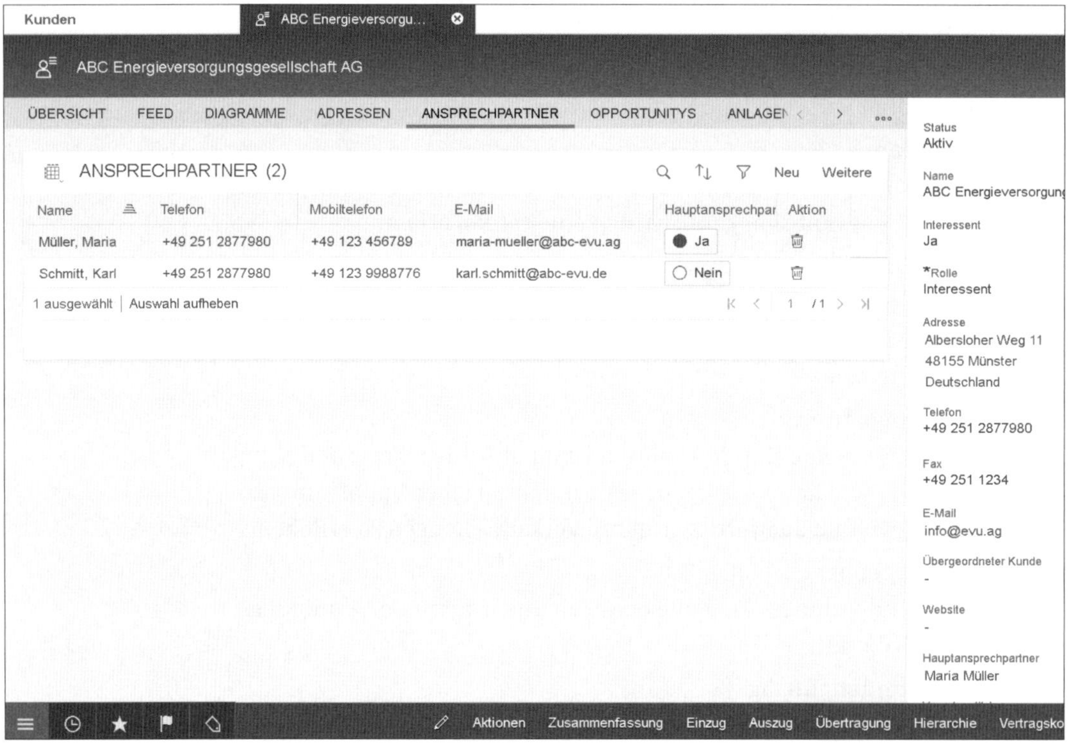

Abbildung 8.16 Kunde in SAP Cloud for Sales

Neben den SAP-Cloud-for-Sales-Informationen können in Integrationsszenarien Kunden bzw. Geschäftspartner uni- oder bidirektional repliziert sowie Zusatzinformationen per Webservice hinzugelesen werden.

Leads

Leadmanagement

Um Informationen aus E-Mail-Kampagnen, Messen oder ähnlichen Situationen zu erfassen und nachzuverfolgen, können Sie Leads verwenden. Die in einem Lead angegebenen Kunden- und Ansprechpartnerinformationen setzen noch keinen in SAP Cloud for Sales angelegten Kunden voraus, damit beispielsweise bei größeren Kampagnen nicht alle potenziellen Interessenten als Stammdaten gepflegt werden müssen.

Leads bieten jedoch die Möglichkeit, dass deren Informationen in Folgeelemente, wie eine Opportunity, einen Kunden und/oder einen Ansprechpartner übertragen werden können. Die Kunden- und Kontaktinformationen können in einen neuen Kunden überführt oder zu einem bestehenden Kunden (inkl. Duplikatsprüfung) angefügt werden, sodass die bereits erfassten Informationen nicht erneut durch den Anwender eingepflegt werden müssen.

Scorewerte von Leads

Definition von Scorewerten

Damit sich Ihr Verkaufsteam insbesondere den erfolgsversprechenden Leads widmet, können Sie für sämtliche Interaktionen des Interessenten einen Scorewert (0–100) nach frei definierbaren Bedingungen automatisiert ermitteln lassen. Öffnet beispielsweise ein Interessent einen Link in einer E-Mail-Kampagne, so kann dies den Scorewert erhöhen.

Wird ein bestimmter Scorewert erreicht, kann beispielsweise eine automatische Benachrichtigung an den zuständigen Mitarbeiter gesendet werden.

Opportunities

Opportunitymanagement

Über das Work-Center **Verkauf** stehen Funktionen für Opportunities bereit. Opportunities können als Folgeelement aus einem Lead resultieren oder ohne Lead direkt angelegt werden. In Opportunities können diverse Informationen wie der Gesamtwert, die Termine, die Produkte, die Vertriebsaktivitäten, das Verkaufsteam, die Ansprechpartner, die Wettbewerber sowie weitere Beteiligte und Dokumente hinterlegt werden (siehe Abbildung 8.17). Einer Opportunity wird ein Verkaufszyklus mit verschiedenen Verkaufsphasen zugeordnet, die individuell nach Kundenforderungen definiert werden können. Aus den einzelnen Verkaufsphasen wird u. a. die Wahrscheinlichkeit abgeleitet, die Opportunity zu gewinnen. Der gewichtete Wert einer Opportunity ergibt sich aus der Multiplikation des erwarteten Werts mit der Gewinnwahrscheinlichkeit.

Mit Standardberichten können diese Informationen opportunity-übergreifend ausgewertet und analysiert werden. Zusätzlich können für jede Verkaufsphase obligatorische Arbeitsschritte definiert werden, die ein einheitliches Vorgehen der Anwender unterstützen.

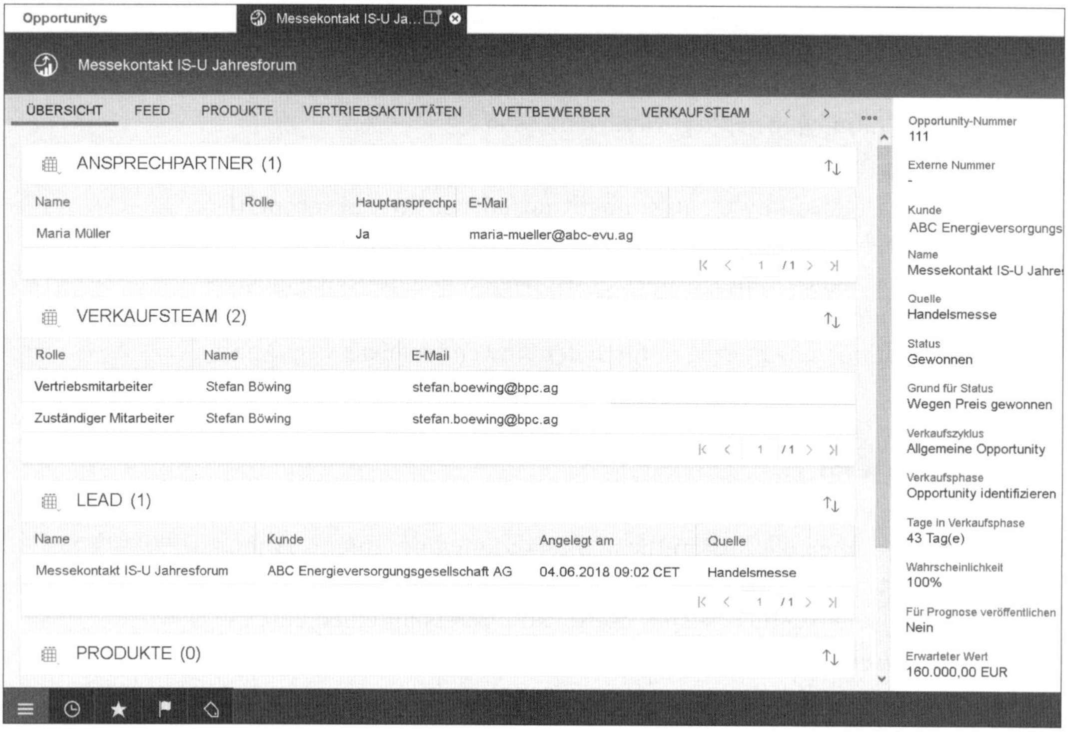

Abbildung 8.17 Opportunity in SAP Cloud for Sales

Aktivitäten

Aktivitätsmanagement

In SAP Cloud for Sales können Telefonate, Aufgaben, E-Mails, Termine und Besuche als Aktivitäten angelegt und optional Objekten, wie beispielsweise einem Kunden oder einer Opportunity, zugeordnet werden. Aktivitäten können zudem mittels der Groupware-Integration mit Microsoft Exchange bzw. Outlook synchronisiert werden.

Angebote und Kundenaufträge

Angebotsmanagement

Der Angebots- und Auftragsprozess bezieht Kunden, Produkte und Preislisten in die Preisfindung ein. Je nach Integrationsszenario kann eine interne oder externe Preisfindung, z. B. über SAP ERP oder ein Kalkulationstool eines Drittanbieters, erfolgen. Sowohl Angebote wie auch Aufträge können als PDF-Dokument an den Kunden übersandt werden.

Marketingfunktionen

Marketingfunktionen

SAP Cloud for Sales bietet grundlegende Marketingfunktionen, die durch den Einsatz von SAP Marketing ausgeweitet werden können (siehe Abschnitt 8.4, »SAP Marketing«). Die nachfolgend aufgeführten Marketingfunktionen bieten die Möglichkeit, Verkaufschancen einzuleiten und zu fördern. Das Work-Center **Verkaufskampagne** weist u. a. die Funktionsbereiche **Zielgruppen**, **Kampagnen**, **Leads** und **Scorewerte von Leads** auf.

Zielgruppen

Marktsegmentierung

Zur Segmentierung des Marktes können Sie Zielgruppen verwenden. Sie können Interessenten, (Privat-)Kunden und Ansprechpartner manuell oder automatisiert anhand frei definierbarer Kriterien zu einer oder mehreren Zielgruppen zuordnen und z. B. für E-Mail-Kampagnen verwenden.

Kampagnen

Kampagnenmanagement

Mithilfe der Kampagnen-Funktion können Sie E-Mail- und SMS-Kampagnen für zuvor definierte Zielgruppen planen, erstellen, durchführen und auswerten. E-Mail-Vorlagen müssen vorab im HTML-Format in SAP Cloud for Sales hochgeladen werden. Diese Vorlagen können mit Informationen aus SAP Cloud for Sales (z. B. Ansprechpartner-/Kundenname, Funktion der Person o. Ä.) angereichert werden. Sie können zudem Umfragen in die Kampagnen einbinden oder innerhalb einer Kampagne Aktionen definieren, die beim Eintreten bestimmter Ereignisse initiiert werden sollen. Beispielsweise kann eine Benachrichtigung an den zuständigen Mitarbeiter gesendet werden, wenn der E-Mail-Empfänger die E-Mail geöffnet und auf einen Link innerhalb der E-Mail geklickt hat (siehe Abbildung 8.18).

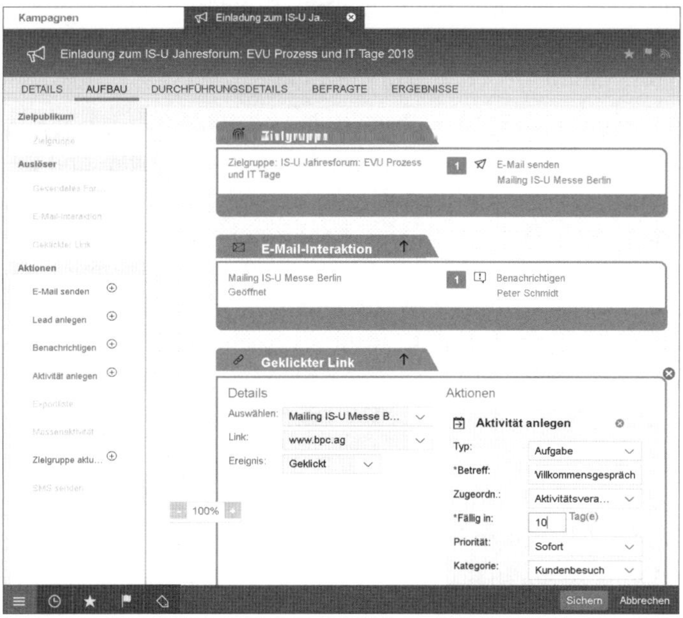

Abbildung 8.18 Kampagne in SAP Cloud for Sales

8.3 SAP Service Cloud

Die SAP Service Cloud besteht im Wesentlichen aus der Service-Komponente aus *SAP Cloud for Customer* und dem SAP Customer Engagement Center. Beide Anwendungen sind voneinander technisch unabhängig, auch wenn sie miteinander integriert werden können. Des Weiteren beinhaltet die SAP Service Cloud noch die Field-Service-Lösungen des im Jahr 2018 von SAP übernommenen Unternehmens Core Systems und weitere kleinere Komponenten, auf die wir in den folgenden Unterabschnitten nicht weiter eingehen können.

8.3.1 SAP Cloud for Service

SAP Cloud for Service umfasst die Service-Komponenten von SAP Cloud for Customer und ist aus technischer Sicht identisch mit der in Abschnitt 8.2.2, »SAP Cloud for Sales«, beschriebenen Lösung SAP Cloud for Sales. Beide Lösungen können einzeln oder gemeinsam lizenziert werden. Bei gemeinsamer Lizenzierung werden die Lösungen in einem Tenant betrieben, und die grundlegenden Funktionen, wie beispielsweise das Stammdaten- und Aktivitätenmanagement, werden gemeinsam verwendet. Die Service- und Sales-Lösung erweitern die Grundfunktionen um Prozesse des jeweiligen Schwerpunktes. Die in Abschnitt 8.2.2, »SAP Cloud for Sales«, beschriebenen Punkte Zugriff auf SAP Cloud for Customer, Benutzeroberflächen, Mobile App, Releasezyklen, Groupware-Integration, Kunden- und Ansprechpartner sowie Aktivitäten stehen als SAP-Cloud-for-Customer-Grundfunktionen auch für SAP Cloud for Service zur Verfügung.

Generischer Serviceprozess

SAP Cloud for Service bietet für verschiedene Kundenserviceszenarien einen generischen Serviceprozess, der für den Support von Privat- und Geschäftskunden, beispielsweise im Bereich des Beschwerdemanagements, verwendet werden kann. Darüber hinaus stehen eine Telefon- und eine E-Mail-Integration zur Verfügung. Über die E-Mail-Integration können eingehende E-Mails in zuvor definierte Warteschlangen für die unterschiedlichen Organisationseinheiten geroutet werden. Auch eine automatische Anlage von Servicetickets durch eingehende E-Mails ist möglich.

Serviceprozess

Servicefunktionen

Die in Abbildung 8.19 dargestellten fünf Schritte des Serviceprozesses zeigen auf, wie und in welcher Form SAP Cloud for Service den Kundenserviceprozess begleitet und unterstützt.

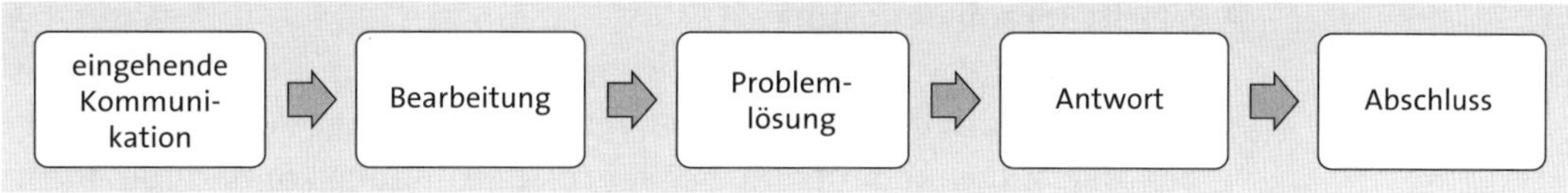

Abbildung 8.19 Serviceprozess in SAP Cloud for Service

- **Schritt 1: Eingehende Kommunikation**
  Im Allgemeinen beginnt der Serviceprozess mit einer Anfrage des Kunden. Für die Kundeninteraktion stehen in SAP Cloud for Service verschiedene Kanäle, wie E-Mails, Social-Media-Nachrichten, Telefonate oder Live-Chat, bereit.
- **Schritt 2: Bearbeitung**
  Für eingegangene Kundenanfragen werden manuell oder automatisiert Servicetickets angelegt (siehe Abbildung 8.20) und Servicemitarbeitern zugeordnet. Ein Ticket beinhaltet u. a. eine Beschreibung und die Ursache des Kundenproblems sowie Informationen zur Klassifizierung bzw. Priorität.

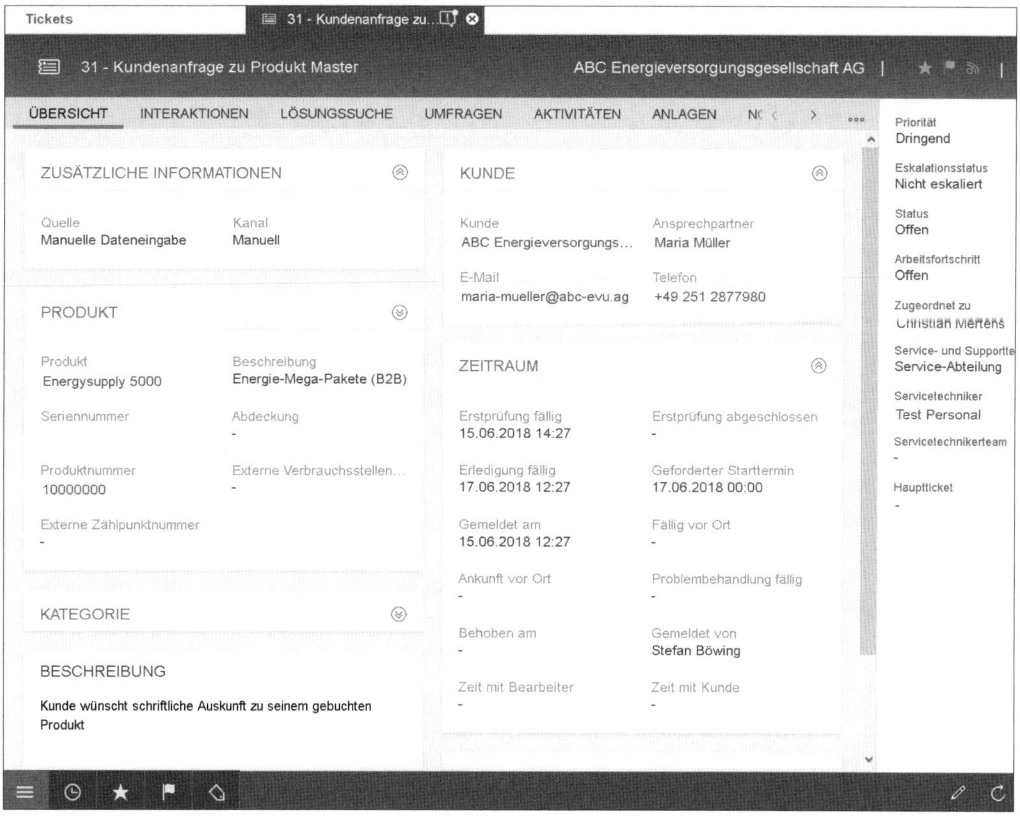

Abbildung 8.20 Serviceticket in SAP Cloud for Service

- **Schritt 3: Problemlösung**
  Der dritte und wesentliche Schritt im Kundenservice stellt die Problemlösung dar, um die vom Kunden veranlasste Anfrage zufriedenstellend zu lösen. Zur Unterstützung bei der Lösungsfindung können zudem externe Wissensdatenbanken wie *SAP Jam* oder *SAP Knowledge Central* integriert werden.
- **Schritt 4: Antwort**
  Nach der Analyse des Kundenproblems können Servicemitarbeiter innerhalb der Servicetickets mit dem Kunden über den vom Kunden verwendeten Kanal oder auch in einem abweichenden Kanal kommunizieren. Die Kommunikation wird als Interaktion im Ticket hinterlegt.
- **Schritt 5: Abschluss**
  Nach der Lösung des Servicefalls wird das Ticket von dem Servicemitarbeiter als gelöst und geschlossen gekennzeichnet.

8.3.2 SAP Customer Engagement Center

Mit dem *SAP Customer Engagement Center* steht Ihnen eine Omnichannel-Cloud-Lösung für die Abwicklung von Kundenanfragen zur Verfügung. Die Interaktion mit den Kunden kann dabei über Telefon, (Video-)Chat und E-Mail erfolgen.

Servicemitarbeiter haben über ihren Browser Zugang zu einem *Agent-Desktop* (siehe Abbildung 8.21).

Kundenservice

Hier können neue Kunden angelegt oder bestehende identifiziert werden. Zu einem Kunden stehen ein Überblick über seine Stammdaten und seine Interaktionshistorie zur Verfügung. Außerdem können Reklamationen und Service-Tickets erstellt, klassifiziert und bearbeitet sowie bei Bedarf kommentiert und an weitere Servicemitarbeiter weitergeleitet werden. Dabei unterstützen festgelegte Tastatur-Shortcuts die Mitarbeiter bei einer effizienten Bearbeitung ihrer Aufgaben.

Das SAP Customer Engagement Center ermöglicht ein intelligentes Routing von Kundenanliegen auf Basis von Warteschlangen, Auslastung und Qualifikation der Service-Mitarbeiter. Durch die Einbindung von Webservices und Web-Oberflächen weiterer SAP-Komponenten können Prozesse in den anliegenden Systemen aus dem SAP Customer Engagement Center heraus gestartet werden. Außerdem bietet die Lösung Funktionen zur Umsetzung von Datenschutz-Anforderungen aus der *Datenschutz-Grundverordnung* (DSGVO).

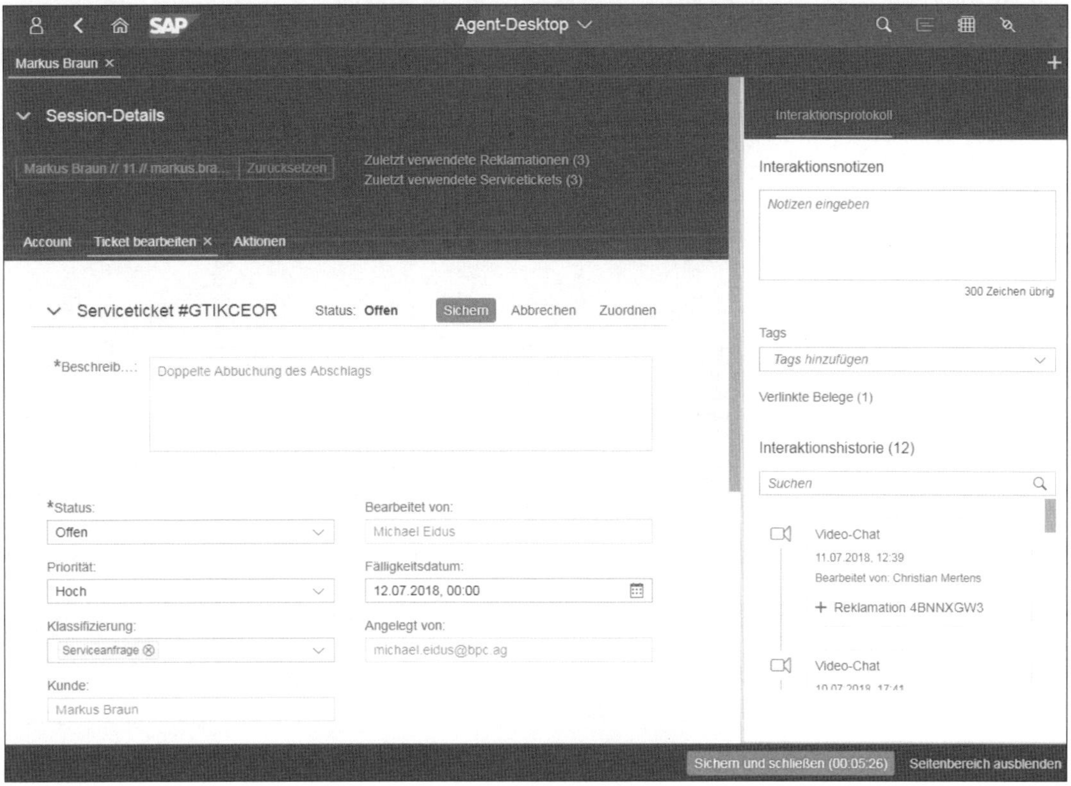

Abbildung 8.21 Agent-Desktop im SAP Customer Engagement Center

Echtzeit-Reports

Supervisor-Mitarbeiter erhalten zusätzlich Zugang zu diversen Echtzeit-Reports und damit einen Überblick über die derzeitige Leistungsfähigkeit des Kundenservice (siehe Abbildung 8.22). Außerdem können sie Fragebögen erstellen, die während der Kommunikation eines Service-Mitarbeiters mit einem Kunden abgearbeitet und anschließend gespeichert werden können.

Integration

Das SAP Customer Engagement Center verfügt über eine vorgefertigte Integration zur SAP Commerce Cloud, SAP Sales Cloud, SAP IS-U sowie SAP ERP und SAP S/4HANA. Die Integration findet über die SAP Cloud Platform statt (siehe dazu Abschnitt 8.1, »SAP Cloud Platform«). Nach einer erfolgreichen Integration kann die Replikation der Kundendaten in das SAP Customer Engagement Center angestoßen werden. Auch die Integration der Knowledge-Management-Lösung *SAP Knowledge Central by MindTouch* zur Unterstützung der Servicemitarbeiter kann vergleichsweise einfach eingerichtet werden.

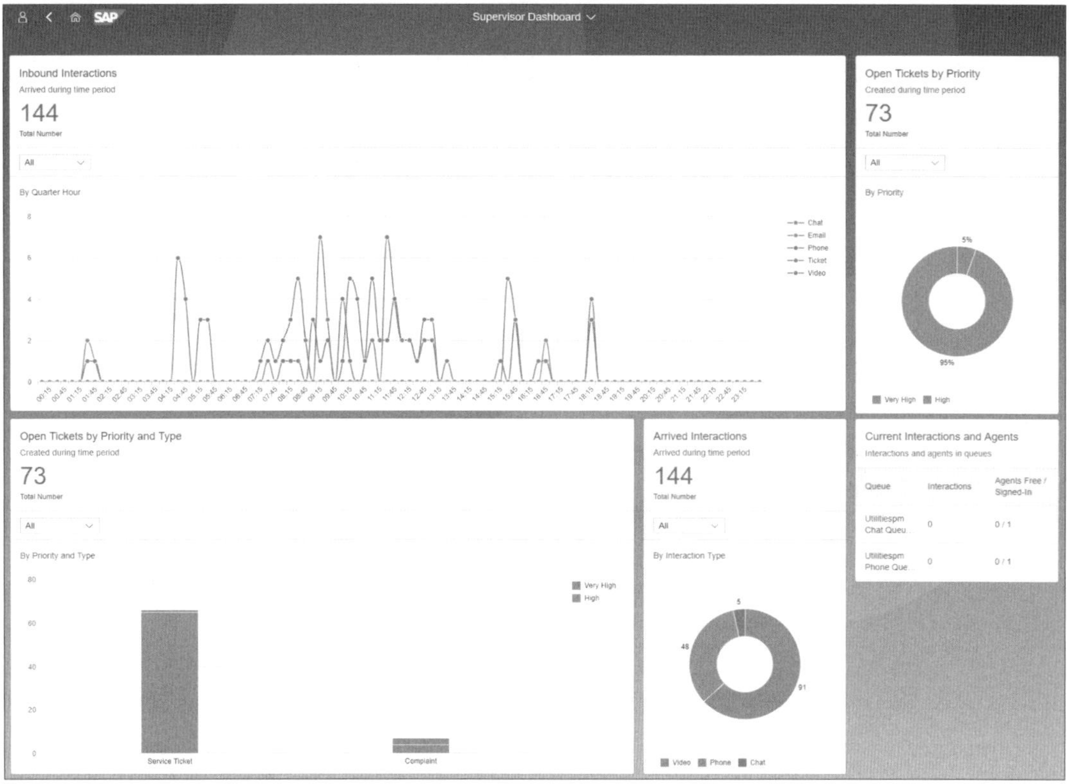

Abbildung 8.22 Supervisor-Dashboard mit Echtzeit-Reports

8.4 SAP Marketing

SAP Marketing beinhaltet ein kontextbasiertes Marketing, in dem das 360-Grad-Kundenprofil im Mittelpunkt steht. Mittels einer Aggregation von strukturierten und unstrukturierten Daten aus allen relevanten Quellen und einer Analyse des Nutzerverhaltens kann kanalübergreifend jedem Kunden in Echtzeit ein personalisiertes, individuelles Angebot unterbreitet werden.

Wie SAP S/4HANA wird auch SAP Marketing sowohl als Cloud-Version als auch als On-Premise-Version ausgeliefert. Der Funktionsumfang unterscheidet sich bei diesen Versionen nicht. Wie bei allen Cloudlösungen ist der Anpassungsgrad der SAP Marketing Cloud deutlich geringer als in der On-Premise-Variante, sodass bei einer Entscheidung für eine Cloud- oder eine On-Premise-Version berücksichtigt werden sollte, wie individuell Prozesse im Marketing ausgeprägt werden müssen.

In den folgenden Abschnitten geben wir einen Überblick über die wesentlichen Komponenten von SAP Marketing.

8.4.1 Marketing Segmentation

Mit der Komponente Segmentation wird eine grafische Oberfläche zur Verfügung gestellt, über die Kunden segmentiert werden können. In einem Segmentierungsmodell werden Kriterien festgelegt, nach denen Kunden ausgewählt werden können. Um die Arbeit an einem Segmentierungsmodell zu beschleunigen, können zur Vorlage Bausteine mit Segmentierungskriterien definiert werden, die in der Segmentierung wiederverwendet werden können.

Für die Auswahl von Kunden steht auch das Kriterium *Geolokation* zur Verfügung. Mit diesem Kriterium kann auf einer Karte festgelegt werden, aus welchem Bereich Kunden segmentiert werden sollen. Hierzu können Polygone oder Kreise definiert werden, die den Bereich eingrenzen, in dem Kunden ausgewählt werden sollen.

Ist das Segmentierungsmodell vollständig erstellt, können Zielgruppen generiert werden, die anschließend für weitere Marketingaktivitäten zu verwenden sind.

8.4.2 Marketing Acquisition

Die gezielte Ansprache von Kunden erfolgt über Marketingkampagnen. Diese können über die Komponente Marketing Acquisition geplant und durchgeführt werden.

Kampagnen mit SAP Marketing

In SAP Marketing lassen sich verschiedene Arten von Kampagnen abbilden. Die zielgruppenbasierte Kampagne basiert auf einer in der Segmentierung erstellten Zielgruppe. Hier können Sie auswählen, ob es sich um eine einmalige oder wiederkehrende Kampagne handeln soll. Außerdem können Sie verschiedene Aktionen, wie beispielsweise das Anlegen einer Aufgabe in SAP CRM oder in der SAP Sales Cloud, ausführen.

Neben der zielgruppenbasierten Kampagne können auch triggerbasierte Kampagnen verwendet werden. Diesen Kampagnen werden zunächst keiner Zielgruppe zugeordnet, sondern es wird ein Auslöser definiert, der dazu führt, dass ein Kunde in die Zielgruppe der Kampagne aufgenommen wird. Beispielsweise können alle Kunden angeschrieben werden, die einen Produktwechsel in einem Privatkundenportal abgebrochen haben.

Für das Design von Inhalten, die in einer Kampagne verwendet werden sollen, gibt es das Content Studio. Hier können E-Mails und SMS für die Kampagne gestaltet werden. Es gibt zudem eine Funktion, mit der Landing-Pages erstellt werden können. Hier können beispielsweise Kundendaten eingegeben werden, die zur Aktualisierung des Kunden verwendet werden können.

8.4.3 Marketing Recommendation

Um dem Kunden über alle relevanten Vertriebskanäle in Echtzeit eine Empfehlung oder ein individuelles Angebot zu unterbreiten, werden in dieser Anwendung Modelle und Regeln definiert. Hier werden vor allem Analysen des Kundenverhaltens durchgeführt, auf deren Basis Produkte empfohlen werden können. Diese Anwendung wurde sowohl für eine Integration in die SAP Commerce Cloud als auch für weitere Vertriebskanäle (Callcenter, Kampagnenmanagement, Portale) entwickelt.

8.4.4 Marketing Inside

Diese Anwendung ist für die Analyse und Erfolgsmessung von Marketingaktivitäten vorgesehen. Es können verschiedene Key Performance Indicators (KPIs) definiert werden, die zur Erfolgsmessung herangezogen werden. Außerdem können in Echtzeit Daten zu Abschlüssen, geöffneten E-Mails usw. analysiert werden, sodass während der Ausführung einer Kampagne noch nachgesteuert werden kann.

Wenn SAP Marketing mit einem ERP-System verbunden ist, können auch Analysen zum Deckungsbeitrag vorgenommen werden.

Mit den zusammengeführten Daten aus unterschiedlichen Systemen können auch Kundenklassifikationen, wie z. B. eine ABC-Klassifizierung oder die Erstellung eines Customer Lifetime Value, durchgeführt werden. Diese Klassifizierung kann dann auch in anderen Systemen, wie beispielsweise einem CRM, genutzt werden.

8.4.5 Marketing Planning

SAP Marketing bietet auch die Möglichkeit zur Planung von Marketingaktivitäten. Hier sind sowohl eine Programmplanung, in der die Aktivitäten geplant werden, als auch eine Budgetplanung vorhanden, in der das Marketingbudget verwaltet werden kann. Mit einer zusätzlichen Ausgabenplanung können die Ausgaben für Kampagnen verteilt werden und so ein Kostenrahmen vorgegeben werden.

Für die Übersicht über die geplanten und durchgeführten Aktivitäten gibt es zudem einen Marketingkalender.

8.4.6 Loyalty Management

Für das Loyalty Management steht mit *SAP Loyalty Marketing* eine eigene Cloud-Applikation zur Verfügung. Mit ihr können Kundenbindungsprogramme, wie beispielsweise Bonuskarten zum Sammeln von Bonuspunkten, abgebildet werden.

SAP Loyalty Marketing wird nur in einer Cloudvariante angeboten und von SAP seit 2018 als Teil der SAP Marketing Cloud geführt. Es bleibt aber technisch gesehen eine eigenständige Lösung, die parallel zur Cloud- oder On-Premise-Version von SAP Marketing betrieben wird.

8.5 SAP Commerce

Handel mit SAP Commerce

Handel ist ein sehr wichtiger Bestandteil der Kundenakquise. Dadurch, dass stationäre Geschäfte weltweit durch Online-Stores ersetzt werden, findet ein Großteil des Handels online statt. Das E-Business wächst stetig weiter, und simultan steigen die Erwartungen der Kunden an die Websites und Onlineshops der Anbieter. Um den Anforderungen gerecht zu werden, benötigen Unternehmen Next-Generation-Commerce-Anwendungen zur Gewinnung und Bindung von Kunden.

SAP Commerce unterstützt Unternehmen bei der digitalen Transformation der Handelsprozesse. Der Fokus der Handelsstrategie von SAP konzentriert sich dabei auf die folgenden drei Bereiche:

- Omnichannel-Verfügbarkeit
- individuelles Merchandising
- einheitliche Kundenprozesse

8.5.1 Kernfunktionen von SAP Commerce

Kernfunktionalitäten

Im Folgenden stellen wir SAP Commerce vor, beleuchten die wichtigsten Funktionalitäten und die damit zusammenhängenden Tools und Module.

Web Content Management und Personalisierung

SAP Commerce verbessert und optimiert die Kundenerfahrung durch dynamische, konsistente und gezielte Inhalte sowie durch individuell personalisierbare und mobilfähige (responsive) Angebote. Hierfür steht mit dem SAP Web Content Management System (WCMS) ein mächtiges Content Management System zur Verfügung. Erweitert werden die Standard WCMS-Funktionalitäten durch das *SmartEdit Tool*. Es ermöglicht eine kundenspezifische Gestaltung der jeweiligen Contentseiten anhand von beliebigen Segmentierungskriterien. Über umfangreiche Vorschaufunktionen können über diesen Weg erstellte Seiten im Kundenkontext geprüft und freigegeben werden.

Product Content Management

Das *Product Content Management-* bzw. *PCM-Modul* der SAP Commerce Platform ermöglicht es, Produktinhalte über einfach gestaltete Benutzeroberflächen oder Importadapter zu pflegen und zu verwalten. Die über diesen Weg erzeugten Produktkataloge können nahtlos in die weiteren SAP Commerce Module (z. B. Order Management, Web Content Management) integriert werden. So ist sichergestellt, dass alle Anwendungen eines Unternehmens auf einer homogenen Produktbasis operieren.

Ein weiterer großer Vorteil des PCM ist das flexibel erweiterbare Datenmodell. Produktattribute können direkt in den PCM-Oberflächen ohne Entwicklungsaufwand ergänzt werden.

Neben der reinen Produktpflege ist es weiterhin möglich, den Freigabeprozess neu definierter Produkte anhand individuell konfigurierbarer Freigabeprozesse zu koordinieren und zu beschleunigen.

Order Management

Die Funktionalität des Order Managements in SAP Commerce ist die Verbindung zwischen dem Frontend und Backend. Die Anwendung bietet konsistente Auftragserfassung, präzise Preis- und Verfügbarkeitsinformationen, einen omnichannel-verfügbaren Überblick über den Bestellstatus sowie eine optimale Auftragszuweisung. Darüber hinaus sind alle bestellungsrelevanten Leistungen wie neue Bestellungen aufnehmen und anlegen, Änderung oder Stornierung von Bestellungen, Rückgabe und Rückerstattung der Bestellung sowie vielfache Zahlungsmethoden im Order Management integriert. Durch das Order Management wird eine einheitliche omnichannel-verfügbare Kundenerfahrung geschaffen.

8.5.2 Erweiterungen und Projektbeschleuniger

Accelerators

SAP Commerce bietet neben den bereits vorgestellten Kernfunktionalitäten weitere Module und vorgefertigte Templates bzw. Projektbeschleuniger (sogenannte Accelerators), die in diesem Abschnitt kurz vorgestellt werden sollen.

Business-to-Business- und Business-to-Customer-Accelerators

SAP Commerce Cloud beinhaltet ready-to-use SAP Commerce Accelerators für B2B und B2C.

Der B2C-Accelerator bietet mehrere komplett integrierte und bereits fertige Online-Stores, aus denen Anbieter wählen können. Die Kernfunktionalitäten sind z. B. das Product Content Management (PCM), das Order Management sowie das grundlegende Design und Markup der jeweiligen Stores.

Der B2B-Accelerator ist ein ready-to-use Add-on, welches zu den Kernfunktionalitäten des B2C-Accelerators weitere Funktionen, wie z. B. Self-Service-Tools, die Verwaltung individuell verhandelter Preislisten oder die Integration externer Beschaffungssysteme, anbietet.

Industry-Accelerators

Zusätzlich zu den B2B- und B2C-Accelerators bietet SAP Commerce mehrere Industry-Accelerators an. Diese stellen eine komplett integrierte und in großen Teilen vorbereitete Lösung für verschiedene Industriebereiche (z. B. Telekommunikationsunternehmen und Versorgungsunternehmen) zur Verfügung.

8.5.3 Technische Integrationsszenarien

Im Folgenden gehen wir kurz auf zwei typische Integrationsszenarien ein.

Hosting-Szenarien

Commerce on premise oder in der Cloud

SAP Commerce kann sowohl on premise, d. h. auf den Systemen des eigenen Unternehmens bzw. eines Hosting-Partners (in der privaten Cloud), als auch als Software as a Service (SaaS) auf der SAP Cloud Platform betrieben werden (siehe auch Abschnitt 8.1, »SAP Cloud Platform«). Der Vorteil eines on-Premise-Lizenzmodells liegt in den höheren Individualisierungsmöglichkeiten sowie der einfacheren Integration in weitere On-Premise-Systeme. Der Betrieb als SaaS bietet neben der kürzeren Time-to-Market und den niedrigen initialen Kosten auch den Vorteil, dass kaum interne IT-Ressourcen für das Aufsetzen und den Betrieb der Commerce Platform benötigt werden.

Datenintegration in SAP Commerce

Data Hub Platform

Häufig müssen bei der Einrichtung und im Betrieb einer SAP-Commerce-Instanz Daten aus Legacy-Systemen oder bestehenden Produkt- und Kundenkatalogen importiert werden. Hierfür steht die sogenannte SAP Commerce Data Hub Platform zur Verfügung. Sie bietet verschiedenste Werkzeuge, die in Zusammenhang mit dem Import oder der Manipulation großer Datenmengen benötigt werden. Hierzu gehören u. a. die Unterstützung des Datenmappings von Fremdsystemen in das SAP Commerce Domain Model sowie diverse Funktionen zur Prüfung der Datenqualität und -konsistenz.

8.5.4 Integration von anderen SAP-Front-Office-Lösungen

Ausgewählte Integrationsszenarien

SAP Commerce integriert andere SAP-Lösungen, um die Front-Office-Prozesse zu vereinfachen und zu optimieren. In diesem Abschnitt stellen wir die wichtigsten Front-Office Integrationsszenarien kurz vor.

Integration von SAP Marketing

Die Integration von SAP Marketing (siehe Abschnitt 8.4, »SAP Marketing«) ermöglicht die Identifikation von potenziellen Kunden sowie die Erstellung von personalisierten Angeboten. Mithilfe der omnichannel-verfügbaren Kundenprofile können Zielgruppen erstellt sowie gezielte Werbekampagnen durchgeführt werden. Außerdem können die Kundenaktivität nachverfolgt und intelligente Produktvorschläge für jeden Kunden individuell angezeigt werden.

Integration der SAP Sales Cloud

Durch die Integration der SAP Sales Cloud (siehe Abschnitt 8.2, »SAP Sales Cloud«) können Sales Manager die Produktkonfiguration sowie die Auftragserstellung direkt über die SAP Sales Cloud vornehmen und damit den interaktiven Verkauf steigern und optimieren. Zudem werden die Kundendaten in allen verfügbaren Channels synchronisiert und stehen somit auch im Kundenservice (SAP Service Cloud) zur Verfügung.

Integration von SAP S/4HANA und SAP ERP

Die Integration von SAP S/4HANA und SAP ERP ermöglicht ein standardisiertes Ready-to-use-Framework, welches die Leistungsfähigkeiten von SAP

Commerce mit dem SAP Backend verbindet. Folgende Szenarien werden durch die SAP-Commerce-Integration in die SAP-Backend-Systeme unterstützt:

- SAP Master Data
- asynchrones sowie synchrones Order Management
- Synchronisation der Preise

8.5.5 Fazit

Optimales E-Commerce Tool

SAP Commerce bietet eine skalierbare Omnichannel-Plattform für kanalübergreifenden und damit auch digitalen sowie physischen B2B- und B2C-Handel. Die Lösung ermöglicht eine konsistente und personalisierte Kundenerfahrung an allen Interaktionspunkten sowie einheitliche und kundenbezogene Prozesse. Produkt- und Geschäftsdaten aus mehreren Quellen können auf der Plattform konsolidiert und damit eine kanal- und systemübergreifende Konsistenz von Inhalten sichergestellt werden. Dank einem integrierten Webcontent-Management-System und dem Tool Smart-Edit können Sie Webseiten mit responsive Webdesign mit personalisierten Inhalten für Kundensegmente intuitiv, schnell und benutzerfreundlich entwickeln und verwalten.

Zudem bietet die Lösung neben einer einfachen Integration in die vorhandene SAP-Systemlandschaft umfangreiche Analyse-Funktionen, ein Bestell- und Auftragsmanagement, Suchfunktionen und Merchandising sowie viele weitere für den Handel relevante Funktionen an. Durch die vielseitigen Integrations- und umfangreichen Anwendungsmöglichkeiten ist SAP Commerce ein optimales E-Commerce Tool.

8.6 SAP Predictive Analytics

Bedeutung und technologische Basis

Der folgende Abschnitt umfasst SAP BRIM im Kontext von *Predictive Analytics* und skizziert mögliche Einsatzszenarien. Neben Predictive Analytics, dessen Architektur und Technologien wird die Integration in SAP BRIM beschrieben.

Grundsätzlich kann Predictive Analytics flexibel auf jeglichen Datenbanken installiert und betrieben werden. Szenarien für Ihr Unternehmen stellen dabei die Installation auf SAP BRIM selbst oder einem SAP Business Warehouse dar. Weitere relationale Datenbanken oder eine Installation im SAP-Business-Objects-Umfeld sind ebenso denkbar. Damit jegliche Berechnungen auf der Datenbank (Code-Pushdown) ausgeführt werden, empfiehlt sich eine Installation auf einer HANA Appliance.

Mit zunehmender Datenmenge steigt ebenfalls das Potenzial, Strukturen und Zusammenhänge jener Daten aufzudecken und einen unternehmerischen Mehrwert zu erzeugen. Predictive Analytics bietet ein mögliches Mittel, valide Analysen und Prognosen zu ermitteln. Die Software umfasst das systematische Anwenden statistischer *Data-Mining-Algorithmen* zur Wissensgenerierung. Dabei werden Datenmodelle erzeugt, die die Prognose verschiedener Zeitreihen, das Erkennen von Zusammenhängen oder weitere Szenarien wie z. B. Kundenabwanderungsanalysen ermöglichen. Ziel des Data Minings ist der Gewinn neuer Erkenntnisse und Informationen aus bereits bestehenden Daten anhand der erstellten Datenmodelle.

SAP HANA bietet als Hardware und Software Appliance die technische Basis für die Anwendung von Predictive Analytics und folglich für die Auswertung von Massendaten im unternehmerischen Kontext. Ihrem Unternehmen stehen mit der Software ein leistungsstarkes und flexibles Werkzeug zur Integration in ihre Prozesse zur Verfügung. Je nach Anforderung können vorliegende Datenmengen mit verschiedenen Algorithmen analysiert und untersucht werden.

SAP BRIM sowie SAP C/4HANA rücken die Interaktion mit Kunden noch mehr in den Mittelpunkt, sodass Ihre Unternehmensprozesse mehr denn je kundenorientiert gestaltet und ausgeführt werden können. Demnach bietet sich eine statistische Analyse jeglicher, aber vor allem kundenorientierter Daten mittels Predictive Analytics an, um Ihre Kunden flexibel betreuen und unterstützen zu können. Sich ändernde Kundenbedürfnisse sowie Markteinflüsse und -veränderungen können in solchen Analysen berücksichtigt werden und somit als Hilfestellung unter aktuellen Daten zur Entscheidungsfindung dienen. SAP BRIM positioniert Ihr Unternehmen auf diese Weise gekonnt am Markt. Den Kunden können anhand erstellter Datenmodelle personalisierte, flexible Produkte bzw. Dienstleistungen angeboten werden. Das Generieren von Preismodellen oder Marketingkampagnen inkl. der Identifikation neuer Kundensegmente oder neuer Regionen sind hier mögliche Einsatzszenarien. Eine solche Ausrichtung kann schlussendlich zur Steigerung der Kundenzufriedenheit und somit der Kundenbindung führen, sodass Predictive Analytics eine gewinnbringende Möglichkeit für Sie darstellt.

8.6.1 Architektur und Technologie

Prozessschritte und Algorithmen

Der Prozess der Anwendung von Predictive Analytics kann in vier Schritte aufgeteilt werden (siehe Abbildung 8.23).

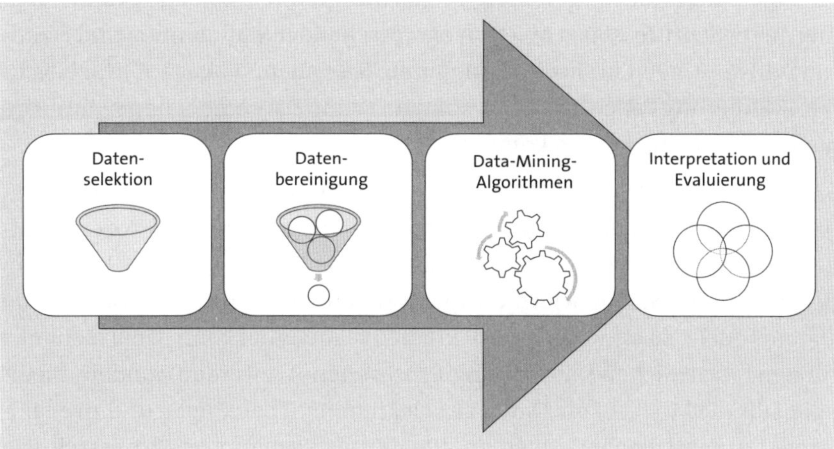

Abbildung 8.23 Predictive-Analytics-Prozess

Datenselektion

Zunächst sind die zu analysierenden Daten auszuwählen (*Datenselektion*). Vor allem Kundenstammdaten (z. B. Alter, Geschlecht, Herkunft) sowie Kundenbewegungsdaten (z. B. Einkaufs- und Zahlungshistorie, Reklamationen) bieten das Potenzial, Datenzusammenhänge aufzudecken. Als weitere Beispiele dienen Zeitreihen wie Finanzströme oder andere Entwicklungsreihen. Grundsätzlich ist jedoch festzuhalten, dass Ihr Unternehmen je nach Anforderung festzulegen hat, welche Daten relevant sind, und dass es aufgrund der Datenvielfalt keine finale Entscheidung bezüglich der Datenselektion geben sollte. Der Schritt der Datenselektion sollte so flexibel gestaltet sein, dass aufgrund erstellter Datenmodelle und dessen Evaluationen Datensegmente deselektiert bzw. neuselektiert werden können.

Datenbereinigung

Als zweiter Schritt folgt die *Datenbereinigung*. Ziel dieses Prozesses ist das Aufdecken und schlussendlich das Ausschließen invalider Daten sowie das Festlegen möglicher automatisierter Bereinigungsschritte. Sofern beispielsweise das Alter von Kundenstammdaten nicht vorliegt, ist zu klären, ob solche Datensätze entfernt werden oder z. B. das Durchschnittsalter zu setzen ist, um zu untersuchende Datenmengen nicht unnötig zu reduzieren. Berücksichtigt werden sollte jedoch, dass die Datenbereinigung einen signifikanten Einfluss auf die Ergebnisse und somit auf Ihre getroffenen Entscheidungen hat.

Nach der Datenbereinigung erfolgt das tatsächliche Anwenden der statistischen *Data-Mining-Algorithmen*. Je nach unternehmerischer Anforderung ist festzulegen, welche Algorithmen anzuwenden sind.

Sind die Datenmodelle generiert, folgen die *Interpretation und Evaluierung*. Ziel dieser Schritte ist das Ableiten entsprechender Maßnahmen und Handlungsanweisungen für Ihr Unternehmen. Besonderer Fokus sollte dabei auf der Evaluierung liegen, sodass besonders valide Datenmodelle gewinnbringend eingebracht werden können.

Desktop-Anwendung für Adhoc-Analysen

SAP stellt mit *SAP Predictive Analytics Desktop Edition* ein Werkzeug bereit, das Ihr Unternehmen zur Anwendung der vier dargestellten Prozesse nutzen kann. Mit der Predictive Analytics Desktop Edition bietet SAP die Möglichkeit, zahlreiche Algorithmen anzuwenden und somit vorausschauende Datenmodelle zu entwickeln. SAP Predictive Analytics kann dabei nicht nur für den tatsächlichen Data-Mining-Prozess genutzt werden, sondern bietet ebenfalls die Möglichkeit, Daten zu selektieren, zu bereinigen und zu evaluieren. Dementsprechend werden alle der vier genannten Prozessschritte durch die Software-Lösung unterstützt. Die Software gibt es auch als On-Premise-Lösung. Neben Daten aus SAP BRIM können weitere (auch externe) Daten flexibel angebunden werden und die Datenmodelle weiter stützen. Vor allem bei zeitkritischen Entscheidungsprozessen profitiert Ihr Unternehmen von dem Einsatz von SAP Predictive Analytics auf SAP HANA und kann so einen entscheidenden Vorteil am Markt generieren und sich von Wettbewerbern absetzen.

8.6.2 Integration

Einbindung in die Systemlandschaft

Der initiale Aufbau und das Trainieren des Data-Mining-Modells stellen den ersten Schritt in der Gewinnung neuer Kenntnisse dar. Sobald ein Predictive-Analytics-Modell erstellt wurde, gilt es, dieses Modell regelmäßig mit neuen Bewegungs- und Stammdaten zu konfrontieren, um die aktuelle Entwicklung des Kundenverhaltens detailliert beurteilen und die Unternehmenssteuerung aktiv gestalten zu können. Zu diesem Zweck werden die Abrechnungsdaten von SAP BRIM zyklisch in das Data Warehouse extrahiert und um Kundenstammdaten erweitert.

Adhoc-Analysen mit Predictive Analytics Desktop

Mit Predictive Analytics Desktop können Sie Adhoc-Analysen anfertigen und verschiedene Data-Mining-Modelle auf ein zuvor definiertes Datenset (z. B. Kundenabwanderungen im letzten Monat) anwenden, um unterschiedliche Algorithmen auszuprobieren und das Modell mit der höchsten

Passgenauigkeit zu bestimmen. Nach dem Trainieren der Modelle können diese auf Abruf mit aktuellen Daten versorgt werden, um Erkenntnisse aus tagesaktuellen Entwicklungen zu generieren. Die Analyseergebnisse werden mithilfe von *SAP Lumira* visualisiert und in sogenannten Storyboards in Ihrem Unternehmen veröffentlicht. Beispielsweise können Neukunden anhand eines Klassifikationsmechanismus auf bestehende Kundensegmente verteilt werden, um diese bei Ihren künftigen Marketingaktivitäten gezielt ansprechen zu können. Flatrate- und Prepaid-Kunden könnten somit auf Basis weiterer Charakteristika in granulare, maßgeschneiderte Cluster aufgeteilt werden.

Periodische Anwendung im Rahmen der Datenbewirtschaftung

Hintergrundverarbeitung im ETL-Prozess

Wurde ein Data-Mining-Prozess in Ihrem Unternehmen etabliert, kann dieser auch im Zuge der regelmäßigen Datenbewirtschaftung automatisiert angestoßen werden. Beispielsweise können aufgedeckte Muster im Zahlungsverhalten Ihrer Kunden dazu genutzt werden, drohende Zahlungsausfälle frühzeitig zu identifizieren. Aus den täglich aktualisierten offenen Posten, die aus SAP BRIM generiert werden, können die Algorithmen diejenigen Kunden markieren, die für gezielte Ansprachen des Vertragskontokorrents relevant sind. Hierfür wird der Data-Mining-Algorithmus in die bestehenden *ETL-Prozesse* integriert, welche die Massendaten verarbeiten und die Ergebnisse persistent in SAP-Business-Warehouse-Strukturen ablegen. ETL steht für Extract-Transform-Load, und ETL-Prozesse bezeichnen die systematische Datenübertragung von einer Quelle in ein Ziel. Bei Bedarf kann die Sichtung und Freigabe der Ergebnisse durch einen Analysten zusätzlich implementiert werden.

Integration in Lumira Dashboards

Flexible Webanwendung für das Data Mining

Um das Potenzial der Predictive-Analytics-Modelle innerhalb Ihres Unternehmens zugänglich zu machen, bietet sich die Integration der Predictive-Analytics-Businesslogik in eine flexible Webanwendung mit diversen Möglichkeiten zur Parametrisierung ebenfalls an. Das Lumira Dashboard wird dem Corporate Design Ihres Unternehmens gemäß gestaltet. Es bietet dem Anwender verschiedene Algorithmen zur Anwendung auf die Unternehmensdaten an. Die bewerteten, trainierten Modelle werden mithilfe von *AMDP-Klassen* in kundeneigene Planungsanwendungen integriert (AMDP steht für ABAP Managed Database Procedure). Eine AMDP-Klasse ist eine Klassenmethode, die direkt auf der Datenbank ausgeführt wird (Code-Push-down). Eine mögliche Programmiersprache in SAP HANA ist SQLScript.

Diese Planungsanwendungen kann der Endanwender bequem über die Web-GUI des Dashboards mit Parametern versorgen (z. B. Selektion aller Neukunden der letzten drei Monate). Anschließend erfolgt die Übergabe der Liste an einen Klassifikationsalgorithmus, um die Neukunden in die bestehenden Kundensegmente zu verteilen. Das Klassifikationsmodell wurde vorab mit Predictive Analytics definiert und einem Testdatenset trainiert. Alternativ kann der Anwender ein Clustering der Neukunden anwenden, um so ggf. neue Kundengruppen innerhalb des Kundenbestandes zu identifizieren (siehe dazu auch Abbildung 8.24).

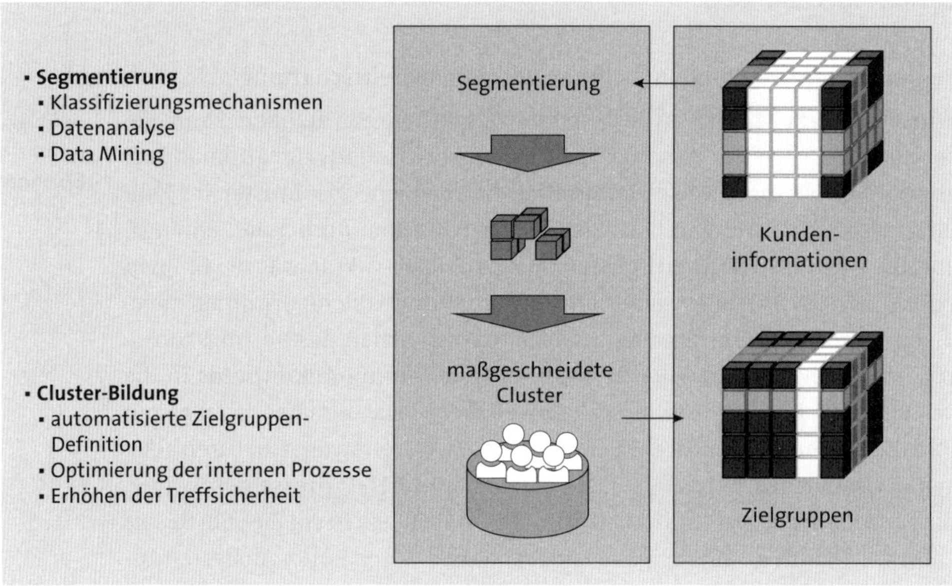

Abbildung 8.24 Beispiel-Clusterbildung

Zur Bestätigung der Qualität der Ergebnisse können zusätzliche Informationen in die Anwendung eingebettet werden, welche die Darstellung der Evaluationsgüte beinhalten. Die Zusatzinformationen zum Data Mining Algorithmus zeigen an, ob die Ergebnisse valide sind. Sie unterstützen den Analysten bei der Ableitung weiterer Handlungsanweisungen. Neben der reinen Visualisierung und Präsentation der Ergebnisse innerhalb Ihres Unternehmen können die abgeleiteten Informationen in einem weiterführenden Verarbeitungsschritt mithilfe von Retraktionslogik auf andere SAP-Systeme verteilt werden, z. B. die Übergabe der Ergebnisse der Kundensegmentierung an das SAP CRM. Dieser Schritt kann durch den Anwender über eine Planungssequenz manuell angestoßen werden oder mithilfe von ETL-Prozessen automatisiert erfolgen.

Anwendungsbeispiel: Video-on-Demand

Dem Video-On-Demand-Anbieter Media4bpc bieten sich bei der Nutzung der Predictive Analytics Desktop Edition mehrere Einsatzszenarien. Zunächst sind mögliche Zeitreihenanalysen als Beispiel zu nennen. Die Preisbestimmung repräsentiert einen entscheidenden Prozess der Media4bpc. Anhand der Kundenentwicklung, abhängig von den jeweiligen Verträgen und Preismodellen oder externen Daten wie der Nachfrageentwicklung nach Streamingdiensten, kann Media4bpc zukünftige Preise für das jeweilige Mediaangebot bestimmen. Diese Daten werden im Kontext von SAP BRIM genutzt, um neue Marketingkampagnen aufzusetzen und beispielsweise neue Kundensegmente mit lukrativen Angeboten anzusprechen. Außerdem bietet sich eine Analyse der Nutzung bzw. Serverauslastung an, um diese zu prognostizieren und bei Bedarf Server flexibel zuzuschalten.

Ein weiteres Beispiel ist die Anwendung von Klassifizierungen. Vor allem bei Dienstleistungen können Kunden flexibel Konkurrenzangebote wahrnehmen und zu einem Wettbewerber wechseln. Media4bpc reichert dabei die Kundenstammdaten mit jeweiligen Bewegungsdaten an und trainiert ein Datenmodell zur Prognose von Kundenwanderungen. Die nun als abwanderungswillig klassifizierten Kunden sollten präventiv durch das Unternehmen kontaktiert und somit an das Unternehmen gebunden werden.

Des Weiteren können Assoziationen genutzt werden, um Kunden anhand ihrer Such- und Nutzungshistorie vergleichbare Filmangebote zu unterbreiten und so die jeweilige Nutzung direkt an den Kunden anzupassen.

8

Mithilfe von SAP BRIM in der Integration in SAP Predictive Analytics können Sie durch das Anwenden zahlreicher Algorithmen Daten kundenorientiert auswerten und Ihre Prozesse spezifisch auf Ihre Kunden ausrichten. Dadurch können eine erhöhte Kundenzufriedenheit und Kundenbindung erreicht werden. Der Einsatz der Anwendung kann somit gewinnbringende Vorteile schaffen und positioniert Ihr Unternehmen geschickt am Markt gegenüber Konkurrenten.

Kapitel 9
Fazit und Ausblick

Die Anforderungen und Entwicklungen in der Abrechnung sind sehr dynamisch. In diesem Ausblick geben wir eine kurze Zusammenfassung über die in den vorangehenden Kapiteln beschriebene Abrechnung mit SAP BRIM und stellen die zukünftigen Anforderungen an die Abrechnung kurz dar.

Kundenfokussierung

Die Welt der Kundenbeziehungen unterliegt einem weitgreifenden Wandel. Es findet eine Verschiebung dahingehend statt, dass Unternehmen sich verstärkt darum bemühen, jedem Kunden eine auf ihn zugeschnittene Kundenbetreuung zukommen zu lassen. Gleichzeitig versuchen Unternehmen verstärkt, den Grad der Automatisierung innerhalb des Unternehmens zu erhöhen. Dies stellt immer größere Anforderungen an die IT-Systeme, da bei zunehmender Komplexität und Automatisierung die benötigte Flexibilität nicht verloren gehen darf.

Mit SAP BRIM unternimmt SAP auf diesem Gebiet einige wichtige Schritte. Zunächst einmal wird der Endkunde ins Zentrum der Betrachtungen gestellt und so der Fokus von den Verkäufen auf die Kundenbindung verlagert. Dies wird von den Produkten der SAP-BRIM-Familie im Kontext der Abrechnung weiter unterstützt. Im Hinblick auf die Flexibilität vereint die in diesem Buch vorgestellte Lösung die Möglichkeit, kundenindividuelle Produkte anbieten und abrechnen zu können. Darüber hinaus unterstützt SAP BRIM eine erhöhte Automatisierung, die mithilfe bestimmter SAP-Leonardo-Produkte wie z. B. dem Machine Learning zukünftig noch weiter gesteigert werden kann. Dies in Verbindung mit den vielfältigen Funktionen bildet eine gute Basis dafür, die Komplexität der neuen Prozesse weiterhin in den Griff zu bekommen. Diese Entwicklung ist jedoch keineswegs abgeschlossen, und in den nächsten Jahren sind noch viele Änderungen zu erwarten.

Digitalisierung

Nicht nur die Kundenfokussierung und Steigerung der Automatisierung sind ein Trend, der sich sicherlich noch über den heutigen Stand hinaus fortsetzen wird. Auch die Digitalisierung ist ein langwieriger Prozess, der gerade erst begonnen hat. Die digitale Transformation eröffnet auf diesem Feld diverse Möglichkeiten, auch im Hinblick auf die Abrechnung und Kundenfokussierung. Insbesondere das Internet of Things wird die Abrechnung noch weiter verändern. Die Messung der genauen Nutzung eines Services eröffnet die Möglichkeit, eben diese kleinteilig abzurechnen. Dies bietet weitere Chancen für eine weiter verbesserte Kundenfokussierung, da jeder Kunde eine auf seine Nutzung abgestimmte Abrechnung erhalten kann.

Vom Produkt zur Dienstleistung

Ein anderer, die Abrechnung verändernder Trend ist der Wandel vom Produkt zur Dienstleistung. Viele klassische Produkte haben diesen Wandel zur Dienstleistung bereits vollzogen. Im Bereich der Business-Software lässt sich das beispielsweise daran erkennen, dass immer mehr Lösungen, die zuvor on premise waren, mittlerweile als SaaS-Lösung angeboten werden. Für Produkte, die weiterhin als Produkt angeboten werden, gibt es oft begleitende Dienstleistungen. Diese werden vom Unternehmen selbst angeboten, aber nicht immer aus den eigenen Reihen geleistet. Vielmehr gehen viele Unternehmen dazu über, auf die Services eines Partners zurückzugreifen. Dadurch wird das Produktportfolio erweitert und gleichzeitig die Komplexität der Abrechnung gesteigert.

Verlagerung in die Cloud

Eine erste Idee von zukünftigen Entwicklungen hinsichtlich der Mobilisierung der Arbeit bot bereits Kapitel 8, »Erweiterung des Lösungsportfolios mit SAP C/4HANA und SAP Predictive Analytics«. Die Verlagerung von Anwendungen in die Cloud birgt vor allem für kleinere Unternehmen ohne leistungsfähige eigene Rechenzentren eine gute Gelegenheit, die Vorteile einer professionellen IT-Infrastruktur zu nutzen, ohne die für den Aufbau nötigen Investitionskosten zu tätigen. Die erhöhte Rechenleistung, die je nach Bedarf verteilt werden kann, eröffnet hier die Chance, mit einer zunehmend größeren Komplexität umzugehen.

Die Möglichkeit, On-Premise- und Cloud-Systeme miteinander zu verbinden, wird in Zukunft weiterhin an Bedeutung gewinnen. Hybride Systeme erlauben es Unternehmen, die Vorteile beider Welten zu nutzen. So können beispielweise stark standardisierte Anwendungen in der Cloud abgewickelt werden.

Auch der Trend, dass immer mehr Anwendungen mobil erreichbar sein müssen, steht mit der Entwicklung hin zu Cloud-Lösungen in Verbindung, da Letztere ohnehin einen externen Zugriff vorsehen und somit den mobilen Zugriff erleichtern. Dennoch liegen auch spezifische mobile Anwendungen im Trend, da beispielsweise ein Tablet andere Bedienmöglichkeiten hat als ein herkömmlicher Computer. Im SAP-Umfeld stehen hierfür Fiori-Apps zur Verfügung, die eine einfache Bedienbarkeit bieten.

Zunehmende Automatisierung

Um die Automatisierung weiter voranzutreiben, wird der Aspekt der künstlichen Intelligenz (KI) immer wichtiger. Dies bedeutet zum einen, dass den Sachbearbeitern eines Unternehmens immer mehr Entscheidungen abgenommen werden, sodass sie nur noch in unklaren Situationen eingreifen müssen. Zum anderen führt dies dazu, dass Unternehmen immer stärker auf Daten angewiesen sind, da jede Form der KI nur auf Basis großer Datenmengen gute Entscheidungen treffen kann. Dies hat eine verstärkte Vernetzung der Unternehmen zur Folge. Gleichzeitig erhöht sich die Menge der genutzten Daten und damit auch die benötigte Rechenleistung.

Roadmaps der SAP

Auch SAP bereitet sich auf die beschriebenen Umwälzungen vor. In den Roadmaps zu den geplanten und zukünftigen Neuerungen von SAP Subscription Billing und SAP BRIM finden sich viele Punkte, die wir auch hier aufgeführt haben. Von den Fiori-Apps zur Erhöhung der Nutzbarkeit von SAP BRIM über die Einbindung von Leonardo-Produkten in SAP Subscription Billing bis hin zur Erweiterung der Machine-Learning-Fähigkeiten sind hier viele Neuerungen zu sehen, die wir heute schon erahnen können.

Fazit

Mit diesem Buch haben wir die Grundlagen nachgezeichnet, mit denen sich Unternehmen auf den Wandel im Abrechnungswesen einstellen können: SAP BRIM bietet eine deutlich erhöhte Flexibilität und Geschwindigkeit in der Abrechnung. Die zusätzliche Flexibilität gestattet es, die Abrechnung kundenindividuell anzupassen. Diese erhöhte Geschwindigkeit der Transaktionen ermöglicht es, einerseits das größere Rechnungsaufkommen durch kleinteiligere Abrechnungen zu bewältigen und andererseits auch bei komplexen Abrechnungsstrukturen eine Preisfindung in Echtzeit durchzuführen. Die verbesserte Integration mit anderen Systemen ermöglicht darüber hinaus eine Nutzung externer Systeme bzw. eine Verknüpfung mit der Cloud, sofern dies gewünscht ist. Die Modularität der Software-Lösung erlaubt es dabei sogar, Teile von SAP BRIM durch externe Systeme abzudecken.

Indem Sie sich mit der umfassenden Funktionalität vertraut machen, die SAP BRIM auf diesem Gebiet zur Verfügung stellt, sind Sie also schon dabei, sich auf die aktuellen Trends vorzubereiten. Gleichzeitig unterliegt die Welt der Abrechnung einem tiefgreifenden Wandel. Wie genau sich die in der Umstrukturierung befindliche SAP-Welt weiterentwickelt, können wir nicht abschließend vorhersagen. Wir freuen uns aber darauf, diese Entwicklung mit Ihnen gemeinsam zu beobachten und uns ihr zu stellen.

Autoren, Beitragende und Mitwirkende

Stefan Böwing ist als Senior-Berater bei der bpc AG tätig. Nach seiner Ausbildung in einem Stadtwerk und dem Abschluss seines Studiums der Wirtschaftsinformatik hat er über mehrere Jahre Projekte im CRM- und IS-U-Umfeld erfolgreich durchgeführt. Seine Tätigkeitsschwerpunkte sind CRM- und Cloud-Themen wie SAP C/4HANA.

René Dohr ist seit acht Jahren in der Energieversorgungsbranche im Bereich Vertragskontokorrent tätig. Nach seiner Ausbildung bei einem kommunalen Energieversorger absolvierte er nebenberuflich ein Wirtschaftsinformatik-Studium und ist heute als Senior-Berater bei der bpc AG beschäftigt.

Luca Durbahn studiert aktuell Business Administration an der Hamburg School of Business Administration (HSBA). Der duale Studiengang wird in Partnerschaft mit der bpc AG durchgeführt. Vor seinem Studium arbeitete er bereits ein Jahr bei der bpc AG im Bereich Unternehmensentwicklung und Vertrieb. Außerdem wirkte er unterstützend an vielen Beratungsprojekten im IT-Bereich mit.

Michael Eidus ist nach einer kaufmännischen Ausbildung bei einem Energieversorgungsunternehmen und einem Studium der Wirtschaftsinformatik an der Universität Hamburg freier IT-Berater mit Schwerpunkt in der Energiewirtschaft. Seit 2016 begleitete er zusammen mit der bpc AG erfolgreich mehrere Projekte in der Energieversorgungsbranche und unterstützte das Team dabei vor allem mit Fachwissen im Bereich SAP IS-U.

Sebastian Feuring ist seit 2012 Senior-Berater im Bereich der Ver- und Entsorgungswirtschaft bei der bpc AG. Er hat erfolgreich mehrere Projekte aus dem SAP-IS-U-Umfeld geleitet und durchgeführt. Einer seiner weiteren Schwerpunkte liegt in der SAP-S/4HANA-Einführung im Bereich des Finanzwesens. Im SAP-BRIM-Umfeld besitzt Sebastian Feuring fundierte Erfahrung in der Integration des Convergent Invoicing (CI) in das Vertragskontokorrent (FI-CA).

Tobias Fiele begann 2015 nach Abschluss seines Studiums der Mathematik und der Informatik in Münster seine berufliche Laufbahn bei bpc. Er ist als Senior-Berater und Entwickler in den Bereichen Abrechnung (insbesondere SAP CI und SAP CC) sowie Energieversorgung (SAP IS-U) tätig.

Christopher Främbs ist seit 2016 als Berater bei der bpc AG tätig. Sein Weg dorthin führte ihn über einen großen Telekommunikationskonzern, bei dem er eine Ausbildung zum IT-Systemelektroniker abschloss. Während seines Studiums der Wirtschaftsinformatik an der Leuphana Universität Lüneburg sowie an der Universität Hamburg sammelte er erste Erfahrungen im Bereich SAP ERP. Christopher Främbs ist heute hauptsächlich im SAP-BRIM-Umfeld tätig.

Friedrich Gerny startete nach seinem Masterstudium der Mathematik als Berater bei der bpc AG in Hamburg im Bereich Versorgungswirtschaft. Seitdem war er an der Durchführung mehrerer Projekte bei Energieversorgungsunternehmen erfolgreich beteiligt. Sein Schwerpunkt liegt dabei im Bereich Vertragskontokorrent (FI-CA). Zusätzlich beschäftigt er sich mit verschiedenen Themenstellungen zur Abrechnung im Convergent Invoicing, zu Formularen und Marktkommunikationsprozessen bei Energieversorgungsunternehmen.

Janina Gundrum fand nach ihrem Studium der Mathematik 2014 den Weg zur bpc AG. Als Senior-Beraterin mit Schwerpunkt SAP BRIM hat sie bereits zahlreiche Projekte im In- und Ausland geleitet und durchgeführt. Dabei hat sie ihr tiefgründiges Wissen und Können bei Unternehmen aus unterschiedlichen Branchen immer wieder unter Beweis gestellt. Zudem war sie maßgeblich an der Entwicklung des Add-Ons bpc best billing für SAP Convergent Invoicing beteiligt.

Daniela Klose ist als Unit-Managerin und Prokuristin bei der bpc AG für den Bereich SAP IS-U verantwortlich. Bevor sie im Jahr 2006 ihre berufliche Karriere bei der bpc AG begann, absolvierte sie ihr Studium zur Diplom-Mathematikerin an der Universität zu Köln. Neben ihren administrativen Aufgaben als Unit-Managerin und Projektleiterin liegen ihre fachlichen Schwerpunkte auf den Themengebieten Vertragskontokorrent, IS-U-Abrechnung/SAP BRIM, Rechnungswesen sowie Verarbeitung von INVOIC und REMADV. Darüber hinaus hat sie bereits an den Buchprojekten der bpc AG im IS-U-Umfeld mitgewirkt.

Christian Mertens ist als Unit-Manager und Prokurist bei der bpc AG für den Bereich Customer Relationship Management verantwortlich. Seine berufliche Laufbahn begann er dort 2006 nach einem Studium der Wirtschaftsinformatik in Münster. Seitdem führte er verschiedene Projekte im öffentlichen Sektor sowie in der Ver- und Entsorgungswirtschaft durch. Neben CRM liegen seine Themenschwerpunkte im Vertragskontokorrent und der Abrechnung.

Niklas Müller ist seit 2017 bei der bpc AG als Vorstandsassistent und Berater tätig. Er beschäftigt sich in dieser Position mit den vielfältigen Themen der Versorgungswirtschaft und arbeitete erfolgreich an diversen Projekten der bpc AG in diesem Bereich mit. Vor seinem Start bei der bpc AG schloss er sein Mathematikstudium mit einem Master of Science an der Ruhr-Universität Bochum ab.

Christian Philipp ist Senior Manager bei der vysion consulting gmbh in Wien. Sein jetziger Schwerpunkt liegt im Bereich SAP BRIM sowie im Design daraus resultierender IT-Architekturen. Bereits seit 1999 ist er für internationale SAP-Projekte verantwortlich. Nach dem Studium der Wirtschaftsinformatik in Kaiserslautern war er durchgehend in leitenden Positionen für verschiedene internationale Beratungshäuser tätig.

Hendrik Sander ist als Berater bei der bpc AG in der Business Intelligence Unit tätig. Er betreut in diesem Kontext die Entwicklung von Planungsanwendungen in der Finanzwirtschaft auf SAP-HANA-Plattformen und mit SAP Business Objects. Neben der Konzeption und Realisierung von IP-basierten Planungsanwendungen zählt die Anwendung von Predictive-Analytics-Modellen zu seinen Kernthemen. Bereits während seines Masterstudiums der Wirtschaftsinformatik in Göttingen und Löwen (Belgien) hat er eine Abschlussarbeit zur Analyse von Wechselprozessen bei Energieversorgern angefertigt.

Martin Wegmann hat nach seinem Studium der Mathematik in Münster über mehrere Jahre Projekte im Bereich Customer Relationship Management (CRM) erfolgreich durchgeführt. Dort hat er die Anforderungen, die sich aus der Einführung von SAP BRIM ergeben, detailliert kennengelernt und Unternehmen dabei unterstützt, diese Anforderungen in CRM-Systemen abzubilden.

Index

A

B

C

D

T

U

V